当代湖湘伦理学文库
主编 李建华

李建华集

李建华 著

CNS 岳麓書社 · 长沙

“当代湖湘伦理学文库”编辑委员会

"当代湖湘伦理学文库"总序

万俊人

夫伦理者，伦之序，礼（理）之分，道之德也。而伦理学之所谓者，乃关乎伦理道德之哲学学问也。汉语中，"伦""理"二字初见于《尚书》《诗经》《易经》诸典，而后《礼记》首次以"乐通伦理"将之连用，始成一词，其义理生焉。与之相关者，当谓"道德"一词，始出不一而义理相较近之莫若。"道德"之用始于老子《道德经》，其意较"伦理"远为广泛，后与之趋近，深蕴自然人伦之达道、天地本性之大德也。凡此种种，唯古希腊先哲之"mose""ethos"二词之理式用法庶几近之。然，古希腊先哲虽多以"礼仪""风俗""习惯"等概念释义于"道德""伦理"，却同时赋予后者以"近神而居""幸福生活""本真存义"等诸多义理，从而将关乎道德伦理之研究或学问亦即伦理学或道德哲学之谓者，界定为"幸福之学"（亚里士多德）、"伦理秩序之问"（苏格拉底、柏拉图）。迨至近代，东洋学人借诸吾国元典中"伦理"一词，移译西洋英文之"ethics"，将之译为"伦理学"。此今人所谓伦理学之概要也。

伦理学之为哲学或人文学之一部，固有其义理与论理体系，因之有其作为人类普遍知识之特性在焉。如此识见，自是诚然而当然无疑。然则，伦理学所致力研究之道德伦理却并非必然而然。盖因伦理道德与特定社会或社群之礼仪、风俗、习惯等诸多文化要素间存在千丝万缕之关联及纠葛，且无法脱出其文化或文明之相对性限制，故而道德之理暨伦理之论常常千差万别而难以归宗矣。试举一例：即令在最具民族文化多样性和现代普世价值观念确信之美利坚合众国，对于堕胎、同性恋等行为之礼法约束，亦非国家本一而各州通行，反而各行其是，甚或相互迥异，不可同日而语者甚矣。所谓文化者，本乃寄居于不同地缘环境，拥有不同文明之历史际遇，创造不同语言、艺术、宗教（或信仰体系）之诸多民族文明创化之成就者也，其间纷纭繁复，不亦纷纭杂多乎？夫复足言哉？职是之故，现代文化人类学者竟生多达数百种之“文化”定义。或可极而言之，有多少民族，便有多少种文化或文化传统。不仅国际如此，一国内部之不同区域间亦复如此。人类世界诸不同民族之所以承诺不同之“图腾”与“禁忌”，究其本原，盖因其文化或文化传统之多元分殊使然矣。

或曰：既定文化多元论荦确无疑，伦理学之普遍知识诉求又当如何可能？是耶非耶？难以一言以蔽之！姑且借文学艺术界一名言以答之：“愈民族者则愈世界。”或以现代知识社会学之术语而详说之，可得一论：以人文学暨文化学之视角观之，大凡关于道德伦理之知识首先且必定为某一“地方性知识”，当且仅当其所反映、阐释、论证之“道”理与“伦”理在某种程度上或某种范围内可为其他地方或民族所理解、所认同甚或所接受并践行之，则其“地方性伦理学知识”庶几可逐渐演化扩展为具有“普遍性”——普遍之知识解释力与实践有效性——之伦理学识矣。诚然，某一“地方性伦理学知识”能否且在多大程度上可为“文化他者”所理解、认同、接受，其所需诉诸条件或前提委实甚多，难以尽言。所需明乎其要者或在于，文化——更遑论道德伦理文化——之知所能“普遍化”者，远难于科学技术之知者矣。此所谓意识形态——关于人类意识、观念之学——之争常甚于其他论争之根本缘由所在。以吾陋见，非不可也，实难能可贵也！俟乎时，仰乎势，依乎人，在乎理也。

由是观之，湖湘伦理暨湖湘伦理学实乃中华伦理暨中华伦理学之一部，亦堪称湖湘文化之精髓，其与自由浪漫之楚风文韵、清新厚实之湘派理学、威武勇猛之湘军精神实可谓群峰丛立，合为壮景，共同构成湖湘文化之基本内核与风骨，于中华文化版图中久居显赫之位，常享英华之荣。然而，上溯三千年前之湖湘面貌，唯现巫楚蛮荒，“三苗”（亦谓之“三蛮”）散居，“餐菊饮露、披花戴草、折琼枝而驷飞龙”（借引韩少功《巫楚之野》，《湘水》第二辑，岳麓书社2014年10月），居洞穴而茹野毛，汲汲于湖泽之畔，悠悠乎岭岳之间。不亦蛮乎？不亦苦欤？自然而生息者然也。

冥冥间，忽见楚天灵光闪耀，有屈子自荆楚呼之而来，两千多年阵阵浩叹沉吟，竟引来八方诸贤流寓，四海九派文脉汇融，真可谓四面八方，绵绵不绝，风劲云漫，激流浩荡；五彩纷竞间千秋各显，三教会通后一脉新来。于是乎，楚风生焉，流韵悠焉，文脉畅焉，理学盛焉。熊熊乎篝火燎燃，突突然蒸蒸日上。其势仿若四水汇合于八百里洞庭，“浩浩汤汤，横无际涯”（范仲淹《岳阳楼记》），蔚然而成千年湖湘文化，继之一泻千里，直奔东海，敞开现代湘学湘军湘人之三湘气象。虽难免“长太息以掩涕兮，哀民生之多艰”之《离骚》古调重唱，其悠其厚亦不及中原文化等“地域文化”，却也就此铸就千年湖湘文化暨湖湘伦理之独特大局，之高远格调，之特立精神，之不凡气象。如是可闻：家国不可忘乎？民众不可欺乎？犹听楚汉之屈贾！高洁不能染乎？威武不能屈乎？敢问濂溪周子与船山宏学！忧乐不改其先后天下乎？是非当分于毫厘即时乎？借闻杜诗范记！善恶不与共乎？爱憎必分也明乎？当看曾左谭毛！此吾之谓湖湘伦理精神之大要也。然耶忽耶？吾不敢私裁也，唯三声叩问，百家求教，或可得其法门，入其堂奥，揭橥其隐幽莲香之所谓者也。

然则，吾欲言且敢冒昧直言者，乃在乎湖湘伦理（学）之未竟者、阙失者、不良者种种。作为一独特之地域文化或“地方性知识”，湖湘伦理虽兼综“流寓诸贤”之宏学高义，亦有南人北风、南“腔”北“调”或南北通透之文化品格，可先“苗”后“汉”、开化滞后、久居中华文明之边缘、文明暨文化生长流动不居且多灾多难之地缘文明生成性或文化构成性之特征，遂使其伦理多具某种“文化杂交”（cultural hybridization）之品性，此一品性又或多或少，或直接或间接导致湖湘伦理时常游离于主流正宗之外，纠结于多向头绪之间，曰情与理，曰自由浪漫与规则理性，曰刚毅果断与谨慎从事，曰剑走偏锋与循规蹈矩，以及更紧要者，曰个体自由与群体合作，曰边缘豪气与中心正谋。凡此种种，固大有裨益于湘人成就其“敢为天下先”之英雄壮举，以致千百年来之湖湘大地英雄豪气涌动，然亦埋下过度理想浪漫、两极发力而失之于激进任性，大事当前而无以致“中道”从容，反倒是时生“霸蛮”恣意而弗能自已矣。即令是为时下备受推崇之曾文正公等，虽堪称近世儒家伦理之楷模，却并非湖湘伦理之一般范例。质言之，若以现代科学理性检视其表里，则湖湘伦理（学）尚待改善者多矣，曰自由理性之不足，曰浪漫激情之有余，曰意气豪情之过度种种。阙如若此，倘若多些知行合一之船山理学暨经世致用之曾公日用伦理，少些“霸蛮”或“蛮干”之孟浪意气；或云，若更多借援于康德式或近代德意志之启蒙理性，更少感染卢梭式或近代法兰西之浪漫情绪，则湖湘伦理文化暨湖湘伦理学之当代复兴与未来新生更堪期待。此吾之私见，未知今日湖湘伦理学同仁以为如何？知我罪我，一任诸君，唯盼唯祈是幸！

湖湘伦理自是湖湘文化精神乃至中华伦理文化精神之胜果无疑，本当自珍弘扬以为上策。然近代百年以降，文化自怨甚或文化自虐之风甚嚣尘上，语言与道德之革命自弃者尤盛，自“打倒孔家店”至史无前例的“文化大革命”，文化道德革命之洪流一浪高过一浪。急急乎如天崩地裂，熊熊矣若电闪雷鸣；摧枯拉朽，何其汹涌！不独湖湘文化道德，亦复整个中华文化道德均陷入风雨飘摇、“花果飘零”（唐君毅、牟宗三等新儒家语）之窘境矣。其所以如是，盖因近代国运多舛，中华文明暨文化之现代“大变局”所使然哉！

幸逢时来运转，仰改革开放之力，中华重新崛起于二十暨二十一世纪之交，再接千载，振兴中华，得其时也。开放学习海外新知之余，悉心梳理国故始成当务。批判扬弃其糟粕，吸收赓续其精华，“弘扬优秀文化传统”，已然成为海内外华人世界之文化共识。值此时刻，有自觉自为之当代湖湘伦理学人如李氏建华教授者甚众，皆欲追根溯源，疏流开引，借编辑出版“当代湖湘伦理学文库”之机缘，重新梳理湖湘伦理学之渊源递嬗，检视当代湖湘伦理学人之创新成就，以祭先进，以启后来，以续绵长之流者，以成蔚然之大焉，宗其旨曰：“传承湖湘伦理学之大统，创中国伦理学之湖湘学派，立中国伦理文化传播之高地。”其志可谓高矣，其功堪乎善哉！华民慈善公益基金会董事长卢氏德之先生欣闻兹事体大，决意慷慨助之，共襄此举，其情其怀，令人感佩。吾有幸忝列湖湘伦理学人之末，焉敢不鼓呼在前，趋步在后乎？是故，一俟建华教授示下为序，且命吾以文言简略述之，虽深感难以奉承于万一，亦不敢怠慢些微少顷，又岂敢坚拒一词尔？呜呼，勉力为序者如斯，窃望殷殷，或庶几不负建华、德之等诸位湖湘伦理学同仁之美意矣。

噫嘻！喃喃呓语，不知所云，且当抛砾石以引幽谷玉璞，点爝火而引满天繁星也罢。至所望焉！

戊戌立秋日凌晨于京郊悠斋

自　序

除了学科建设需要出版过一本《道德秩序》外，再没有出过文集。在我的见识里，一般能出文集的都是学界名人或者什么“人才工程”之类，由官方或学术机构统一组织出版，带有某种奖励或施惠性质。《湖湘伦理学文库》是由一批湖南籍伦理学人自发组织、由华民慈善基金会资助出版的，有个人文集、专题成果、个人代表作、年度文集等系列。我为华民慈善基金会理事长卢德之博士的学术情怀和家乡情结而感动。与此同时，作为湖湘伦理学群体中的一员，能参与此事，并能展示成果，我倍感荣幸。

我 1979 年考入湘潭大学哲学系，1980 年开始学习伦理学，40 年未曾换过专业和岗位。曾听一位学术前辈说：“一个人如果一辈子专注于一件事，不成功都很难。”我虽然没有成功，但真切地体会到了专注于一事的踏实与快乐。我本科时的毕业论文是《论道德责任》，后来发现，道德责任本质上还是情感问题，即道德责任于个体而言就是道德责任感，于是开始自觉进入道德心理学领域，硕士论文就以“论道德情感”为题而获得学位。20 世纪 80 年是中国学术发展的繁荣期，各种学科开始突破一些原有固化的观念与理论，提出新视角、新理论、新方法，在伦理学领域道德心理学的兴起就是其中之一。我从 1987 年起追随中南大学（原中南工业大学）曾钊新教授进行道德心理学研究，至今已初步形成体系（以 2017 年商务印书馆出版的《道德心理学》为标志），在国内也算是“一家之言”。所以，我的伦理学研究是从道德心理学起步的，也指导过不少研究生从事道德心理学研究，并由个体道德心理延伸到社会道德心理，主编了道德心理学研究丛书（5

种）。

本该继续在道德心理学研究上进一步深化与拓展，如中西方道德心理学史、道德心理学应用、民族道德心理，道德人类学与心理学等领域。但随着曾钊新教授1993年在国内率先开拓“负面文化”研究新领域，我的学术方向出现了“拐点”。1994年，辽宁人民出版社出版由曾钊新教授主编的“负面文化研究丛书”，我负责《罪恶论——道德价值逆向研究》一书的写作。在边研究边写作的过程中，我发现最大的恶莫过于政治之恶，后来又与朋友合作出版了《腐败论——权力之“癌”的病理分析》一书，并且提出了“政治、法治与德治相结合的综合反腐模式”，后被中纪委电教育中心邀请作为电视政论片《廉政之路》（后因特殊原因没有录制）的撰稿人之一（另一位是山西的杨继亮）。由于认定了“以德治腐”的重要性及基本思路，2000年出版《中国官德》，提出官德建设是社会道德建设的主体工程。由于中国政治体制的特殊性，政党伦理建设在政治伦理建设中处于核心地位，2006年由人民出版社出版《执政与善政——执政党伦理问题研究》，由此，就不自觉地进入到了政治伦理学研究领域，至今还在这个领域学习与研究。尽管由于行政工作身份的某些责任及其变动，在法律伦理、行政伦理与公共管理伦理等领域有所涉猎，但基本上还是专注于道德心理学和政治伦理学的研究，这也无意中“迎合”了李泽厚先生对伦理学主体构架的想法。

进入21世纪后，参加了几本伦理学教材包括“马克思主义理论研究与建设工程”的教材的编写，总感觉国内伦理学基础理论研究的薄弱与滞后，主要表现为视野狭窄、知识老化、方法陈旧、解释力弱，所以，想在伦理学基础理论研究上做些工作，2019年中国社会科学出版社出版的《当代中国伦理学》一书是我和另外两位青年学者合作研究的成果。在这本书中，我们尽量以“伦理”而非“道德”作为研究对象，以伦理建设为研究重点，尽管还是规范伦理学的写法，总算有了一点时代气息，特别是对当代中国现实有了些回应。在再次阅读休谟的《人性论》时，反复思考他为何置“道德学”于人性论的内容，可见知性、情感与德性是休谟理解人性的关键词。我受其启发，开始有了写本《道德学》的想法，以区别于伦理学甚至道德哲学，这个工作正在努力完成之中，其中个别想法在文集中有所体现。

这样交代自己从事伦理学研究的简单过程，无非是想说明本次收入文集的作品范围和主题。由于《道德秩序》论文集以道德心理学研究成果为主，这次就以伦理学基础理论和政治伦理学的研究论文为主，尽量避免重复。有人曾戏说，现在也只有湖南人与北京人在关心政治，这是否预示着研究政治伦理学是湖湘伦理学的特色，如果是，那一定会是某种文化“遗传”的基因在起作用。不过，从屈贾文气到毛泽东思想还真能感觉到政治伦理的“血脉”未断，在我主持的国家哲学社会科学基金重大项目《中国政治伦理思想通史》中看能否反映出来。曾有朋友劝我说，研究政治伦理学敏感问题多，研究风险大，最好不要进入。从这些年的具体研究来看，朋友的劝告不无道理。有时，我经常陷入一种莫名其妙的苦闷，但从目前国人特别是领导干部普遍性地缺少政治伦理常识来看，这种苦闷就会一扫而光，感觉自己的研究还是有意义的。我进入到政治伦理学领域，最要感谢的人是清华大学的万俊人教授。万俊人教授凭自己的学术敏感性，在国内较早关注和倡导政治哲学（政治伦理学）研究，并组织了大量的翻译和研究工作，主编过相关的大型研究丛书。我总是能在困惑与慵懒时得到他的指点与提振，以至于至今都无法摆脱对这位兄长的全面依赖。

一个人一生从事什么，真的有许多的偶然性。我踏上哲学伦理学之路，并非“初心”，本于理想是想当作家，因父亲的一句“学哲学将来可以当官”，直戳了要改变世家不再受人欺负的隐秘之痛，在专业选择的栏目里首选了“哲学”。其实，那时父亲根本就不知道柏拉图说过国家最好的治理者是哲学王。非常令父亲失望的是，我毕业后最终选择了当老师，并且是教仅仅只能为弱者和穷人说几句公道话的伦理学。在现实生活的层面，其实学什么专业与当官之间没有任何联系，因为我们的知识体系与权力体系基本上是不搭界的，更无必然联系。2010年，经组织上公开选拔，当过几年大学的校长、书记，做了一些本于良心而力所能及的事情，但始终没有放弃学术，也保持了自己的个性与棱角，因为学术是一个学者的生命，个性是一个人的本色，无论如何是不能丢失的。做人，我宁要鲜活的棱角，也不要僵死的成熟。

在文集的编辑出版过程中，正碰上肆虐全球的新冠病毒。几个月的疫情，尽管已经得到有效控制，但这场灾难带给我们太多的思考。此次疫情，不是某个国家或地区的灾难，它是全球性的、是全人类的，这就需要有人类整体性思维、世界人道主义思维、命运共同体思维。非常遗憾的是，我听到的是各种对立、对抗、指责的声音；我领教了的还是撕裂手法和斗争思维；我看到的是傲慢、偏见、“甩锅”的情形。灾难来临，不是每个人都有足够的力量去力挽狂澜、有足够的能力去帮助我们想帮助的人，只能是“有一分热，就发一分光”，这分热就是人性，这分光就是悲悯之德，无数的光和热汇聚在一起，就是整个太阳，我们自己的太阳。文集的问世，能否会带给更多的光和热，我无法断言，但希望起码能给这个薄凉的世界增添些温暖。当然这种温暖的“营造”，离不开编辑彭卫才先生的艰苦劳动，我除了致敬还是致敬！

湖湘文化在中国文化谱系中独树一帜，湖南人的性格也是格外不同。现抄录《楚辞·橘颂》中的一段作为序言结尾以铭志：“嗟尔幼志，有以异兮。独立不迁，岂可不喜兮！深固难徙，廓其无求兮。苏世独立，横而不流兮。闭心自慎，终不失过兮。秉德无私，参天地兮。”

李建华

2020年5月9日于三思书屋

目　录

伦理与道德关系再认识

随着实践的发展和理论研究的深入，伦理与道德的关系问题逐渐为学界所关注和重视。目前中外学界主要有两种理解：一种认为伦理与道德是同义词，可以将两者互换使用或连用；另一种则认为伦理与道德两个概念虽密切相关，但严格来说，两者意义存在区别，在运用上应严加区分。尽管目前学界已有不少关于两者关系的研究成果，但并未达成普遍共识，还有必要对其再认识。本文从词源学考察出发，重新理解和界定伦理与道德，并进一步辨别和厘正两者关系。

一、伦理概念的重新理解与界定

“伦理”一词的英文为 Ethics，德文为 Ethik，它源自古希腊语。据古希腊语词典有两个可与之相对应的词，其中一个是“εθος”，含义为“风俗、习惯、风尚”。大部分学者认为现代语言中的伦理一词来源于它，其重要的一个根据就是亚里士多德在《尼各马科伦理学》中对伦理一词来源的解释：“伦理德性则是由风俗习惯熏陶出来的，因此把‘习惯’（ethos）一词的拼写方法略加改变，就形成了‘伦理’（ethike）这个名称。”另一个是 ēthos（ηθο），“ηθο!!”的含义有三：（1）常歇处，居处，住处；（动物的）巢穴，洞，窝，栏，圈等；（2）风俗，习惯，习气；（3）性情，性格，性质。有学者认为这才是“伦理”的原初含义，如海德格尔在《关于人道主义的书信》中：“如果说按 ηθος 一词的基本含义来看，伦理学这个名词说的是它深思人的居留，那么，那种把存在之真理思为一个绽出地生存着的人的原初要素的思想，本身就已经是原始的伦理学了。”从词义来看，ηθος 的词义比 εθος 要广，除风俗、习惯的含义外，还包含有地域性、民族性以及人们的性情、品格等含义，也更接近现代伦理内涵。据此，从古希腊文的词源学角度来理解，“伦理”的原初含义是指人在共居的地方形成风俗、习惯，通过践行这些风俗习惯，人们逐渐形成某些品质或德性。这里，风俗习惯是在人与人、人与自然的长期互动中形成的约定俗成的伦常秩序，具有时代、民族、地域等的差异性。

在古汉语中，古代的“伦”与“理”是分开使用的。“伦”的繁体为“倫”，源于“侖”，会意字，从亼（表聚集），从册（编竹简），为会集简牍编排次序之意。本义指次序、条理。“侖”另加义符“亻”写作“倫”，现在简化作“伦”。伦，从亻从仑，本义指人际关系有次序条理。《孟子・滕文公上》：“教以人伦，父子有亲，君臣有义，夫妇有别，长幼有序，朋友有信。”东汉经学家郑玄在为《孟子》作注时云：“伦，序……识人事之序”，认为伦即人伦秩序。《说文解字》曰：“伦，辈也”，将“伦”训义为“辈”，也即意味秩序、排序。还有人将“伦”引申为“类”“比”“序”“等”，指人群类而相比，等而相序。“伦理”二字连用最早见《礼记・乐记》中，“凡音者，生于人心者也，乐者，通伦理者也”，指“事物之伦类各有其理也”。可以看出，中国传统文化中的伦理主要是指人伦关系之理，人伦关系是天然秩序，人伦之理是人伦天然秩序中蕴含的道理。

综合以上中西方词源学的考察，可以基本确定“伦理”概念的核心含义在于伦常秩序。这种伦常秩序有以下几重意蕴：一是指人的关系世界，主要指人与人之间的关系；二是指一定地域、一定时代的民族根据实际生活对伦常秩序的理解；三是人们从应然的角度理解由必然性决定的伦常秩序是“应当如此”的，应该去维护和遵行的。厘清“伦理”一词的意蕴之后，我们可以结合现代人的生活实践和时代要求，对伦理进行界定：所谓伦理，是指一定社会的人们所认识和理解的人与自然、人与人、人与自身之间的应然性关系。

这里要对这一定义作几点简要说明：第一，伦理本质上是一种关系，一种应然性的有序的关系，这种关系具有价值指向性，内含着人们认识和处理人与自然、人与人、人与自身关系的价值取向。因此，伦理关系中内蕴着规范性要求。有些人将伦理定义为处理人与人、人与自然关系的规范或规则，同时将道德也定义为人的行为规范体系，从而将伦理与道德混同，这是对伦理的过度解释，是不恰当的。因为伦理本身不直接表现为规范或规则，而是表现为应然性关系，只是这种应然性关系中蕴含着规范性要求；第二，它涉及人与自然、人与人、人与自身三方面的关系，全面概括了人的多重存在样态与多重关系，这与现代人的生存状态和实践要求是相符的；第三，限定语“一定社会的人们所认识和理解的”，揭示伦理的属人性、时代性和发展性，伦理总是表现为一定时代中一定人的伦理，并且随着人的发展而发展。

二、道德概念的重新理解与界定

在西方，“道德”一词的英文 moral 来自拉丁文的 mores，它是拉丁文 mos（习俗、性格）的复数。古罗马思想家西塞罗用 mores 一词创造了形容词 moralis，指国家生活中的道德风俗和人们的道德个性，后来英文的 morality 沿袭了这一含义。在古希腊语中没有与道德直接对应的词语，是西塞罗将 ηθικós（ηθικń 的形容词格式）翻译为拉丁语的 moralis，我们日常使用的道德一词（英文 morality，德文 Moral）就是源自此。而 ηθικń 一词又来自 ηθos，前面提到过，ηθos 是“伦理”的来源词，可见，道德和伦理两个词在古希腊语中具有共同的源头。他们确实有密切的联系，这也可能是很多人将道德与伦理混同使用的根源。但是，在后来的词义演化中，morality 与 ethic 代表的意思已经有所分殊。大体上来看，伦理（ethic）一词主要秉承和发展了词根 ηθos

的“住处”和“风俗、习惯”含义，并演化为一定居住区域内的人在人与人、人与自然的长期互动中形成的约定俗成的伦常秩序（风俗习惯），具有社会性；而道德（morality）一词则主要秉承和发展了词根 ηθος 的“风俗、习惯”和“性情、品格”含义，并演化为主体在一定的风俗习惯的熏陶下形成的观念、品格，具有个体性。安东尼·普罗伊斯在其主编的《古希腊哲学词典》中就认为“美德伦理学家，无论是苏格拉底、亚里士多德，还是斯多葛主义者，都是从‘品格’的意义上来理解 ηθικός”。从演化的角度出发，我们可以将道德与伦理的共同词根 ηθος 的三重含义即“居所”“风俗习惯”“性情、品格”，理解为：共居于一定区域的人们在人与人、人与自然的长期互动中形成了一定的风俗习惯，人们长期遵行一定风俗习惯便形成了一定的品性，而这些风俗习惯和品性是维持社会良性运行的基础。因此，道德则可以理解为是人们长期遵行一定风俗习惯而形成的品性和德行。

在汉语中，“道”和“德”最初是分开使用的，且原初意义并不相同。“道”在先秦时期就已被广泛使用，演化至今，其基本含义主要有：（1）道路、引道而行。如《说文解字》：“道，所行道也，从辵从首。一达谓之道。”（2）道理，指宇宙的本体及其规律。如《广韵》：“理也，众妙皆道也，合三才万物共由者也。”（3）道义，正义。如《孟子·公孙丑下》：“得道多助，失道寡助。”（4）方式、方法。如贾谊《过秦论》：“深谋远虑，行军用兵之道，非及向时之士也。”（5）理顺、引导。如《尚书·禹贡》：“九河既道。”概观之，“道”在汉语中的含义主要有本体、规律、合理、正当、道义、道路、引导、方法等。“道”有一种天然合理性的意蕴，即人们所认识和理解的应然性（应该如此）。“道”有“天道”与“人道”之分，天道主要指人们所理解的人与自然的应然性关系；人道即是人们所理解的人与人之间的应然性关系。

“德”在汉语中的含义十分广，归纳起来，主要有以下几重意义：（1）从“彳”，表示与行走有关，本义为登高、攀登。如《说文解字》："德，升也。"（2）感激、施惠。如《左传·成公三年》："然则德我乎。"（3）通"得"。许慎在《说文解字》中指出"德"即"外得于人，内得于己，从直从心"。（4）德行、美德、德性。《康熙字典》："凡言德者，善美，正大，光明，纯懿之称也。"（5）符合自然规律的本体之德。如"上天有好生之德""敬德保民""以德配天"等说法，《庄子·天地》："通于天地者，德也。"（6）福，幸运。如《礼记·哀公问》："百姓之德也。"归纳起来，在汉语中，"德"的核心意思为人们在认识、理解和实践"道"的基础上形成的良好修养与德行。

综合以上对中西方"道德"概念的分析，可以看出，中西方虽然存在文化差异，对"道德"的语言表达也存在差异，但对"道德"本质含义的理解却是相通的。在西方文化中，主要将道德理解为人们长期遵行一定的风俗习惯而形成的品性，强调对风俗习惯的践行；在中国传统文化中，主要将道德理解为人们对"道"的认识与实践基础上形成的"德行"（包括知行合一、身心合一）。中西方都是从人们对人与人、人与自然的应然性关系即伦理关系的认识、理解和践行角度来理解道德的。联系当前人们的生活实践与时代要求，我们可以对道德作如下界定：所谓道德，是一定社会的人们对人与自然、人与人、人与自身应然关系的反思、认同和实践，以及在此基础上形成的关于应当如何的观念、品格、规范和行为。

对这一定义也需做如下说明：第一，道德首先是人的一种精神、一种意识，其对象是与人相关的应然关系和秩序，其建构在于维护这种应然关系和秩序，具有价值指向性，因而它实质上是一定社会人们的价值观；第二，道德又是人的一种实践，是人对应然关系认识基础上的自由和自觉的实践，这种自由自觉的实践是以人的价值取向为基础和前提的，因而道德是人的一种"精神—实践"存在方式；第三，道德具有规范性却不仅仅体现为规范和规则，它还包括主体的观念、品格和行为，是主体性与规范性、精神与实践的统一。国内外学界很多人将道德简单定义为一种行为规范体系或各种规范的总和，这是不全面的。这种定义虽然抓住了道德的规范性，但是，将道德仅仅理解为一种普遍的规范和规则，忽略了人的道德观念、道德品格、道德行为，从而忽略了道德的主体性，容易导致用道德规则来裁量人的生活，使人成为匍匐于道德规则之下的道德异化状态，不利于道德创新和激励主体自觉提高道德修养。

三、伦理与道德的关系辨正

通过概念分析可以看出，伦理与道德是既有所区别但又有本质关联的两个概念范畴。二者关系如下：

第一，伦理是道德的来源和依据。伦理作为"主观的善和客观的、自在自为地存在的善的统一"，既有其自然客观基础，又与人的认识和理解有关。自然、社会、人的生命体等客观存在是人的先天存在背景，这决定了人与自然、人与人、人与自身发生关系的客观必然性，又规定了这些关系发生和作用的形式、方向及限度，这些关系中蕴含的客观必然性和规定性（即客观之"理"）对于人的存在来说便成为一种应然性规定。但凡与人相关的关系中，都有一个人应当如何的应然性问题，也只有具有应然性指向的关系，才能称之为伦理关系。人总是以其理性来反思和把握其所处的伦理关系，这决定了伦理具有属人的主观性，但这种主观性不是单个人的主观随意性，而是受一定自然、社会条件、历史发展进程和时代要求的客观性所限定的主观性。如对于人伦关系，必然要以上下级、父子、夫妻、兄弟、朋友等关系的客观存在为前提和限域，但不同时期的人对于其应然性的认识和理解不尽相同。应然的伦理关系中蕴含的客观必然性和秩序规定性，或者说客观的善（"善"在这里作"好"理解）是人类社会良性运行的前提和基础，对于人来说是客观必要且应当如此的。人通过对伦理关系应然性的认识与反思，会产生维护应然伦理关系的价值取向（主观的善)，并据此规范人的存在与行为，于是便产生了道德。可见，道德产生于人的伦理世界，道德的目的旨在维护伦理的应然性，道德依据伦理的应然性要求而运行，道德关于应当如何的规范性来自伦理的应然性要求，道德始终追求合乎伦理。

第二，道德是伦理的展开与实现。出于对伦理的理性自觉，人们为合乎伦理而对人的行为进行规约便产生了道德，可见，道德是人们在伦理世界中一种精神—实践的存在方式。首先，道德作为人对伦理世界的理性自觉是伦理由关系实体向人的精神世界进行转换的过程。伦理关系中所蕴含的应然性经过人的认识和理解在人的精神世界中构成人的价值世界、意义世界。人正是在认识和理解伦理关系并在精神和实践上追求合乎伦理精神的过程中不断构建其人生意义，这种意义的生成一方面引导着人的生活，另一方面又使得伦理在主体的精神世界中得以不断展开并时时更新。其次，道德作为人对伦理应然性的维护与践行，是伦理世界向人的精神世界转换之后再向人的行为世界进发的过程。人在理性反思下，为了达到自我实现和自我完善的目的，在行动中必然要以先天客观的伦理关系为背景并遵行其应然性要求，因此伦理的应然性便成了人们行为规范性的来源。这种规范性要求在人的世界里历史地形成“应当如何”的观念，产生应当如何的行为规范，并在长期的精神—实践互动中形成应当如何的心理和行为倾向，最终引导人们的行为。人在道德规范下的自觉自律行为是伦理应然性要求的主体化落实，从而也是具体的实现。因此，道德作为人的精神—实践存在方式，是伦理的主体化、精神化和实践化，是伦理在人的世界中的具体展开与实现。

第三，伦理与道德之间存在张力。伦理作为属人的应然性关系，道德作为人对伦理的精神—实践性实现，两者虽然紧密相连，但不完全等同，它们之间存在一种张力关系。这种张力关系引导人走向善的有意义的生活。如果将人的意义生活比作一棵树，那么伦理就是这棵树的根，它构成人的意义世界的基础，内蕴着人类生活应当如何的源头。道德则是树的干和枝叶，它源生于伦理之根，是伦理的展开与实现，也是人的意义生活的具体展现。正如树身会制约和影响树根的生长，道德的发展也会制约和影响伦理的发展。贯通树根（伦理）与干枝（道德）的是树的规定性（应然性），如果说伦理的应然性中内蕴着根源于自然的秩序性的善，那么道德即是这种善在人的精神和实践中的体现，因此，伦理和道德都以善为目的。需要说明的是，伦理应然性的展开与实现涉及一切经济、社会、政治、法律、宗教、艺术等人的生活领域，因此只有实现这一切领域的协同合作才能真正建构和实现人的意义生活世界，妥善解决人的意义生活中的实际问题。总之，人的意义生活世界是以应然性为轴，以伦理为根基，通过道德展开和实现的。在人的意义生活中，伦理与道德既相通相依又相互牵制和限定，他们围绕应然之轴作共相波动，共同将人的生活推向理想的、善的、有意义的世界。

四、将伦理与道德混同的危害及辨正两者关系的意义

首先，将伦理与道德混同的危害。当前存在伦理道德化和道德伦理化两种倾向。其中，伦理道德化，是将伦理等同于道德，主要表现为将伦理关系实体精神化、主观化，将应然性作主观化处理，抽掉了人与自然、人与人的应然关系的必然性根基，实质上降低了伦理的地位。在这种思路下，伦理纯粹是主观的，人的意志成了伦理的源泉，人可以根据自己的需要和意志设定甚至变更伦理关系的应然性标准，这容易导致伦理相对主义或伦理极端主义。如纳粹主义的盛行从某种意义上来看就在于，纳粹统治者根据自己的意志将人与人的应然关系作有利于自己的道德化处理。正是在这种思维逻辑下颠覆了应然的人伦秩序，提出所谓的以人种优劣论为主题的道德理论，并从主观意志

上赋予其伦理合理性，导致了对犹太人的种族灭绝。可见，将伦理等同于道德内含着思维逻辑的根本性错误，其极端化发展会给社会带来极大危害。另一种倾向是道德伦理化，将道德等同于伦理，甚至以伦理替代道德，主要表现在将道德视为与伦理一样具有客观性、必然性的实体，从而导致道德至上或道德绝对主义，认为道德是主体之外的高高在上的至善，人应该匍匐于道德之下，毫不怀疑地将外在的高高在上的道德执行到底，这实质上是拔高了道德的地位。将道德本体化、抽象化、去生活化，是将道德游离于人的具体伦理关系之外的客观唯心主义。以康德为代表崇尚道德至善的义务论就犯了这种错误，正如黑格尔所批判的：康德多半喜欢使用道德一词。其实在他的哲学中各项实践原则完全限于道德这一概念，致使伦理的观点完全不能成立，并且甚至把它公然取消，以“凌辱”。若以这种理念主导我们的道德生活至少会导致两种消极的后果，一是它会取消主体对道德的质疑和反思权利，从而取消主体在道德之下表达自身利益和价值的权利。在具体的生活中往往使人因此将道德悬搁、弃置不顾，或者创生和践行另一套道德系统，从而导致主导性道德与具体生活道德的背离甚至对抗。其结果就是道德沦丧和道德畸变；二是将道德视为至善的先验的绝对命令，斩断了道德与主体的通道，否定了主体对道德产生和发展的作用和贡献，从而阻滞道德的创新发展，导致道德的僵化和停滞不前。

其次，辨正伦理与道德关系的意义。一是可以防止道德绝对主义和道德相对主义的观念和倾向。道德绝对主义倾向于将道德理解为先验的天外之物，或者将道德理解为不变的至上原则，往往导致一味地用高高在上的道德来裁制人的生活，使人匍匐于道德权威之下，成为道德的奴隶；道德相对主义倾向于将道德看成是人的尺度，来源于人的主观精神，人们可以根据主观需要来设定道德并根据需要随时变更，这会造成道德标准的混乱和意义世界的最终丧失，使人的存在陷入虚无。这两者共同的错误是混同伦理与道德，忽视了道德的伦理根基。正确理解伦理与道德的关系可以避免上述错误。如前所述，伦理和道德都是属人的，道德源生于人的应然关系世界即伦理世界，而不是什么先验之物，道德依据伦理而运行，其目的是合乎伦理，即合乎人的应然关系，而不是合乎人的主观意愿。二是为构建和践行社会核心价值提供思路。伦理世界的应然性蕴含着指向善的价值精神，即伦理精神，道德是这种伦理精神的生成和具体践行。人的伦理关系的应然性是伦理精神的源头，伦理精神的建构与实践必须落实到主体层面，落实到道德层面，实现由关系实体向主体德行的回归。因此，一方面，要从人的具体存在，即人存在的历史性、民族性、时代性中找寻、确立伦理价值精神；另一方面，要使伦理价值精神向人敞开，通过主体的精神—实践而达到伦理与道德的统一。这就意味着要充分重视道德认同与内化并探究它们的运行机制，重视道德的生成与践行。三是有助于重建当代人的道德信仰。当代人的道德信仰缺失，一方面是由于社会主流观点将道德主要理解为规范人、约束人的规则体系，重视道德的规范作用而轻视道德对于人的根本意义，只见道德规则不见道德精神，抽掉了道德的伦理根基，从而使道德信仰成为无根的浮萍；另一方面由于人们对人的关系世界作简单化、功利化处理，忽略了其应然性。有些人将人与自然的关系简单化理解为自然为人所用，将人与人的关系简单化理解为利益关系，将自我的存在目的简单化理解为获取利益。这种偏离伦理应然性的、扭曲的人生观和价值观必然导致只将道德看作工具，而不可能产生追问人生意义的道德信仰。这两种倾向的共同特点是割裂了伦理与道德的本质联系，将伦理与道德作片面化处理。厘正伦理与道德的关系，从人的存在来理解伦理和道德，将道德理解为建于人的伦理世界中的主体精神和实践，并从伦理世界的应然性中来确立道德精神和人的意义世界，从而使道德成为人生意义的一部分，使人追寻道德的过程成为人生意义的生成过程，道德信仰才能真正建立。

（原载《江苏行政学院学报》2012 年第 6 期）

道德起源及相关性问题

——一种基于人类自演化机制的新视角

道德的起源问题是伦理学的根本问题之一，不同的道德起源观决定着不同的伦理观，因而客观实在地弄清道德的起源，对于把握道德规律，解释道德现象具有非常重要的理论和现实意义。本文在分析各种道德起源成说的得失并吸收其他学科新成果的基础上，指出了道德具有客观实在的生理和基因基础，如果没有发之基因信号的道德情感的基础，道德这种主要靠内心自觉来实现，没有外部强制力作为保障的软“规范”将不可能。由此出发提出了新的道德起源说，并拟从这一新的视角阐述一系列的道德现象和规律。

一、传统的道德起源说

关于道德的起源，古今中外的伦理学家们围绕道德准则究竟是先验的独立于人类经验的，还是人类经验认知的发明创造这一主线争论不休。西方传统伦理学由此形成了道德超验主义和经验主义之间的分裂，进而形成了道义论（义务论）、自律论和功利论（目的、结果论）、他律论两大阵营的争论，前者相信道德戒律先天的存在于人类经验之外，他们相信道德价值的独立性，无论它们来自上帝与否，对任何有理性的人来说都是不证自明的；后者认为道德来自人类经验，有着一系列的知识论基础，并认为道德价值来自人本身，无论上帝存在与否。经验主义主张的根源可以追溯到亚里士多德，包括中国传统的性恶论和性无善恶点，它的现代起源是休谟、边沁等。而超验主义的根源来源于传统的天启道德观和一切宗教伦理，以及中国传统的性善论，现代起源最具代表性的是康德和莫尔。

超验主义伦理学不管是从主观唯心主义还是客观唯心主义的立场出发，以精美的逻辑把道德论证或描绘的极其神圣崇高却没有现实的物质基础和科学证据，常常在活生生的现实中变得苍白无力。而经验主义（功利主义）伦理学却无情地剥去了道德超功利的神圣外衣，使道德成为人类为生存而实施的功利计算的策略或软弱无力的同情心的表现。但功利主义伦理学难以使人信服的理解和解释人类历史和现实中许多不记利害和功过的崇高而伟大的道德情感及品德行为，以及尊老爱幼的普通道德现象。超验主义的伦理学常常在它高贵的成功之处有着可悲的失败，始终在理论和逻辑中打转，缺乏实证研究和论证，最终往往将道德来源归于先验的上帝或神的意志，常常为殖民征服、专制制度和种族屠杀作激情的辩护，甚至制造和培养道德的伪道士。功利主义使道德在失却崇高的功利计算中堕落，道义论使道德在崇高中虚无。

马克思主义者认为劳动是人类道德起源的第一个历史前提，道德伴随着人类社会的开始而出现。在马克思主义者看来，道德作为一种社会意识形态，是社会经济关系的产物，根源于人类社会的物质生活条件之中，是物质利益关系的反映。一方面，道德产生于物质生活资料生产和再生产的需要；另一方面，道德产生于人类自身生产和再生产的需要。一言以蔽之，就是道德是为适应人类社会生存发展的需要而产生的，是在社会生产劳动基础上进行的一个逐渐形成的过程；而社会分工的产生，则是道德形成的关键。马克思主义关于道德起源的基本观点正确地解释了道德起源的基础和一般过程，坚持了唯物辩证地考察道德起源的基本方向，为科学考察道德起源问题奠定了坚实的基础。但应当指出，马克思主义只是指出了道德起源的社会经济基础，强调了人在道德起源中的主观能动性以及人的道德活动的主体意识性和目的性，而忽视了对人类道德起源的生物学、心理学考察。

现代生物学家认为道德是生物界“物竞天择”的生物对环境适应性选择而进化的结果，这种被称为社会达尔文主义的观点以生物的进化论来说明人类的道德的起源。他们认为道德起源于动物的社会本能，道德乃是动物的互助精神、合群感等社会本能的延续和复杂化。达尔文认为：“道德观念原本发生于社会本能。”克鲁泡特金进一步发挥说：“我们不得不承认我们的善恶之观念以及我们关于‘至上善’的推论也都是从自然界中借来的。”考茨基更在他的名著《社会主义伦理学》中露骨地宣称：“道德律不外是动物的本能。”这种道德起源说把人的道德看成是动物本能或者是从动物本能直接转化而来的，它忽视了人的主观能动性，以及道德的社会本质，抹杀了人的道德活动的主体意识性和目的性，抹杀了道德与本能的本质区别。但是，它的优点是指出了人的道德活动同动物本能的活动的共通性以及进化的连续性，看到了人类道德活动与动物的本能活动有着相似的活动机制，看到了动物的互助本能活动中已蕴含着人类道德活动的萌芽这一点，为我们探索道德起源的客观实在的实证根源指明了方向。

我们认为道德是人的道德，因此考察研究道德的起源不能就仅仅阈于道德的领域来探索，必须紧紧把握住人这一关键因素和核心。而人是生物进化和社会演化的结果，人既是生物的人，更是社会的人，二者不可割裂。因此，探索道德的起源必须从生物学和社会学的进路入手。现代大量生物学和社会学的研究成果表明，人类道德的起源既是生物进化与环境共同演化的结果，也是人类为了生存发展而有意识的自觉创化的结果，即道德是生物演化和人类创化相结合的共同产物，其既有客观实在的生理基础和自演化机制，也充满人的主体意识性和目的性的创化机制。

二、道德的起源是生物进化与环境共同演化以及人类自觉创化的结果

从哲学的观点看，道德是一个关系范畴，本质上是人与人之间的一种特殊关系，单独的脱离他人的个人是无所谓道德的。因此，道德产生的第一个基础应该是“人”进化成为社会人，从而具有了相互依存的本能需要，也可以叫作“亲社会本能”。人类祖先的合群性本能乃是人类道德起源的生理前提，在有机体适应环境的过程中，具有有益性状的个体会生存下来并繁殖起来，而没有这种性状的，就会在生存斗争中被淘汰，这种有益性状就是进化必须要选择和遗传的，是基因和环境互动的结果。人所特有的、与其他动物区别开来的道德情感、品行的自然根据存在于不同地域、种族甚至与世隔绝的种族都具有大部分的共同道德情感和品行。而正是由基因决定的与生俱来的道德情感构成了道德的基础，使道德成为可能。这些道德情感的部分雏形也存在于某些动物所具有的合群性本能即社会本能里（例如，在同伙的交往中寻求快乐、彼此提示危险、用各种方式维护和帮助同伙等）。在达尔文看来，人类的祖先类人猿也在自然进化中获得了这类“社会”属性，原始初民又继承了人类祖先的“社会”属性。人作为个体是弱小的，人为了生存繁衍必须相互合作形成社会，这是生物适应性进化的结果。人类学和考古学的研究表明人的群体首先是在血亲之间形成，进而为了抗拒恶劣的生存环境，血亲“家族”之间实现了合作，形成更大的群体。群体的形成是生物进化的结果也是环境选择的结果。首先，这种血亲群体性的“人”，必然形成群体依赖的本能心理，这是基因进化使然的，这种心理为道德的产生奠定了生理和心理基础；其次，为了维系这种血亲群体内部和血亲群体之间的合作以及共同利益与依赖关系，以便更好的生存繁衍，人们必然要选择，进而设计并制定一

些共同遵循的“规范”，这便是道德产生的理性基础和社会基础。对血亲成员的依恋的这种群体本能不仅仅在人身上表现，在自然界许多动物身上也有表现，许多具有群体性本能的动物离开群体或失去群体的其他成员后会显得悲伤而焦躁，看到群体的其他成员受到攻击会主动应战，生物界这样的例子不胜枚举。为了生存而相互合作、相互帮助的现象在一些动物身上也有表现，足以说明合作、互助、利他是生物进化的自然结果，其具有基因基础。但这种群体本能的相互依赖、合作、互助、利他是道德起源的本能（基因）基础，但是这种本能还不是道德。

当人进化到有了自觉的意识，那些相互依赖、合作、互助、利他行为的本能心理演化为人的道德心理、道德情感和道德品质，进而有意识的将那些为了维系群体生活和群体合作需要的本能行为上升为自觉的规范和意识、行为后，道德便产生了。因此，道德起源于人的群体性生活的本能需要和为生存而合作的需要，是生物进化和环境演化的结果，也是人类自觉创化的结果。由此可见道德既是内生的，也有外生的，内生的部分来源于人性的群体性心理，是生物长期进化形成基因信号使然的结果，其具有生物实证的基础，它为道德规范得以产生和实现的人性基础。可以想见的是：外生的来源于为生存而互利合作的需要，内生的道德是生物进化和环境共同演化的，而外生的道德却是人类为了维护生存发展而有意识自觉创制的（创化的）。从道德产生的始因可看出，无论是内生的还是外生的道德都有一个共同的目的是为了人生存，并且能很好的生存下去，即过好生活。正如 J. P. 蒂洛所言，人们为了能更好的生活，必须确立和遵循一定的道德原则，这些原则鼓励人们相互合作，使人们不必担心被伤害、偷窃、欺骗和欺诈等，这些原则的确立和遵循，不仅是为了自己，也是为了别人。因此，“道德的产生是由于人类（生存发展和过好生活）的需要，由于认识到以合作的和有意义的方式共同生活的重要性，坚守道德原则，能使人们尽可能生活得和平、幸福、充满创造性和富有意义”。可以实证和想象，孤独的个人是没有好生活，甚至也活不下去的。一个人如果离开群体，或看到群体其他成员受到伤害或死亡，由于群体性生活的人性需要得不到满足而痛苦，同时一个人如果离开群体也会因生存能力下降而痛苦或死亡。道德的内生和外生的可以很好地解释不记功过的道德行为和功利的道德行为。抛却世界观的不同，道义论近似于对内生（演化）道德的阐释，义务论则近似于对外生（创化）生道德的阐释，二者只看到道德现象的一个方面，而不能反映道德现象的全貌。

人类为了调节群体（社会）内部的关系，从而设计（创制，包括认可并规范化一些本能行为）出一系列的道德规范，这不难理解，这也是大多数伦理学家，特别是功利主义伦理学家和具有唯物主义立场的伦理学观点。而作为人性内生道德的观点不太容易被接受，但是现代生物学研究却不可辩驳地证明了这一本质和规律。人性内生道德的探索，我国伦理学家曾钊新做过有益的探索，他提出了“人性是道德产生的第二土壤的论断”，而现代生物学研究表明利他是基因与环境演化的结果，是生物适应性进化的必然产物，合作和利他将增强基因对环境的适应和繁衍能力。现代生物学者有两种解释利他主义进化模式的理论：一种是基因选择论，该理论认为遗传进化是在基因层次上实现的，所有生物体只不过是基因实现其遗传频率最大化的武器，为了使遗传频率最大化，基因可以使某一个具体的生物体采取自杀性的利他主义；另一种是群体选择论则认为认为遗传进化是在生物种群的层次上实现的，当利他主义有利于种群利益时，这种行为特征就可能随着种群利益的最大化而得以保存和进化，最后形成基因信号。这两种理论对利他主义具有同样的解释力。按照美国桑塔费学派跨民族、跨地域的“最后通牒实验”（给两人 1000 美元，由其中一人来分，如果对方对其分配无异议则按分配各得所份，如有异议则由实验者收回，二人一无所得，实验结果表明大部分人接受对半分，否则宁愿不要也不同意，低于三七开的分配则无人愿意接受，即便 300 美元相当于其一年的收入）证明人性存在“强互惠”、不计成本的“利他性惩罚”的正义感等道德情感。现代脑科学的研究也表明人类具有与生俱来的道德情感，而我国学者丁航、汪丁丁做了大量的研究论证，为人性内生道德提供了大量的证据，他们认为“善良、宽容、同情、利他、包括疾恶如仇等这些构成人类道德的主要品质是人类自身长期演进以及人类的生存环境（包括自然环境和社会环境）自然选择的最终结果。从这个意义上说，人类的道德禀赋与人类的其他生存品质（包括自我保护意识、功利计算、自利的本能等）都具有同样的客观属性，它们都是深深植根于我们的遗传基因中的、使我们的个体生命和种群生命‘最大化’的有力武器”。正是这些客观存在的由遗传基因使然的道德情感使道德成为可能。可以想象，如果没有这些客观存在的由遗传基因使然的道德情感的保障，道德的实现只能像法规一样靠外在的暴力实现，那么道德将被法规取代。这种先天的由基因使然的道德情感就如同康德所言的“自由意志”。得失的，因而是超功利的，实现形式主要靠内心与生俱来的道德情感。这也是道义论反驳功利论最有力的论据。而那些未被内化为稳定的道德品质的，为了社会、群体需要而创化的道德则主要靠监督、社会舆论等外部的他律及个体的理性来实现。如果抛弃功利论和义务论、自律论和他律论的本体论的根本冲突，他们的某些观点可以此实现统一。义务论、自律论者只看到了内生道德和内化道德不记功利的“自由意志”的表现形式，而不承认外生道德及其目的性、功利性及其他律性，而功利主义或目的论者只看到外生道德的目的性、功利性、他律性，而忽视了内生道德的超功利性和自律性。正如马克思主义伦理学认为的，道德是目的与效果的统一、自律与他律的统一，也是义务和功利的统一。

三、道德的演进以及与宗教、法律、制度等强制性规范的关系

从进化论和人性论的观点看，人性是丰富的，不单只有合作、互

助、利他心理，生存也不只有合作一种策略，人性里还有自私等丰富的不利于道德实现的内容，而竞争和“搭便车”也是生存的策略，这些事实说明道德的遵守将不会是普遍的，特别是对那些外生（创造）的道德律令的自觉遵从更难以普遍。因此，对道德的实现和对道德律令的遵从光靠自律是不够的，还需要外部力量的他律，即靠群体其他成员的监督，建立一些惩罚不道德行为的措施，同时，将群体共同道德规范灌输给不知或不从者。但是，随群体社会的扩大，成员之间的监督常常因信息不对称而失效，因而道德具有风险性，道德的实现需要找一些更有效的监督方式，于是道德开始与图腾崇拜及宗教联姻。

图腾崇拜及宗教产生于人对大自然的无知，以及对无知力量的恐惧，给道德赋予图腾和宗教的神秘或神灵力量，却可以克服道德因信息不对称导致的监督失效而通过人们对神灵的恐惧和崇拜得以补救；道德规范由此变成了来自神秘力量或神灵的命令，人们为了怕因不遵道德而受到无处不在的神灵或神秘力量的惩罚而不敢违背道德，从而为道德找到了终极的力量和价值。宗教主张的因果循环、善恶有报赋予道德以保证力量，而全知全能的上帝是道德的最终评判者，天国的美妙和地狱的阴森恐怖是对为善者鼓励和为恶者的惩罚。可以说宗教幻想的图景也就是道德幻想的图景。道德和图腾崇拜特别是与宗教的联姻，使道德深深沉溺其间，不能自拔，“因果循环”“善恶有报”的宗教伦理观深深地影响人类道德观念、心理以及道德理论的发展，许多超验主义的伦理学家错误地将道德的起源归结给神灵或神秘的力量。甚至“上帝死了”后，许多伦理学家、思想家不无悲哀地发出“如果没有上帝道德何以可能”的疑问和“没有上帝一切皆有可能”的悲叹。

如果说道德与图腾崇拜及宗教的联姻是道德向神性的演化，那么道德向现实世界的演化就是一些道德向制度和法律的演化。随着人类社会的发展和人对自然界及其自身认识水平的提高，宗教对人的控制力逐渐减小，而且因果报应和善恶有报毕竟飘渺遥远，对现世的惩戒作用有限。为了维护现实的有序发展，甚至是统治阶级的利益，人们必然要采取一些更具现实性和可操作性的道德实现方式来弥补宗教和道德控制、调节社会之不足，一些道德规范和律令就逐渐演变为礼仪制度和法律。制度和法律以国家暴力作为保障具有更大的惩罚性和威慑力，且更具现实性、操作性，可以更好地规避道德风险，促进合作及社会有序发展，同时更强有力地保护共同体的利益和“好生活”，这也是法律、制度这些由暴力保障的规范在许多领域取代道德成为独立发展的调整人们关系的显赫规范的原因。没有情感的世界人没法活，一个没有道德，只有功利计算的世界人谋求不到幸福，人需要活在道德的环境里，没有道德感的人性是残缺的人性，是没有荣辱、羞耻和恩义的人性。不难想象一个没有荣辱、羞耻和恩义的人绝没有好生活，生活在没有道德的世界里的人绝对也没有好生活。同样，没有了道德情感，完全在理性计算之下的道德将变成利益博弈的权宜之计，道德将失去存在的根基，而被其他刚性规范所取代。

四、道德的目的和存在功能以及评判标准问题

无论是起源于人性的道德还是外生于维护社会（群体）的目的之道德都有一个共同的目的——使人过上好生活，共同的存在功能——保障人过好生活。首先，外生的道德调节人与人的关系以维护社会（群体）的存在和发展不是道德的根本目的，因为人不是为社会（群体）而存在，而是社会（群体）为人而存在，人为了弥补自身力量的薄弱，战胜恶劣的生存环境得以更好的生存发展才组成群体，进而演化为社会，从而能通过群体或社会的合作力量弥补人自身的弱小，使人不断战胜不利的生存环境，过上可能（更好）的生活。因此，群体和社会产生的目的和存在的功能根本目的是使人过得更好。其次，内生的道德起源于人性，是人性的需要，需要得不到满足时的生活必然

没有得到满足时的好。总之，道德起源于人的需要，无论是源于人的内在需要还是外在的维护社会（群体）的需要，其根本目的和存在功能都是为了人过好生活。对此我国著名哲学家赵汀阳在其成名作《论可能的生活》里做了非常有益的探讨，他认为道德的目的是促进人的幸福，让人过上可能的（好）生活。而好生活是个相对的概念，不同的人可能有对好生活有着不同的鉴定，但有一些内涵比如尊严、生存发展、丰富的物质精神生活等，如马斯洛所论述的五种需要确实是人类共同追求的。同时，好生活也是个不断发展变化和丰富的概念，随着好生活的不断发展演进，道德也不断的发展演进，由此出发可以解释一系列的道德现象和问题。

首先是道德判断或评价标准问题。由道德的目的出发，可知判断善恶和评价道德的标准是看其是否有利于人们的好生活。评价一切社会存在物的善恶的标准是看其是否有利于促进和保障每个人的好生活，评价个人行为的善恶标准是看其是否有利或破坏他人的好生活，促进和有利于他人的好生活的行为是善的、道德的、应该的，反之破坏或有损他人的好生活的行为是恶的、不道德的、不应该的，损害或放弃自己的好生活去促进他人的好生活的行为是高尚的。历史经验证明那些破坏人的好生活的道德，无论当时的统治阶级和有权者如何提倡和维护终将被追求美好好生活的人们冲破、抛弃；相反的有益于好生活的实现的新道德无论统治阶级和有权者怎么反对和破坏，它终究会冲破层层阻挠，在已腐朽落后的旧道德的废墟上蕤生；其次是道德的阶级性、集团性、普世性问题。当社会利益分化，人被分化成不同的利益集团，如阶级、国家等一个个相互斗争的利益集团，集团内部为了协调内部关系，保护共同体的利益，一致对外，从而维护集团内部成员的好生活，便会在集团内部形成自己的道德。因此，只要有阶级、国家等利益集团的存在，就会有阶级道德、国家道德等集团道德的存在。集团道德的核心无非是集团利益高于一切，维护和捍卫集团利益是道德的，善的，反之则是不道德的，恶的。恩格斯曾以易洛魁人

“血族复仇的义务”为例，来说明这一问题：“同氏族人必须互相援助、保护，特别是在受到外族人伤害时，要帮助复仇。个人依靠氏族来保护自己的安全，而且也能做到这一点；凡伤害个人的，便是伤害了整个氏族。因而，从氏族的血族关系中便产生了那为易洛魁人所绝对承认的血族复仇的义务。”除了集团道德外，也存在道德普世性，不管人被分化成若干集团，人始终还是人，无论多少人性深处毕竟有着生物进化选择形成的基因使然的相同的道德情怀，因而存在普世道德的实证基础，人类普遍有着共同的基础性的道德情怀。另外，虽然不同集团有不同的道德，但随着集团之间利益关系的不断分化或融合集团会不断的被打破重组，道德也随之分化或融合，这为普世道德的出现建立了客观基础，可以预见随着人类社会交往的加深，联系越来越紧密道德的普世性会越来越强，当人类的利益完全融为一体，阶级、国家消失，人类进入“大同社会”、共产主义社会时，道德便完全普世化了。第三是道德的历史性问题。不同历史期有不同的生产水平，就有与之相适应的好生活，以及与此相适应的道德，不同的历史时期“好生活”的内涵是不同的，因而维护好生活的道德也不同，特别是作为人创化的那一部分道德，一般规律是依据当时的历史条件的，因而具有极强的权宜性，当历史条件变化了，这些道德也因随之寿终正寝。推动好生活的内涵不断发展变化的主要基础力量是生产关系，这也是生产力是推动道德发展的主要基础力量，人类发展史上许多道德的内容不断的被扬弃便是很好的证明。

（原载《中南大学学报》2007 年第 3 期）

论道德自由的三个基本向度

自由是人类永恒的价值目标。人类有无道德自由？道德自由是什么？这些道德形上问题一直困扰着思想家们，也关涉到现实道德生活的质量。道德自由不仅是一种意志自由，也是一种自由境界；同时还应该包括道德自由权，亦即道德自由在道德权利上的表述，它是衔接意志自由和道德自由境界的桥梁。道德自由的这三个向度相互联系，共同构成道德自由的丰富内涵。

一、道德意志自由向度

意志自由最先从伦理角度提出，后发展成在哲学意义上对自由与必然、决定论与非决定论的探讨。在伦理学范畴里，意志自由是“……指人在行动时对善与恶，道德与不道德的一种选择自由”。

意志自由与人的理性的成熟有关。理性的成熟表现为三个方面：(1) 是理性对个人的自我认识，即对个体的欲望、目标、价值等各方面都有较为全面、深刻的了解，从而形成清晰的自我认识，这是意志自由之主体性的保证；(2) 是理性对外界的认识，即理性对个体所处的客观环境，对与实现个体欲望、目标、价值等有着决定性联系的各种外部因素的认识与掌握，这是实现意志自由的重要条件；(3) 是意志力的增强，这意味着个体能抵制各种外在的或内在的非理性因素的阻碍与干扰，坚持按理性行动，这是意志自由在力量上的保证。一个人的理性越成熟，那么他的意志自由度也就越高。

意志自由的因果性包含在人的选择中，它体现为人自己为自己立法，也就是人可以自由地选择目标并在确定目标后自由地选择能顺利达到目标的各种手段与途径。人的这些选择自由并不是纯粹偶然的，因为人作为有理性的动物其选择必然蕴涵着人自己的因果性，也就是说，无论是人的目标选择还是手段选择，都烙上了人自己意志的各种意向；同时人的自由选择必须尊重自然因果律，只能是在认识与利用自然规律下的选择与自由。可见，因果性是意志自由的必然要求。

意志自由是人在善与恶、道德与不道德之间选择的自由，它是对人按自己的意志独立自主地进行道德选择与决定的能力的肯定。意志自由有广义与狭义之分，广义的意志自由是指人在事实上有在善与恶、道德与不道德之间进行选择的能力，它是心理学意义上的自由，意味着人能按自己的意志选择善或者道德，也能按自己的意志选择恶或者不道德。人的这种选择自由意味着人的行为是由自己的意志做出的，所以不论是道德行为还是不道德行为，都属于自己的行为，因而人必须负道德上的责任，接受他人和社会对自己的道德评价。

狭义的意志自由是指人在道德上有在善与恶、道德与不道德之间选择善或者道德行为的能力，也就是说人在道德上有向善的能力。人的这种向善能力是以人性善为理论根据的，如孟子认为，人都有“四心”，即“恻隐之心、羞恶之心、辞让之心、是非之心”，人的“四心”付之于道德实践就外化为人的仁、义、礼、智等道德行为。所以人的这些道德行为是人的意志自由的结果，也就是人本能地向善的结果。人的向善能力是人们拥有道德自由权、达致道德自由境界的基础与前提；人如果不具备这种向善能力，那么道德自由将失去其根基，而只剩下心理学意义上的道德自由。

人的意志是一个无法透视的“黑箱”，而且不能进行定性或定量研究，既然如此，我们如何在道德评价中确定人的意志自由？我们承认人的意志是无法直接透视的，但它却是可以间接透视的，亦即我们可以从意志的外显行为中去推测意志的情况，否则一切心理学都将不能成立。人的意志并不是与外界隔离的，相反，它每时每刻都在外界的刺激下向外界做出反应，所以意志是有一定客观内容的。虽然我们无法确切知道在刺激与反应之间人的意志究竟是怎样运作的，但既然刺激与反应都是客观的可观察的，而且又与意志有密切联系，那么我们或多或少就能从中有效地推测人的意志的状况。所以，对人的意志自由的考察，就可以转化为根据外界刺激与意志的外显行为进行推测。

当我们考察道德主体做出某一行为是否有意志自由时，我们不去问他是否有意志自由，而是根据当时的环境条件和他自身的能力去推测他是否有其他的选择。如果有，那么他的意志是自由的，这时他的行为只能是自己选择的结果；如果他是非此不可，亦即当时的条件和他自身能力不允许他做出其他的选择，那么他的意志是不自由的，这时他做出的行为就没有道德意义，即使他的行为不符合道德原则与规范，也不应该受到道德上的谴责。

当我们把意志自由纳入道德评价中的时候，便涉及意志自由的广义与狭义之分，即个人心理学意义上的意志自由和个人向善的意志自由。在道德评价中，我们首先承认人有广义上的意志自由，并以此作为人承担道德责任的前提，而从道德价值的角度看时，我们只肯定和维护人向善的意志自由，亦即我们只褒奖和鼓励人们选择善的或者道德行为的自由。

二、道德自由权向度

从道德权利的意义上看，道德自由意味着人们在道德生活中有按自己的道德理性进行道德选择与决定的权利，也就是人们有道德自由权。道德自由有两种表现形式，一是“免于……的自由”，我们称之为消极的道德自由权；二是“去做……的自由”，也就是积极的道德自由权。

消极的道德自由权意指个人在某个特定情境下有免于道德束缚的权利，主要表现为个人有作为非道德主体的自由。非道德主体相对于道德主体而言，它意味着个人有独立于道德原则和规范以及道德评价之外的自由。消极意义上的道德自由权绝不意味着个人有不道德行为的自由，非道德主体的自由强调的是非道德的行为，即不涉及他人或社会利益从而无法纳入道德评价的行为，而不是不道德行为，甚至也不是行为主体的道德行为。其实，纯粹的非道德主体是不可能存在的，人作为社会动物一举一动无不涉及他人与社会的利益，因此也就无时不在道德的约束与评价中。所以个人有作为非道德主体的自由只能是相对的有条件的，亦即只是在特定的情境下或者相对于特定的道德原则与规范而言，才可以得到确证。这种自由分为三个方面：

1. 从道德情境来看，非道德主体的自由意味着个体在非道德情境中行为的自由。非道德情境是指不含有特定利益关系的一些场合，它首先包括个人独处的场合。在这一场合中，个人的一举一动不涉及社会与他人的利益，因而能够免于道德的约束与评价而构成私人生活的一部分。非道德情境还包括一些超功利的场合，比如审美场合，审美场合因其超出利益关系之外而不能构成道德约束与评价的对象。当然在审美中如果有人因审美观的不同而相互谩骂，那就不再是审美情境而是道德情境了。其实，像个人独处场合、超功利场合等这些纯粹的非道德情境是比较少的，我们所说的非道德情境更多是指相对意义上的非道德情境，即针对某些特定的道德原则与规范而言的非道德场合。这个意义上的非道德场合本身是某个特定的道德场合，但当以另一些道德原则与规范作为参照系时则是非道德场合，比如战士保卫边疆的道德场合对于教师来说是非道德场合。它的意义在于，一方面使得某一道德情境下的道德主体不受另一种道德原则或规范的约束，另一方面使得某些道德个体可以自由地出入某种道德情境而不受其道德原则或规范的约束。

2. 从道德义务来看，非道德主体的自由意指个体在道德义务外行为的自由。道德义务是人作为有别于动物的人、作为社会性的人而应该普遍遵守的一些道德原则与规范，在道德义务情境下个人无一例外地是道德主体而受相应的道德原则与规范的约束。但在道德义务外，最重要的是在道德理想中，个人无疑地要有道德选择与决定的自由。道德义务外非道德主体的自由的关键，在于我们对道德义务的内容与范围的界定。我们认为，道德义务首先是不损害原则。人性自私与邪恶的一面使得我们倾向于为自己的利益去损害社会与他人的利益，有时甚至还恶意地这么做。所以，为了社会与他人的生存与安全，道德义务首先要求我们绝对不能以任何借口去损害社会与他人的利益。其次是不冒犯原则。冒犯常常指的是对人性或他人尊严进行的玷污与贬损，比如克隆人、淫秽作品、当众裸奔等行为都可以从不冒犯原则出发加以道德上的制止。再次是角色履行原则。作为社会动物，我们每个人在社会生活中都要扮演多种不同的角色，而不同的角色总要受相应的道德规范的约束。这些出于履行角色需要的不同的道德规范虽然并不适用于每一个人，甚至不适用于所规范的个体的每个时候，但它们一旦适用，对于规范对象来说就是道德义务上的必然要求。由不损害原则、不冒犯原则、角色履行原则这三个原则导出的一系列道德原则和规范，是我们每个人都必须履行的道德义务。但在这些道德义务之外，我们应承认个人有作为非道德主体的自由。我们赞赏有德的人以道德理想来要求自己，也允许大部分人免于道德理想的约束与评价，亦即允许他们在道德理想中有作为非道德主体的自由。

3. 从个体的行为角度看，非道德主体的自由指个体的行为属于非道德行为时可以免受道德的评价与约束。非道德行为是不涉及他人和社会利害、既无道德意义也不能进行道德评价的行为，也就是说非道德行为既不损害或冒犯他人与社会的利益或尊严，又不违背行为主体当时可能扮演的角色道德。这种行为一方面是指个体不具有社会性的私下行为，比如个人独处时的一些行为，这些行为不处在社会关系网中，因而也不会涉及他人与社会的利益；另一方面是指个体公开的但不涉及他人与社会利益的行为，比如与一群陌生人在海滩晒太阳（仅指晒太阳这一行为而不包括伴随晒太阳的其他行为，比如交友）。在这些非道德行为过程中，行为主体有作为非道德主体存在的自由。非道德行为意味着非道德情境，因为在道德情境中，只有道德与不道德的非此即彼的选择，即使是消极的不选择也可以进行道德评价，比如见死不救或者在不道德的环境中洁身自好，所以非道德行为蕴涵着非道德情境。积极的道德自由权意指个人有按道德必然行为的权利。一个社会的道德状况一般包括三种类型，即过时道德、应世道德与趋前道德。道德必然一般体现在应世道德与趋前道德之中，因此道德必然可以分为两种类型，一是应世道德必然，二是趋前道德必然。所以人们按道德必然行为的自由权包括两个内容，一是按应世道德必然行为，二是按趋前道德必然行为。

应世道德必然是体现道德必然规律，并且同当时社会利益关系的协调需要相吻合的，因此得到社会权威机构普遍认可的道德原则或规范。它们大部分是利他的或者利于社会的。所以个人按应世道德必然行为的道德自由权在实践中一般不会受到任何阻碍，从这个意义上说提倡这种道德自由权似乎没有太多的必要。但是，应世道德必然中除了利他或利于社会的道德原则或规范外，还有部分是体现个人利益的道德原则或规范，比如尊重个人正当利益的一些道德原则或规范，这些道德原则或规范很可能受到社会与他人的排斥，因而在没有与更高的道德原则或规范相冲突的情况下，维护个人有按这些道德原则或规范去行为的自由是必要的，它使得个人在道德上能有效地抵制社会或他人对自身利益的侵害。再者，即使是涉及利他或利于社会的道德原则或规范的道德自由权，也并非在任何时候任何条件下都能畅行无阻，他人或某个团体完全有可能基于某种利益而阻止个人行使这种道德自由权。个人按应世道德必然行为的自由在内容上包括所有涉及应世道德必然准则或规范的道德自由权，只要是社会普遍认可、体现道德必然规律的道德原则或规范，不管是利他的还是利己的，都可以构成个人道德自由权的具体内容；而在实践中，个人按应世道德必然行为的自由意味着当个人按现行的某个体现道德必然规律的道德原则或规范行为时，只要不与更高的道德原则或规范相冲突，他人或社会就不能以道德上的理由进行干预或谴责，或者说个人有不被干涉的权利。

趋前道德必然是体现道德必然规律，但同当时社会利益关系的协调需要不相吻合，因而暂时还得不到社会权威机构普遍认可的道德原则或规范。人们除了有按应世道德必然行为的自由外，更应该有按趋前道德必然行为的自由，因为趋前道德必然的预见性与超前性构成了现行道德向前发展的牵引力，从而促使易于僵化的现行道德不断地符合人与社会的需要。趋前道德必然的优越性一方面体现为它是超越于现实的在理想的价值领域中得到肯定的道德价值，但它们的“超越现实”并不意味着脱离现实，而是意味着在批判现实的基础上对现实的预见与引导；另一方面体现为趋前道德必然是由人们的道德良知、道德理性而不是由社会权威机构来确证的，因此它更具有普遍性，更能得到确证。

过时道德不体现道德必然，它与道德必然是一种对立关系。所以人们有按道德必然行为的自由，就相应地要有反对过时道德的自由，亦即人们只有在反对过时道德的前提下，才有可能按道德必然行为。

积极意义上的道德自由权的这三方面内容，即按应世道德必然行为的自由、按趋前道德必然行为的自由、反对过时道德的自由，构成了人类道德稳步前进的一个张力与动力。正是在这个开放的相互约束的道德自由权系统中，我们的道德既保持自身的稳定性与权威性，又不断地坚持自我批判与扬弃，从而促进人类道德文明的不断发展与完善。如果说消极意义上的道德自由权是我们对个体道德自由状态的肯定，那么积极意义上的道德自由权就是我们对个体在道德生活中的主动性与创造性的肯定，也正是在这个意义上我们把后者称为积极的道德自由权。

三、道德自由境界向度

道德自由境界是道德自由的一个极其重要的向度，它是道德自由的理想状态，无论是道德意志自由还是道德自由权都将在此找到完美的形式。

道德自由境界一直受到人们的提倡和赞赏，但道德自由境界并不是无条件的好，它的有效性还有赖于两个条件，一是个体的道德内化是自愿自主的；二是个体所内化的道德原则或规范具有必然性。

个体道德内化的自愿自主性是保证个体在道德生活中之主动性与创造性的一个重要前提。我们认为，维护个人道德内化的自愿自主应从三个方面着手，一是在个体童年期的道德内化过程中应尽可能地维护儿童道德行为的主动性与创造性，从提高儿童的道德认知、培养儿童的道德理性出发，鼓励儿童自愿自主地进行道德选择与决定。二是培养人们的道德理性。个人的道德理性是其道德内化的前提及其保证，一个道德理性不充分的人既不可能进行道德内化，又不可能保证道德内化内容的合法性。三是营造宽容的道德环境。宽容的道德环境首先意味着各种道德原则或规范不管是否得到社会权威机构的认可，都应该放在一个开放的环境中接受人们的评价与选择。宽容的道德环境还意味着社会与他人要尊重个人基于道德理性所做出的道德选择和决定。内化的道德原则或规范的必然性是道德自由境界内容上的保证。道德自由境界是人们在认识道德必然的前提下自觉自愿地按道德必然去行动，从而达到一种“从心所欲而不逾矩”的境界。但“从心所欲而不逾矩”的“矩”需要有所保证，它必须体现道德必然，也就是说“从心所欲”既不能是没有任何限定的自由，也不能是在腐朽落后之道德原则与规范的约束下的“自由”，而应该是在道德必然限制下的自由。内化的道德原则或规范的必然性需要从两个方面去保证：一是道德立法上的保证，亦即从道德立法上保证道德原则或规范体现社会发展的必然趋势和人性的普遍需求；二是个体道德选择上的保证，个体道德选择上的保证意味着个体凭借道德理性自主地去选择、内化具有必然性的道德原则或规范。当个体的道德内化是自愿自主的而且在内容上具有必然性时，其所达致的道德自由境界才是真正意义上的道德自由。但在实践中道德原则或规范不可能是永恒的绝对的必然，这决定了道德自由境界是在自我反省与批判中不断地更新与发展的。

道德自由境界的实现是一个具体的、逐步的过程，它应该全面渗透到道德主体知、情、意、行等方面中。所以我们认为，道德自由境界的实现应依次包括以下四个阶段，即学习道德知识、培养道德自由情感、坚定道德自由意志和训练道德自由行为。

学习道德知识既包括对一定道德知识的学习，也包括以这些知识作为自己行动的指南，从而提高自己的道德评价能力，坚定自己的道德信念。

道德主体之道德自由的实现还需要有道德情感上的自觉自愿。道德主体的道德情感的培养包括提高道德需要层次和促进道德愉悦。道德需要是道德自由的前提和基础，既符合道德必然又是自我需要的道德行为，才是真正意义上的道德自由。道德愉悦属于道德主体道德上的自我实现，积极的道德行为是以实现道德自我为目标的。当道德主体实现道德自我时，道德理性和主观自我合二为一，并因此导致道德主体的愉悦体验，这是最高层次的自我肯定的道德愉悦。

道德意志是道德学习和道德情感的高级形态，它构成道德动机，可以使道德主体的道德行为表现出坚定性与一贯性。道德主体在掌握道德知识、形成道德评价后，还应该在道德情感的辅助下使道德知识和标准变成个体行动的指南，从而坚定道德信念，不断实现个人的道德完善。

道德自由有体验和行为两个方面，体验方面的自由只是主观的抽象的道德自由；而行为方面的自由才是具体的现实的道德自由。所以实现道德自由的最后一步应当是道德主体道德自由行为的训练。为了形成道德自由习惯，道德主体在日复一日的道德活动中，一方面要警惕他人和社会对自己意志的不良干预，养成维护自我意志独立的习惯；另一方面也要习惯于在自我价值目标的指导下，独立自主地进行道德选择和决定。

（原载《哲学研究》2006 年第 1 期）

道德动态系统与伦理学体系之构建

现行伦理学研究中似乎有许多忌讳，体系问题就是其中之一。究其认识原因大体有三：一是认为体系问题不成其为问题，对现行体系表现出一种特有的满足；二是认为体系问题太难，在没有对具体道德问题研究透彻之前谈体系问题尚为时过早，甚至是自不量力；三是体系问题研究有风险，可能招致不同方面的冷遇与责难。于是，对现行伦理学体系的不同程度的不满导致了无可奈何的普遍认可和接受，以至于千篇一律的教科书不断出现。当然，也不乏有一些勇敢的探索者提出过富有创见的构想，但也终因是一家之言的探索，也就只能成为探索中的一家之言。社会主义道德建设的现实任务从理论和实践上都对伦理学体系问题的深入探讨提出了紧迫的要求。本文运用系统分析方法，立足于对道德现象的动态性把握，展示道德运作由“存在→内化→外释→预测”的开放性视景，为这一问题的解决提供一种思维路向和建设性意见，求教于同仁。

一、道德现象的静态划分

与现行伦理学体系之不足伦理学体系的建立首先依赖于它的研究对象——道德的系统结构。有了系统的道德和道德的系统，才有我们称之为“社会道德现象”的现象。不成为系统的道德的东西，就无法进入伦理学的视域，就不能成为伦理学的研究对象。正因为有了客观存在的道德系统，才有对这种道德系统的认识以及在此基础上的理论提升。也正是基于这样的认识，我们才可以说“伦理学是道德理论的系统化和科学化”。由此可见，伦理学体系内容的展开是对道德系统内容的再现，有什么样的道德系统，就会有什么样的伦理学体系样式，二者不可分割。

系统是事物内部各要素相互作用的复合体。当我们用系统观点来分析道德现象时，就意味着道德是有多种内部要素的结构体，同时这个结构体同外部事物进行着能量交换，由此而在社会文化大系统中共生。由于系统本身的多元性要求，当对同一事物进行不同层面的系统分析时，就会出现事物内部要素的多种组合，即出现不同形态的系统。对事物进行动态分析，就会出现动态系统；对事物进行静态分析，就会出现静态系统。静态系统是共时性分析的结果，是某一事物在某一时刻的“定格”或“截面”，它是区别、比较、量度事物的前提，是认识事物性质的逻辑起点，展现的是事物的即时性、单一性、可直观性。动态系统是历时性分析的结果，它是预示事物发展的前提，它展现的是事物的变动性、中介性、过程性和丰富性。

目前国内伦理学界对道德现象的划分存在多种划分法，但基本上是沿袭了苏联教科书，趋于一致的是“三分法”。有人把道德现象分为道德意识现象、道德规范现象和道德活动现象。也有人把道德分为道德意识现象、道德关系现象、道德活动现象。现行伦理学教科书基本上都是按照上述三分法把伦理学理论体系分为道德基本理论、道德规范、道德活动三大部分。在理论篇部分主要是论述道德的本质、道德的功能、道德的起源、道德基本原则、主要规范、道德范畴和社会生活中的三大道德要求（职业道德、家庭美德、社会公德）。在活动篇主要论述道德教育、道德评价、道德修养等个体或群体道德活动。这种伦理学体系布局确实突出了伦理学研究的主要问题，同时也印证了由认识到实践的马克思主义认识论在道德生活中的正确性，认识逻辑和理论逻辑达成了统一。这也是这种伦理学体系影响深广的主要原因。但现行伦理学体系明显存在两点不足：

第一，缺少中介环节研究，宏观研究偏多而微观研究不够。由于我们首先把道德定位于社会意识形态层面，由此而展开伦理学的体系结构和基本理路：即立足于从道德的社会历史本质、社会功能和社会普遍价值导向来阐述社会道德现象（理论的、规范的和实践的），从宏观把握而言，有合理性。但从道德理论的一般性阐发，何以会引出社会主义的道德规范体系？人们对这些道德规范的遵守何以可能？以至于我们所列的几种道德活动是否就是对所述道德规范的践履？都不得而知，使三类道德现象成了孤立存在的东西。同时，“对道德伦理现象的社会性本质和整体性价值意义的强调，多少使这一特殊现象的另一面——道德伦理的个体性，内在主体性和特殊价值取向的多元性——受到忽略，以致使其所提供的一些伦理原则规范缺乏主体内化的理论力量而置于客观化形式、外在约束性地位，不易为道德个体所自觉认同和践履。”（万俊人：《伦理学新论》）

第二，由于立论基点和服务目标都是意识形态，使得原本不限于此的伦理学体系缺乏应有的张力和必要的弹性，导致对现实道德生活关切不够。为了体系而抑制内容的黑格尔式的教训是深刻的。任何一种理论体系只有同社会生活保持开放式容纳，才能保持其生命力，才有丰富多彩的内容。新科学技术革命和社会主义市场经济体制的建立，给我们的道德生活带来了巨大变化，出现了许多新的道德问题，需要我们认真加以研究，将其纳入伦理学的研究体系。但由于体系本身缺乏必要的开放性，许多道德问题，诸如生命伦理、生态伦理、经济伦理、法律伦理等，都没有在伦理学教科书中得到体现，生活气息和时代气息未能得到反映，适应不了时代发展的要求，伦理学教科书变得越来越枯燥无味。

二、从系统的动态性看伦理学体系构建的一般方法论问题

美籍奥地利生物学家贝塔朗菲在创立所谓“一般系统论”时，着重强调了系统的动态性。他认为一切生命现象本身都处于积极的活动状态，动态是系统保持静态的前提。系统的相关性强调的是各要素之间的空间分布，而动态性强调的是系统随时间而发生的变化。这种变化主要表现在两个方面：一是系统内部诸要素的结构，其分布位置不是固定不变的，而是随时间而不断变化；二是系统都具有开放性质，系统总是在不断地同外界发生物质、能量、信息的交换活动。我们强调道德是一个动态系统，不是指道德作为一种历史文化形态的前后承继关系，而是指道德在某一特定的社会历史时期的运作过程。从动态性去看道德系统，在此基础上建构伦理学体系时应遵循下列基本方法。

1. 共时性与历时性相结合的分析方法。各种道德系统都应表现为相互联系的两个方面——共时性和历时性。因为道德系统乃是一个有紧密联系的整体，因此它需要对统一的结构进行分解，也就是把具体的、现实的存在化整为零，化为一定浓缩的瞬息间的“截面”，这是一种共时性的要素分析，上述道德的静态系统就是这种分析方法的结果。但是，除此之外，还应当用历时性分析通过说明道德系统的变化及运作过程使之成为一体。道德系统的变化至少也在两个方面表现出来：一方面是道德系统现有功能的发挥，以及通过良心、义务、责任的调节机制自我再现的能力；另一方面是道德系统的发展，道德的新品质的发生、发展和成熟，这种新品质导致从一种道德系统转化为另一种道德系统，从而出现道德生活的革命。这种具有新品质的道德系统随着时代的变化和历史的发展又将被新的道德系统所代替，道德系统由此而通过各自的整体单向性使道德在整体上形成一个自我演化的

历史过程。因此，在考察道德系统时至少要在结构要素、功能表现、运作轨迹三个方面同时进行研究。这样才能避免在建构伦理学体系时对道德现象系统的“平面式”描述和“条块分割”。

2. 宏观研究与微观研究相结合的方法。历史唯物主义在对社会道德的宏观把握上，是其他任何伦理学流派所难以比肩的。没有这种宏观的整体性把握，道德就失去了社会文化背景，失去了存在的客观基础，然而，在对复杂的道德现象进行深层结构的层次性把握时，这种宏观描述就难以胜任，亟须引进微观研究方法。道德在社会意识形态的层面上，是受社会物质生活条件制约的，通过规范的形式作用于人的行为，从而达到维护整体利益之目的。在此意义上道德同法律无任何区别。但道德之所以是道德不在于它作为社会意识形态的共性，而在于它在发生发展和作用方式上的特殊性。道德是怎样起源的？人为什么遵守道德？是否就是天生的“自律”？我们所设计的一整套道德规范是否具有普遍的合理性？我们的道德建设在何种层次上和何种程度上是可以被接受的？这诸多问题，都需要用微观研究的方法来解决。如果我们把道德现象作为一个动态系统来认识，就会发现道德存在的不同层次以及各层次间的连接点，就会发现其首先由存在到内化再到外化的复杂过程，就会有进行微观研究的理性自觉，这样，我们的伦理学理论就有丰富的可能。

3. 单一研究与交叉研究相结合的方法。我国伦理学体系的封闭性，严重地阻碍着研究工作的深入和拓展。作为伦理学研究对象的道德是一个开放系统，它必须同外部事物交换能量和信息，才能保证其自身的良性运行，才能维持其生命力。任何一门学科的研究过程，都构成某种信息流的活动系统，输入和输出应是双向作用。这就意味着伦理学研究一方面要大量吸收相关学科的研究成果为我所用，另一方面也要用自身的理论去影响其他学科。衡量一门学科的成熟与先进的标志之一，就是看其内容和方法能否影响其他各门学科。我们的伦理学在吸收其他学科的研究成果方面做得不够，同时伦理学对其他学科几乎无影响。市场经济和外来文化的撞击，使原有的伦理学理论体系面临着挑战，人们普遍感到已有的伦理学教科书难以适应现代社会生活的需要。当其他社会科学站在时代前列勇敢地正视和贴近社会现实时，伦理学也不妨跳出自我的小圈子，以开放的心态，同其他学科交流以弥补自身远离社会生活之不足。一门学科的信息流作用于另一门学科的对象，形成新的信息流，并萌生新的学科。当代伦理学发展的一个趋势就是应用伦理学的兴起，它反映了当代伦理学对现代社会生活的普遍关切与投入，也是伦理学自身新的生长点。如经济伦理学、生命伦理学、生态伦理学、教育伦理学、政治伦理学等研究正在兴起，并取得了可喜成果。但这些成果并没有及时反映到伦理学体系中来，从而使现有伦理学体系缺乏应有的生活气息。伦理学的交叉研究应注意两个基本问题：一是交叉点，二是侧重点。交叉点是两门学科的“共域”，是交叉学科建立的前提，如法律与道德在利益基础、存在形式、价值追求等方面都有交叉，从而法律伦理学的建立就成为可能。同时，在任何一个交叉点上都可以产生两门学科，如在经济与伦理的交叉上可以产生经济伦理学和伦理经济学。伦理学在交叉研究时的侧重点应是伦理学而非其他学科。

4．现实研究与预测研究相结合的方法。特定时代的伦理学总是对特定时代现实的道德生活的反映。现实的道德既是传统道德的未来，又是未来道德的过去。所以，从社会历史的流变性而言，现实的道德总是具有一种中介性和可变性。加之，道德的现实存在同其他社会存在不同，它总是具有一种超前的理想性，道德总是激励人们以超脱“实然”而趋于“应然”的方式存在着，“应然”就是一种未来的理想性指向，人们习以为常的东西根本用不着道德来规范。道德的历史变动性和道德存在的理想特性，决定了伦理学研究中道德预测研究的重要性。不可否认，伦理学要立足现实，关心现实，解决现实社会中的道德问题，但不等于就是依附现实，为现实作辩护的工具。由于伦理学缺少一种高瞻远瞩的理性的预测精神，总是尾随于现实之后，使得我们对社会道德问题的解释和解决总是显得有些难以自圆其说和力不从心。这种教训是深刻的，人们不会忘记，在改革开放初期，当西方的伦理思潮扑面而来的时候，我们茫然不知所措。当市场经济的浪潮一浪高过一浪时，我们才开始研究道德建设的对策。事实证明，我们习惯了的对症下药的经验主义方法，在道德建设方面已越来越显示其局限性。从社会控制而言，预测性措施远远高于对策性措施。曾经有人对中国伦理生活大趋势做过预测，姑且不论这种预测的对错，起码也是看到了预测研究在伦理学研究中的意义。不可理解的是，这种研究方法没有得到大家的认同和推广，相反还招致了不少非难。对于一个因参数变化而变化的道德系统来说，没有预测研究就能保持其良性运行，实在令人生疑。

三、对伦理学体系构建的一种新尝试

在确认“伦理学是研究道德问题的科学”这一理论判断的真实性前提下，立足于道德自身的变化规律，在上述方法论原则的指导下试图对伦理学体系的构建提出一种新思路，我认为，一个较为完整又具有开放性的伦理学体系应由四部分构成：道德存在论、道德内化论、道德外释论、道德预测论。以下分叙之。

道德存在是伦理学研究的起点。任何一种具体的伦理学所面对的道德都是既定的，首先就必须研究它的由来，它存在的合理性，它存在的方式等问题，这是道德哲学应解决的问题。道德何以会发生？这是伦理学研究中的难题之一，以往我们对此所做的发生学意义上的道德社会学分析其结论不太令人满意。如果我们把发生学研究同非发生学研究结合起来，广泛吸收文化人类学、遗传学、心理学等成果，进行综合性研究，也许会更接近真理。人为什么需要道德？这是道德的社会功能和个体功能问题。既然道德有用，那么它以何种方式作用于人？过去我们强调社会舆论、内心信念、传统方式的作用方式及其各自的特点，更多的是出于社会意识形态的考虑，至于人们能否接受，道德的时间效力和空间效力是什么？却不得而知。道德如果仅仅停留于一种外在的规范形式，就无法实现其存在价值，因此，道德内化研究就必不可少。

道德内化是伦理学研究的重要环节。道德内化首先面临的问题是道德接受，即个体怎样面对外来道德的影响及其反应，其中就有道德信息的选择、道德气氛的感染、道德言行的模仿等活动。人接收了道德信息并不意味着就会服从它，人为什么会服从道德的规范性要求，就产生了道德服从问题。道德服从是行为主体基于道德规范压力而达到对道德要求的自觉接受并产生相应道德行为的心理过程。道德服从从表现形态而言，可能是盲从，也可能是屈从，但这并不是个体道德成熟的标志。道德内化的目的是形成良好的道德行为习惯，即形成品德，实现道德由他律向自律的转化。这些问题应由道德心理学来解决。但是，道德仅成为个人的心理财富，化为个体德性是不够的，它必须作用于社会，成为社会历史发展进程中的“合力”之一，所以，当个体德性表现于外时，就具有了社会伦理的意义，这就使得伦理学要研究个体德性的外释（或外化）问题。

道德外释要解决道德由内到外的环境和条件问题。一个具有良好道德品性的人，如果没有合适的环境，是难以产生善举的。社会上见死不救、见难不帮的现象，不见得大家都是良知泯灭，而是环境的恶劣远远超出了人的德性所能及的范围。道德的实施也是一个系统工程，需要社会方方面面的支持与参与，而不仅仅是一些社会良知代表的呐喊，尤其是当人们对道德的热忱远远不如对物质财富和名誉地位的狂热时，道德实施的社会制度化措施是非常必要的。但社会的道德控制仅仅是社会控制的一种手段，如何把握好控制的度，充分考虑社会心理的承受能力，这也是伦理学应关注的问题。因为道德控制的不及或过度都不利于社会的正常发展。以上问题实际上也构成了道德社会学的研究内容。由个体德性作用于社会生活各个方面，就会使整个社会道德生活发生变化，形成一个相对稳定的道德生活方式。这种道德生活方式随着历史的发展和社会的进步会逐渐显出不适应性和落后性，人们急需要对未来的道德生活有所预测，以便及时调整生活方式以主动的道德生活姿态迎接新的道德生活的到来，这就产生了伦理学中的道德预测研究。

道德预测是对未来社会道德生活发展趋势的一种理性思虑，它立足于道德发展规律和现实道德生活为未来道德生活提供一种可供选择的价值模式。由于道德的主体是人，因而道德预测首先必须从人生理想开始，而人生理想同社会理想是不可分的，道德理想设计就须对二者都予以关切。社会道德生活的前景如何也是伦理学应当认真研究的。没有前景预测，就难免处于被动，对新的道德革命就准备不足。只有着眼于未来，才能正确估价传统伦理道德的合理性，才能充分利用已有道德资源为新道德服务，才能有健康的道德新生活。这种预测的道德生活一旦真正实现，就成为一种新的道德存在，成为新一轮道德生活的起点，人类道德发展的进程就在这种螺旋式上升中显示出来，伦理学也因此而获得丰富的内容和全新的品质。

（原载《求索》1998 年第 5 期）

从规范走向价值的伦理学：问题、定位与使命

尽管关于伦理学研究对象的观点很多，但伦理学是研究人类如何处理自由与秩序的关系以及实践智慧的人文学，这一点是可以成为共识的。基于此，我们认为，伦理学研究可以从知识伦理、价值伦理和生命伦理三大领域展开，由此避免规范伦理学与德性伦理学的各自局限，真正使伦理学成为正确指导人生、引领社会的价值学科。本文试就此略陈管见，以求教于方家。

一、伦理学的问题集成

伦理学的研究对象是道德，具体表现为道德现象、道德行为和道德关系等。在伦理学研究中，一般认为伦理学的基本问题构成其起始问题，由此形成了伦理学研究的丰富视野。伦理学作为人文学科，既研究人文学的一般问题即“人学”主题，又研究自身的特殊问题——伦理道德问题。伦理学问题由一系列理论问题和实践问题组成，可分为核心问题、基本问题、具体问题和扩展问题，这四类问题构成伦理学研究的“问题集成”。

1. 核心问题。善与恶的问题是伦理学的元问题、核心问题、起始问题，这个问题决定伦理学的根本性质。“善”是伦理学研究的起点和根本范畴，它与艺术的“美”、宗教的“信仰”一起构成人类精神把握世界的基本方式，即对世界的道德的、艺术的、宗教的把握。伦理

学即“善的学问”。善与恶作为道德中的特有矛盾和伦理学的根本范畴，是伦理学研究的核心问题，由此决定了伦理学在人文学科中的特殊性质。离开了善恶问题，就没有伦理学。

2. 基本问题。伦理学研究的不同侧重点和关注点构成各派伦理学的研究重心，形成各自的学术旨趣和研究方向。从不同的学术向度看，概其大要，一是义务与价值的合理性问题，这是规范伦理学向度，强调道德的规范意义；二是秩序与自由的关系问题，这是行为伦理学向度，强调道德行为的秩序意义；三是道德行为与特定的时间和环境（共同体）的关系问题，这是描述伦理学向度，强调道德经验的客观性和实践性；四是事实与价值的关系问题，这是分析伦理学向度，强调价值分析的语言—逻辑基础。伦理学基本问题的研究构成伦理学的学科框架和基本结构，是学科区分和学科判断的依据。“规范”“行为”“经验”“分析”这四大向度是伦理学的基本维度，基本问题是伦理学研究的前提。

3. 具体问题。伦理学在核心问题和基本问题的基础上展开其具体的研究内容。站在多元的学术立场看，伦理学的研究向度各有侧重，一般都从三个方面展开：一是从学科属性和研究侧重点上，区分为基础伦理学、描述伦理学、规范伦理学、行为伦理学、分析伦理学等研究视野；二是从研究领域上，区分为道德原则、道德规范、道德行为、道德心理、道德语言、道德判断等；三是从研究方法上，区分为历史方法、比较方法、内省方法、外求方法、追溯方法、分析方法、描述方法等。具体问题是伦理学研究的展开。

4. 扩展问题。理论交叉与实践介入是伦理学的学术品格。作为理论性与实践性交织、规范性与价值性并存的人文学科，扩展问题是伦理学研究的关注点。一是与其他把握世界的精神方式的交叉、依存、融贯所产生的问题。伦理学具有旁通的融贯性，与人文知识的交融即产生伦理知识问题：德性是一种知识，知识也是一种善；与人文审美的交融即产生伦理审美问题：善是一种美，美也具有伦理价值；与人文信仰的交融即产生伦理信仰问题：善即信仰——对善的信仰，信仰也具有伦理意义；与人类文化的交融即产生伦理文化问题：善即化成。二是研究伦理学参与社会生活的途径，即伦理学的应用性研究问题：探索社会生活伦理化的标准、规则及有效途径等。三是人生的价值与意义问题：伦理学必须为人的终极价值追求提供科学的答案。伦理学的扩展问题是伦理学研究的延伸和深化。

二、伦理学的定位依据

伦理学研究的上述四类问题集成构成伦理学的研究内容、学术特性和研究方式，由此决定了伦理学的学科定位和体系结构。

1. “德行”：伦理学的元概念。伦理学的元概念与问题视域是我们分析的起点。德性是伦理学的元概念，即根本的起始性和支撑性概念。在古希腊，“德性”即人的能力和优秀性。苏格拉底从“德性”这个元概念出发，提出了“德性即知识”的命题，开启了伦理学探索的一个基本方向，即“德性与知识”的基本维度。这也是伦理学中价值与真理关系问题的基本视域。苏格拉底认为，“没有人是故意做恶的”，恶行乃是由于缺少善的知识的缘故，因而拥有关于善的知识就成为道德行为的前提。苏格拉底力图通过“助产说”即讨论“善的知识”，以寻求道德的客观终极标准；通过“舍生取义”——“在正义与不正义之间从容选择”，实现道德的理想性，从这两个方面确立道德的普遍性。但苏格拉底对“德性”未加区分。这种“未分化的德性”是内在地包含了知识、价值、生命的浑然一体的道德整体，其核心是道德价值，即德性=善知+善生，它规定了伦理学发展的基本方向。

2. “道德”与“伦理”的区分：西方传统伦理学体系的形成。“道德”与“伦理”从“德性”中区分开来，成为伦理学的基本概念，并规定了伦理学的基本学科格局。概言之，从亚里士多德、休谟到黑格尔的“德性二分”之理路，使西方传统伦理学体系得以形成。

首先来看亚里士多德对“理智德性”与“伦理德性”的区分。苏格拉底“德性即知识”的命题，经过柏拉图的“理念论”洗礼，到亚里士多德这里，大致区分为伦理和道德。理性活动的德性，即理智德性，可以由教导生成；欲望活动的德性，即伦理德性，需要由习惯来养成。理智德性又分为理论理性的德性（智慧、奴斯）和实践理性的德性（明智）。在欲望的三种状态（感情、能力和品质）中，伦理德性是其优良部分的实现。亚里士多德认为，合伦理德性的生活与合理智德性的沉思可以是浑然一体的：“合伦理德性的生活之所以也是幸福，乃是因为它也分有人的最好德性的实现活动即沉思：透过实践理性，奴斯与智慧的光也照亮了伦理德性，提升了实践的水准。理智德性，使伦理德性的领域拓宽，层次加深，目光放远，使它们不再局限于个别而成为普遍；实践理性的德性——明智的实现活动与伦理德性的实现活动不可分离。”可见，亚里士多德初创的伦理学雏形，是从“理智”（知识）与“伦理（生活）两个维度展开的，其中贯穿的是“德性的完善”，可谓“知识伦理”观的先声。在《人性论》中，休谟提出道德命题的联系词不是科学命题中的“是”与“不是”，而是“应该”与“不应该”。休谟认为自己发现的这个法则“会推翻一切通俗的道德体系”。后来在《道德原理探究》中，休谟从三个方面继续做了论证：一是道德认识不同于科学认识，两者反映了两种不同的关系；二是道德命题和事实命题判断的角度不同，事实命题的出发点是客体，道德命题的出发点是价值判断；三是道德判断与事实判断依靠的力量不同：道德判断依靠情感，事实判断依靠理性。休谟关于“事实与价值”的区分，突出了道德价值在伦理中的主体地位，揭示了伦理学作为价值学科的独特性质，开启了“价值伦理”观的先河。

不可忽视的还有黑格尔对伦理与道德的区分。真正从伦理关系上研究伦理和道德并确立了古典伦理学体系的是黑格尔。在《法哲学原理》中，黑格尔把伦理的发展看作是客观精神发展的过程，伦理关系本质上只是现实合理性的秩序中的关系，法和道德都是伦理关系发展过程中的阶段或环节，道德是这个过程中主体意志的主观规定，而主体只有进入客观的伦理关系才能形成现实的道德。“无论法的东西和道德的东西都不能自为地实存，而必须以伦理的东西为其承担者的基础”。黑格尔关于伦理与道德的区分具有深刻的意义。伦理是善和主观性的真理，是主观性和法的真理，道德是纯主观的自由意志，主观道德只有在具体的生命行程中才具有现实性，家庭、市民社会和国家等“客观伦理”应是人行善所达到的“必然性的圆圈”。可见，黑格尔通过伦理与道德的区分，指出了生命价值实现的基本形式是自由，其可谓“生命伦理”观的先导。

综上可知，从“伦理的德性”与“理智的德性”，“事实的判断”与价值的判断”“客观伦理”与“主观道德”的“德性二分”路线，可以看出伦理学的研究内容、范围和方式的演化线索，即从“自由与秩序”的基本关系出发，围绕“善与恶”这个伦理学根本问题，寻求道德的知识基础、价值基础和生命基础。

3. “知识”“价值”与“生命”：伦理学的扩展概念与学科维度。从以上对西方伦理思想的粗浅考察中可以看出，围绕伦理学的元概念——“德性”，通过“二分法”，生发出“伦理”与“道德”两个基本概念，衍生出“知识”“价值”“生命”三个扩展概念。由此可见，伦理学的学科维度是从知识伦理、价值伦理、生命伦理（这是广义的生命伦理，是基于生存论意义上的生命伦理，而非应用伦理学意义上的生命伦理）三个研究方向展开。

苏联季塔科连在《马克思主义伦理学》一书中提出，伦理学的体系结构即道德学、哲学、理论伦理学和规范伦理学。其中道德学也可称为风俗经验伦理学，它收集描述社会各个历史时期的实际道德风俗和道德面貌，揭示道德在其最重要的参数上的实际状态，为哲学—理论伦理学提供具体材料。哲学—理论伦理学则从一般概念方面解决道德问题，通过对道德关系的揭示和道德意识的结构—职能的建造，描述出作为完整体系的道德结构。规范伦理学则利用哲学—理论伦理学的成果，用评价—命令的语言同人对话。将伦理学体系结构分为经验伦理学、理论伦理学和规范伦理学三大块，是富有启发性的，比较符合伦理学研究的实际状况和历史状况。但是，从伦理学的学科属性、功能把握和目的归宿来看，经验、理论、规范的区分显然窄化了伦理学的学科视域，是在“科学”的分界线内界定其学科体系。因此，我们需要从宽广的视角，从“学科研究”与“价值把握”的双重视角，从知识论、价值论、生命论的广度研究伦理学的体系结构。

从伦理学的问题集成看，核心问题、基本问题、具体问题、扩展问题是经验伦理学、理论伦理学、规范伦理学都要研究的内容，是人文学在“伦理道德”领域中的问题呈现和主要课题。经验—理论—规范的向度侧重伦理学知识形成的形式，即“理论伦理学”；而知识—价值—生命的向度则从理论与实践的结合上，解决伦理学的学理研究与价值规范的双重使命问题，实现从知识论到价值论再到生命论的延伸和深化，即达到“理论伦理学”与“实践伦理学”的统一，体现了伦理学的人文学属性和实践性品格的统一。

所以，伦理学应是知识伦理、价值伦理、生命伦理（生活、实践）研究的统一体：知识伦理的研究可以为伦理学奠定人文知识论的基础和学理依据，价值伦理的研究可以为伦理学指引人文价值论的意义方向和学术责任，生命伦理的研究可以为伦理学提供敬畏生命、珍爱生命、实现生命意义的学术归宿和学科理想，三者共同构成人类伦理化地把握世界的完整过程。

三、伦理学的使命

伦理学作为人文知识学、人文价值学和人文生命学的统一学科，其学术使命包括知识论、价值论和生命论三个方面，是知识创新、价值创造和生命创意的统一。

1. 知识使命——促进伦理知识发展。伦理学是研究道德的人文学，在人文学的知识系列中，伦理学具有独特的地位，即人文道德价值。这种人文道德价值体现在知识和生命的不同层面，对它的研究越深入，人文价值的内涵就越丰富；对它的把握越细致，人文价值的境界就越高；对它的反思越彻底，人文价值的支柱就越巩固。同时，伦理学作为自足的人文学科，既要与其他人文学同步发展，又要有自己的超前性和创造性，以自身独特的理论视角观照社会生活，推动人文学术进展。

2. 价值使命——确定伦理价值方位。伦理学是一门价值建构学，从学理上揭示伦理价值的存在，彰显伦理价值的意义，论证伦理价值的基础，判断伦理价值的等级和含量，鼓励社会的价值创造。同时，伦理学也是一门重要的规范性学科，要探讨人类在追求自由的过程中如何保持基本的社会良序。从理论和实践的结合上研究伦理规则与逻辑规则、法律规则和宗教规则的差异性及共同性，呈现价值规则的伦理向度，可以为对自由的追求提供有效的秩序前提。

3. 生活使命——推动生命优化。伦理学是一门人生导向学，人性塑造和道德召唤是其学术境界。“达则兼济天下”的道德志向、“反求诸己”的道德态度、“大公无私”的道德境界，都是伦理学的美德指引。同时，伦理学还具有优化环境的功能，营造道德环境是伦理学的庄严承诺。优化生命追求、形成道德氛围、通达文明境界，可使人类的生存环境具备庄重温暖的伦理色彩和浓厚的生命关切。

伦理学要实现自身的使命必须要坚持规范与价值统一、理论与实践并行。首先“规范—价值”的意义确立，即实现规范内涵上“是”与“应当”的统一、普遍规律与普适价值的统一，确立“规范伦理”的人生指向，通达“道德境界”以立人；实现价值尺度上“底线伦理”与“崇高追求”的统一，确定“价值定位”的坐标性以指向终极价值。其次是“学科—理论”的学术建设，建构自洽的科学体系，即将问题意识植入理论学说，形成伦理的知识形态与理论体系以指向学科定位，构建“道德学科以‘立说’”；第三是“意义—学术”的融合，形成“知行合一”的有机整体，理论通观与实践创造使伦理学的意义定位和学科定位亦即内容和方法得以成立，形成伦理知识、伦理价值、伦理境界“三位一体”的伦理整体内涵。

要真正使伦理学体现价值学意义并完成它在今天的历史使命，一是要注重知识论意义上的“价值创造”，二是要注重价值论意义上的“道德能力”，三是要注重生命论意义上“真人境界”，由此而展开伦理学的深化之路：注重的是人们在特定时间和特定共同体内所持的道德原则。尽管它力求对道德世界做出客观的描述，然而缺少对作为日常的道德行为出发点的日常的道德观念的哲学反思。它也试图解释道德论说和陈述，但没有超出一般的文化背景之上；它也没能清晰说明客观陈述与主观判断之间的逻辑条理，对日常经验缺乏理论概括，导致了伦理学的“常识化”。“规范伦理学”着重寻找某种独立于人们日常道德观念的客观正确的道德原则。虽然它不仅提出了各种具体的行为规范，而且力图回答“究竟是什么东西使得一个行为或规则成为道德的行为或规则”，然而其着重点仍在“应该如何”、在“什么是道德的”，而非“道德是什么”，因而难以全面体现伦理学的广泛意义与理论幅度，难以体现伦理学的“论理性”之深度，以致有可能使“社会意志”缺乏理论共识，使伦理规范“教条化”。“分析伦理学”通过对道德概念的分析与对道德判断、道德推理的研究，极大地提高了伦理问题讨论的精确性和理论水平，但它难以完全涵盖伦理学的多样方法，没有体现伦理学的价值性；其语言分析与逻辑分析过滤掉了实质性的伦理问题，不恰当地忽视了实际问题，从而导致了伦理学的“空洞化”。伦理学如何克服“常识化”的经验性，将理论概括作为伦理论说的起点；如何克服“教条化”的武断性，将理论诠释作为伦理理解的基点；如何克服“空洞化”的虚幻性，将道德生活作为理论分析的支点，这些是伦理学理论建构必须考虑的课题，也是当代伦理学综合发展的主题。

其次，从现实的创造性活动中实现伦理学的实践意义。伦理学的根本在于引导人们过上幸福的生活，为社会治理提供良序规则。实践才是伦理学的生命所在。伦理的实践是一种基于生命本体的自觉的向善活动，不同于一般意义上的主体作用于客体的实践活动。“应用伦理学”把伦理学理论运用于具体社会生活，并为之提供理论解释与价值标准，为解决实际的伦理争端提供方法，把伦理学拓展到全新的领域，也发展出了新的方法。但“应用伦理学”的大量工作仍要以某个哲学派别的观点为先决条件，因而在面对对立的观点时往往显得乏力。今天，人们在道德问题上已很少有一致的意见，何况某些现存的理论原本就可能有这样那样的不足。此外，一些应用伦理领域“两张皮”现象严重：如经济伦理学理论，要么以伦理限制经济，要么把经济规则直接提升为伦理规则；这样的经济伦理学既指导不了经济活动，也背离了伦理的精神。“实践伦理学”强调伦理的实践性特征，特别是它吸收了中国古代伦理学“知处便是行的知行统一法则，乃至认为道德行为本身优于“道德说教”，这无疑为伦理学的实践提供了良方。但“实践伦理学”目前仍缺乏系统完整的理论。伦理学需要将价值境界作为伦理实践的归宿，将道德追求作为伦理行动的激励，将道德价值作为伦理创造的中心。

伦理学的未来是与教育学、美学相融合。从规范走向价值的伦理学，将是体现着人的“全面发展”与“自由个性”相统一的人性真实化的进程，也是体现着人的“有意义的生活”与“有规范的生活”相统一的人性完美化的进程。对此，我们应充满期待，坚定信心，不懈前行。

（原载《哲学研究》2011 年第 8 期）

新时代的中国伦理学使命

伴随着中国共产党十九大的胜利召开，中国特色社会主义建设的伟大事业进入了一个“新时代”。新时代不但预示着中国的社会发展面临新任务、新使命、新矛盾、新要求，同时也饱含了对未来中国的价值预期以及由此而产生的新姿态和新格局，这就是我们行将迈步的中国道路，而“道路问题，归根到底，就是伦理问题”。中国伦理学不但要为建设中国特色社会主义的新时代提供可靠的伦理资源，而且要担当起面向新时代新要求的谋求自身新发展的历史使命。

一、新时代的伦理意蕴

“新时代”是中国共产党十九大召开后的一个高频词。如果要对2017 年的流行语进行排名的话，“新时代”肯定排名第一。但是，生活的经验常常告诉我们，使用最多、习以为常的词，人们对其内涵与外延的把握反而不太讲究。要科学把握“新时代”的真实内涵，可以从四个维度去理解。

一是从时间性概念来理解。从时间性上讲，新时代是指时间的一维性上的某个点，或者说是在过去、现在和未来的延伸中的某个时段，具体就是承前启后、继往开来、在新的历史条件下继续夺取中国特色社会主义伟大胜利的时代。这就要求对新时代的把握不能做时间上的简单机械的切割，因为中国特色社会主义伟大事业是一个过程，只是不同时期有不同任务罢了。决胜全面建成小康社会、进而全面建成社会主义现代化强国，就是新时代的具体任务。从时间上来理解新时代，就应该注重其历史性、过程性和连续性，使其真正成为“历史方位”中的“方位历史”，从而避免新的历史虚无主义。

二是从描述性概念来理解。从描述性来讲，新时代就是中国共产党十九大报告本身所理解的“新矛盾、新思想、新使命、新征程、新要求”等，直接等同于“习近平时代”，具体就是“三个意味着”：“中国特色社会主义进入新时代，意味着近代以来久经磨难的中华民族迎来了从站起来、富起来到强起来的伟大飞跃，迎来了实现中华民族伟大复兴的光明前景；意味着科学社会主义在21世纪的中国焕发出强大生机活力，在世界上高高举起了中国特色社会主义伟大旗帜；意味着中国特色社会主义道路、理论、制度、文化不断发展，拓展了发展中国家走向现代化的途径，给世界上那些既希望加快发展又希望保持自身独立性的国家和民族提供了全新选择，为解决人类问题贡献了中国智慧和中国方案。”进而可以描述为“这个新时代，是承前启后、继往开来、在新的历史条件下继续夺取中国特色社会主义伟大胜利的时代，是决胜全面建成小康社会、进而全面建设社会主义现代化强国的时代，是全国各族人民团结奋斗、不断创造美好生活、逐步实现全体人民共同富裕的时代，是全体中华儿女勠力同心、奋力实现中华民族伟大复兴中国梦的时代，是我国日益走近世界舞台中央、不断为人类作出更大贡献的时代”。

三是从分析性概念来理解。从分析性来讲，新时代不是一种实体性概念。它不是指向某些具体，而是作为把握当代中国社会总特征的一个抽象概念，是一种对具体现象世界的理论抽象。在此意义讲，新时代并非把过去、现在、未来分离成几个互不相干的独立存在，而是指中国社会发展整体性过程中的阶段性。作为理论抽象的新时代概念，是我们把握当代中国现实的基本范畴，也是分析中国社会发展和历史变迁新情况的工具。

四是从价值性概念来理解。新时代虽然描述的是当代中国社会的新变化，但真正体现的是一种理想追求、长远目标，是一种“应然”状态。新时代不是被建构的一个概念，而是对当代中国的发展姿态、历史方位、未来走向的提炼和概括，形成了一个“价值系统”，如民族复兴、美丽中国、以人民为中心、新发展理念、人与自然和谐共生、合宪性审查、共享共赢、构建人类命运共同体等。正是因为新时代的价值指引，才具有如此大的吸引力和感召力。如果继续遵循价值论的视角，我们就会发现新时代更多的饱含了伦理价值意蕴，构建了一种全新的社会伦理秩序，呈现了丰富多彩的伦理生活画卷，具体可以概括为：民族复兴时代的强国伦理、追求美好生活时代的民本伦理、全面自信时代的进取伦理、引领世界发展时代的责任伦理、共商共建共赢时代的共享伦理念。

民族复兴是新时代的根本标志，建设社会主义现代化强国彰显强国伦理。建设富强民主文明和谐美丽的社会主义现代化强国是我们的奋斗目标，“到那时，我国物质文明、政治文明、精神文明、社会文明、生态文明将全面提升，实现国家治理体系和治理能力现代化，成为综合国力和国际影响力领先的国家，全体人民共同富裕基本实现，我国人民将享有更加幸福安康的生活，中华民族将以更加昂扬的姿态屹立于世界民族之林”。可见，强国伦理是全面强大的伦理，而不仅仅是经济的强大，特别是要加强生态文明建设，避免重蹈西方以牺牲环境生态为代价的现代化之覆辙，同时在文化上也要强大起来，从而结束以西方价值观宰制世界的历史；强国伦理是现代化的伦理，坚持走民主法治之路，坚持走改革开放之路，坚持走自己的现代化道路，彰显中国道路的现代化之魅力；强国伦理是谋求人民利益的伦理，只有民富才能国强，只有人民幸福安康，国家才能长治久安；强国伦理还是世界正义伦理，我们坚持走和平发展道路，坚持共建共享原则，致力于构建人类命运共同体；强国伦理归根结底是一种“人类”伦理，终要打破国家、政党、社会、种族、地区等自我伦理局限，追求与创造人类生存与发展的“类伦理”。

“中国特色社会主义进入新时代，我国社会主要矛盾已经转化为人民日益增长的美好生活需要和不平衡不充分的发展之间的矛盾。”这种社会主要矛盾的新变化是建立在“一切以人民为中心”这个永恒不变的中国共产党的执政伦理的基础上的，民本伦理是新时代伦理的核心。中国共产党代表了人民的根本利益，始终坚持以人民利益为中心，坚持人民利益高于一切。习近平同志反复强调“人民对美好生活的向往就是我们的奋斗目标”。从我们党诞生之日起，“全心全意为人民服务”就成为党的宗旨，成为每位党员的行动指南。人民所向往的美好生活就是生活富足、身心健康、国安家宁，获得感、幸福感、安全感全面概括了人民美好生活的基本内容。获得感意味着人民可以得到充足的社会资源，为自由全面发展创造良好的物质基础。同时，获得感还意味着获得社会认同，得到社会的尊重。幸福感意味着人民身心愉悦，不但能享有良好的生活状态，还对社会怀有积极的道德态度，情绪饱满。安全感则意味着人民应该生活在秩序井然的社会环境之中，面对社会风险时能够得到社会的有效支持。人民的利益是我们所有行动的出发点和评价的最高标准，也是最高的伦理标准。

如果从伦理道德的规范功能性质进行划分，可以分为协调性和进取性两类。新时代的到来意味着全面自信时代的到来，我们的伦理道德也真正由内敛式的协调性伦理道德转向发散式的进取性伦理道德，新时代蕴含进取性伦理。如果说，当代中国处于稳定与发展双重价值的选择与权衡之中，或者谋求二者的一致性，那么从价值照顾而言，协调性伦理道德有利于稳定，而进取性伦理道德有利于发展，我们是在发展中求稳定，所以进取性伦理道德的凸显理所当然。进取精神是人们在认识世界与改造世界的实践中表现出来的积极奋进的意识，是人的自觉能动性得以发挥的精神状态。无论对人类的整体，还是对单独的个人，这种精神都具有重要的意义。伴随着中国经济奇迹般地发展，中国进入了全面自信的时代，这种自信的伦理意义在于不仅仅是靠协调性道德来维系社会的平衡与稳定，而是要谋求更大程度上的发展与进步，成为世界伦理秩序的设计者和维护者。“责任伦理作为一种新的道德思维，‘新’就新在它是一种他者思维，因而不同于传统伦理的以‘己’为本位的道德思维；它是一种复杂思维，因而不同于传统伦理的简单的道德思维；它是一种境遇思维，因而不同于传统伦理的律法主义思维。正是因为责任伦理学突破了传统道德思维的局限，才为解决当代人类社会所面临的道德难题提供了根本前提。”在新时代，中国不仅对物质文化生活提出了更高要求，对民主、法治、公平、正义、安全、环境等方面的要求也都在日益提高。中国人民不仅珍惜和平、稳定与安全，也将尽最大努力维护和保卫和平、稳定与安全。中国将是未来长期可依靠、可信赖、可预期的一支和平力量。中国将坚持改革开放的基本国策，以开放包容的态度与国际社会合作，谋求互利共赢。一个珍爱和平、开放包容、持续发展、精诚合作的中国将是世界的机遇，也是引领世界发展的主力，体现的是一种高度的责任伦理精神。

新时代是共商共建共赢时代，由此内生出共享理念。2017 年 5 月，习近平同志在“一带一路”国际合作高峰论坛会上的开幕辞中指出：“各方秉持共商、共建、共享原则，携手应对世界经济面临的挑战，开创发展新机遇，谋求发展新动力，拓展发展新空间，实现优势互补、互利共赢，不断朝着人类命运共同体方向迈进。”构建人类命运共同体，是当代中国为解决世界问题、引领世界发展所提出的中国方案，是中国智慧的体现，也是新时代的国际伦理之根本要求。共享的理想一直以来都流淌在人类文明的河流之中。在某种意义上，人类社会化的历史就是共享的历史。早在原始社会，人类就以共享的方式生活。由于个人力量的薄弱，单个的人难以应对自然环境的挑战，没有能力独自生活。为了和他人建立联系，共同为生存而组织在一起，开始诉诸分享生活资料的方式。广义的平均分配成为那一历史阶段最重要的共享模式。在新的社会历史条件下，社会生产和生活方式的新变化共享成为必然选择。同时，在社会前进的脚步中也产生了与共享理念相违背的诸多现象，共享问题从而日益受到人们的普遍关注。随着国际形势的深刻变化，建立国际机制、遵守国际规则、追求国际正义等正在成为多数国家的共识。顺应全球治理体制变革的新要求，中国倡导共商共建共赢的全球治理观。“共商”就是各国之间加强互信，共同协商解决国际政治纷争与经济矛盾；“共建”就是共同参与、协同合作，形成互利共赢的利益共同体；“共赢”就是在世界经济发展中实现互惠互赢而非互害互灭。在实践上我们树立“共同、综合、合作、可持续”的新安全观，共同维护和平稳定的国际环境，支持建立开放、透明、包容、非歧视性的多边贸易体制和公正合理的国际新秩序，以平等为基础、以开放为导向、以合作为动力、以共享为目标，完善全球经济治理等举措。“共商、共建、共赢”的全球共享治理理念，为构建人类命运共同体注入了新动力，为构建国际伦理新秩序提供了新理念。

二、新时代的伦理挑战

新时代是一种向往，也是一种追求，它不是空中楼阁，新时代与现时代之间存在千丝万缕的联系，要实现新时代的目标，必须正视现时代的各种问题。从人们的伦理生活而言，真正的现代性伦理危机或者困境已然降临到我们头上。这绝不是危言耸听，我们须保持清醒的头脑。新时代要有新目标，同时也伴随着新挑战和新机遇，我们只有正视挑战，才能有备无患，化不利为有利，构建好新时代新伦理秩序。新时代面临的主要伦理挑战有四个方面。

一是伦理主体日益被解构。当现实世界被虚拟世界完全摹写，海量的数据引爆了信息化的质变，人工智能成为信息革命的加速引擎，数据资源成为重构未来的基础与关键。2016 年，以色列青年历史学家赫拉利出版了风靡全球的《未来简史：从智人到神人》，在对人类发展历程与科技创新进行一番考证与整理之后，认为“我是谁”这样的人文科学经典命题也会彻底瓦解。因为“所谓唯一真正的自我，其实和永恒的灵魂、圣诞老人和复活节兔子一样并不存在。如果我真的深深地去探究自我，就会发现自己一向认为理所当然的单一分解成各种互相冲突的声音，没有哪个是‘真正的自我’”。并且，赫拉利提出了一个大胆的推测：基因工程、大数据与人工智能正在解构人类，人不再是一个不可分割的、拥有内心自由的个体，他与其他动物一样，只是生化算法的组合，这些算法是可以被认知的，外部算法有可能比个体更了解自己；文艺复兴以来盛行的个人主义即将崩溃，数据主义将主宰这个时代，服从数据比服从内心将让绝大多数人的决策更加完美有效；大数据会使人分解为一堆“他者”的数据，使自己无处躲藏，会从根本上肢解人的实体性存在，消解人的价值观，消解人的社会性。赫拉利认为，99%的人类特性及能力是多余的，但有些人仍然会不可或缺，形成一个人数极少的精英阶层，拥有前所未有的能力及创造力，为算法系统执行关键的服务；人类想要不被淘汰只有一条路，一辈子不断学习，不断打造全新的、无法被算法摹写的自己，否则，我们都会被沦为“无用阶级”，不再具有任何价值。

二是伦理关系日益复杂化。新时代科学技术的疯狂发展带来了复杂的伦理关系。有效调节伦理关系是伦理学的主要功能。但是，21世纪以来，以生物技术、人工智能、互联网为代表的现代“黑”科技，使人关系变得十分复杂并且难以把握，如基因技术不但可以改变人的容貌，还可改变人的心灵；人工智能带来的无人化趋势挑战人的存在价值等。伦理关系变得日益复杂主要体现在两个方面：其一是从伦理主体性而言。由人与自然、个人与社会、个人与个人、个人与自我四种基本的伦理关系变化为自然人与机器人、机器人与机器人、单机人与组机人等多种伦理关系。这使现实的人伦世界及伦理实体发生了颠覆性的改变。赫拉利认为，“人”这个黑箱将被彻底破解，人类社会将面临全面重构，人与物的关系、人与人的关系、人与组织的关系以及建立在之上的人类文化规范将在新的技术条件下重新形成。一切似乎要推倒重来，这听起来让人感到不寒而栗：人工智能真的会取代人吗？未来社会的行为规则真的与现在完全不同吗？虽然赫拉利提到的很多改变还在进行之中，人工智能是否能演化出创造力尚且不知，但有一点是可以肯定的，我们又面临着一个“数千年未曾有过的大变局”。信息化进入关键时期，它已经从局部走向整合，从旁支变成根基，从工具化变为核心。它不甘于只是帮我们改进服务、提升效率，它正在向人类、向组织、向行为规则发起挑战，它试图让一切都按照它的逻辑来行动，它代表着大多数人对美好与幸福的追求，也就拥有无穷的力量。其二是从人的存在状态而言。由于网络社会的来临，我们已经不是单一性存在，有现实世界的伦理关系、虚拟世界的伦理关系、现实世界与虚拟世界切换状态的伦理关系。现实世界是我们已经厌倦的世界，因为我们看到的都是趋名逐利，尔虞我诈，所以我们尽可能在现实世界中过虚假的生活。虚拟世界往往是我们理想的生活世界，这里没有真实身份，也便没有了规范压力，于是就可以自由交往和自由表现，就可以展现真实的自我。这很容易导致人自身的分裂、人格的扭曲，如在现实世界中讲假话，在虚拟世界中讲真话，在切换层面就真假共存或真假难辨。

三是伦理整合日益困难。中国社会进入了由单一的经济驱动发展型社会到全面发展型社会，社会的全面发展意味着速度慢、协同性强、整体性风险大。这对社会的伦理整合提出了更高的要求。如果说政治、经济、文化、社会、生态五大建设可以协调发展，是否也意味着，政治伦理、经济伦理、文化伦理、社会伦理、生态伦理也会自发地协调发展？事实上，在五位一体建设协调的同时，由于发展引擎不明确，全面使力而显无力，使五大伦理建设时常又是冲突的，甚至是相悖的。这就需要有种超越于五大伦理之上的伦理大思路。这种大伦理是什么？我们至今不得而知。伦理现代性的最大“成果”就是伦理在个体—社会—种属中的拆解和大断裂。法国大思想家埃德加·莫兰在他的《伦理》一书中认为，在专门化和区隔化的现时代，一切伦理之源的责任与互助精神被破碎和消解，我们这个时代的伦理危机也就是自我伦理、社会伦理、类伦理连接的危机。“它迫使我们必须再兴伦理：使责任——互助的源泉再生，这同时也意味着个体—种属—社会循环的再生，这种再生是在每个个体的各自再生中实现的。”我们应该承认，对每一块（领域）的伦理要求和作用机制是清晰的，但是在各大伦理之间是常常不协调的，有时甚至是冲突的，所以当代伦理建设的主要任务是加强条块伦理之间的连接。其实，马基雅维利、霍布斯、尼布尔等思想家都提醒过我们，尤其是美国著名社会伦理学家尼布尔在他的《道德的人与不道德的社会》中就提出过个体道德与社会道德的冲突问题，对传统美德理论和基督教伦理学提出了批评，认为个体美德不能逻辑地导致道德社会的形成。相反，两者经常是矛盾的。因为“如果一种道德见识一开始就自鸣得意地假定自私冲动和社会冲动处于良好的平衡状态，并且认为两者同样是正当的，那么，实际上它们之间甚至连最低限度的平衡也不可能达到”。黑格尔曾经用人的自由意志的辩证运动来解决抽象法、道德与伦理的连接问题。我国伦理学家樊和平教授曾提出当代伦理与道德的冲突问题，实际已经看到了条块型伦理建设的局限。伦理整合的困难已经是一个不容争辩的事实，就是我们倡导的职业道德、社会公德、家庭美德、个人品德之间是不是一致的关系，有无矛盾冲突之处，都需要我们认真研究。还比喻说，我们认为做事先学做人，所以伦理学有了某种优先性。其实学会了做人就能做好事吗？不一定。大多数落马的贪官，大多是能干之人，政绩显赫。这个社会到底是求成人，还是求成事，一定是成人优先于成事吗？是否存在一种与伦理学平行的事理学？这种事理学是否可以成为解决伦理整合问题的一种思路？所以通过伦理连接实现伦理整合成为新时代伦理建设的主题。因为，“一切伦理行为事实上都是一种连接行为，与他人连接，与自己亲朋连接，与共同体连接，与人类连接，最后是置身宇宙之中的连接”，“我们越是自主就越要担当不确定性和不安宁，也就越需要连接”。

四是伦理预期日益模糊。传统伦理学的合法性前提都是有某种价值预期的，如为了至善、为了幸福、为了利他、为了社会和谐等。如果我们认定新时代社会的主要矛盾是日益增长的美好生活需要与发展不平衡不充分之间的矛盾，我们就会发现这对矛盾的两极都是源自主体自身。过去的社会主要矛盾是落后的生产力与人们日益增长的物质文化需求之间的矛盾，是属于生产力与生产关系之间的矛盾，而现在的社会主要矛盾则是生产关系内部的矛盾，是人自身及其内在关系的矛盾。因为发展不平衡不充分还是人自身的问题，特别是发展不充分是人自身潜力、人的积极性的挖掘问题，就变成了人的需求与人的潜能之间的矛盾。在美好生活需要与不平衡不充分发展之间并不构成直接二元对立的矛盾，不同于落后的生产力水平与日益增长的物质文化需要之间的矛盾。因为发展本身只是手段，发展平衡了、充分了，能否带来美好生活，需要太多的中间环节，其中会呈现多种不确定性和复杂性，甚至会有社会伦理风险。从需要满足的过程来看，低层次需要容易满足，比较单一，对应满足的条件也单一，而高级需要的满足，大多属于精神与自我实现的领域，内容复杂，且对应满足的条件更复杂。同时从需要的内生规律看，低层次需要满足后可能催生高级需要，也可能催生低级需要，但高层次需要满足后，只会产生更高级的需要。“美好”是无止境的，美好生活也是无止境的，而任何形式的平衡充分的发展都是相对的、有限度的，所以，这对矛盾的存在也可能是无止境的。由于人的欲望的无止境性、个体差异性和人的潜能的不可知性，决定了我们的伦理预期具有不可能性和不确定性。如什么样的生活才是美好生活，尽管有许多幸福指数的指标体系，但是对于伦理主体而言，只会是差异化的，目标是不清晰的。也许伦理的目标主要不再是调节个人利益与整体利益的关系，而是自我伦理关系，也就是欲望与能力的关系。这是伦理？还是道德？这些都需要我们作出精深的研究。正因为人性、人的欲望具有不确定性，所以未来的伦理预期都是难确定的。用莫兰的话讲，未来就是打赌。当然，他认为，善是我们最值得打赌的。如时下从江歌案的讨论到对电影《芳华》的不同评价，都表现出社会伦理标准的差异甚至模糊，甚至出现了“社会的堕落就是从善良教育开始”“拒绝善良泛滥”的论调，实在令人忧虑。

当然，有困惑，意味着有反思；有挑战，意味着有机遇；有危机，意味着有希望。中国伦理学，面对危机与变迁，要饱含责任伦理和“思想的伦理”，担当时代和社会的良知，去消解大众的焦虑，阐释好生命的意义和价值，以展示善的可能性。

三、新时代的伦理学使命

新时代的伦理要求与现时代所面临的种种伦理困境交织在一起，构成了当代中国伦理道德生活的多彩画面，同时也暗含了某种伦理的基础性危机。这就迫使中国伦理学要作出选择，展现姿态，承担使命。

第一，要有适应社会全面整体转型的复合型伦理大思路。当代中国正处在大改革、大发展、大提升的历史关键期，所谓“关键”的背后是社会的整体大转型。从政治、经济、文化、社会、生态“五位一体”建设，到“四个全面”的整体战略推进，再到“四个自信”的全面展开，标志着我们虽时有感触但未曾从理论层面高度关注的社会全面转型时代已经悄然来临。它迫使我们在经济社会发展和思想文化建设诸领域要全面创新理念和方法，形成适应社会全面整体转型的复合型伦理大思路，以此来适应由单一经济社会转型向社会全面转型所发生的深刻而往往鲜为人知的变化。这种复合型伦理大思路的特点就在于超越个体、超越单一性，进而在复杂中求明晰，在不确定中求选择，在选择中求再生，在再生中求蜕变，建立基于“人类”思维的共同体伦理，从而避免伦理道德的区隔化、碎片化。一般而论，社会转型有两种：一种是单一性社会转型，即由单一性社会因素转型而带动的社会转型；另一种是社会各因素的整体全面转型。我国改革开放所推动的社会转型是一种以经济转型带动社会转型的单一性转型。在单一性经济社会转型模式中，伦理道德话语总是围绕着经济要素而构建，我们的伦理道德标准也总是向市场经济倾斜，不但肯定个人价值、肯定经济利益，而且把经济价值的实现作为道德评价的主要尺度。正因如此，一种被极大简化的功利主义道德开始出现并蔓延。从单一社会转型的现实来看，偏重某一价值的伦理道德体系是无法有效统领全面的社会建设的，只会导致社会伦理道德的狭隘与偏差，甚至带来道德内在价值的强烈冲突，如使好人得不到好报成为常态。中国共产党的十八大召开之后，中国社会进入全面转型期，即社会经济、政治、文化、社会、生态等诸要素的协调发展期。在社会全面转型的伦理秩序中，社会、经济、文化、生态、政治等诸领域的价值目标都应受到同等尊重和认同，没有任何价值目标处于绝对的优先地位而排斥其他价值。当然，我们承认社会各领域的价值诉求的同等重要并不是要否认价值共识，相反，对于社会生活而言，价值共识是不可或缺的。唯如此，我们才能期待超越个人差别而形成一致的伦理行动。问题在于，促成社会合作的价值目标要具有广泛的包容性，要能够兼容社会各个领域的价值标准，这就需要复杂性伦理思维和统合性伦理思维，只有这样才能建立复合型的价值目标体系并由此构建适应社会全面转型的伦理秩序。如果说单一经济社会转型以经济理性为基础，那么社会全面转型则须建立在公共理性之上。与经济理性关于人性的自利假设不同，公共理性从公民角度理解人的本质和人际关系。前者是对人性的简化，把人性中与市场机制相符的部分单独提取出来，作为市场运行的逻辑原点；后者则是对人性的丰富，帮助人们在复杂的社会情景中认识自我角色、认识自己所担负的道德责任。公共理性本身具有“共同意识”的意义，在它的牵引下，人们才能本着对于社会“善”的追求，通过重叠共识达成基本的、一致性的伦理认同，借以消除因个人差异所形成的道德张力，使公共伦理生活成为可能。正如罗尔斯所言，“公共理性总是允许人们对特殊问题提出多重合理的答案”。这将为我们综合地、均衡地考虑社会诸领域的多元道德需求提供理性支持。

第二，要建立以核心价值观为主干的伦理道德规范体系。改革开放以来，社会主义道德规范体系的建立是基于社会主义市场体制的，当时为社会主义市场经济的建立起到了非常好的辩护作用和规范作用。但是，随着社会由单一的经济转型向社会的全面转型，建立社会主义道德规范体系的基本参照发生了深刻变化，不但要适应市场经济的要求，还要适应社会主义法治化的要求；不但要继承中国共产党长期形成的革命道德的传统，还要承续中华民族几千年传承下来的优秀道德传统；不但要反映中国特色社会主义的本质要求，而且要充分吸纳西方现代伦理文化的优秀成果。因此，如何在新时代完善社会主义道德规范体系，是当前重大的理论问题和实践课题。我们所要做的工作主要有四个方面：一是选择中国特色社会主义道德规范体系的基本参照，克服社会主义市场经济体制的单一参照；二是理顺社会主义核心价值观与社会主义道德规范体系的关系；三是建立适应新时代的中国特色社会主义道德规范体系；四是连接社会主义道德规范体系的不同层次和不同部分，使之成为一个有机的、有效的整体，而非断裂的零散体。在此，笔者仅就第三个方面的工作谈点认识。社会主义道德规范体系应该是一个动态开放、不断完善的系统，在新的历史条件下，必须在社会主义核心价值观的指导下，对整个伦理道德规范体系作出相应的调整。以下提供一个不太成熟的思路，仅作参考。

习近平新时代中国特色社会主义伦理道德规范体系的初步构想是：以“人道主义”和“集体主义”为根本原则，以“发展、公正、共享、和谐”为核心伦理理念，以经济伦理建设、政治伦理建设、文化伦理建设、社会伦理建设、生态伦理建设为基本领域，以“爱国、敬业、诚信、友善”为个人基本道德规范，以“职业道德、社会公德、家庭美德、个人品德”为基本道德建设要求。这是一种伦理道德规范体系的宏大构想，还需要另文仔细展开论证，这里只简要说明几点。

一是为什么要增加人道主义作为道德原则？在以往的社会主义道德规范体系中，集体主义是唯一的原则。它强调人的社会性本质，强调社会利益本位，这有利于人们超越对私人利益的计较，关心他人和社会，并积极为社会利益的实现作出贡献。但它无法周全所有伦理关系，如人与自然的关系。而人道主义是以个人权利为基调的道德规范，可以成为集体主义的有益补充，满足核心价值观的人本需要。人道主义是人们对抗宗教权力和王权的产物，旨在恢复人的独立自主，肯定世俗世界的价值。人道主义不但要保护人们的合法权利，更要求从人性关怀的角度处理社会关系，考虑社会问题。将“人道主义”与“集体主义”并立为社会主义道德规范的原则，有利于我们在道德情景中兼顾个人利益与集体利益，认识两者的界限，有效避免相互的矛盾和冲突，以增量方式促进两者的协调统一。二是为什么要增加“五大伦理建设”？新时代是“五位一体建设”全面推进的时代，可以说“五位一体”是新时代社会发展的核心，我们的伦理道德规范体系不能漠然置之，相反必须正面解决五大发展的伦理基础、伦理规范及其相互协同的问题。没有五大伦理建设，就不能体现新时代的伦理精神，或者说会在社会重大战略上出现“伦理缺位”，伦理学就没有用武之地。三是为什么要用社会主义核心价值观的个人层面要求取代原有的“五爱”要求？“爱祖国、爱人民、爱劳动、爱科学、爱社会主义”的“五爱规范”是公民道德的基本要求，但与社会主义核心价值观的“爱国、敬业、诚信、友善”有重叠交叉之处。如果我们要强调社会主义核心价值观对社会主义伦理道德规范体系建设的统领作用，要充分体现中国特色社会主义新时代的价值观要求，以“爱国、敬业、诚信、友善”取代“五爱规范”是稳妥的、可行的。

第三，要鼓足以构筑中国伦理精神为指引的道德力量。中国特色社会主义建设已进入新时代，新时代需要有新的精神生活，新的精神生活需要有伦理精神价值的指引。中国共产党十九大报告明确指出：“必须坚持马克思主义，牢固树立共产主义远大理想和中国特色社会主义共同理想，培育和践行社会主义核心价值观，不断增强意识形态领域主导权和话语权，推动中华优秀传统文化的创造性转化、创新性发展，继承革命文化，发展社会主义先进文化，不忘本来、吸收外来、面向未来，更好构筑中国精神、中国价值、中国力量，为人民提供精神指引。”精神生活深刻反映着社会的发展与时代的变迁，同时也会汇聚巨大的精神能量去影响社会历史发展的速度和质量。我们只有清晰认识我国社会主要矛盾的新变化，倡导文明互鉴、超越文明冲突的新主张，开拓人类命运共同体建设的新思路，为广大人民提供精神生活指引，才能真正实现强国梦。那么，我们的伦理学就要构筑中国伦理精神和中国伦理价值，为人们的道德生活提供指引，从而彰显中国道德力量。这里实际上有两个重大问题需要思考：其一是当代中国伦理精神是什么？实际上就是以中国特色社会主义为核心的思想精神、以爱国主义为核心的民族精神和以改革创新为核心的时代精神。习近平新时代中国特色社会主义思想是“自己时代精神的精华”，是在当代中国的历史性实践中生成的，具有典型的内生性特质和鲜明的时代色彩，继承了中华优秀传统文化的基因和血脉，以古鉴今、古为今用，反对简单复古，反对全盘否定，既实现了马克思主义基本原理与中国文化的有机结合，也实现了中国传统文化的创造性转换和创新性发展，关系到现实社会主义亲切感、感召力与凝聚力的实现。爱国主义作为民族精神的核心，是古往今来显现于中华民族历史的重要标识，中华民族精神的内涵也是以此为基础发展起来的。在中华民族源远流长的历史长河中，爱国主义始终是维护国家统一、民族团结的时代最强音。以改革创新为核心的时代精神是适应我国社会发展进程和实现“中国梦”的精神力量支持。历史无数次证明，一个因循守旧、故步自封的民族是不可能日新月异、蓬勃发展的。在当前中国社会，改革创新是我国人民精神风貌的真实写照，是协同社会价值观、实现个体价值塑造的重要载体。其二是如何彰显中国道德力量。中国道德力量就是人民的力量、团结的力量、战胜困难的力量、为世界担当的力量，这些都是源于中国的道路、制度、理论、文化全面自信的力量，是一种精神上的自信力。道路自信的力量来自中国特色的社会主义道路的正确性，体现了中国社会发展的规律性与中国共产党对道路选择的科学性；制度自信的力量来自中国特色社会主义制度优越性以及被实践证明了的“中国崛起”“中国道路”的成功；理论自信的力量来自中国特色社会主义理论体系的科学性、真理性、正确性，文化自信，文化自信的力量来自中国传统文化、革命文化和中国特色社会主义文化有机统一而形成的文化先进性。四者有机联系形成中国的整体自信。所以，我们要增加中国伦理学自信，主动管制道德生活，大力扬善抑恶，主动发声，主动介入，要有作为，且要有大作为，真正使伦理学成为新时代之显学。

第四，要构建具有中国特色，中国风格，中国气派的伦理学。我国现有的伦理学基本上是用历史唯物主义原理解释，解释道德现象的一种理论体系，为我国的伦理学建设和社会主义道德建设做出重要贡献。但不可回避的是，这种理论体系已经明显地滞后于世界伦理理论的前沿和现实的中国道德生活。其主要原因是传统伦理未实现现代转型以及以苏联马克思主义伦理学为基础的伦理学体系与中国话语之间存在间隙。原有伦理学表现出时代的滞后性，没有体现中国特色，缺乏中国态度，因此，构建适应新时代的中国特色社会主义伦理学迫在眉睫。“中国特色社会主义伦理学”是具有中国特色、以问题为导向、基于中国经验和中国道路的当代伦理学新范式，它有别于传统的“马克思主义伦理学”，也不是中国传统伦理学的当代延续，更不是西方伦理学的中国化，而是中国伦理学发展在新的历史条件下提出的全新的理论命题。我国现有伦理学理论体系为中国社会的当代转型和社会主义道德建设作出了重要的贡献，但国际形势和社会主义建设已经发生了日新月异的巨变，由于未能完成传统伦理的现代转型以及以苏联马克思主义伦理学为基础的伦理学体系与中国话语之间存在间隙，该理论体系已经明显地滞后于世界伦理理论的前沿和现实的中国道德生活。

这种滞后性的主要表现是，现有伦理学理论建设依然未能完全实现传统伦理的转型、继承和创新，显示了伦理学理论建设的“先天不足”。同时，在马克思主义伦理学中国化的过程中，我们热衷于套用苏联马克思主义伦理学的基本理念、学术框架和学术方法，对马克思主义的深层思想重视不够，在马克思主义思想中提炼马克思主义伦理观念“火候不足”，显示了伦理学理论建设的“消化不良”。造成的不良后果就是：一方面，囿于苏联模式的伦理学框架而对它不加批判地搬用，导致中国伦理学呈现出知识内容和研究范式上的滞后性；另一方面，由于缺乏深层反思与检验，我们对伦理学的认知偏离了辩证唯物主义方法论原则，从而“误读”或窄化了伦理学的研究对象和方法。

中国特色社会主义伦理学建设的要义在于坚持以习近平新时代中国特色社会主义思想为引导，充分吸收人类道德文明成果，建设富有中国特质的学术体系、学科体系和话语体系。坚持以马克思主义为指导，是当代中国哲学社会科学区别于其他哲学社会科学的根本标志，必须旗帜鲜明地加以坚持。习近平新时代中国特色社会主义作为马克思主义的新形态，是中国特色社会主义伦理学的理论导向。与以往建立在苏联模式的马克思主义伦理学不同，中国特色社会主义伦理学不应简单地套用任何既有的马克思主义伦理学范式，而是要返回到马克思主义思想的本质，在正确理解马克思道德思想的基础上系统构建马克思主义伦理系统。中国特色社会主义伦理学以传统伦理和西方伦理为基本参照。中国特色社会主义伦理学需要保持开放的学术话语，广泛吸收、借鉴传统伦理与西方伦理体系的营养，使自己站在世界伦理学发展潮流的前沿。传统伦理和西方伦理都构建了各自的理论图式，反映出在一定时期、一定社会环境下的道德镜像，积累了丰富的理论成果和研究经验，以之为参照可以更完整地把握人类道德生活脉络和规律，增强中国特色社会主义伦理学的传承性、合理性和科学性。中国特色社会主义伦理学的话语表达也一定要是“中国的”，从基本理论到原则规范都要讲“中国话”。中国传统伦理的言说方式和现代中国的道德生活语言，都应是中国特色社会主义伦理学的学术语言，都应该能回应中国道德实践，能提升中国道德建设经验，能讲好中国道德故事，唱响中国道德“好声音”。

（原载《中南大学学报》（社会科学版）2018 年第 1 期）

中国伦理学：意义、内涵与构建

习近平总书记于2016年5月17日在北京主持召开哲学社会科学工作座谈会并发表重要讲话。习近平总书记讲话提纲挈领地把握了建设中国特色哲学社会科学的核心问题，指明了当前哲学社会科学发展的基本方向。习近平总书记深刻洞见了现代社会对于旧有哲学社会科学体系的挑战。在全球化和社会转型背景下，思想价值观念日趋多元、主流与非主流并存、社会思潮纷繁激荡，产生了新的社会现象，也暴露出新的社会问题。旧有的哲学社会科学知识体系已经不足以解释、应对新的问题。而且，全球化以及信息技术的发展让文化交往更为频繁，文化话语权的构建也成为哲学社会科学面临的重大课题。如果我们不能有效形成自己的文化核心竞争力，将在文化交往中处于被动地位、甚至导致文化交往的失语。因此，习近平总书记明确提出要“着力构建中国特色哲学社会科学”，体现“中国特色、中国风格、中国气派”。伦理学是哲学社会科学的重要组成部分，在国家政治、经济、文化、社会、生态建设中发挥着价值引导与道德规范功能。建设“中国伦理学”无疑是我国当代伦理学者们所担负的历史使命。

一、为什么要提出建设“中国伦理学”

“中国伦理学”是一个基于中国特色、问题导向和中国经验的新的伦理学范式，它有别于传统的“马克思主义伦理学”，也不是中国传统伦理学的当代显现，更不是西方伦理学的中国化。在此提出建设中国伦理学，首先是基于原有伦理学理论已经表现出时代的滞后性这一客观事实。

我国现有的伦理学基本上是用历史唯物主义原理解释道德现象的一种理论体系，为我国的伦理学建设和社会主义道德建设做出了重要贡献，但不可回避的是，这种理论体系已经明显地滞后于世界伦理理论的前沿和现实的中国道德生活，其主要原因是传统伦理未实现现代转型以及以苏联马克思主义伦理学为基础的伦理学体系与中国话语之间存在间隙。就传统伦理学而言，作为文明古国，我国有着丰富的传统伦理资源，也对世界文明作出了突出贡献。我国传统文化在历史长河中连绵不绝，本身就是世界文化的奇迹——曾与中华文明同时期的其他文明都出现了历史的断裂，有的甚至淹没在历史的尘沙之中。但是我们的传统伦理也有着自身的问题。我国传统伦理文化长期处于独自发展的状态，缺乏与其他伦理文化的交际，表现出鲜明的同质化特征。虽然我国传统伦理思想流派众多，但基本属于“同质异构性的内部文化”。这使得我国的传统伦理显现出封闭的倾向，最终走向了一元化的道路——儒家伦理由此走向传统伦理的中心地位。虽然儒家学说也在历史的沿革中形成了不同的理论流派，但一元化的知识结构让其缺乏完备的自我批判能力，无论“我注六经”还是“六经注我”，都以儒家伦理原典的真理性作为前提，致使传统伦理体系的固化。传统伦理建立在以宗法关系为基础的社会结构之上，强调人们对于宗法伦理的服从，并将道德生活与政治生活紧密结合。这种特质产生的后果在于：人的主体精神受到压制、伦理更多变成外在的规范；道德不但成为人们参与政治的资格，也成为政治人格的衡量标准，而且将家庭内部的伦理要求范化为政治伦理规范、形成“家长制”的伦理秩序。这与现代社会宣扬人性、倡导自由、平等的伦理理念相距甚远。因此，传统伦理学难以适应开放新的现代伦理结构，也很难对当下出现的伦理诉求作出回应。

当我们打开通向世界的大门，未完成现代性转型的传统伦理受到了严峻挑战。由于我们无法从中获得与现代文明对话的给养，我们在国际文化对话中始终处于被动的地位，也产生了对传统伦理的质疑与批判。打破旧道德、树立新道德成为当时急切的呼声。随着我国社会主义革命的胜利，马克思主义成为我国的指导思想，构建以之为内核的社会主义道德体系成为伦理学建设的中心工作。但是，为了满足从旧道德向新道德的紧迫需求，我们的道德建设一度过于粗放、一定程度上缺乏学术的从容。这种仓促表现在，首先，我们对于传统文化采取了简单否定的态度。我们没有系统分析中西伦理的差别，站在现代性的视角谋求传统伦理的转型，而是把传统伦理完全置于现代伦理的反面。其次，我们没有深入马克思主义思想之中提炼马克思主义伦理观念，而是套用了苏联马克思主义伦理学的基本理念、学术框架和学术方法。这种不加批判的搬用偏离了马克思辩证唯物主义的方法论原则。再次，由于缺乏深层的反思与检验，我们对于伦理学的认知出现了误解。如万俊人教授所言，受到苏联伦理学影响，我们将伦理学的研究对象定义为“道德现象”和“道德关系”，而道德则被理解为“调整人们相互关系的行为原则和规范的总和”。这种理解显然带有片面性、并缩小了伦理学的研究领域，让伦理学成为了规范性的学科。事实上，规范性研究只是伦理学的一部分，所有与价值相关的问题都在伦理学的视野之内。由于我们没有找到传统伦理与现代性的结合点，阈于苏联模式的伦理学框架又限制了伦理学的研究对象和方法，导致我们原有的伦理学不能及时跟上社会发展的脚步，表现出在知识内容和研究范式上的滞后。

其次，提出建设中国伦理学，是因为现行的伦理学没有体现中国特色。如前所述，我国主流伦理学带有明显的苏式风格，具有舶来特点。这就造成我国伦理学的言说方式和建设路径没有完全融入中华民族的特殊语境。原有伦理学中国特色的缺失主要表现在以下方面：其一，伦理理论缺乏民族维度。由于近代以来对于传统文化的排斥，动摇了我们的道德自信。当我们站在现代性视角批判传统伦理的时候，我们也否定了其合理性，忽视了传统伦理的形成与民族历史的必然联系。我们的伦理观念和道德机制源自独特的民族生活方式和历史境遇、包含在民族对于自我、他人以及社会的认知之中，是民族文化的有机组成部分。但原有伦理学消极地看待传统伦理，没有充分发掘其中的道德资源，一些优秀的道德元素没有融入伦理学体系之内。即便我们现在开始正视自己的道德文化、为汲取传统道德营养做出了积极努力，但在宏观层面依然没有建立系统化的民族伦理理论。其二，伦理范式缺乏中国特质。任何哲学学术范式既具有普遍性，又具有特殊性。普遍性在于，所有哲学学科都有其自身的知识获取方式和发展规律；特殊性在于，哲学学科的学术范式都依系于所处的人文环境而生成、存在。这就是为什么即便我们可以就某些价值和道德原则达成共识，但在不同的社会情景中，价值的内涵、道德原则的践行方式都存在着显著的差异。原有伦理学无论是学科的划分、知识的提炼、分析工具的采用还是学术评价，都更多借用国外的既有成果。在全球化背景下，我们更为频繁地与其他地区的文明接触、交往。在这一过程中，由于西方文化的强势，我们更多地扮演倾听者的角色。伦理学界出现了大量引入、介绍西方理论的现象，也倾向于借助西方的学术方法研究中国问题。而我们却不同程度忽略了从中国的道德脉络和道德叙事中形成属于自己的伦理范式。其三，伦理立场缺乏中国态度。伦理学关照价值世界，而价值既处于构建之中，又在特定时期呈现出客观性。客观性表现在，处于道德共同体的人们总是会就基本价值理念达成共识，这种共识为大家提供了对话的基础，也决定了人们的道德倾向。作为中华民族的一员，我们生而在道德共同体之内。如何将共同体的道德立场表达于伦理学之中，成为学界亟待解决的重大课题。回溯已有的伦理理论，每一流派都呈现出鲜明的道德态度，比如自由主义将个人自由置于伦理话语的中心位置、社群主义关照共同体的利益等。我国以集体主义作为基本的伦理原则，但尚未形成独特的学术流派。

再次，提出建设中国伦理学，是因为现行伦理学难以形成世界对话权。在信息高度发达的今天，文化在全球各个角落交聚汇集，不同文化的对话已成常态。在全球化趋势中，如何通过对话伸张本国、本民族的道德诉求、增进其他国家、民族对自己的道德理解和道德认同，是摆在伦理学人面前的时代挑战。国际对话不是简单意义上的语言交流，而是赋予自己权力的方式。陈正良等学者援引福柯对于话语权的阐释指出："话语不仅仅是思维符号和交际工具，而且是人们斗争的手段和目的。"伦理学的国际对话除了向世界传递我们的价值观念、道德内涵，更要以我们的道德理论影响，甚至引导其他文化群体对于道德的理解和价值判断。这就要求我们不但要形成自己的道德话语，更要在道德的言说中形成比较优势、成为道德价值的引领者。原有伦理学过多沉浸在其他文明的道德话语之中，从理论内容到表达方式都根据他人（主要是苏联和西方）的规范与标准。以并不属于我们、或者我们不擅长的方式参与交往，让我们难以完成对于既有理论的超越而处于被动地位。这就不难理解，为何在国际伦理学的舞台，我们很少听见中国的声音。当然，很多学者进行了有益的尝试，也在国际有影响的论坛和期刊发表了自己的成果。但其中更多发出的是个人层面的声音，如何通过学术整合发出中国伦理学集体的声音，依然任重而道远。

二、中国伦理学的内涵与特色

要让我国的伦理学散发民族文化的光彩、具备国际道德话语的对话、引领能力，就必须开创新的学术体系，建设中国伦理学。中国伦理学有别于中国传统伦理、苏联模式的马克思主义伦理学和西方伦理学，是立足于我国社会主义探索与实践、与民族文化高度融合的产物。

第一，中国伦理学植根于中国道德土壤。如习近平总书记指出："中华民族有着深厚文化传统，形成了富有特色的思想体系，体现了中国人几千年来积累的知识智慧和理性思辨。这是我国的独特优势。"唯有植根于我国道德文化，中国伦理学才能形成独特的气质与风骨。当然，中国伦理学不是要将现代社会置于传统伦理的规导之下，将后者作为前者的道德解释体系或者道德解决方案。一度有学者试图将传统伦理“合理化”、即谋求将之作为现代道德体系的可行性。这种脱离时代背景的文化移植势必造成传统文明与现代文明的冲突。中国伦理学则是基于当代中国的道德共识，以我们所熟悉的道德话语表达伦理诉求、以我们的道德思维对现代生活进行伦理反思、以为我们普遍认同的道德生活方式促进伦理价值的实现。在马克思主义道德的牵引和传统道德的滋养中，我国道德文化内含着强烈的使命感与责任感，既强调个人私德的完满，又强调对于为国家、社会做出贡献。这是我国道德与西方道德的分野。西方近代受自由主义的影响，道德文化呈现出“消极”的态势。贡斯当和柏林都认识到了这一问题，指出目前西方在道德生活中过分关注个人权利，追求“消极”的自由。对于个人权利的维护也成为西方伦理学的核心话语。个人自由、权利的绝对性造成了个人与社会的紧张，这种紧张广泛见诸西方伦理学研究之中。中国伦理学倡导人际与社会的和谐共生，兼顾个人主体性与社会实在性，从相互依存的视角看到社会道德生活。这就决定了中国伦理学具有与西方伦理学殊为不同的理论维度。

第二，中国伦理学立足于当代中国实践。实践是伦理学的基本向度。从亚里士多德提出“伦理学”的概念开始，伦理学就致力于构建“善”的城邦，为公共生活提供“善”的指引。如亚里士多德所言：“每种技艺与研究，同样地，人的每种实践与选择，都以某种善为目的。”这就决定了伦理学与道德实践有着不可分割的内在联系。实践知识既是伦理学的主要知识类别，伦理学知识又有着强烈的实践指向。亚里士多德区分了理智德性与道德德性，明确指出伦理学研究与其他研究的本质区别在于这种研究“不是思辨的，而有一种实践的目的”。自然赋予了我们道德能力，而此能力需要在实践中体现和完善。中国伦理学的生成与发展显然必须立足于中国实践。我国有着与其他民族、社会殊为不同的道德实践环境。其一，我国积淀了独特的道德传统。千百年来，道德一直处于我国社会话语的中心地位。道德生活与政治生活、社会生活密不可分，道德价值发挥着统合性作用。这种传统延续至今，人们在生产生活中仍旧予以道德以更多的关注。其二，我国社会保留着熟人社会的诸多特征。虽然我们开始从熟人社会向陌生人社会转换，但社会行为和心理还是受到熟人社会的影响、延续着熟人社会的道德习惯。“血缘”是熟人社会联结人与人关系的纽带，以此为基础的道德关注于人们的伦理身份、强调伦理秩序。其三，我国正处于社会转型之中，社会流动性增强、社会分群趋势明显。群体间的道德关系日趋复杂也衍生出新的道德诉求。独特的社会条件既为伦理学带来了挑战，也让中国伦理学的重塑成为可能。一方面，社会转型过程中传统与现代的交织催生出新的道德话语和道德元素，为伦理学提供了更为广阔的知识来源。另一方面，当我们面对中国特有的社会现象和文化语境，我们必须寻找与之相适的伦理学研究方法、探寻有效实现主流价值引领、达成道德共识的伦理机制。伦理学的中国气象恰恰需要在上述学术努力中得以塑造和展现。新中国成立以来，从树立社会主义新风、社会主义道德培育到改革开放之初的“四有新人”培养、公民道德建设，再到当前的社会主义核心价值观培育，我们结合自己的社会、文化特点进行了一系列的道德实践，积累了丰富的经验，也逐渐构筑了具有中国特色的伦理建设道路。

第三，中国伦理学着眼于中国重大问题。关照现实、服务国家是中国伦理学应有的情怀与担当。对于国家重大问题的回应也是伦理学形成中国特色、保持学术活力的主要途径。当代中国的重大问题主要源自以下方面：一是世界格局的变化内生对于新型国际正义秩序的吁求。在全球化背景下，我们不得不应对诸如气候变暖、消除贫困等人类面临的共同挑战。在共同而有差别的责任面前，只有准确定位国家的伦理角色，才能在充分保障国家权益的基础上履行我们的应尽义务。同时，一些原本属于国家内部的问题也被上升到国际层面，需要为国家的主权伸张提供正当性支持。二是社会生活的变革引发了道德话语的改变。改革开放以来，我国社会结构、运行机制都发生了深刻变化。近年来，社会组织日渐成熟、社会权力发展壮大，社会完成了从国家权力支配向多元权力共治的现代转型。要在多元权力结构中维护党的政治权威、保持各种权力间的界限、达成权力主体间的协同合作，就必须对社会道德关系进行调整。中国特色社会主义市场经济模式主导社会资源的整合、分配和财富创造。市场经济在推动我国经济高速发展的同时也凸显出效率与公平、自由与平等间的价值张力，有待权利理论与正义理论的关切。公共领域的形成与扩展则期待公共道德的支撑，社会成员不但要做一个好人，更要成为一位好公民。三是新技术的出现于推广产生了新的道德难题。比如网络技术特别是移动信息技术的普及深刻改变了人的交往方式，并形成了虚拟化社会。生物技术在提高人们生命质量的同时也改变了人类的繁衍方式，打破了自然伦理关系——特别是克隆技术的诞生。要让我们免于陷入新技术的道德困境，就必须进行伦理观念和思维模式的革新。着眼于中国重大问题不但能帮助我们深化对于国家现实的认识，更能为伦理学提供新的增长点。中国伦理学以对接中国重大需求、解决中国重大问题作为内驱动力。

三、构建中国伦理学的初步设想

构建中国伦理学的要义在于坚持中国特色社会主义引导、充分吸收人类道德文明成果、建设富有中国特质的学术体系、学科体系和话语体系。

第一，中国伦理学要以中国特色社会主义为指导。习近平总书记指出：“坚持以马克思主义为指导，是当代中国哲学社会科学区别于其他哲学社会科学的根本标志，必须旗帜鲜明加以坚持。”中国特色社会主义作为马克思主义的现代形式，是中国伦理学的理论导向。与以往从建立在苏联模式的马克思伦理学不同，中国伦理学不应简单套用任何既有的马克思主义伦理学范式，而是返回马克思主义思想的本质，在正确理解马克思道德思想的基础上系统构建马克思主义伦理系统。马克思主义最重要的指导意义在于，它为我们提供了基本的道德立场和解析道德问题的方法。既有马克思主义伦理学存在的主要问题在于，没有从动态、发展的视角看待马克思主义，而是僵化理解马克思经典著作中关于道德的论述与观点，严重削弱了理论体系的反思和创新能力。而且在原有伦理学中，马克思主义伦理的内容大量沿用了苏联的研究成果，以之取代了我们独立的思考。马克思主义是一个不断发展的动态理论体系，在不同的时代被赋予了新的内涵和新的表达方式。正因如此，马克思主义始终保持着旺盛的生命力。中国特色社会主义是已成为我国文化有机组成部分的马克思主义，而不是空洞的理论教条。中国从新民主主义革命到社会主义建设的历程，是马克思主义中国实践的历程，更是马克思主义中国化的历程。从毛泽东思想到习近平总书记系列讲话精神，我们基于中国现实、顺应时代要求充实、创新马克思主义理论，使之有机融入了民族文化谱系之中。中国伦理学建设必然将中国特色社会主义贯穿始终。这意味着，其一，中国伦理学必然坚持中国特色社会主义立场，从社会主义关于人与社会关系定位解读道德生活的价值与意义，提炼适合当前社会状态的伦理原则与规范体系。其二，中国伦理学必然以马克思主义世界观和方法论作为解释、解决道德问题的基本进路。其三，中国伦理学保持学术开放性，以批判继承的方式对待传统道德文化和为人类共享的道德资源。如习近平总书记指出的，兼容并包、博采众长是中华民族的鲜明品格。任何学术成果都是人类文明的共有财富。关键在于我们要坚守马克思主义的道德标准，在尊重、吸纳传统和西方道德文明的过程中取其精华、弃其糟粕，实现多元道德文化的有效整合，使之成为学术创新的推动力量。

第二，中国伦理学权以传统伦理和西方伦理为基本参照。中国伦理学需要保持开放的学术话语，广泛吸收、借鉴传统与西方伦理体系的营养，使自己站在世界伦理学发展潮流的前沿。习近平总书记敏锐洞见了学术民族性与世界性的统一，指出："强调民族性并不是要排斥其他国家的学术研究成果，而是要在比较、对照、批判、吸收、升华的基础上，使民族性更加符合当代中国和当今世界的发展要求，越是民族的越是世界的。"传统伦理和西方伦理都构建了各自的理论图式，反映出在一定时期、一定社会环境下的道德镜像，积累了丰富的理论成果和研究经验。以之为参照可以更为完整地把握人类道德生活脉络和规律，增强中国伦理学的传承性、合理性和科学性。闭门造车只会造成道德文化的断裂和滞后，我们也曾为此付出了高昂的代价。对于中国伦理学而言，一方面，我们要怀着文化自信回溯自己的道德历史，充分挖掘传统伦理的精华。传统伦理蕴含的对于高尚人格的追求、对于生命的关怀、对于自然的敬畏依然是我们宝贵的道德财富，为我们解释当前伦理现象、规避伦理困境提供道德智慧。值得注意的是，以往的传统伦理研究过多停留在理论批判或理念的现代性诠释层面，甚至出现了较为普遍的过度阐释现象、完全剥离历史语境强行为其注入现代意义。这些工作还是未能从根本上解决传统与现代割裂的问题。系统引领传统伦理的现代转型才是中国伦理学应该承担的学术任务。另一方面，我们要秉持尊重、包容、平等的姿态从西方伦理中汲取养分。毋庸讳言，伦理学作为一门学科发端于西方。在长达千年的学术探究中，西方建立了成熟、规范的伦理学体系。由于西方率先开启了现代文明的大门、更早体验现代道德生活，西方伦理的视野也更为开阔、形成了众多富有创建性的理论。参照西方伦理有助于我们加速中国伦理学的现代化进程、预判社会发展中可能发生的道德问题。关键在于，我们不能仅仅成为西方伦理的学习者和传递者，而应与西方伦理一道成为世界道德文明的建设者。

第三，中国伦理学要以学术、学科、话语三体系为主要抓手。就学术体系而言，我们要形成科学的学术规范和评价标准，促进伦理学的健康发展。要建设中国伦理学，除了杜绝学术不端行为，还要凝练学术形式、内容的基本要求。当然，我们允许伦理学研究形式和内容的多样性，但也要防止学术边界的含混，以致非学术性的语言、成果也混迹于学术体系之中。此外，建设中国伦理学还需诉诸客观、合理的评价体系。伦理学有着自身的学术逻辑与规律，优秀伦理学成果的产生通常需要深厚的道德知识与经验积累，是在对人生、对社会生活长期思考基础上形成的，所以不能以单纯的量化指标或者经济价值对之进行评价。我们的学术评价体系既要激励伦理学者全身心投入伦理事业，又要避免学术浮躁，为学者从容执着于学术理想创造空间。就学科体系而言，首先要厘定学科门类、划定学科之间的清晰边界。当前的伦理学科分类过于宽泛且缺乏明确的标准，对于学科归属的确认通常采取约定俗成的方式、造成门类混乱。一些新兴学术方向的兴起导致学科从属关系的混乱。实现学科分类的规范化是构建中国伦理学的重要基础。其次要推进学科的交叉与联结。伦理学的特点在于，道德存在于广泛社会领域之中，要思考、解答相关领域的道德问题，不仅需要道德知识，还需要专业知识的融合。目前，伦理学虽然形成了很多交叉学科，但道德知识与专业知识之间存在着明显的鸿沟，导致很多时候伦理学的交叉研究沦为伦理学者的自说自话，难以融入专业领域。实现专业知识与道德知识的统一是伦理学科建设的重要方面。再次，要确立学科优势。随着人们对于道德生活的关切，伦理学研究队伍不断壮大，越来越多的高校和科研机构开展了伦理学研究。但是学科同质化倾向明显，如何凝练本专业的学术特色、确立学科优势，成为伦理学界面对的普遍性问题。这就要求各伦理学科要结合人才队伍、研究传统准确定位学科主攻方向、建设目标、建立符合自身学术条件的培养体系和研究机制。就话语体系而言，构建伦理学流派是把握学术话语权的中心环节。学术流派意味着学术共同体成员有着相近的学术主题、相似的学术方法、相一致的学术立场，并且获得为学术界公认的代表性成果。伦理学过去基本延续着作坊式的学术研究模式，学者个人是研究的主体。这种方式不能有效整合学术资源、形成学术合力，导致学术话语的薄弱和分散。现代知识的庞杂与分类的细致加深了个人能力的局限。即便再优秀的学者，也不可能如亚里士多德一样成为百科全书式的人物，而只能掌握知识领域的细小分支。因此，学术的团队合作显得尤为必要。只有组织稳定的学术团队，才能获得丰厚的学术积累、实现学术传承，从而形成厚重的学术话语。同时，中国伦理学的话语表达一定要是“中国的”，从基本理论到原则规范都要是讲“中国话”，中国传统伦理的言说方式和现代中国的道德生活语言，都应是中国伦理学的学术语言，都应该能回应中国道德实践，能提升中国道德建设经验，能唱响中国道德好声音。

（原载《中州学刊》2016 年第 7 期）

中国特色社会主义伦理学：理论命题、发展逻辑和建设路径

无论从确立中国特色社会主义理论自信，还是从建构中国社会发展的伦理秩序抑或是从推进伦理学自身发展的需要而言，建设中国特色社会主义伦理学已然成为一个紧迫的问题。对我们身处其中的社会生活领域和面临的社会文化问题作出理论审视或判断不仅是学人对学术研究责任担当的表现，亦是对生活世界积极反思的努力，这种责任和反思正是社会主义文化建设与繁荣的助推力。波澜壮阔的中国特色社会主义建设实践为我们提供了伦理思想和道德生活的场域，我们需要何种伦理理论指导、佐证和推进中国特色社会主义社会建设？尤其在“在21世纪的文献中，中国崛起已成为一个公理性观点”、中国特色社会主义道路已经初步展现具有世界意义的发展价值的当今时代，我们应该怎样建设中国特色社会主义伦理文化以彰显文化价值自信？从理论内涵、发展逻辑、理论方法等方面对中国特色社会主义伦理学建设路向的思考，即是基于这样的理论努力。尤其在2017年5月中共中央印发《关于加快构建中国特色哲学社会科学的意见》并强调“坚持和发展中国特色社会主义，必须加快构建中国特色哲学社会科学”的新形势下，这种理论努力更显必要和紧迫。

一、理论命题：何谓中国特色社会主义伦理学

“中国特色社会主义伦理学”是具有中国特色、问题导向和中国

经验的当代伦理学新范式，它有别于传统的“马克思主义伦理学”，也不是中国传统伦理学的当代延续，更不是西方伦理学的中国化，而是中国伦理学发展在新的历史条件下提出的全新的理论命题。

提出建设中国特色社会主义伦理学，首先是基于原有伦理学理论已经表现出时代滞后性这一客观事实。我国现有伦理学理论体系为中国社会当代转型和社会主义道德建设作出了重要贡献，但是不容回避的是，国际形势和社会主义建设已经发生了日新月异的巨变，由于未能完成传统伦理现代转型以及以苏联马克思主义伦理学为基础的伦理学体系与中国话语之间存在间隙，该理论体系已经明显地滞后于世界伦理理论的前沿和现实的中国道德生活。这种滞后性主要表现在：其一，现有伦理学理论建设依然未能完全实现传统伦理的转型、继承和创新，显示了伦理学理论建设的“先天不足”。一方面，克服传统伦理的封闭性特征和倾向，实现传统伦理创新有待继续努力。中国有着丰富的传统伦理文化资源，为世界文明和人类进步作出了突出贡献。但长期以来，我国传统伦理文化缺乏与其他伦理文化的交际，表现出鲜明的同质化特征，基本属于“同质异构性的内部文化”。因此，两千多年的伦理文化基本循着一元化道路发展——儒家伦理由此走向传统伦理的中心地位。这种一元化伦理知识结构最大的弊端就是缺乏自我批判能力、导致伦理体系的固化，无论“我注六经”还是“六经注我”，都以儒家伦理原典为真理，这就使传统伦理难以适应开放的现代伦理结构，难以对当下新的伦理诉求作出回应。同时，造成的另一弊端就是，致力于维护血缘宗亲的儒家传统伦理强调对宗法伦理的服从，伦理道德成为服务君主专制政治统治的工具，不仅使伦理外化成为“精神枷锁”、压制人的主体精神，而且伦理要求转化为政治伦理规范、道德成为政治人格的衡量标准，这与尊崇人性、倡导自由、追求平等的现代伦理理念相距甚远。另一方面，继承“传统”时我们需要更理性、更求实。历史上我们似乎很难平和地对待自己的传统，辉煌时我们傲视世界、惟我独尊，陶醉于传统；受西方文明威胁和凌辱时，我们厌弃的往往又是最不能离舍的传统。这种困扰直到近现代我们似乎仍然未能正确地、彻底地解决好，常常在自傲和自卑中彷徨，既缺少海纳百川的虚怀若谷，又缺少面向未来的自强自信。同样地，不能正确处置“传统”，中国伦理学建设就难以发展和创新，因为纵贯古今、绵延数千年的中国传统伦理有着完整的理论主题、范畴术语、运思方式和言说体系，在一定程度上仍有诠释真理、指导生活的力量。避免中国传统伦理陷入合法性危机，就是要挖掘、孵化其对现代伦理问题继续发问、解答的权力，并以现代性关怀浇灌之、培育之。就此而言，中国特色社会主义伦理学建设不是要不要传统的问题，而是如何实现传统的现代转化的问题。其二，在马克思主义伦理中国化过程中，我们热衷于套用苏联马克思主义伦理学的基本理念、学术框架和学术方法，对马克思主义的深层思想重视不够，在马克思主义思想中提炼马克思主义伦理观念“火候不足”，显示了伦理学理论建设的“消化不良”。造成的不良后果就是：一方面，囿于苏联模式的伦理学框架而不加批判的搬用，导致中国伦理学呈现出知识内容和研究范式上的滞后性。另一方面，由于缺乏深层反思与检验，我们对伦理学的认知偏离了辩证唯物主义方法论原则，从而“误读”或窄化了伦理学的研究对象和方法。受苏联伦理学影响，伦理学的研究对象被定义为“道德现象”和“道德关系”，而道德则被理解为“调整人们相互关系的行为原则和规范的总和”，这种片面性理解缩小了伦理学的研究领域，使伦理学仅仅成为了规范性的学科。其三，社会主义改革和建设实践不断产生新情况、新矛盾、新问题，这种严峻挑战造成了理论与实践对接的“时间差”，显示了伦理学理论建设的“应接不暇”。现实世界总是不断变化的，如何适应这种快速变化，对之加以研究、诠释和总结，产生新范畴、形成新理论、创新言说方式，将是消除伦理学理论“滞后性”、实现不断创新的基本理路。

其次，提出建设中国特色社会主义伦理学，是因为现行的伦理学没有充分体现中国特色。所谓中国特色，乃是包括伦理文化主体地位、衡量标准、个体独立性、话语权力等表现出来的一种总体特征。我国当代主流伦理学由于受苏联伦理学范式的影响深重，对马克思主义伦理思想理解上的隔膜感和对中国社会现实认识上的疏离感，不仅造成了对这种“异域新说”转化中的无力，还造成了伦理学的言说方式和建设路径未能完全融入中华民族的特殊语境，导致了一种理论思维的眩惑与迷失。现行伦理学中国特色的缺失主要表现为：一是从理论建设角度而言，现有伦理理论缺乏民族维度。近现代以来，贫穷落后挨打的事实使得中华民族在致力于救亡图存的过程中对西方的“科学”“民主”吹捧有加，对中国传统伦理文化的断然决然的排斥不仅使我们如同“将婴儿和洗澡水一同倒掉”一样否定了中国传统伦理的合理性，更为严重的是全面摧毁了我们的道德自信。无视伦理文化的形成与民族历史的必然联系，无视伦理观念和道德机制源自独特的民族生活方式和历史境遇，致使伦理理论缺乏民族认知和民族认同。中国伦理学的发展如果失去了共同的语言、共同伦理信仰和珍贵的民族传统，就成了“无根”的伦理学，这样的伦理学是谈不上走向世界的。二是从学术范式而言，现有伦理范式缺乏中国特质。在全球化大背景下，国际文化交往日渐频繁，中国与不同国家伦理文化交流逐渐增多。但是在这一过程中，一方面由于缺乏对中国传统伦理文化历史的理性分析，以及一定程度和一定范围存在的“既然落后，传统都坏”的历史虚无主义影响。另一方面由于异文明（主要是强权意识形态）的强势，西方伦理思想和伦理话语的涌入似乎势不可挡，中国伦理学界出现了大量引入西方伦理理论、甚至倾向于借助西方伦理学学术方法研究中国伦理问题的现象。这就造成了我们的伦理学无论是学科划分、知识提炼、分析工具的采用还是学术评价，都热衷于借用国外既有的范式，在一定程度上忽视了从中国的道德脉络和道德叙事中形成属于自己的伦理思维、言说方式和研究范式。三是从价值立场而言，现有伦理立场缺乏中国态度。伦理学是价值之学，任何一种伦理学理论都有自身的价值立场。处于一定道德共同体的人们由于所处的社会条件、道德要求、时代特征的共同性，会在长期的社会生活实践中形成趋同性的价值理念，并以这种价值理念凝聚社会共识。共同的道德立场和价值理念通过伦理学的基本理论和伦理原则反映出来。例如西方自由主义将个人自由置于伦理话语的中心位置、功利主义重视个人利益的基础上强调群己权界并重视社会利益、社群主义关照共同体的利益等等。如何将社会主义共同体的伦理立场展现于中国特色社会主义伦理学中，例如以集体主义作为伦理原则，或者以国家、社会、个人层面的社会主义核心价值观作为价值主题，建立中国独特的学术理论流派，仍需作筚路蓝缕的探寻。

再次，提出建设中国特色社会主义伦理学是因为现行中国伦理学理论难以形成世界对话权。道德话语权力赢取的价值认同和道德信赖，有时候甚至能够带来比单纯的经济实力或政治话语影响更大的国际认同和国际道义支持。一方面，提升中国道德话语权力主要是通过对话伸张本国、本民族的道德诉求、增进其他国家、民族对自己的道德理解和道德认同。20 世纪 50 年代中国提出的“和平共处五项原则”，不仅仅是外交政策理念，更是中国伦理价值宣言，不仅赢得了第三世界国家对我们的赞同和拥护，也赢得了国际社会对新中国的信赖和尊重。另一方面，伦理学的国际对话除了向世界传递我们的价值观念、伦理主张和道德内涵，更要以我们的道德理论影响、引导其他文化群体对于道德的理解和价值判断。但是，毋庸讳言的是，当前中国伦理道德的话语体系还未承担起为中国崛起所应该赢得的合法性、正当性。因此，如何形成中国独特道德话语体系，在伦理对话中形成比较优势、甚至成为道德价值的引领者；如何通过学术整合，在国际伦理学的舞台上发出中国伦理学集体的声音，这是中国伦理学不可回避的问题。

习近平总书记提出要着力构建体现中国特色、中国风格和中国气派的中国特色哲学社会科学。构建中国特色社会主义伦理学则是繁荣中国特色哲学社会科学的重要任务。中国特色社会主义伦理学就是与中国特色社会主义理论体系相对应的伦理学理论体系，是改革开放以来以邓小平伦理思想为其最初形态、其后以及未来中国伦理学的发展理论所构成的具有中国经验的伦理学新范式和新体系。当前伦理学面临的主要任务或目标就是构建先进的伦理思想体系、优良的伦理规范体系以及促进这种伦理思想和伦理规范得以贯彻实施的伦理道德运行体系。因此中国特色社会主义伦理学必须立足于中国独特的伦理文化传统、基本国情和社会现实，承载独特的时代使命，适合中国社会主义发展道路的伦理学新形态。

中国特色社会主义伦理学是植根于中国道德土壤的伦理学，从而体现中国特色。植根于中国传统伦理文化资源、承续中华民族伟大的道德传统、具有独特气质和风骨，是中国特色社会主义伦理学的传统特色。一是伦理价值观念的中国特色。中国几千年积累的伦理资源、道德智慧、极具特色的伦理道德思想体系，是中国特色社会主义伦理学的文化之根。传统道德文化不仅强调个人修养和人格完满，更强调对国家社会的责任和奉献。例如“闲居非吾志，甘心赴国难”（曹植：《杂诗六首》之一），“士不可以不弘毅，任重而道远”（《论语·泰伯》），“见危致命，见得思义”（《论语·子张》）等，展现了“以天下家国为己任”的社会责任感，这是与西方伦理文化相比较的最大差异，这种价值理念依然是构建中国特色社会主义先进伦理价值体系的宝贵资源。二是道德思维方式的中国特色。中国传统伦理的天人合一、和谐共生等伦理观念，从整体性视角对待社会道德生活，在处理人际与社会关系中倡导兼顾个体性与社会性的统一，这是与西方伦理学相比较最具有中国特色的独特道德思维方式。三是道德关怀的中国特色。人类社会的自私贪婪、道德沦丧势必导致社会动乱、战乱频发，甚至导致国家分裂、人类消亡。中国传统道德文化中“由德生和”“以德促和”的道德观念，不仅体现广博的道德关怀，更是一种生存的道德智慧。需要指出的是，当代伦理建设不能照搬传统伦理以规导现代社会。那种谋求将传统伦理作现代移植、并试图将它作为现代道德体系以规导当代社会的理论努力，实际上是无视中国社会发展与国际大势的崭新面貌而按照历史“刻舟求剑”。因此，中国特色社会主义伦理学必定是传承先进传统伦理观念，凝聚当代中国的道德共识、以现代道德思维对社会生活进行伦理反思，以中国道德话语表达新时代伦理诉求，以普遍认同的道德生活方式实现伦理价值。

中国特色社会主义伦理学是立足于当代中国实践的伦理学，从而体现中国风格。中国特色社会主义伦理学的中国风格在于其独特的实践性品格，体现在对实践思考的学术努力中：一是反映中国独特的国情。中国国情具有显著的特点，例如中华文明是世界文明史上唯一延续发展至今而没有中断过的文明，这种文明传统造就了中国人看待世界、社会、人生的独特价值体系和道德精神；中国是一个社会主义国家并形成了中国特色社会主义发展道路，历史和实践证明中国道路是成功的，这种成功不仅仅是经济发展的成功，也是文化价值和伦理道德建设的成功，展现了团结、和谐、进取的民族精神；中国是一个正发生深刻变革的国家，勇于探索、改革创新，珍惜和平，具有包容和国际担当。因此，中国特色社会主义伦理学的建构和发展不可能脱离自身的历史文化，不可能脱离中国人的精神世界，也不可能脱离当代社会发展进步。二是立足于中国独特的道德实践环境。中国社会正处于转型变革时期，日渐增多的道德问题和道德诉求给伦理学带来了崭新挑战。独特的道德实践环境为伦理学的重塑提供了广阔的道德场域，如何探寻新的研究方法和伦理方式，有效实现社会主义核心价值观引领、凝聚道德共识，正是展现中国特色社会主义伦理学中国风格的应有之义。就此而言，中国特色社会主义伦理学的中国风格不是理论思辨，而是一种实践目的。

中国特色社会主义伦理学是着眼于中国乃至世界重大问题的伦理学，从而体现中国气派。以社会道德现象为研究对象的伦理学既是哲学理论科学，也是社会价值科学，更是一门实践科学，以“问题”为中心是伦理学的重要特征。首先，具有强烈的问题意识是中国特色社会主义伦理学的基本特征。马克思曾言：“问题就是公开的、无畏的、支配一切个人的时代之声。”马克思超越常人的理论敏锐性就在于他善于捕捉时代问题，“在前人认为已有答案的地方，他却认为只是问题所在”。中国特色社会主义伦理学研究尤其应该聚焦人民群众普遍关注的社会热点问题，如经济建设中的效率与公平问题、政治建设中的民主与法治问题、文化建设中的先进文化与大众文化问题、社会建设中的和谐与民生问题等。其次，以我国改革开放和现代化建设的实际问题为中心，勇于进行新的实践和新的发展，这是中国特色社会主义伦理学的现实向度。“全部社会生活在本质上是实践的。”关注实践、从实践中来、到实践中去，这是中国特色社会主义伦理学发展的动力源泉。再次，中国特色社会主义伦理学关注国际问题，对世界发展给予价值关切，展现大国的伦理责任担当。《中国的和平发展》白皮书（2011年）提出以“命运共同体”新视角寻求人类共同利益和共同价值；党的十八大报告倡导在谋求本国利益和发展的同时，要以“人类命运共同体意识”给予他国合理关切、促进共同发展。构建“人类命运共同体”既是“和平与发展”世界主题的历史延伸，也是新形势下国际交往伦理建设的时代要求。随着中国在国际交往中的影响和地位不断提升，中国在建构新时期的国际交往伦理应该付出更多的努力和贡献更大的力量，如在完善全球治理机制，为世界经济健康稳定增长提供保障；加强对话协商以解决矛盾分歧，共同维护和平发展；促进合作共赢，让各国人民共享发展成果；推进开放包容、尊重多样性和差异性，增强发展活力等方面，贡献中国方案的伦理智慧。

中国特色社会主义伦理学的“中国特色”“中国风格”与“中国气派”，不仅要求深化对中国伦理现实观照的理论自觉，也要有效对接中国社会发展的重大问题需求，还要给予世界发展以价值关切和价值倡导，这是中国特色社会主义伦理学的发展要求、时代蕴含与鲜明特色。

二、发展逻辑：马克思主义伦理学中国化的历史进程

任何一种伦理文化都是继承历史上的伦理文化并结合所处时代的社会现实而创造和发展的。如何传承马克思主义伦理学，这是中国特色社会主义伦理学建设要廓清的理论前提性问题，也是获得更广泛理论认同和理论自信的重要问题。换言之，不明晰马克思主义伦理学发展的中国进路，中国特色社会主义伦理学建设就难以迈开理论创新的步伐。

（一）马克思主义伦理学实现伦理思想史的革命性变革和道德认识飞跃是中国特色社会主义伦理学的理论基点

一方面，马克思主义伦理学实现了伦理思想史上的革命性变革，其现实性和批判性品格是中国特色社会主义伦理学的传承基因。从其产生而言，马克思主义伦理学是在反对资产阶级的斗争实践中形成的，反映了无产阶级斗争需要和利益，是无产阶级关于人和人之间道德关系的理论概括；还是批判吸收人类优秀伦理思想成果而形成的，如古希腊伦理思想以及法国唯物主义哲学家、德国古典哲学家、空想社会主义者的伦理思想等。从创立的影响与效果而言，马克思主义伦理学不仅结束了“旧的伦理思想以抽象的人性或神性来研究人类道德的神话”，而且“抛弃了旧的伦理思想割裂主观与客观关系的错谬”，从而使伦理学真正成为一门同生活实践密切联系的科学。

马克思、恩格斯运用科学的世界观以及辩证唯物主义和历史唯物主义方法论，在揭露资产阶级道德本质的不断斗争中并于19世纪40年代初步确立形成了马克思主义伦理学。在《莱茵报》时期的实践促

使马克思、恩格斯完成了从唯心主义向唯物主义、从革命民主主义向共产主义的转变。在对资产阶级剥削、不公平的批判和政治斗争中，尤其是马克思关于林木盗窃案的辩护失败，使他们意识到道德与物质利益的紧密联系，并认识到工人阶级不断觉醒的道德意识是消灭这种不公平的革命动力。在对黑格尔法哲学的批判中马克思主义伦理思想初步建立了正确的方法，即“对物质生活关系”的在先性肯定。在《德法年鉴》时期，马克思通过《论犹太人问题》和《〈黑格尔法哲学批判〉导言》对“政治异化”“宗教异化”、进而对“人的异化”的批判，促使其伦理思想彻底完成向唯物主义和共产主义转变。马克思从人的异化揭露资本主义金钱统治的本质，并且指出“这种异己的本质统治了人，而人却向它顶礼膜拜”。这个金钱的“神”是道德乱象的重要根源，因此，要使人类解放就要“否定私有财产”，“推翻那些使人成为受屈辱、被奴役、被遗弃和被蔑视的东西的一切关系”。“使人的世界和人的关系回归于人自身”。这样，马克思、恩格斯在政治斗争实践中同时完成了其伦理任务的定制。在历史唯物主义创立时期，马克思、恩格斯完成了向历史唯物主义和科学共产主义的转变，实现了伦理学方法与逻辑的统一，马克思主义伦理学正式“出场”。而这个过程是在不断的实践斗争和理论思考中得以展开：《1844年经济学哲学手稿》通过对“异化劳动”的剖析来分析现实社会问题，对“历史经济的动因”的探寻成为马克思伦理致思的基本方法；《神圣家族》中通过对布鲁诺·鲍威尔伦理观点的批判，马克思、恩格斯完成了从异化观向实践观、从抽象人向现实人的观点的转变，使马克思主义伦理学发展具有了历史唯物主义的科学方向；《关于费尔巴哈的提纲》中马克思从唯物主义视角分析社会历史、从实践的角度解释人的本质，从而实现了伦理学说的历史观和认识论革命。而在《德意志意识形态》中，通过对费尔巴哈的人本主义、鲍威尔的有神论、斯蒂纳的利己主义以及当时德国流行的人道主义的批判，马克思、恩格斯最终完成了伦理学说的历史唯物主义方法变革。在此时期，马克思、恩格斯确立了实践作为认识论的首要和基本的观点，将“现实的人”和“现实的关系”作为人的解放的前提基础，从而确立了伦理学的唯物主义基本立场，实现了伦理学的历史唯物主义方法论变革；同时，还对伦理价值目标即“人的全面自由发展”作了经济学哲学论证，并且确立了实现这一伦理价值目标的重要伦理原则，即“只有在共同体中，个人才能获得全面发展其才能的手段”，从而实现自由。此后，马克思主义伦理学在不断与小资产错误伦理思想论战，与工人运动相结合，在革命实践中不断验证和发展，展现了对人类命运的道德关怀。

另一方面，马克思主义伦理学实现了道德认识的飞跃，这种飞跃基于马克思主义伦理思想的“深层结构”而呈现，并构成了中国特色社会主义伦理学建设的内在逻辑。因此，明晰马克思主义伦理思想深层结构及其在中国当代发展保持旺盛生命力的缘由，是承继马克思主义伦理学的基因和血脉、建设中国特色社会主义伦理学的重要理论前提。

从共时性结构而言，马克思主义伦理思想结构由三个部分组成：一是在与资产阶级和小资产阶级伦理道德思想观点论战过程中表现出来的具体的伦理观点、分析结论和实践总结等构成了其表层结构；二是以唯物史观为方法论指导形成的关于伦理道德发展规律的社会历史理论，这些理论构成了马克思主义伦理思想的中层结构；三是关于人的存在、人的发展、人的自由等伦理理论构成了马克思主义伦理思想的深层结构。而马克思主义伦理思想中关于人的异化生存状态的伦理批判、关于人的自由全面发展的伦理目标理想，正是中国特色社会主义伦理学建设的内在逻辑和理论支撑，因为当代伦理学的时代使命就是为人的发展和人类生活提供价值引导、为实现社会良性运行提供伦理规范和价值目标。

从历时性结构而言，关于人的发展主题的“深层结构”贯穿于马克思主义伦理思想发展的整个过程。从马克思的博士论文时期至1845年，马克思主义伦理思想聚焦于人的生存、存在状态和人的解放；《德意志意识形态》(1845 年) 至《共产党宣言》(1848 年)，马克思、恩格斯逐渐创立和完善了科学的社会历史理论，即唯物史观，马克思主义伦理学由此获得了科学的方法论；19 世纪 50 年代起，马克思主义伦理学说逐渐实现了向社会实践的转化，并订制了“人的自由全面发展”的伦理价值的终极关怀，由此马克思主义伦理学在实践中开辟了更广阔的发展场域。纵观马克思主义伦理学说的发展历程，人的主题始终贯穿其中，并逐渐积淀成为其伦理思想的深层结构和隐性理论。

马克思主义伦理思想的深层结构向我们揭示：伦理学应当把人的发展完善作为理论出发点和最高主旨；伦理学应当面向现实生活，致力于发现、思考和解决现实生活中的新问题，这正是中国特色社会主义伦理学建设的内在逻辑和活力之源。

(二) 马克思主义伦理学的“苏联式”演进是中国特色社会主义伦理学的“前车之鉴”

马克思主义伦理学经过 40 余年的发展，于 19 世纪 80 年代在俄国获得了新的发展，即形成了列宁伦理思想。为了适应俄国社会革命和十月革命胜利之后政权的巩固，列宁的伦理思想主要表现在革命伦理、政党伦理和民主法治的制度伦理三个方面。推翻沙皇专制统治是俄国民主主义革命的首要任务，列宁革命伦理适应时代发展的要求，切合革命发展的实际需要，其伦理标准就是要看它是否符合大多数人的根本利益。十月革命之后，加强政党伦理建设以应对苏维埃政权中出现的铺张浪费、贪污受贿、官僚主义等腐败现象成了主要任务。社会主义制度建立之后，列宁对民主法制问题进行了不懈探索。概而言之，列宁伦理思想继承、丰富和发展了马克思主义伦理思想。自 20 世纪 30 年代，马克思主义在政治干预下被绝对化、教条化，马克思主义观点被简单化为政治公式。这一时期伦理学的发展强调党性原则，强调为政治服务，其批判现实、改造现实的功能得不到应有的发挥。20 世纪 60 年代至 80 年代中期是“苏联伦理学”独立发展时期，以施什金的

《马克思主义伦理学》（1961 年）为其诞生标志。

“苏联伦理学”时期是马克思主义伦理学发展史上的一个特殊阶段，这一时期伦理学发展出现了新的变化，即改变了原来单纯为政治服务而转向对研究方法论、研究对象和研究内容等的探究，这种科学性转变推进了伦理学学科的积极发展。1988 年苏共提出“人道的、民主的社会主义”路线，宣告了“苏联伦理学”的终结。苏联伦理学在一定程度上丰富和发展了马克思主义伦理学，并成为其发展史上的一道“独特风景”或一种特殊样式。但是其缺陷也是毋庸讳言的，一是学术研究理论脱离实际，如人道化、非理性化、新教条主义化等是苏联伦理学脱离自身国情的表现；二是伦理学现实功能乏力，如对如何解决苏联伦理学家公认的现实道德生活中两大问题——“干部官僚主义”和“劳动者懒惰、缺乏积极性和主人翁精神”等处于“失语”状态。苏联伦理学“要么完全束缚于哲学党性之中，要么抛弃任何道德标准，总是不能恰如其分地结合国情来进行真正科学意义上的研究；理论研究与道德实践不协调，要么滞后，要么超前；这是苏联解体伦理学层面上的症结所在”①。苏联伦理学的“前车之鉴”，为中国特色社会主义伦理学建设提供了可供借鉴的经验教训。

（三）马克思主义伦理学中国化及其最初成果——毛泽东伦理思想是中国特色社会主义伦理学的直接理论来源

辛亥革命摧毁了专制枷锁，迎来了思想上前所未有的解放。在这样的社会状况下，马克思主义伦理思想传入中国，并通过先进知识分子对封建主义伦理思想和资产阶级伦理思想的双重批判实现了当代中国伦理面貌的焕然一新。以李大钊、陈独秀等人为代表的一大批革命

① 武卉昕、王春林：《从苏联伦理学到新伦理学：苏联解体的伦理学批判》，《南京社会科学》2006 年第 6 期。

民主主义者在论战和斗争中逐渐转变为马克思主义者，他们对封建主义伦理思想和资产阶级伦理思想进行了猛烈批判。一方面，通过对复古派、国粹派及东方文化派守旧思想的批判，揭露了封建伦理的反动本质，认为它只不过是维护封建家族制度的政治工具，是束缚、驯服和戕害劳动人民的精神枷锁。李大钊尖锐地批判封建伦理“障蔽民彝”，造成“锢蔽其聪明，夭阏其思想，销沉其志气，桎梏其灵能，示以株守之途，绝其迈进之路”的后果。陈独秀也高举反对旧道德、倡导新道德的旗帜，尖锐地抨击了封建伦理的纲常名教“皆非推己及人之主人道德，而为以己属人之奴隶道德也”，并自觉地把对封建伦理道德的批判与推翻封建专制的政治斗争联系起来。另一方面，对资产阶级伦理思想进行了批判。李大钊指出，资产阶级的价值体系的核心是个人主义和利己主义伦理观，其核心就是对金钱和权力的崇拜，不可能给个人和人类带来幸福，相反只能带来痛苦和重压。陈独秀认为伦理觉悟是“吾人最后之觉悟”，“伦理思想，影响于政治，各国皆然，吾华尤甚”。李大钊、陈独秀等人在对旧伦理思想的批判中开创了马克思主义伦理思想中国化新气象。

马克思主义伦理思想的进一步中国化发展和新理论形态即毛泽东伦理思想，是以毛泽东、周恩来、刘少奇、朱德等为代表的无产阶级革命家经历新民主主义革命、社会主义革命、社会主义建设的初步探索实践共同创建的。毛泽东伦理思想作为“中国化的马克思主义伦理思想”和“马克思主义化的中国伦理思想”，实现了当代中国伦理思想的革命性变革：一方面将马克思主义伦理学说的基本原理与中国道德生活、道德实践有机结合，推动了马克思主义伦理学说由俄国到中国的转变和运用，创造了马克思主义伦理学说的中国形态，因而在马克思主义伦理思想史上实现了独特的创新和超越；另一方面实现了对中国传统伦理文化的批判性更新，既包孕了中国传统伦理文化的优秀基因，又促使中国传统伦理驶入“现代性”转型的轨道，重建中国社会秩序和心灵秩序。毛泽东伦理思想实现的革命性变革，为中国特色社会主义伦理学发展指明了道路。

马克思主义伦理思想中国化既是中国共产党领袖集体创造和探索的结果，也得益于一大批马克思主义理论工作者的努力。如张岱年坚持用马克思主义观点和方法观照中国社会道德实际，从道德本质、道德的阶级性等方面发展了马克思主义伦理思想；周原冰阐释了马克思主义道德科学的党性并初步建构了共产主义道德学说理论体系；李奇作为马克思主义伦理学开拓者和中国伦理学会创始人之一，主持编写的《道德学说》，建构了一个具有中国特色的马克思主义道德学说理论体系；罗国杰作为当代著名的马克思主义伦理学家，不仅对马克思主义伦理学基本理论、社会主义道德建设等进行了深入研究，还建构了较为完整的马克思主义伦理学学科体系，“使中国马克思主义伦理学的研究告别了分散、孤立和不系统的研究状况，走上了体系化、理论化时代”。

马克思主义伦理学中国化及其最初成果，实现了中国传统伦理的现代性转化和马克思主义伦理学的中国化创造，从而使中国伦理学主题和内容实现了“中国马克思主义伦理学”的转换，并从研究方法、基本问题、实践视野、学科体系、运思风格等方面，为中国特色社会主义伦理学建设提供直接的理论来源。

（四）中国特色社会主义伦理学建设的历史使命是“继往开来”

1978 年改革开放之后，中国面临全新的问题、环境、任务和目标，中国特色社会主义伦理学建设必然要承担全新的历史使命，并展现出新特色、新风格和新气派。作为马克思主义伦理学中国化的新阶段和新形式，中国特色社会主义伦理学将随着改革开放和社会主义现代化建设的深入实现伦理理论和实践的不断创新。

以邓小平同志为核心的中央领导集体坚持解放思想、实事求是，开启了改革开放时代征程，并首次提出“建设有中国特色的社会主义”的重大命题。邓小平对社会主义初级阶段的伦理道德建设及其规律进行了积极探索，实现了新时期马克思主义伦理学原理与中国社会道德实践的有机结合、中华民族传统伦理精髓与时代发展的有机结合。邓小平伦理思想为建设中国特色社会主义伦理文化作出了杰出的贡献，具有强烈的时代性和创新性。党的十三届四中全会之后，以江泽民同志为核心的中央领导集体高举邓小平建设有中国特色的社会主义理论的伟大旗帜，立足于伦理道德建设的时代特征和严峻形势的基础上形成“三个代表”重要思想，其伦理内容和伦理目标体现了社会主义市场经济条件下伦理道德建设的时代要求。以胡锦涛为总书记的党中央顺应形势变化，提出了科学发展观重大战略思想。科学发展观坚持以人为本、强调价值需求与科学规律的统一，是指导深化社会改革的发展伦理思想，体现了科学性和发展性的有机结合。党的十八大以来，以习近平同志为核心的党中央站在历史和时代的高度，确立了实现“两个一百年”奋斗目标和实现中华民族伟大复兴中国梦的时代主题，提出了全面建成小康社会、全面深化改革、全面依法治国、全面从严治党的战略布局，中国特色社会主义伦理学建设迎来了新的机遇。

今后，中国特色社会主义伦理学将继续以马克思主义伦理思想和毛泽东伦理思想为源头，在理论渊源上坚持一脉相承；以实现中华民族伟大复兴为时代主题，在理论主题上坚持一脉相承；强调解放思想、实事求是、与时俱进以推进伦理道德建设和伦理理论发展，在理论品质上坚持一脉相承；以提高公民道德素质、维护和实现广大人民的根本利益、促进社会和谐发展为旨归，在理论目标上坚持一脉相承。当前，中国特色社会主义伦理学的主要任务就是立足国情、关注世界，推进改革开放以来特别是中国特色进入新时代以来伦理学理论的继往开来和开拓创新，为新时代实现中华民族伟大复兴注入伦理动力。

三、建设路径：中国特色社会主义伦理学构建的立体图谱

中国特色社会主义伦理学建设必定是一个系统工程，需要从理论指导、资源整合、实践问题求解、“学术体系、学科体系和话语体系”建设等方面实现“立体推进”。

（一）理论指导：学习贯彻习近平新时代中国特色社会主义思想

坚持马克思主义理论指导，订制中国特色社会主义伦理学的“出场风格”。“中国特色社会主义伦理学”的提出，正是基于对马克思主义伦理学精神实质的充分把握，凸显其实践性并继续保持着的理论与现实之间的互动张力。一些人口口声声坚持马克思主义，却没有把握马克思主义之“实”，不明白到底坚持什么，无视或根本不理解马克思主义的理论精髓的科学性和革命性，实际上是非马克思主义；另一些人则表现出对马克思主义的冷淡或冷漠甚至反感，其主要表现就是基于淡化“政治叙事”与“原理坚守”的错误认识，把马克思主义当作政治说教，反感于所谓“意识形态策划”“党营策略”；或者认为马克思主义经苏式封闭僵化、俄国中转之后，原理已经失真，难以适应当代中国社会发展的需要，因而要对马克思主义的“元叙事”、原理进行解构甚至作抛弃式的“祛主义”或“后原理”转向。两种错误认识的根源在于不清楚“坚持马克思主义到底坚持什么”。

坚持马克思主义到底坚持什么？一是坚持马克思主义的立场、观点和方法。马克思主义的立场就是始终站在人民大众立场上，为广大民众服务；马克思主义观点是关于自然、社会和人类思维规律的科学认识和科学总结；马克思主义方法即正确认识和改造世界的思想方法

和工作方法。二是坚持辩证唯物主义和历史唯物主义基本原理，如质量互变规律、否定之否定规律、对立统一规律、矛盾普遍性和特殊性辩证关系、内因和外因的辩证关系、因果关系、社会意识相对独立性等原理。马克思主义伦理学与以往伦理学最大的不同就在于辩证唯物主义和历史唯物主义基本原理的运用，从而将伦理学建立在科学基础之上。三是坚持和运用具有严格的科学性和意识形态先进性的马克思主义社会科学方法论。马克思主义社会科学方法论是社会实践和能动的辩证法，是通过实践对事物自身逻辑的认识，它的灵魂是社会理论批判，它的特点是社会历史实践。“马克思的整个世界观不是教义，而是方法。它提供的不是现成的教条，而是进一步研究的出发点和供这种研究使用的方法”。因此，中国特色社会主义伦理学建设要创新运用马克思主义社会科学方法论，坚持以辩证唯物主义和历史唯物主义为根本方法，同时有效运用以实践为基础的研究方法、社会矛盾分析法、社会主体研究法、社会认知与评价法、世界历史研究法等，分析当今社会道德矛盾和发展规律，关注社会生活中“现实的人”，将事实与价值、科学认知与价值评价相结合。同时，马克思主义社会科学方法论具有开放性特征，中国特色社会主义伦理学建设也应该是开放的，要展现伦理研究的世界眼光和全球视野。

坚持中国特色社会主义理论的实践运用，打造中国特色社会主义伦理学的理论特质。作为马克思主义中国化最新成果的习近平新时代中国特色社会主义思想，从方法、内容、发展要求等方面为中国特色社会主义伦理学发展与实践提供指导。从方法而言，习近平新时代中国特色社会主义思想经过长期实践和总结而形成的科学方法，如解放思想、实事求是、与时俱进的方法，辩证分析方法，在实践中检验和发展真理的方法，走群众路线方法等，应该成为中国特色社会主义伦理学研究与运用的具体方法。从内容而言，党的建设、中国道路、民主制度，以及在政治、经济、文化、社会、生态等领域形成的丰富的伦理思想，应该成为中国特色社会主义伦理学的最大增量。从发展要求而言，习近平新时代中国特色社会主义思想集中体现了全党全国人民的意志，更重要的是集中体现了当代中国马克思主义的实践特色、民族特色和时代特色，也体现了新时期、新形势对中国未来发展的新要求。中国特色社会主义伦理学必然要展现这些特色和要求，从而具有不同于西方伦理学、传统马克思主义伦理学和中国传统伦理学的崭新的理论特质。

（二）资源整合：中西伦理文化资源的“主辅兼修”

中国特色社会主义伦理学必须在继承马克思主义伦理学及其中国化成果的伦理资源基础上，对中西伦理文化资源进行有机整合，实现“主辅兼修”。

一是以传承中国伦理文化资源为“主”，体现中国特色社会主义伦理学建设的继承性、民族性。因此，充分挖掘和阐释积淀了几千年的中华文明丰厚的道德文化资源，推进传统道德的现代转型，从而消弭传统与现代的割裂。一方面，对中国传统伦理文化资源的历史性和当代性要有充分的自觉认识，即费孝通先生提出的“文化自觉”。文化自觉既要对文化的历史有所了解，还要对自身文化的价值有所肯认。中华文明在世界文明史上是唯一未曾断裂过的文明，而其中流砥柱就是伦理文化。在中华传统伦理文化中的伦理价值具有旺盛的生命力。“中国的价值系统是禁得起现代化以至‘现代以后’（post-modern）的挑战而不致失去它的存在根据的”（余英时：《从价值系统看中国文化的现代意义》）。依据梁漱溟先生的说法，中国文化过早地走上了以理性解决人与人问题的方向，并将“自为、调和、持中”的伦理观念概括为中国文化的根本精神。如果说中国伦理文化在世界现代化的过程中尚未来得及展现伦理道德的风采，那么在现代性问题急剧增多、而西方伦理文化未能开出有效“药方”的当今时代，曾经显得“早熟”的中国伦理文化恰逢其时。另一方面，对具有当代价值的中国传统伦理文化资源进行梳理和总结，明晰“传承什么”“为何传承”“如何传承”等问题。对于一个民族和一个国家而言，毁掉传统价值，就是对文明的摧毁。中国几千年来积淀的独特道德传统影响着历史乃至当代的道德生活、政治生活和社会生活，例如中国传统美德中为国家、为民族、为社会的整体主义思想在维系中华民族的团结与统一中起到深远的作用；中国传统伦理思想中以“人道”为重点的“天人合一”思想追求天人、群我、他我关系的和谐统一，构筑了中华民族的精神基础。这些伦理资源，不仅是中国特色社会主义伦理学“传承什么”“为何传承”的根源所在，也是中国传统伦理展现世界当代价值的依据所在。

二是以开放包容的姿态吸纳世界多元道德文化，为中国特色社会主义伦理学建设注入时代生机和新鲜营养。我们要积极吸纳西方伦理文化资源的先进之处、社会道德建设的先进经验和伦理学发展取得的积极成果，以西方伦理文化资源为“辅”，实现“主辅兼修”。尤其在当今时代，“各民族的精神产品成了公共财产。民族的片面性和局限性日益成为不可能”，我们应该大胆吸收西方伦理文化资源的积极成果，补益现有中国伦理资源。例如，西方宗教伦理将“敬畏”作为道德自律和实现终极关怀的心性力量，这种心性力量的塑造值得我们在道德实践中借鉴，因为缺乏作为心理力量的“敬畏之心”正是现实生活中许多人丧失道德的根本原因；西方伦理以个人为本位，重视个性和个人发展，虽然个人主义的极端化容易导向极端利己主义并造成一系列负面影响，但其反面的启示确是积极的——个人只有接受民族使命、履行国家义务才能实现自己的目的，“道德的人”才能促进“道德的社会”；西方伦理重视功利价值，其追求个人利益满足和在此基础上的“最大多数人的最大幸福”的理论旨趣，避免了空谈抽象道德之风；西方伦理偏外向、偏进取，重视理智美德在认识和改造世界的重要作用，与中国道德偏内向、偏保守、重和谐恰好相得益彰；西方伦理重公德，积极处理个人与社会、社会与社会之间的关系，为我们建设公共生活伦理提供了积极启示。

任何伦理文化的发展都不应该是封闭的，而应该是开放包容的，我们要坚持古为今用、洋为中用，融通各种资源，不断推进中国特色社会主义伦理学的知识创新、理论创新、方法创新。

（三）直面实践：求解当代中国伦理道德建设的“问题集”

通过对实践问题的价值批判和伦理省思，实现行为选择的价值优化，这无疑是伦理学的神圣使命。伦理学既要对生活实践中的问题进行思考和纠偏，还要对实践过程施以价值性影响，通过价值批判和价值引导，尝试对问题给出答案。当前，中国特色社会主义伦理学最亟待解决的问题无疑与社会建设实践中最躁动的领域直接相关。

一是经济伦理问题。马克思曾指出：“人们奋斗所争取的一切，都同他们的利益有关。”市场经济是利益经济，是讲功利的。但是功利的普遍化和极端化就会导致拜金主义，造成人们道德自律失范、道德问题增多。利益失衡会造成社会心理失衡，导致“美德去圣化”“躲避崇高”“渴望堕落”，加剧社会道德沦丧、风气败坏、人际冷漠；还会导致个体对生存意义的茫然失措和现实生活的无所适从。鉴于此，经济伦理问题必然是当今中国特色社会主义伦理学关注的热点和重点问题，例如，中国传统伦理的“义利之辨”及其当代价值、市场交往的诚信制度建设、经济发展可持续与协调问题、资本共享的道德包容等问题，都值得我们持续深入地关注。

二是政治伦理问题。政治伦理建设以优化政治生态为旨归，通过张扬政治道德理念、制约政府行为、优化运行机制等，实现国家和社会发展有序化、规范化。党的十八大以来，随着全面建成小康社会、全面深化改革、全面依法治国、全面从严治党的提出，中国特色社会主义政治伦理建设取得了积极进展。今后，应重点弘扬和实现作为最重要的政治伦理价值的公平正义，推进社会发展和全面深化改革；系统总结改革开放以来，尤其是十八大以来政治伦理建设的理论和实践创新，彰显中国特色社会主义政治伦理的理论自信；推进国家治理现代化的伦理秩序建构，即从优化社会伦理运行机制、整合道德资源、建构伦理秩序方面为深入推进国家治理现代化提供政治伦理的理论支撑。

三是生态伦理问题。经济建设成绩斐然的同时，生态环境破坏问题却日趋严重。鉴于此，自党的十八大以来“生态文明建设”作为党中央“五位一体”总体布局的重要主题之一而备受重视，创新、协调、绿色、开放、共享的发展理念也逐渐深入人心。在此背景下，人们对生态伦理问题的认识高度、推进力度、实践深度也取得积极进展。当前，中国生态伦理建设仍面临诸多问题：如生态正义、生态文明共享、生态文化建设、生态权利问题等。

四是生命伦理问题。医学技术的发展以及生命观念、生育政策等的变化，使得生命伦理问题依然是应用伦理学的热点：其一，生殖技术的伦理诘难，如人工授精（尤其是异源人工授精）的伦理争论、试管婴儿（尤其是商业性“代理母亲”）的伦理审视、克隆技术的伦理反思等。其二，安乐死的伦理思考。虽然支持者和反对者各有自己的伦理依据，但是中国安乐死能否合法化？何时能够合法化？依然是一个有待深入研究的伦理课题。其三，基因技术的伦理挑战。如转基因产品会不会危害人类？基因隐私如何保护？如何打破基因专利导致的基因垄断？基因治疗主要是为了治疗还是为了改进？显然，基因技术不可能独立于伦理规约之外，对人的尊严的肯定和维护永远是基因伦理的核心。

五是网络信息伦理问题。网络生活的虚拟性、自主性、开放性、多元性，决定了网络伦理道德有不同于现实社会的新特点与发展趋势。“完全被信息技术支配的危险，以及置身于社会学家韦伯（MaxWeber）所谓的‘铁笼’之中的担忧都是实际存在的”。这种“危险”主要表现就是网络无政府主义泛滥及其危害、网络诈骗和偷窃、网络色情、侵犯个人隐私和知识产权等。中国已经拥有世界上最大的互联网群体。如何建构和完善网络信息伦理，建立人们在利用互联网工作和交流时的道德关系和行为规范，是我们面临的严峻问题。

六是公共生活伦理问题。公共生活伦理是全体社会成员所公认的，大家必须共同遵循的最基本、最起码的以维护公共生活秩序的道德规范和行为准则。改革开放和市场经济建设极大拓展了人们的公共生活领域，从熟人社会走向陌生人社会更需要公共生活伦理的维系。当前我们公共生活伦理建设的主要任务：一方面要培育以“公共善”为目标的公民公共理性，确立公共生活中的公共的善和政治正义理性要求。另一方面，要培育公民在处理社会公共生活以及社会合作形式时相互沟通、平等交谈的最基本的共识和价值系统，培育正义、责任、诚信、宽容、奉献的公共伦理精神，推进实现社会和谐善治。

七是国际交往伦理问题。中国长期以来致力于维护世界和平、促进共同发展，致力于在国际事务中大国担当。随着综合国力的提升和中国道路的影响扩展，中国如何在世界交往舞台上承担更多国际责任？如何在构建“人类命运共同体”过程中展现大国风采？如何成为负责任的国际秩序参与者、建设者和贡献者？这是新时代中国在建构国际交往伦理中亟待创新的问题。

一言以蔽之，中国特色社会主义伦理学必须要对所有社会问题进行伦理思考，为“问题集”求解。如果伦理学不对发展问题进行思考和求解，中国特色社会主义伦理学的发展永远是方向不明的。

（四）体系共建：以“学科体系、学术体系与话语体系”建设为抓手

习近平总书记强调指出：繁荣发展哲学社会科学，关键要增强理论自觉、理论自信和理论创新，摆脱“以西方之是非为是非”的思维定势和学术生态，自觉站在中国立场上来看待中国，建立一套立足中国实践、体现中国智慧、反映中国精神的哲学社会科学学术体系和话语体系。任何一种思想理论体系都需要反映“学术规律”的学术体系、展示“叙述体系”的学科体系以及作为“表达体系”的话语体系

的支撑。中国特色社会主义伦理学发展需要理论体系来实现和反映对社会道德现象及其规律的科学认识。一方面，任何形式的伦理学理论和体系是密切联系的。体系是理论的载体，成熟的理论需要体系。伦理学是对人类道德现象的本质和规律的研究和反映，其理论本身必须有系统的逻辑体系，否则，理论就是零散的。另一方面，伦理学的哲学学科特点决定了中国特色社会主义伦理学必须要有体系。哲学必须借助范畴展开抽象思维从而揭示世界的本质和规律，范畴遵循逻辑性而实现有机统一，因此哲学必然以逻辑体系呈现出来，中国特色社会主义伦理学发展也不例外。

1. 加强学术体系建设，为中国特色社会主义伦理学建设提供学术发展和研究的基本支撑。

学术体系规定着学术研究对象、限定着学术研究领域、反映着学科自身的学术逻辑与规律。如何创新理论、建设学术体系，这是中国特色社会主义伦理学建设的时代创新首先需要检视的问题。

从学术体系的形式而言，当前伦理学的学术体系建设必须优化学术研究范式。美国著名哲学家托马斯·库恩在《科学革命的结构》中最早提出“范式”一词，其含义指特定的科学共同体从事某一类科学活动所必须遵循的公认的“模式”。学术研究范式是研究立场、观点和方法的综合体。伦理学是生活之学，中国特色社会主义伦理学是社会主义生活的价值哲学，其研究范式必定要直面波澜壮阔的社会生活。

从学术体系的内容而言，当前伦理学学术体系建设必须以问题为导向，立足当代中国现实、聚焦改革开放和社会主义建设的重大理论和现实问题，在中国理论阐释中国实践、中国实践升华中国理论的“双向互动”中实现学术创新，增强学术理论的针对性、系统性和创新性。因此，中国特色社会主义伦理学理论研究要坚持以“问题为中心”的整体性研究范式。以“问题为中心”的学术研究范式旨在强调伦理学研究应该致力于发现新问题、思考新问题、解决新问题。整体性研究范式就是要求我们在开展伦理学研究时必须站在整体、全局和宏观的高度上，用联系的观点和发展的观点去全面认识、研究当前伦理道德现象。一方面要运用整体性原则去把握和理解经济、政治、社会、文化和生态等各个领域中出现的伦理道德问题，从而全面地推进中国特色社会主义建设。另一方面要坚持以发展的眼光和科学的方法，既要反对教条主义又要反对实用主义。从来没有任何一个时期的道德生活有如我们当今时代如此复杂多变，也没有任何一个时期的伦理道德问题有如我们面临的如此纷繁芜杂，以至于任何一种现有的伦理学说或伦理体系都难以应对当今的伦理“窘境”和道德“困难”。因此，照搬、移植的教条主义方法，都是难以适应中国特色社会主义伦理建设的实际需要，唯有以发展的眼光汲取现有伦理理论的精髓、把握生活的伦理需求、诊断时代的道德症候，方能推进中国特色社会主义伦理学建设。同时，伦理学理论建设绝不应沦为调解社会事件的“应景”工具，而应以展现时代精神、引领社会价值风尚、确立时代伦理精神为目的，任何断章取义、刻意歪曲、随心所欲地解释或生搬硬套，也许会获得暂时的“实用”，但最终会损害伦理学的高洁。当然，中国特色社会主义伦理学建设需要一个富有时代性的理论研究范式，这样的范式也必定是开放发展、能够解决实际问题的，否则它就会因为不能适应社会变化而弱化、甚至范式转移（Paradigm Shift）而被淘汰。此外，加强学术体系建设当然还包括相应的学术保障制度建设，如组织、基金、评估、监察等。

2. 加强学科体系建设，为中国特色社会主义伦理学建设提供学科理论的基本架构。

构建与思想体系相一致的、具体多样化的、在理论研究和教育教学中起到积极推动作用的伦理学叙述体系，是当前中国特色社会主义伦理学学科体系建设的重要任务。展示“叙述体系”的学科体系就是在研究、教学、宣传中用以表现、阐释思想体系的概念、范畴、观点和方法系统，它在展现思想体系生命力的过程中不断获得发展和突破。为中国马克思主义伦理学理论体系建设作出杰出贡献的罗国杰先生，不仅对马克思主义伦理学的形成和发展、研究对象、方法与任务等问题进行了阐释；而且对马克思主义伦理学体系结构的特征做了论述，认为其具有“理论上的科学性”“内容的规范性”“彻底的实践性”。罗先生强调说明这些特征“主要是针对马克思主义伦理学的教科书的体系结构而言”。叙述体系会随着实践的发展而变化，但是它并不等于背离或抛弃思想体系，而是思想体系生命力的展开。具体而言，当前中国特色社会主义伦理学学科体系建设有两个方面的主要任务：

一是规范伦理学建设，探究中国社会发展的伦理规范秩序建构。规范伦理学侧重于研究道德规范体系，通过研究道德的基础、本质及发展规律等，形成和论证道德的基本原则、规范和要求，以约束和指导人们的道德实践，最终达到人类自身和社会的完善发展。规范伦理学通过讨论诸如善与恶、应当与不应当等规范及其界限和标准，进行批评或赞扬、谴责或鼓励，其关注点是“我们应当做什么”“怎样做”。中国特色社会主义伦理学建设首先要继续加强规范伦理学建设，以伦理的价值或应然为研究的重点领域，用“应然”去统摄“实然”并给予实践生活以伦理指导。就规范伦理学的性质、特征和功能而言，伦理社会学因为关注“社会运行中的道德问题”“社会交往中的道德问题”“人在社会化中的道德问题”“社会生活中的道德问题”，重视伦理规范对于解决社会伦理道德问题的作用，应该成为当今规范伦理学的重要发展形式，需要进行深入的理论拓展。

二是美德伦理学建设，探究中国社会发展的心灵秩序建构。美德伦理在西方伦理思想史上源远流长。美德即为使个人实现特有的目的的品质，这个传统从亚里士多德一直延续到当代美德伦理学家麦金太尔。麦金太尔认为“美德是一种获得性的人类品质，对它的拥有与践行使我们能够获得那些内在于实践的利益”。中国儒家美德伦理资源丰富，在道德规范上建立了以“仁”为核心、体现“爱有差等”的道德规范体系；在价值观上重道义而轻功利，在道德功能上强调道德的社会作用，并提出了一套道德修养方法。儒家美德伦理中修身养性的德教传统对中华文化以及国人修养影响至深。今天，在培育和践行社会主义核心价值观过程中如何将国家、社会和个人层面的价值要求内化成公民的美德品质，儒家德性修养的教化理论依然具有现实合理性。中西美德伦理的传统和美德伦理复兴的态势触发我们一种学理省思：无视德性，就不可能有实践的内在善，就不可能提升道德主体性，道德也就无法发挥道义的力量。当然，当前美德伦理学面临的新的理论挑战也是毋庸讳言的。美德伦理强调美德是内在的，是一种包含道德心理认知在内的稳定性的品质，美德的获得必然要寻找人的心理基点，探寻美德产生的心理状态、心理过程和心理特征。心理对美德的影响和作用之深毋庸置疑，而道德心理学“以道德和心理的关系为研究对象，揭示道德产生、发展的心理基地，道德知行的心理机制、心理过程和心理状态，以及心理失衡中的道德调节”。正因为如此，深入开展道德心理学研究，探寻美德形成的心理机制和心理规律，应该成为中国特色社会主义美德伦理建设的重要方向。

3. 加强话语体系建设，提升中国特色社会主义道德话语的影响力和认同度。

学术体系和学科体系需要话语体系加以阐释、表达和传递。加强中国特色社会主义伦理学的话语体系建设的核心问题就是如何塑造道德话语权的问题，即用中国的伦理道德话语展现中国道路价值，提升中国伦理道德话语的国际认同和影响。所谓道德话语权“指的是人们在道德领域中的话语主张、话语资格及其话语影响力”。当前中国特色社会主义伦理话语体系建设、以中国道德话语言说道德生活正成为伦理学理论研究面临的迫切问题。这种判断源于当前中国伦理价值话语体系在国际影响的现状，其突出的问题就是全球话语权“西强我弱”的格局还没有改变，甚至在解决了挨打挨饿的问题之后挨骂问题仍然没有解决。主要表现在：一是道德话语权与国际地位不相配；中国有丰厚的伦理道德资源，随着中国综合国力的提升中国特有的价值观念的国际认同却有待随之提高。二是寻求世界的理解和认同面临着巨大的现实挑战。例如，尽管中国长期以来在国际社会中勇于承担大国责任和肩负国际义务，但是在建设“人类共同体”“责任共同体”“利益共同体”以及“一带一路”发展战略过程中，中国仍然面临如何寻求相互理解、达成国际共识、争取更大认同等亟待解决的问题。三是中国伦理话语体系还未承担起为中国崛起所应该赢得的价值合法性、正当性。尽管儒家思想“己所不欲勿施于人”的道德观念被奉为全球伦理的“金规则”、道家思想的“无为而治”被一些国家和企业奉为管理的名典，但当代中国伦理学的合法性、正当性获得仍任重道远。四是伦理价值对外话语传播能力亟待提升。毋庸讳言，当前发达西方国家主导着国际价值领域话语体系，成为诸如“自由、民主、平等、人权”等价值话语的主产地和传播渠道的主控者。相比较而言，中国尚未形成世界承认的独立伦理价值话语体系，对外道德话语传播的能力较弱。

如何加强中国特色社会主义伦理话语体系建设？有两个基本的努力方向：首先，要依托中国道德文化、立足当代中国特色社会主义伦理建设实践，打造中国特色的伦理道德话语系统。“虽然现代性的道德问题具有某种普遍性，但这些问题在不同的社会和文化环境中通常具有独特的表现方式。在社会全面转型中，由于道德语境的差别，这些道德难题的诱因和解决方法也必然存在差异。我们不能期待完全照搬其他文明的道德模式，只有将中国问题置于自己的道德文化谱系之中，才能找到破解的方法”①。为此，我们要打破对西方现代性伦理话语的崇拜心态，实现对中国传统伦理话语的传承创新和马克思主义伦理学话语表述的时代化创造，以解读中国特色社会主义的伦理实践经验和理论成果。“社会主义核心价值观”的凝练与传播，就是用我们的语言、我们的方式对新时期伦理价值观念的概括表述，类似的以打造

① 李建华：《社会全面转型期道德建设思路的三大转变》，《马克思主义与现实》2017年第1期。

“新概念、新范畴、新表述”为形式的伦理话语创新，需要我们继续大胆尝试和深化。其次，彰显中国对世界发展的价值关切，提升中国伦理话语体系的国际价值共识度与引领力。中国伦理话语体系引领力最重要的体现在“创新、和平、合作、包容”的理念指导下，实现对世界的经济、政治、文化、社会、生态等的发展价值关切和价值引领。20 世纪 50 年代周恩来总理倡导的和平共处五项原则既是政治交往原则，但从国际交往伦理角度而言也是伦理原则，并得到了国际社会的高度认同。当前，中国道路为破解自身后发展难题展现了风采，实现了经济、政治、文化、社会、生态等全方位推进；在世界发展面临诸多问题的情境下，中国道路应该为解决世界性难题、推动世界发展作出应有贡献。但是仅有对发展问题的推动和贡献是不够的，中国要不断提升国际话语权，必须要从利益因素主导上升到价值认同和情感认同，最大限度地彰显发展的价值共识度，并通过价值选择一致和价值理念共契的努力实现道义、伦理、道德的引领。在多大程度上获得引领时代的发展伦理话语权决定了中国将在多大范围内获得意识形态建设的胜利，并直接关系到中华民族的伟大复兴。

学术体系、学科体系和话语体系共同支撑作为体系或系统存在的思想理论体系。思想理论体系是以有序结构将思想内容的各种要素、成分、因素及其相互联系组合起来的整体，它既表现思想的整体状态和层次属性，也反映不同思想内容、性质及发展机制。从此角度而言，我们应该把中国特色社会主义伦理学看作是具有实践性、开放性、科学性、富有生命力的伦理思想系统，它必将在中国特色社会主义建设的实践场域中得到贯彻、展开、丰富和发展。置而言之，中国特色社会主义伦理学对马克思主义伦理学的时代创新的意义就不在于完满体系的追求，而在于实践精神和实践效果的不断展现。

中国特色社会主义伦理学建设不是一个纯粹的理论问题，而是一个重要的实践问题。我们正处于大变革的新时代，社会伦理道德面临前所未有的机遇和挑战，如何坚持中国特色社会主义伦理学研究的批判性和开放性，在社会主义建设实践中铸造中国特色社会主义伦理学的精、气、神，这是新时代的重任，也是每一个伦理学人不能推卸的责任。从此意义而言，中国特色社会主义伦理学建设任重而道远。

（原载《求索》2018 年第 6 期）

中国特色社会主义伦理学的价值坚守与价值解放

作为哲学理论科学的伦理学是一门社会价值科学，以阐释和探究道德价值规律为己任，以规导和创造优良的社会价值运行为目的。伦理学的价值科学属性决定了中国特色社会主义伦理学的价值功能、价值任务和价值目标，尤其在实现中华民族伟大复兴的时代要求下，中国特色社会主义伦理学作为探究人们自身利益需求以及如何满足这种需求的价值导向系统，应该为人的发展和社会生活提供价值引导和精神支持。而其中关切要害的问题是：中国特色社会主义伦理学的价值关切何以必要？价值实现如何可能？

一、中国特色社会主义伦理学的价值实现之问

中国特色社会主义伦理学建设是构建中国特色哲学社会科学的重要主题。所谓“中国特色社会主义伦理学”，从理论形态上看是指继承了马克思主义伦理学说和毛泽东伦理思想、以中国特色社会主义理论为指导、切合中国特色社会主义建设实践的伦理学新形态；从发展特征上看是指既区别于传统的马克思主义伦理学，也不是中国传统伦理学的当代延续，更不是西方伦理学的中国化，而是中国伦理学发展在新的历史条件下提出的全新的理论命题；从理论内涵上看是指具有中国特色、问题导向和中国经验的当代伦理学“新范式”。

中国特色社会主义伦理学以社会主义建设实践中的道德现象和发

展规律为研究对象，遵循功利价值和精神价值、外在社会价值和内在主体价值的有机统一，对价值的辨析贯穿于社会主义道德生活的一切领域，而价值不仅是人的本质力量的确证，更是社会发展的共同追求。从应然性角度看，任何伦理学理论总是有价值指向的，中国特色社会主义伦理学的价值指向更是明确的。如何认识和评估价值、选择和追求价值、生产和创造价值、实现和消费价值，不仅构成了社会主义生活的全部内容，也决定了中国特色社会主义伦理学的理论旨趣。但是毋庸讳言，当前中国特色社会主义伦理学的价值实现尚存在一些问题，值得研究者共同省思。

（一）基于“中国特色社会主义”主题价值而确立的价值自信有待凸显

中国特色社会主义发展阶段已经不同于新民主主义革命和社会主义革命的发展阶段，更不同于苏联的马克思主义发展阶段，因此，社会条件、时代主题、理论目的的变化对中国伦理学提出了崭新的要求，但是苏化的马克思主义伦理学以及中国化不彻底的中国马克思主义伦理学仍然影响着中国特色社会主义伦理学的新发展。

19 世纪 80 年代，马克思主义伦理学说在俄国获得了新的发展，形成了列宁伦理思想。在马克思主义伦理思想史上，列宁为马克思主义伦理思想的继承、丰富和发展作出了积极的贡献。但是自 20 世纪 30 年代起，出于政治的需要，马克思主义被绝对化、教条化，马克思主义的观点被简单化为政治公式，伦理学的发展也由于过于强调为政治服务而被封闭，主要表现为四个方面的问题：（1）从伦理学体系看，由于马克思主义伦理学说的世界观与方法论、辩证法与认识论、自然观与历史观的统一被割裂，理论体系的人道化、非理性化、新教条主义化明显；（2）从伦理学致思方式看，由于束缚于党性原则，伦理学的主体性原则被忽视，造成了现实的人的失落；（3）从伦理学方法看，由于未能充分体现马克思主义伦理学说的革命性和实践性，造成了理论研究与实践的不协调；（4）从伦理学话语体系看，马克思主义伦理学说极富创见和方法论意义的观念被公式化、教条化，伦理学话语变成了一种可以被普遍套用的操作话语，话语体系的批判功能和价值功能被遮蔽。

中国马克思主义伦理学的发展是随着马克思主义伦理学的传入并结合中国革命、建设的历程而得到发展的。但是，这种“传入”深受苏联伦理学的影响，存在着明显的“苏化”特征，由此造成了中国伦理学价值自信的“先天不足”。其一，政治价值被抬高而道德价值被压抑。在相当长的时期内，伦理学理论发展带有强烈的政治化意识和倾向，一定程度上造成了伦理学政治色彩浓厚，造成了价值取向的偏颇。其二，价值功能被扭曲，伦理道德教育的实践价值被销蚀。具体表现在：在道德教育上以政治教育取代健康人格培养；在道德评价上以政治立场评价取代道德品质评价；在道德社会效果上，道德目标脱离实际而空泛无力。其三，道德价值的本土性和民族性没有彰显。由于马克思主义伦理学中国化的不彻底性，造成伦理学建设对中国传统伦理价值重视不够、对传统资源的利用不足、伦理文化的民族特色不强。

如何坚持马克思主义伦理学说的价值观念、继承中国传统伦理文化价值精华，在社会主义建设和全面深化改革的进程中彰显时代价值，打造属于中国特色社会主义“主题价值”，在价值自觉基础之上建构价值自信，是当前中国特色社会主义伦理学建设面临的紧迫问题。

（二）基于现实价值关切的价值主导力有待增强

伦理学是探究人类道德需求以及如何满足这种需求的价值导向系统，为人的发展、社会进步提供价值引导。毫无疑问，伦理学应该着眼于生活实际、着眼于人的未来发展，凸显实践性。实践性即突出实践的观点、立足中国实际，重新审视、理解、阐发伦理学理论，从而重新阐发被遮蔽了的实践精神。

毋庸讳言，当前中国特色社会主义伦理学对实践的契合性、适应性有待提升。具体而言，主要存在以下问题：一是现实观照有待进一步加强，视域有待进一步拓展。直面当代中国的现实问题是中国特色社会主义伦理学建设与繁荣的关键，因为只有能够正确捕捉、及时回答中国当代社会发展中的新问题，才能保持伦理学生命力以及对大众的吸引力，否则就背离了伦理学的现实向度。二是现实性与学术性之间的二元间距有待弥合。理论是为了指导实践的，学术研究是为了实践运用的。当前，一些伦理学研究者执著于书斋问题，搞所谓的“纯学术”，自命清高、自成一隅，对现实问题漠不关心，或丧失“话语权力”，或“对可言说者言说，对不可言说者沉默”，造成了现实性与学术性背离，从而禁锢了伦理学的生命力。展现实践精神是伦理学应有的特质，在“实践—精神”的互动中，中国特色社会主义伦理学的价值主导力不仅体现在规导现有社会价值、避免社会陷入价值狂热上，还体现在倡导先进的价值观念、引领社会价值的进步、推动社会发展上。

正如美国学者约瑟夫·弗莱彻（Joseph Fletcher）在《境遇伦理学》中所说的“境遇”，意在说明伦理不能脱离特定的、具体的价值存在或价值场域，中国伦理学如果脱离了自身发展的“境遇”，中国特色的价值关切将无从实现，中国特色社会主义伦理学的价值引导力将无从安放。

（三）基于价值传播的价值影响力有待提升

现代性道德危机暴露了以价值主题化和普遍规范化为特征的现代性道德话语霸权。但是当代伦理话语是否应该或必然陷入让·弗朗索瓦·利奥塔（Jean-Francois Lyotard）所说的“道德都将是‘审美’的快感”的后现代“诅咒”呢？这种判断当然是没有根据的。只有在这一前提性预设中，我们对中国伦理话语体系及其价值传播力和引领力存在的问题的认识才能是客观理性并且满怀未来期待的。

当前，存在的主要问题表现为：一是对本土伦理话语资源重视不够而对西方伦理崇尚有加。伦理学研究中一些学者热衷于搬弄西方伦理理论、西方伦理术语，甚至有些学术文章喜欢套用西方学术话语体系，言语方式西化倾向严重，一定程度上患了“母语失语症”。此种情况造成了第二个方面的问题，即文风晦涩。一些研究论文的文风表现为字眼生僻、概念抽象、语言晦涩、难以读懂，一些人甚至把字句别扭、思想模糊、引证繁多、意见不明当做时尚。以上两个问题必然导致第三个问题，即伦理学话语的价值引导力未能有效实现。一方面，我们的伦理道德话语对于引领民众道德意识、达成伦理价值共契、淳化社会道德风尚的能力和效果有待增强；另一方面，我们的伦理道德话语在国际交往中的道义宣扬、发展伦理彰显、价值引领等方面的效果不尽人意，我们的伦理价值认同、价值信赖度有待提升。这不仅关系着文化道德的合法性，即“道德正当”在国际伦理交往中的辨识度与共识度，还关系着中国道路的世界意义如何在更大范围内获得伦理认同和道义支持。鉴于此，构建中国特色社会主义伦理学的话语体系、通过话语传播价值、通过传播实现价值引领乃是一项紧迫而艰巨的任务。

二、价值坚守：中国伦理学的“自我镜像”辨识

“自我镜像”就是如何看待自己，是对自我形象的认识。自我镜像模糊，就不可能自知，更谈不上自信。“如何清晰地看待自己，既消除狂妄的‘赶超’心理，又避免文化的‘自卑’情结，成为消除自我文化镜像焦虑的关键。”在实现“中华民族伟大复兴的中国梦”成为中国社会发展主题的今天，中国比过去任何时候都需要清晰地认清自我。一方面，我们需要向国人、向世界说明我们“从何处来”“走什么路”“向何处去”；另一方面，我们还要让世界更加全面、客观和理

性地认识中国社会主义及其世界价值。价值自信和价值传播基于“价值坚守”。伦理学的“自我镜像”辨识，是对自身传统伦理文化价值的清晰认知、自觉继承、积极弘扬，也是对本国和本民族现阶段倡导的伦理价值的积极认同和自觉遵循。

（一）对价值独断主义的批判

价值坚守不是价值独断主义。中国特色社会主义伦理学要想迈开现代性的步伐，就不能故步自封、价值固化，就必须对价值独断主义进行批判。什么是价值独断主义？有何危害？

19 世纪初德国著名哲学家康德曾批判莱布尼茨、沃尔夫等人的哲学体系，认为他们无视人的认识能力的条件和范围，就断定人的理性能力是全能的、绝对可靠的、可以发现宇宙的真相，并认为这种无视认识的条件和对象范围，在未能考察人们的认识究竟是如何可能之前就狂妄地作出武断的、绝对的结论，是理性的误用。这种独断论注定是要破产的。独断论在价值判断和价值选择上的表现就是价值独断论。价值独断主义是“表现于价值理论和价值观念中的独断主义，指人们对自己价值判断的立场和限域缺少自省就断然下结论的习惯。它主要表现为价值观念上的知识主义、普遍主义和绝对主义”。“价值独断主义的根本弱点，是无法正视和包容多元化的社会现实。它总是要以排他的方式来坚守自己，因此经常置身互不相容的两极对立。”

人们容易犯价值独断主义的错误，往往是因为每一个人都是生活在一定价值体系占主导的社会环境中，在自身的价值主体性尚未形成或觉醒之前，就已经受到社会价值体系的影响甚至控制。例如，在社会生活中，价值观念差异、争执、冲突是如此的剧烈，主要是因为一些人固执于价值己见，对自己的价值判断深信不疑，有些人甚至以价值主导者的身份高高在上地指责“未合时宜”的他人，更可悲的是，这些人从来没有设身处地地想过异己的价值观念是否存在合理性。再如，在国际交往中，西方发达国家常常对其他国家颐指气使、指手画脚，自认为自己掌握着自由、民主、人权的价值真谛，以上帝的身份发言或指责，这同样是价值独断主义的表现。所以，福山的“历史终结论”才会自信地认为资本主义制度是“人类社会形态进步的终点”，是“人类统治的最后形态”。价值独断主义不仅会导致社会生活中的思想专制和道德强迫，造成“同而不和”的道德状况，窒息道德之“善”的生机，还会加剧个体与个体、个体与群体、群体与群体之间的价值分裂、价值冲突，消解诸如“生活共同体”“命运共同体”的向心力与凝聚力，甚至戕害“和平”与“发展”的最基本的价值追求。如何有效消除价值独断主义，依然是当今伦理道德建设需要解决的问题，也是中国特色社会主义伦理学建设面临的重要研究主题。

（二）中国优秀传统伦理价值的内蕴力转化

中国特色社会主义伦理学的时代创新需要运用现代性眼光批判发掘发扬中国传统伦理文化中积淀几千年的伦理价值，处理好“返本”和“开新”的关系，在继承中做到“价值坚守”。

马克思指出：“人们自己创造自己的历史，但是他们并不是随心所欲地创造，并不是在他们自己选定的条件下创造，而是在直接碰到的、既定的，从过去继承下来的条件下创造。”这种“过去继承下来的条件”不仅指物质生产和生活条件，当然也指文化（包括伦理、价值、观念、意识等）条件。安东尼·吉登斯（Anthony Giddens）认为：“马克思的格言‘人们创造历史’实际上表明的是一种特定文化动力，而不是对整个人类过去状况的描述。”45000多年的文化沉淀和价值结晶已然成为一个古老民族发展的“根”。从这个意义上说，伦理文化作为创造社会历史的文化动力，总是承继且延续着传统，并在此基础上实现新的创造。如此，我们才能理解美国诺贝尔经济奖得主道格拉斯·诺斯（Douglass North）提出的“路径依赖”的概念，它同样具有人类文化学的意义。

如果一个国家不知道自己过去从何而来，不知道已面临的现实制约、传统影响以及文化惯性，就不可能知道未来的发展方向。中国伦理文化有着丰富的价值传统，这种价值传统在当今时代保持着理论与现实的张力。具有代表性的有：

其一，对人之存在价值和价值主体的承认。如孔子云："天地之性人为贵"，"人者，其天地之德，阴阳之交，鬼神之会，五行之秀气也"；《老子》云："道大、天大、地大、人亦大，城中有四大，而人居其一。"其二，对人生价值的追求超越。如叔孙豹云："太上有立德，其次有立功，其次有立言"；儒家倡导的"君子""圣人"等。其三，对价值理性与工具理性的有机统合。如《左传》曰："正德，利用，厚生，谓之三事"，"正德"属于价值理性，"利用"则属于工具理性，然后达到"厚生"之目的，满足人的生存需要；再如《大学》"八纲目"中"格物、致知"的工具理性与"诚意、正心"的价值理性的统一，反映了对人生价值目标的追求。其四，"天人合一""中和为用""己所不欲勿施于人"的整体和谐、辩证思维伦理智慧，对于全球化时代国际交往伦理的建设具有重大的现实价值。概而言之，对于回答如何正确处置价值问题、作出科学的价值评价、获得合理的价值认识等问题，中国传统伦理文化中内涵着丰富的智慧。正是基于中国传统伦理价值的历史性和当代性考量，传统伦理价值的现代转化才显得愈加重要，而这正是中国伦理学实现价值坚守的前提和根基。从文化人类学意义上看，任何一种文化的发展都是所有以前世代文化的累积、递进和创新，尤其对中国传统文化血脉中流淌的伦理价值精神来说，不仅有转化的必要亦有转化的必然。总结、辨析中国传统伦理价值理念，并为现代所践行，无疑是伦理学建设的发展逻辑。中国特色社会主义伦理学的发展如果失去了共同的语言和珍贵的民族传统，也就失去了"根"，无"根"的伦理学难塑造深入人心的社会价值观，也不可能言及理论自信，更谈不上走向世界。

（三）中国特色社会主义“主题价值”的活力释放

中国特色社会主义伦理学的时代创新必须坚持马克思主义的价值立场和价值方法，贴近当代社会生活，置身于中国特色社会主义的价值场域，在实践中打造、创新、引领、培育社会主义核心价值观，在践行中实现“价值坚守”。

随着社会主义市场经济建设的深化、社会生活领域的扩展、社会交往范围从“熟人社会”向“陌生人社会”的转变、社会流动性的日益增强，生活方式和观念的差异日渐显现，价值差异甚至价值冲突日渐明显，如何在公共生活中重建文化价值共识便显得愈加重要和紧迫。从党的十六届六中全会对社会主义核心价值体系的提出，到党的十八大对社会主义核心价值观的提炼，就是试图通过社会主义核心价值观的确立，实现对公共社会生活的指导和引领。社会生活史已经说明，要想让人们过健康的道德生活、实现社会和谐发展、营造健康向上的社会道德氛围，就必须确立具有感召力的社会核心价值观，并通过公民的价值认同来实现伦理秩序的建构。

改革开放40年来，中国经济社会发生了巨大的变化，物质财富有了极大增长。但是，伴随市场经济建设而产生的拜金主义、见利忘义、道德冷漠行为比比皆是，现实生活中严重的道德危机表明，人们对生活意义、伦理价值和道德目标等产生了严重的、普遍的怀疑。伦理道德的颓废不仅会导致人们对自身生存意义的茫然失措，也会导致对现实生活的无所适从。培育和践行社会主义核心价值观，目的就是通过宣扬伦理价值观，实现民众的价值认同与价值自觉，进而和谐人际交往、纯化生活风尚、优化社会环境。费孝通先生曾经提出“文化自觉”的观点，认为生活在一定文化中的人对其文化有自知之明，并对其发展历程和未来有充分的认识。文化自觉既是文化的自我觉醒，也是价值的自我反省和自我创建。中国特色社会主义建设需要整个社会伦理文化的提升和全民道德素质的普遍提高。基于这一目的，中国特色社会主义伦理学建设的“价值坚守”必须围绕社会主义核心价值观，打造中国特色社会主义“主题价值”并激发其价值活力，既要强调“富强、民主、文明、和谐”作为国家层面的价值目标，也要强化“自由、平等、公正、法治”作为社会层面的价值取向，还要突出“爱国、敬业、诚信、友善”作为公民个人层面的价值准则。实现中国特色社会主义伦理学建设的“价值坚守”，要以能否促进社会进步发展作为主体需要的最高尺度和终极性标准，指引民众作出正确的价值选择，避免陷入价值相对主义、价值虚无主义、民族虚无主义，认清社会主义的价值取向和价值优势，坚定走中国特色社会主义道路。一个民族要想成为伟大的民族，必须有共同的语言和共同语言背后的共同的价值取向和价值信仰，唯其如此，才对“自我镜像”的聚焦变得真实而清晰，这才是“价值坚守”的真义。

三、价值解放：实现中国特色社会主义伦理学的价值自由

价值解放就是在价值坚守的基础上，在主导社会价值体系架构中实现各得其所、和而不同的价值自由。实现从价值坚守到价值解放的融通，是中国特色社会主义伦理学价值实现的更高阶段和更重要的要求。

（一）价值解放不是价值相对主义和价值自由主义的“幻象”

价值解放与价值相对主义最根本的区别就是二者的内在根据不同。价值解放的内在根据是价值主体性的生成、提升和张扬。尽管其主体是人，但价值解放不是主体多元化扩散，也不是同一主体在不同条件、不同阶段的多样变化和相对性呈现。价值相对主义的根据是认为价值具有属人性，主体的不同会使价值因人而异、因时而异、因地而异，

甚至“怎样都行”。从根本上看，价值相对主义是经验原则在作祟。

现代社会价值领域的最大挑战莫过于价值相对主义的盛行及由此导致的价值虚无主义。现代西方社会的价值变迁跌宕起伏，令人担忧。遭受了“上帝死了”之后的价值颠覆，西方社会并没有找到另一种安置心灵的方式，以至于现代后结构主义大师米歇尔·福柯（Michel Foucault）在考察了人与社会文化的关系之后，竟宣告“人死了”——这种连价值主体也彻底颠覆引起的争论与恐慌甚至超过了20世纪尼采宣告的“上帝死了”。西方现代社会对价值信仰的对象和价值主体的摧毁，导致了比“怎样都行”更可怕的“怎样都不是”的价值虚无主义。正如美国哲学家L. J. 宾克莱（Luther J. Binkley）指出的，在被称为“相对主义的时代”，“人想要找到他能够为之坚定地毫不含糊地献身的终极价值的希望大大破灭了”。中国社会的当代转型同样也遭受了价值相对主义导致的价值虚无主义侵扰。有人认为，20世纪20年代前后的社会变革一定程度上造成了传统价值的崩溃，改革开放导致了绝对价值的“祛魅”，革命价值的社会引导力消退，新的社会主导价值尚未形成，人们在普遍的功利主义驱使下陷入了价值选择的茫然，导致了“美德的去圣化”和“崇高的消解”，以至于人们“正在精神深层中经受着来自价值秩序混乱的道德困惑与道德不幸”。

第二，价值解放也不是价值自由主义的“随意”和“漫不经心”，不是打着“自由”旗号的价值“凌辱”和“侵犯”，更不是以反对主流政治架构为能事的价值判断和价值选择的“随心所欲”。一方面，价值解放不是价值不定、价值摇摆或价值放纵，而是价值主体性的确立与获得，它意味着个体在得到最大限度的理解和尊重的同时，实现个体自由与共同秩序融洽。马克思所说的“任何一种解放都是使人的世界和人的关系回归于人自身”，正是从价值主体性维度对解放进行的诠释。另一方面，价值解放不同于自由主义的“价值自由”，因为自由主义的所谓“价值自由”是只强调“我的自由”而不顾“他的自由”，对于“我”，怎样都行，对于“他”，以我的价值为价值。自由主义在经历了古典自由主义、主张国家干预的自由主义之后，在20世纪初发展成为主张回复古典自由主义的新自由主义，其实质和核心就是宣扬资本主义私有制和市场自由的普遍性，反对社会主义。与古典自由主义对“自由”的理解稍有不同，新自由主义认识到自由应该是制度框架内的自由，而不是放任自流，但在价值观上则鼓吹所谓的“民主万能”“民主和平”“民主同盟”等，推行“价值外交”和“价值渗透”，企图打造“自由和民主之弧”。自由主义对自由价值的理解和实践，只能造成价值争端和价值反抗，对于全球化的国际伦理秩序建构的危害是值得警惕的。中国特色社会主义伦理学必须把握时代特征，匡正价值相对主义和价值自由主义的随意性和模糊性，激发价值主体性，增强民众正确的价值选择能力。

（二）价值解放的主体塑造

价值主体包括个人主体、社会主体和国家主体。其中，个人主体的品格塑造了社会主体，影响并成就了国家主体的整体风貌。换言之，个人主体是价值主体的基本和主要构成。价值解放通过公民价值主体性的生成壮大和在现实生活中心灵秩序的建构而实现。

第一，要建立在价值合理化认知基础之上培育价值主体性。“主体性是一切道德活动的原动力。”人的体性是道德活动的内在依据，主体性原则应该成为时下道德建设的首要原则。所谓“价值合理化”，就是对客体与主体关系的正确价值评价，即客体在何种程度上符合主体的真正需要、在何种程度上能够被主体真正确认并同时成就了主体。恩格斯指出：“人只需认识自身，使自己成为衡量一切生活关系的尺度，按照自己的本质去评价这些关系，根据人的本性的要求，真正依照人的方式来安排世界，这样，他就会解开现代的谜语了。”恩格斯所指的“现代的谜语”的谜底应该意指人如何在现代社会生活中实现一种健康、全面、自由的发展。而这归根到底则在于人之需要的价值合理化定位。康德以对人的自觉性认识的灼见，使他在立志建立一种纯粹属于“人类学事件”的伦理学时就深刻地认识到了道德对于人类自身的目的意义——人要有尊严地存在，就必须有理性地选择道德的生活方式和行为方式。当人能够理性地、自觉地、自愿地选择道德生活和道德行为，这就是价值合理化认知的价值主体性获得。

第二，要“回到现实生活中去”，在现实生活中锤炼主体的价值角色，建构主体的心灵秩序。“历史不过是追求着自己的目的的人的活动而已。”伦理道德的发展也应该是“追求着自己的目的的人的活动”。因为人“是由于具有表现本身的真正个性的积极力量才是自由的”。因此，中国特色社会主义伦理学必须关注改革开放以来民众的生存、生活的变迁，通过对社会物质、精神现实的考察，实现从价值层面对人之幸福、社会和谐、民族进步、国家发展的肯定和引导，从而使主体践行社会主义核心价值观，实现心灵秩序的和谐安顿，达到价值解放。

（三）价值自由的张力释放

“自由”从来都是一个备受争议的概念。康德重视自由的伦理价值，认为它“构成了纯粹、甚至思辨的理性体系的整个建筑的拱顶石”。康德认为，自由是道德律存在的理由，同时强调自由在理性中的重要作用，但他对自由的最大误解就是认为自由与必然绝对对立。黑格尔反对康德把自由和必然对立起来，但对康德“自由是理性自己决定自己”的思想赞赏有加，并确立了绝对精神世界里关于自由和必然的认识。但显然，在精神领域把握自由不可能真正认知自由和必然的关系。直到马克思、恩格斯通过创立实践观，才科学地解决了二者的关系。自由是通过必然的认识而获得的认识与改造自身和世界的能力。“自由不在于幻想中摆脱自然规律而独立，而在于认识这些规律，从而能够有计划地使自然规律为一定的目的服务。”对自由的辩证唯物主义理解而言，基于价值坚守的价值自由是主体（不仅是个人主体，还包括社会主体、国家主体）的自由，但价值自由源于对价值客体特性及其规律的把握，价值自由必然是合规律性与合目的性的统一于个人自由与社会自由的统一。

基于以上对价值自由特征的认识，中国特色社会主义伦理学建设的任务定制的内在根据就在于个人和国家主体的价值自由。

第一，尊重“以人为本”的个人主体价值自由，深化对个人主体价值的重视以促进社会发展。近代以来，人的价值问题备受关注。康德以对“人是目的”的价值目标自觉性认识的灼见，极大地肯定道德对人自身的价值。马克思则从资本主义的经济社会发展批判中阐明了自己的伦理价值主张，他在《共产党宣言》中对社会主义的本质特征作了描绘，即“每个人的自由发展是一切人的自由发展的条件”。中国对人的价值的重视并将其作为国家社会发展规划的重要目标，始于2003年党的十六届三中全会首次将“人的发展”作为科学发展的核心理念纳入国家发展战略，实现了社会主义发展的重大价值转向。“解放生产力、发展生产力、消灭剥削、消除两极分化，最终达到共同富裕”的社会主义本质与人的全面发展具有统一性，人的发展是社会发展的重要组成部分和最终目标。40年改革开放的实践，正是朝着人的全面发展的目标而作出的努力，且取得了积极的进展。今后，中国特色社会主义伦理学如何通过价值辨析、价值选择、价值倡导，引领国家社会更加尊重人的权利、促进人的自由、释放人的尊严、抬升人的幸福，仍将是一个重要的理论命题。

第二，弘扬“中国道路”的国家主体价值自由，提升国家主体价值以塑造国家形象。随着社会主义市场经济的不断发展、中国国家实力的不断提升，“中国道路”影响日益扩大，极大地提高了中国的国际影响力，但文化价值“软实力”的影响却有待提升。西方世界对中国发展的价值影响的疑虑主要表现为三个方面：

一是否定中国发展的价值影响。如美国美中贸易委员会前主席柯白（Robert A. Kapp）认为，中国崛起遭遇到价值观或曰意识形态的困境，中国软实力影响微乎其微，是一种不包含道德或规范意义的崛起。

二是怀疑中国的发展会对西方构成挑战。埃及前驻华大使穆罕默德·贾拉尔（Mohamed Noman）认为中国的民主模式挑战了西方，“中国模式值得研究，值得关注，其经验与长处值得也能够学习”，尤值一提的是中国的发展价值，“中国政治、文化、哲学的发展演化始终离不开和谐、共识、共存这些概念，主导性原则始终是和谐、和解和共存”。三是认为中国发展将会造成价值威胁。英国学者斯蒂芬·哈尔珀（Stefan Halper）在《北京共识：中国专制模式如何主宰21世纪》中认为，中国政府主导的市场经济发展模式正在取代西方的自由政治和自由经济，并不断扩大世界影响。与美国等西方国家积极推行“价值观外交”不同的是，中国并没有充当一个布道者的角色，但正是这种“不作为”反而使其具有吸引力，中国承载了自身独特意识形态的发展模式正在被很多国家学习和效仿。英国学者马丁·雅克（Martin Jacques）在著作《当中国统治世界：中国的崛起和西方世界的衰落》中提出，中国崛起改变的将不仅是世界经济格局，还将彻底动摇西方国家的思维和生活方式。

基于西方国家的疑虑或误判，中国特色社会主义伦理学应该以探究中西伦理体系价值影响力“西强我弱”的根源、二者的共同性和特殊性以及提升价值影响力的可能与条件等作为当前的主要任务。具体而言，一要致力于用“中国伦理智慧”思考、破解中国特色社会主义建设面临的各种问题，为实现中华民族伟大复兴的中国梦提供伦理方案，为中国道路提供伦理诠释和价值佐证。“中国道路的自信，绝不是一种现象的张扬或经验的自我夸张，更不是一种精神意志的自我满足，甚至自以为是。中国道路的自信，应是把中国道路中自在的潜在精神揭示出来，上升为自在自为的或自觉的价值理念。”二要致力于突破“西强我弱”的价值话语权格局，塑造中国的国家身份和大国形象。中国特色社会主义伦理学在理念上要倡导和合平等、“和而不同”，改变“以我为主”或“自毁形象”的文化价值交往，增强价值自信；在实践上既要倡导尊重价值差异、加强沟通了解、消除隔阂、减少错位，还要致力于打造交流平台，妥善解决国际矛盾与分歧，维护相互合作安全与和平发展大局，形成足以影响区域和世界的中国核心价值观。三要增强前瞻性，寻求价值共识，占领价值高地，提升中国价值的国际影响力和引领力。马丁·雅克尽管对中国的和平崛起持怀疑态度，但他也做了中肯的价值预判："19世纪，英国教会世界如何生产；20世纪，美国教会世界如何消费；如果中国要引领21世纪，就必须教会世界如何可持续发展。"当前的国际交往已经超越了"互利共赢"的周边外交理念，从利益因素主导上升到价值认同和情感认同，因此，基于价值选择的一致性和价值理念的契合性才能最大限度地彰显价值共识度。基于此，中国特色社会主义伦理学必须要有一种开放的国际视野，彰显中国对世界价值发展的关切与引领，为解决世界性难题探索创新途径。例如，中国特色社会主义伦理学是否能够或在多大程度能够为促进世界经济一体化、国际关系民主化、国际秩序公正化、文化交往平等化、生态发展共识化等给予价值关切、提供价值方案，关系着中国伦理价值国际影响力的提升。

中国特色社会主义伦理学是中国特色哲学社会科学的重要主题。价值坚守是中国特色社会主义伦理学发展的根基，价值解放则赋予其时代使命和广阔视界。就此而言，实现价值坚守与价值解放的融通，中国特色社会主义伦理学将焕发出春天般的生机与活力。

（原载《当代世界与社会主义》2018年第4期）

当代中国伦理学构建的人学维度

——关于“再写中国伦理学”的一种可能性进路

朱贻庭教授提出“再写中国伦理学”的学术主张，我对此深表赞同并作广义上的理解，即我们不但要再写中国传统伦理学，更重要的是如何写好当代中国伦理学。当代中国伦理学必须立足当下中国的伦理学问题，以马克思主义为根本指导，以传统伦理和西方伦理为基本参照来进行构建。为了使中国伦理学融入全球伦理学体系之中，甚至使其成为世界伦理学术研究的引领者，我们在中国伦理学重塑与构建的过程中，不仅要认真借鉴中国传统的学术资源，立足于过去形成的一系列马克思主义中国化成果，更要批判性地引进国外伦理思想成果，敦促和推动当代中国伦理学向人学的靠拢与回归。因为伦理学研究或道德哲学研究的对象总是人，不管这里的“人”是抽象意义上的群体人还是具体意义上的个体人，人学——以人为唯一研究对象的学问——的研究成果将在很大程度上有助于促进中国伦理学的科学构建。换言之，当代中国伦理学的成功重塑与完整构建离不开人学理论的支撑。因为，在人学中，对人的存在本质，即人是什么的思考使伦理学成为必要；对人的应然状态的研究，即人应该是什么的追问使伦理学具有正当性理由；对人的道德实践能力限度的考虑，即人能成为什么样的人的探讨又使人的道德理想返回到道德现实之中，三者共同组成当代中国伦理学在其自身重塑与构建过程中向人学回归的三个维度。

一、人是什么：伦理学之必要

人是什么？这是人学的古老命题，也是思考伦理道德问题的前提，因为人是道德的载体或主体，其本质性的存在是什么，决定了对所有伦理道德问题回答的取向以及伦理学类型的分野。自从苏格拉底开启“认识你自己”的哲学追问一直未断，也构成了各种伦理学说的基础性问题。如果重塑与构建过程中的伦理学试图向人学靠拢和回归的话，人们不禁发现伦理或道德问题被讨论的必要性在很大程度上不得不归因于人学领域中人的双重性存在这一事实。

首先，人存在自然性和社会性双重属性。人是万物之灵，但不能否定人是动物这一客观事实，只不过是高级动物而已，这种高级仅在于人的存在与活动都是有意识的、自由的，人“一半是天使，一半是野兽”道出了人的真实状态。马克思在分析异化劳动时，认为由于工人的劳动是被迫的，所以与动物无异，丧失了自身。“吃、喝、生殖等等，固然也是真正人的机能。但是，如果加以抽象，使这些机能脱离人的其他活动领域并成为最后的和唯一的终极目的，那它们就是动物的机能了”。人的自然属性是真实存在的，只不过如果仅仅是局限于自然性并当作唯一目的，那就只不过是动物罢了，“无论是在人那里还是在动物那里，人类生活从肉体方面来说就在于人（和动物一样）靠无机界生活，而人和动物相比越有普遍性，人赖以生活的无机界的范围就越广阔”。人对无机界生活资料的依赖是作为生物性存在的前提，没有了这个前提也就不成其为人，也谈不上人的社会关系属性。当然，人的社会属性的体现主要依赖于生产方式和社会制度的好坏，如在资本主义社会，劳动是外在于人的，不是人的需要，所以“人（工人）只有在运用自己的动物机能——吃、喝、生殖，至少还有居住、修饰等等——的时候，才觉得自己在自由活动，而在运用人的机能的时候，觉得自己只不过是动物”。也正是在这个意义上，我们才可能深刻理解马克思对人的本质的判断：“人的本质不是单个人所固有的抽象物，在其现实性上，它是社会关系的总和。”“正确理解生物基础对人的生命活动的意义，并没有取消、反而强调了人这种社会存在物的质的规定性的问题的紧迫性。”人与动物的区别在于人有社会属性，这种社会性存在也是伦理道德的前提，但是决不能用社会性去否定人的自然性，社会性只不过是对自然性的超越，或者说，人的自然性是以社会存在的方式呈现的，这就是伦理学产生的机理，因为伦理学从来不排斥人的自然属性，而是引导人升华、超越自然属性。“因为只有在社会中，自然界对人来说才是人与人联系的纽带，才是他为别人存在和别人为他的存在”。

其次，人是个体差异性和“类”的共同性的统一。人作为类的存在物，有其总体规定性，这种存在往往是抽象意义上的观念存在，而人的具体存在是单个的、特殊的、差异的，正如马克思所说，“人是特殊的个体，并且正是人的特殊性使人成为个体，成为现实的、单个的社会存在物，同样，人也是总体，是观念的总体，是被思考和被感知的社会的自为的主体存在”。可见，不仅人的自然性与社会性双重属性的存在使人的伦理或道德成为必要，而且人与人之间的差异性存在也使单个个体人的道德生活或伦理生活成为自身生活内容的一部分，前者是从社会整体上考虑个体人的存在本质以回答“人是什么”的问题，后者则是在个体人与个体人分离的情况下考虑特定个人的存在是什么的问题。人与人之间，人的存在状态具有差异性特征，其具体表现为不同个体人之间生理特征的差异性、心理状态的差异性、认识活动的差异性和实践活动的差异性等。也正是这各个方面所表现出来的差异才使单独个体人成为其自身的独特存在，即自身以这些方面所表现出来的独特存在来应对“人是什么”甚至是“我是什么”“我是谁”的问题。其中，人的实践活动在面临“人是什么”的问题时却恰好使伦理生活成为不可忽视的内容。对实践活动的广义理解当然不止于道德行为，实践活动也涵盖了非道德上的其他行为。然而，关键在于道德活动是实践活动中必不可少的和不可分割的重要内容，这使人的伦理生活在表现人的差异性存在时成为一个必要而显著的特征。“道德行为是人的实践活动的必要组成部分”的观点是早已被许多道德哲学家们所承认了的。亚里士多德在自己的伦理学理论中考虑的是实践活动的善。个体人通过实践活动表达自己的差异性存在，即是用向“善”的实践活动表现自己的人的存在的独特性。康德所进行的对实践理性的批判便是对人的道德行为的深刻反思，以构建自己的道德哲学理论：实践规则即道德法则。人的差异性存在的特征使伦理学成为必要，可以简约地归结为：每个个体人追求个性的诉求使自己成为独特的存在，即人的差异性存在，而每个个体人追求个性的成功与否在很大程度上取决于社会群体规则及其在实践活动中的表现。所以，现实主义的伦理学总是在尊重个体差异的前提下引导和规训人的行为朝社会一致性方向发展。当代法国著名伦理学家埃德加·莫兰认为，一个社会整体的伦理往往是呈现个体—种属—社会三位一体的特征，从而才有可能担当起人类的命运，这是一种人类意识提升至伦理层面，则可以在“全部人类属性的多样性中承认统一性，在整体统一性中承认多样性，由此产生了到处保护人类统一性与多样性的使命”。

同时，人还是现实性与理想性的统一。人不仅是现实性存在，还是理想性存在。人作为理想人与现实人的双重性存在也暗含着伦理或道德的必要，这是西方学术资源所暗示着的一条重要信息。“每一事物，凡有一种功能，必有一种特定的德性。”不管是苏格拉底、柏拉图还是亚里士多德，在对道德本身的认识上，都将其视为人心灵功能的实现。单就柏拉图的《理想国》来说，现实状态中的现实人表明具体事物变化易逝，伦理上的正义个人与正义城邦只是在现实人心中构想出的理想状态，而正是现实个人与理想个人的双重性存在才使正义的实现成为必要。个体人不仅仅指向现在的处境，而且其本身也潜在地蕴含着灵魂功能的发挥，向理念本身一步步靠近。苏格拉底“概念说”把具体事物和概念区别开来，以及柏拉图对两个世界划分的思想，都暗示着人的双重性存在的特征；同时柏拉图和苏格拉底也都是在人的灵魂功能实现的不圆满性（即人的现实性的一面）和人的灵魂功能实现的圆满性（即人的理想性的一面）来议论伦理和道德的。人的灵魂不圆满的现实性和人的灵魂圆满的理想性也使伦理问题的讨论成为必要。在接受老师柏拉图将道德视为人的功能实现的基础上，亚里士多德直言人的目的论，即人在现实世界中有自己的目的，功能的实现便是目的的达到。“一切技术，一切规划以及一切实践和选择，都以某种善为目标。”可见，人的当前存在总是指向未来的某个目的。在《尼各马可伦理学》中，亚里士多德告诉人们，人的目标是获得幸福：一种沉思的生活方式。人在每一刻度上既是现实人的存在，又是因心中怀抱理想而作为理想人的存在，并且正是在由现实人向理想人靠近或使理想逐步变为现实的过程中，伦理或道德才是一个必不可少的讨论话题。在古希腊的苏格拉底、柏拉图和亚里士多德那里，这种伦理必要性表现为理想中的灵魂功能的圆满实现或理想的人的目的的达到；在古代中国的孔子和庄子那里，这种伦理必要性则分别归之于君子理想和神人理想的实现。

所以说，人作为理想人与现实人的双重性存在以及人在实践活动中而不仅仅在科学认知上或其他方面所表现出来的差异性存在，使人们对道德问题和伦理问题的探讨成为必要，也就使伦理学成为必要。回答“人是什么”的问题对伦理学的必要性也体现为，对人学中“人是什么”问题的事实探讨是伦理学研究开始的第一步和必不可少的一步。只有在我们认真回答人学中“人是什么”问题的前提下，伦理学才算有足够的事实支持和立论依据。在与伦理学有关的人学事实上，人既作为现实人又作为理想人而存在，以及人通过道德行为体现自己的个性和差异性都是无可辩驳的事实。人的双重性存在和人的差异性存在共同解释着人作为道德存在的理由。伦理学的人学回归（人的真实性存在样式）要求我们伦理学研究者“绝不能是一个想规定人类如何生活的人。恰恰相反，正是从人类的真正的生活，人类做些什么和不做些什么，正是从这些东西里，伦理学家才能学到，哪些道德准则能够取得胜利，而哪些则没有成功”。只有基于“人类并非天使”的客观认识，才能使伦理学成为必要，同时也使“现实的”“没有幻想的”伦理学成为可能。

二、人应该是什么：伦理学之理想

人的双重性存在与人的差异性存在构成伦理学向人学回归的必要性维度，而对“人应该是什么”问题的回答则构成伦理学向人学回归的理想性维度。在两者的关系上，后者是对前者的进一步深入与细化：人作为双重性存在的一维即人作为理想人的存在直接是人的道德理想追求的同义语。人学中人应该是什么的问题是道德哲学家们对人的道德理想的追问，为此不同的思想家或者不同的道德思想流派各抒己见，他们之间可能有不同的甚至相悖的看法。人类道德规则的要求与设计，同其他社会规范一样是人类公共生活的要求，是一种“应然性”的追求，也是一种“想象中的美好”。正因为人类对“应然”生活充满了想象，自然就有了各种不同的预设与理解。

人的灵魂各部分功能的圆满实现是苏格拉底和柏拉图的道德理想诉求。人应该是什么？柏拉图的回答是人应该是正义的人，人在道德理想的追求上应该无限接近正义本身，即正义的理念。人的灵魂功能的实现和人的目的的达到是亚里士多德的道德理想诉求。人应该是什么？亚里士多德的回答是，人应该是这样的一种人，他或她在沉思的生活中追求幸福。人遵循道德义务本身而不把遵循道德视为达到其他目的的手段，以及从他律过渡到自律是康德的道德理想追求。人应该是什么？康德的回答是人应该成为不仅可以为自然立法而且也可以为自己的实践活动立法的人。基于此，关于道德理想的多样性被如何强调都不为过，似乎在伦理学史上，每个道德哲学家都在“人应该成为什么”的问题上有所主张或有自己的独到见解。然而，以当代中国伦理学的构建为着眼点，纵观中外伦理思想史源流以及预想中国理想道德价值的发展趋势，我们不得不承认道德理想中的圣人假设与完人（有时亦可称为“全面人”）假设是两种最具魅力、概括性最强又对当代中国人的现实生活影响最大的道德理想人假设。圣人假设的思想来源于孔子创立的儒家思想流派，经过两千多年不同朝代的官方宣传在中国老百姓也包括在乡愿和传统知识分子心里留下了根深蒂固的印象。人应该是什么？圣人假设告诉人们，人可以且应该在道德理想上努力使自己成为一个圣人（道德上的至高至圣者）。完人假设的思想来源于西方的人本主义和人道主义思想传统，后被马克思主义所系统化，形成人的自由全面发展理论，认为人的全部需要（或欲望）都是正当的，都应该成为人之为人的显现，只有自由全面发展，才能克服资本主义社会中人的异化现象。这种“完人”思想不但为人性的全面解放提供了合道德性依据，而且成为“全智、全能、全德”人格教育与塑造的思想渊源。在当代中国如果试图重写与构建中国伦理学，不得不从根本上重新考察和审视对当代中国伦理学影响深远的圣人假设与完人假设，使之回归“真实”“现实”的人性基础，使伦理学的应然性要求与人性的实然性存在统一起来。

首先，我们来看圣人假设。“圣人，吾不得而见之矣；得见君子者，斯可矣。”（朱熹）尽管孔子在《论语》中并未过多谈论“圣人”或“圣”之类的词，但是后来的孟轲与荀况以及随后的一系列“法儒”们都出于各种考虑而大谈特谈“圣人”。孔子向往过去周朝的礼乐制度和封建等级制度，其谈论更多的是“君子”之“贤”与“仁”——一种上下有序、长幼有别的谦谦爱人形象。而到了孟轲和荀况的时代，圣人则是像过去尧舜之类的人。“孔子，圣之时者也。”（朱熹）随后自秦开始的两千多年的封建专制制度之下，谈圣人也便是谈孔子这样的人，以至于常人的理解是圣人即孔子，孔子即圣人。

然而，到底何为圣人？圣人有哪些显著特征？如果我们仅仅从经验世界去观察，孔子就是圣人、圣人就是孔子的话，那么道德理想中的圣人便有以下几个特征：一是博闻多识。圣人在知识的积累上、在对外部世界的经验见闻上将超过一般常人。二是强烈的助人倾向和牺牲精神。圣人将会是乐于助人的人，并把助人本身作为一种快乐，圣人为了帮助别人也勇于做出自我牺牲。三是具有集体特质和大局观。圣人似乎总是处于一种居高临下的地位从“天下”大局出发，考虑的是集体的利益而非个人的私利，具有某种道德优势或优越感。当然这只是儒家心目中的圣人，道家反而认为圣人应该是清静无为，不居功，不占有，顺其自然，自由自在。尽管对“圣”的理解和主张不一，但追求一种道德上的尽善尽美，追求超越于凡人的道德境界，是中国文化的基本主张。这与西方人的上帝观念或耶稣基督形象不同，圣人观念或君子形象就是伦理学家们所倡导、追求的。这样一种伦理文化所预设的前提就是圣人应该有浩然之气，立于天地之间以成人，有“治国平天下”的理想，有“至善”之追求，有了这样的圣人及其追随者，天下就会太平，社会就会安宁，百姓就会康泰，而对每一个想成为圣人的中国人来说，其必经之路是，习尧舜之事迹、明三代之历史、学儒家之经典。当代中国伦理学的再写不得不重视圣人理想对中国伦理学发展的影响，因为圣人已然成为中国人日常道德生活的向往，也应该成为伦理学基本理论预设的前提。

其次，我们来看看完人假设。古希腊的先哲们最早倡导对人的“和谐发展”的追求，强调人的德、智、体、美全面发展。文艺复兴运动明确提出了“全才”教育和个性教育的理想，从而使文艺复兴时期成了一个产生“多才多艺”的“巨人”的时代。近代许多资产阶级进步思想家高举人道主义的旗帜，运用理性思想的武器，对资本主义制度下对人性的摧残进行了无情的批判，提出了通过美育和体育来恢复自然天性的主张，从而重塑人性的完整性，使人重新回到“完全的人”。空想社会主义者第一次把“人的全面发展”与人类“理想社会”

联系起来，并明确提出了培养“全面发展的人”是“理想社会”的最高目标。完人假设理论的真正来源是马克思在《1844年经济学哲学手稿》中的相关论述：“人向自身、向社会的即合乎人性的人的复归，这种复归是完全的复归”，“人以一种全面的方式，就是说，作为一个完整的人，占有自己的全面本质”，“人的一切感觉和特性的彻底解放”，“已经生成的社会创造着具有人的本质的这种全部丰富性的人，创造着具有丰富的、全面深刻的感觉的人作为这个社会的恒久的现实”，等等。马克思“完整的人”的概念，强调人在社会生活中要以全面的方式来占有自己全面的本质，强调人的全面本质就是人同世界的全部关系，既包括自然—感性方面的本质，也包括社会—精神方面的本质，强调“完整的人”的实现同实现共产主义是同步的。并且，马克思的“完整的人”的理论同后来的“人的全面发展”理论是一脉相承的。马克思认为，当阶级差别消灭之后，将会形成这样一个联合体，“在那里，每个人的自由发展是一切人的自由发展的条件”。这里的“人的全面发展”包含了人的“类本质”的全面发展、人的“社会本质”的全面发展和人的“个性”的全面发展。完整的人就是在智力、身体、美感和道德等各个方面都得到了均衡发展的人，换言之，完人就是获得了自我解放，可以实现自由发展而不被各种外部力量或束缚或限制的人。完人的确是一种美好的未来憧憬，完人的实现和达到也必将意味着他或她是一个道德高尚的人；然而理想中的完人可以实现吗？或者何时或在什么条件下实现？也正如马克思所言，当世界人民步入共产主义社会，阶层与国家的屏障消失时，每个人都可以获得自由发展，想必那时每个人都可以成为完人了，我们今天确立“德、智、体、美、劳”的教育目标，也是对完人理想的期盼。同时，完人作为一种理想人将与共产主义理想社会实现同步，谈论完人假设总是离不开科学社会主义在内的马克思主义这一大的语境，否则就不可理解。

无论是圣人假设还是完人假设，都是理想主义的伦理学致思路径，其实，伦理学上历来有自然主义与理想主义之争。自然主义伦理思想源远流长，远至古希腊，近至培根、霍布斯，后到斯宾塞、达尔文、费尔巴哈、孔德、居友、克鲁泡特金等，其中克鲁泡特金的思想最成熟。自然主义伦理学认为，伦理学应该建立在人的生物本性基础之上，这种本性主要是两点，一是生存竞争的事实，一是相互扶助的事实。第一个事实是基础，第二个事实是对第一个事实的超越，这就是伦理学的意义所在。自然主义伦理学的精神主要在于，不承认道德产生的形而上的解释，道德的目的无非是求人类的幸福或快乐，使他人不幸福往往会被指责为不道德，行为的善恶标准只能是来自因果事实，不存在抽象的善恶理念。理想主义的伦理学理论的典型代表是康德。康德认为，伦理学的首要任务是寻找善的基础，如果按照自然主义的思路，用心理的方法去研究人性，从人性去研究道德，是得不到普遍的善恶理念的，所得者也不具有必然性，所以必须先假定世间有善恶理念，然后才有善恶的事实，而善恶概念是来源于人的善良意志，这种善良意志是自明的、自因的、自律的，由此发出绝对命令，就是义务，完成了义务，就是道德。理想主义伦理学的精要在于，由道德本身出发再谈道德事实，谈道德必谈标准，而标准必出自理想，有理想方可谈善，所以道德就是用理性去控制生物性，理想总是由不完全趋向完全，完全的理想就是信仰的存在，就是神或不朽的境界。理想主义伦理学往往因“想象价值”的优越性而成为一种占主导地位的伦理审思方式，诚如 B. 威廉斯所言：“我们已经看到，当有所偏好都成为世界行为者的偏好，理想化可以合宜地应用于世界行为者的审思。”表面观之，伦理学的自然主义与理想主义路径是对立的，其实二者只不过是各有侧重而已，是可以综合协调的，诚如周辅成先生所言：“自然主义与理想主义是可以调和的，只是在伦理科学而非在伦理哲学（或伦理形上论）上而已。换言之，理想主义本身并无缺点，只不过其本身常将道德科学与道德哲学混为一谈，所以欠明了。故我们今后应特别加重道德科学与道德形上论之分与合的问题，二者均有其存在的理由。”① 周先生在此实际上提出了伦理学与道德哲学的区分问题，道德哲学趋向于理想主义，而伦理学趋向于自然主义，但因伦理学需要以道德哲学作为基础，而道德哲学又需要伦理学发挥作用（实用），二者不可分离，所以理想主义与自然主义的结合应该成为再写或重构中国伦理学的双重选择。

三、人能成为什么：伦理学之限度

英国伦理学家 B. 威廉斯在《伦理学与哲学的限度》一书中开宗明义指出：“现代世界对伦理思想的需要是没有前例的，而一大半当代道德哲学所体现的那些理念无法满足这些需求。”当他一开始就以“人应该怎样生活”这个“苏格拉底问题”辨析道德与伦理、德性的区分时，明确提出伦理的特殊性，即人们完全可以不按道德哲学上的普遍性行事（如效忠，因为伦理的位置与空间有相对性，“相对不超过我的个人利益，市镇的利益或民族的利益可能表现为一种伦理要求，但若伦理要求来自更大尺度的共同体，我们就可能把市镇的利益视作自利”。这是对近代以来道德哲学所倡导的普遍主义和绝对主义的质疑，进而提出了现代伦理学的区间性、选项性、相对性等限度性要求。这是一种新的伦理学思维，是对道德哲学的某种超越，应该成为我们今天“重写”或重构中国伦理学的重要维度。

西方道德哲学分析框架中有所谓的“休谟法则”，即从“实然”推不出“应然”，从“是这样”推不出“应该这样”，甚至连乔治·E. 莫尔也认为这一推断是自然主义的错误推断，“应该这样”与其他看法无关。对“休谟问题”的解决，思想家们提出过许多主张，尤其

① 周辅成：《论人和人的解放》，上海：华东师范大学出版社，1997 年，第 40 页。

是以理性主义和经验主义思想家为两大阵营。依笔者浅见，我们今天所理解的“休谟法则”，是否完全颠倒了休谟的本意，因为所谓的“休谟法则”非但不意味着休谟认为我们无法从“实然”中推出“应然”，恰恰相反，休谟的道德哲学就是为寻找从“实然”通向“应然”的必由之路，并且已经找到，这就是由“道德事实”通过“道德情感”转化为“道德实践”的“心理—行为”的过程。这就是说，从“实然”到“应然”的转化甚至相互转化，本质上是一个道德实践问题，而不是逻辑问题。据此，任何一种伦理学的人学考虑不但要提出道德原则的合理性、崇高性、理想性要求，也要顾及人的道德实践能力。如果道德哲学偏重前者那么伦理学要偏重后者，充分考虑人能成为什么，从人“本来是什么”到“应该是什么”再到“能够是什么”的人性追问，是当代中国伦理学重写或重构的重要维度。

如果说实践理性是道德的生命，“人能成为什么”的问题，在伦理学上就是道德实践能力问题，它涉及三个基本要素：有限理性、行为能力和社会（环境）的不确定性，这是伦理学之理想不成为空想的关键。关于有限理性，哈耶克的思想有一定的警醒价值。自启蒙运动以来，理性的两面性也是日益彰显，一方面，理性战胜和取代了神性并成为判断事物的标准，神性的祛除使人性得以解放，人性的释放又提升了人的主体性和创造性；另一方面，理性的过度依赖，工具理性的泛滥，使人自我感觉无所不能，由此造成人类生存环境的极度恶劣，因为科学理性只能让你知道是什么，怎么样，但不能告诉你应该怎样。正是在此前提下，哈耶克提出了有限理性理论，其主要观点在于：一是认为人并非高度理性的产物，特别是个人理性是非常有限的和不完备的，理性不是指导社会事务的全部力量来源，在人类事务中的作用必须低估，如果强行用理性来控制社会和个人，不但于个人与社会无益，反而会限制理性自身的发展，因为往往是非理性因素为理性的运用提供了环境和条件；二是人类社会大多数秩序都不是由理性设计而产生的，而是许多个人行动自发产生的无法预期的结果，理性在社会复杂秩序中所扮演的角色十分有限；三是任何个人和群体都不可能知道社会计划是否会成功，政府不能用理性去强制别人干什么，而只能顺应正当行为的普遍规律、传统习惯，划出一个不侵犯私人领域的界限。当然，我们并不认同任何社会秩序（包括伦理秩序）都是自发产生的，理性构建是社会秩序的重要因素，但不能把理性的作用无限夸大。在道德生活中更是如此。如关于“人能成为什么”的问题，从理性上我们可以设定为圣人，但在道德意义上许多人都只是在承认现实人与理想人有着深远鸿沟的基础上，从凡人起点出发一步步地向圣人理想靠近，却也无法知道自己能否成为圣人。康德在人的实践理性中划分出他律和自律，前者是指盲目拘束于外部的规范来实践各种道德行为，后者是指依据自身理性自己为自己树立道德规范。从康德的他律状况走向其称谓的自律状态也不难，实践者只需要满足一定的理性条件就好了，但从凡人到成为圣人的条件显然不同于或不等于康德的理性条件。柏拉图在解释正义城邦和正义个人何以可能的时候，运用到了带有唯心主义色彩的理念论。他认为，正义的个人与正义本身有所区别，在正义的个人是对正义理念的分有这一关系的前提下，正义个人可以无限接近正义理念，但你是否能成为正义的人，是不可能知道的。可见，在道德实践中，我们的行为基点可以有标准、有目标，但最终是否可以实现，则是不可预期的，因为道德理性也是有限的。伦理学虽然讲究“人伦”之“理”，但此“理”存于“人伦”，而“人伦”世界非物理世界，不完全受纯理性规律的支配，是“人构成了自己的世界”，人又是感性和理性的统一体，不承认这一客观事实，伦理学就会沦为物理学。

在承认人的道德理性有限性的同时，也要正视人的道德实践能力的差异与有限，“心有余而力不足”是道德生活主体的常态，也是伦理学构建的事实前提。亚里士多德认为，人的灵魂状态有三种：感情、能力与品质，而德性可以是情感状态的，也可以是品质状态的，也可以是能力状态的。人的德性可以分为道德德性和理智德性，道德德性是通过习惯养成的，而理智德性是通过教导养成的，德性能力是自然所赋予的，故德性不反乎自然。实践德性（品质）的能力虽然是自然的，但不可忽视，因为对幸福、快乐的感受与实现都离不开能力。道德能力是当代伦理学不容忽视的问题，无论是个体道德能力还是群体道德能力。道德能力包含了道德认知能力、道德判断能力和道德行为能力等。道德能力问题同时涉及康德在实践理性中所提出的人的自律问题。人在现实情况中能够达到康德所说的自律吗？因为实际情况是，人在很多情况下是被外部规则所盲目约束着的，人们并没有也并未试图运用自己的理性为自己的道德行为立法，以达到与社会规范的一致性，自律也是行为能力的重要体现。现代伦理学不仅仅要致力于深究伦理规则是什么以及为什么应该这样，而且要把人能否达成这样的效果列入思虑内容之中。

也许真有全智全能的人可以成为道德圣人，但身处能反映自身本质的充满不确定性的社会里，人是否可以不受环境影响？我们的时代究竟发生了怎样的变化？法国思想家埃德加·莫兰在《伦理》一书中断言："我们人类不仅处于一个不确定的时代，而且处于一个危险的时期。"这种社会的不确定性，常常使我们的伦理设计陷入困境，良好的意愿足以证明我们行动的道德性，但行动一开始就会生成新的关系，甚至走向意愿的反面，所以，在现代社会"伦理是一种涌现，它甚至不知道自己从什么当中涌现"。一切都在"可能"与"不可能"之间，伦理处在"大拆解"的现代性断裂时期，个体伦理、社会伦理与种属（类）伦理无法相互支撑甚至互损，所以，我们需要的是复杂性思维和复杂性伦理。复杂性伦理的核心就是通过伦理的连接来解决好伦理的断裂问题，一切用可能性思维来代替必然性思维，从而以"大蜕变"的方式为人类伦理找到新路。通过伦理连接实现伦理整合成为新时代伦理建设的主题，也是当代中国伦理学构建的着力点。因为，"一切伦理行为事实上都是一种连接行为，与他人连接，与自己亲朋连接，与共同体连接，与人类连接，最后是置身宇宙之中的连接"，"我们越是自主就越要担当不确定性和不安宁，也就越需要连接”。中国正处在重大转型期和深度改革期，不确定因素越来越多，风险越来越大，伦理学如果仅仅停留在规范约束的层次而不具有预测的抗风险意义，这样的伦理学也许是必要的但未必是会成现实的。

总之，我们在当代中国伦理学的重塑与构建过程中应该重视与伦理学有关的人学事实，这些事实包括人的道德存在事实、人的道德理想事实和人的道德能力事实。道德存在表明人既是一种双重性存在又是一种差异性存在，道德理想表明中国社会中的许多人都在自觉或不自觉地树立起圣人假设与完人假设，而道德能力表明人只在可能性上可以达成道德。由此，当代中国伦理学向人学的回归既是要伦理学重新回到现实中去寻找必然性的伦理谋划，又要从人的道德能力的可能性实际出发重新考量人的道德理想。人的道德存在是基本事实，由人的道德存在引发出了人的道德理想和道德能力的可能性，而道德能力的提高又对人的各种道德理想形成新的规约，甚至对个别道德理想形成批判性的否定，三者在有机整合后的合力中对伦理学的构建形成重要影响。中国伦理学重构的社会历史文化背景与自身内存要素的复杂化，构成了复合型伦理建设的紧迫性，“这种复合型伦理大思路的特点就在于超越个体、超越单一性，进而在复杂中求明晰，在不确定中求选择，在选择中求再生，在再生中求蜕变，建立基于‘人类’思维的共同体伦理，从而避免伦理道德的区隔化、碎片化”，避免伦理学的“有理无伦化”和“有伦无人化”。

（原载《华中师范大学学报》2019 年第 1 期）

伦理连接：“大断裂”时代的伦理学主题

此处所使用的“大断裂”，是借用了弗朗西斯·福山在《大断裂：人类本性与社会秩序的重建》一书中的一个概念。弗朗西斯·福山认为，在西方工业社会向后工业社会的转型中最大的特点就是社会的“大断裂”，表明社会的各因素、各部分之间失去了有机联系，互不支撑，甚至互相损害，从而使社会处于“支离破碎”的境地，任何一个国家或迟或早都要受到大断裂的影响。中国社会正处于转型的关键期，各种矛盾突出，各种问题叠加，社会整合能力减弱，无不表现出一种断裂特征，其中伦理的断裂就是统一价值观失效与社会道德失序的表现，对此我们必须理性审度并提出应对战略。

一、大断裂：中国社会双重转型中的隐忧

福山认为，在由工业社会向后工业社会的转型中，社会资本大量流失，主要表现为犯罪率的上升、社区的损毁、家庭的解体、意义的丧失、信任的流失等由此表现出的一种社会制度危机，原因主要是由贫困和不平等、错误的政府决策、文化的转型、不确定导致的不安全等。福山认为，这种危机是可以克服的，一是通过自下而上的路径：人类有自发合作达到善治的能力；一是通过自上而下的路径，即政府有能力为社会提供社会资本激励机制。所以，福山作为一个“唱衰西方”的思想家，并非悲观于西方资本主义没落的制度性危机，而仅仅是作为一个“清醒者”向世界拉响了由于个人主义的崛起而可能导致

人类整体性衰退的警报，所持的还是乐观的悲观主义者立场。

其实，由社会转型会导致社会价值观突变、社会伦理关系断裂的思想家远不止福山等人的可能性预想或论断，美国著名学者罗纳德·英格尔哈特通过对世界40多个国家的实证调查分析几乎也是得出了同样的结论。英格尔哈特分别于1990年和1997年出版了《发达工业社会的文化转型》和《现代化与后现代化》。《发达工业社会的文化转型》用大量的经验数据证明，在西方发达的工业国家，大众的价值观正由“物质主义”向“后物质主义”转变，由此带动了参政态度与方式的变化和基于生活质量问题的新型政治分化的出现，并且置非物质要求权以优先地位。《现代化与后现代化》一书则超越了前一本书仅仅以发达工业国家为研究样本的局限，从发达国家与发展中国家的比较中，从经济发展、文化转型和政治转变三个维度，进一步论证了由“物质主义价值观”向“后物质主义价值观”变化的趋势。他凭借传统权威（traditonal authority）与世俗理性权威（secular-rational authority）、生存价值观（survival values）与幸福价值观（well-being values）两个维度，绘制了世界价值观“地图”，拓展了现代化与后现代理论，认为所谓的现代化从价值观上就是随着经济的发展，多数工业发达的国家从传统价值观转向了世俗理性的价值观，但是现代化不是直线型的，不是物质化需求性价值观持续“上升”，相反，当一个社会的工业化完成之后，它转向一个新的方向：从生存价值观转向更加注重自我的“后物质主义”幸福价值观。这种价值观更加注重环保、注重社会平等、注重个人自由、注重政治参与、注重包容、注重自我表现等。这样一种价值观的变迁不是线性，甚至不是“马斯洛式”的梯级提升，而是“条块”式、“板块”式的，即“后物质主义价值观”不一定是建立在物质主义基础之上。罗纳德·英格尔哈特在《现代化与后现代化》中文版序言中认定，中国价值观正向“后物质主义”时代转变，并且是通过代际变化的形式来实现，以20年左右为一个周期。

当代中国社会的转型其实并非单一性，而是处在由传统向现代与现代向后现代的双重转型中，即现代化的目标（实现发达工业社会）还没有实现（期望是2050年初步实现），但后现代文化（或后现代问题）随之而来，由不得你而被“绑架”其中无法脱身。社会的双重转型主要是带来文化转型的混乱或失序，隐含着价值观断裂的可能。一方面，文化的转型必须以现代性为基本参照。现代性的主要特征在于理性主义、自由价值、进步主义、对于个体的肯定以及世俗化倾向。自启蒙运动以来，人们对于社会的理解发生了根本性的转向。如果说传统社会理论带有明显的自然主义倾向，那么现代性则带有浓厚的世俗化色彩。社会契约论更是消解了传统权威的神秘主义基础，将自然的社会秩序理解为人类自为的结果——大家为了富宁生活而相互签订契约所形成。在这一转向中，人的主体性得到了充分尊重与肯定，文化生活更多取决于人类的理性——包括科技理性与道德理性。社会不再是先验的存在，而是人类探索的对象，所以历史的规律可以被把握，历史的进步是以人的自由全面发展为导向。在中国社会这一文化转型中，由于传统文化的根深蒂固和现代启蒙的式微，如果没有对传统文化的创造性转化和创新性发展，就可能出现文化观念和价值秩序的断裂。

另一方面，中国在社会转型过程中，正遇经济全球化进程的加快与全面性的加剧。这种全球化趋势的不可避免性，使我们清醒地认识到经济的全球化必然会带来文化的竞争与融合，经济的相互依赖必然带来文化的取长补短。而当西方现代化基本完成进入“后工业化时代”的时候，我们则在拼命追赶“发达工业社会”的指标，受到前现代社会经济模式与后现代经济模式的双重挤压，在文化上则处于功利文化与生态文化的剧烈冲突之中。功利文化侧重的是物质主义的近期自我利益，我们之所以面对诸多共同但有差别的责任依然无法达成一致，根本原因还是在于人们以割裂的方式看待自我与他人、看待目前与长远，宁可扩大现实利益，也不愿为长远的威胁买单，甚至以非道德的方式追逐额外的利益，并且通过排斥道德的方式为自己辩护。与功利文化相比，生态文化尊崇对于社会生活的全面性、整体性和长远性考量，把社会成员视为社会的有机组成部分，把社会视为自然的有机部分，以普遍联系的观念看待人与社会、人与自然、国家与国家的相互关系。就自然环境而言，环境污染、气候变暖等全球性的难题，都是人们为了获取短期利益而采取高排放、高污染生产方式导致的后果。就人文环境而言，国家主义、狭隘民族主义、民粹主义、地方主义、单位主义、单边主义、分裂主义等都是割裂性思维的产物。

由传统到现代、由现代到后现代，构成了当代中国社会发展的一个完整链条，而这三大形态的演进并非直线型的、连贯性的，可能出现断裂。这种断裂既可以社会要素之间的断裂，也可能是社会主体之间的断裂，更有可能是伦理价值观之间的断裂。这就急需基于社会断裂现象的连接性思维，这种连接性思维源于社会治理各领域之间存在非常大的依赖性，姑且叫作社会治理的依赖性原理。如果从人类社会存在和发展的递进性来看，这是一个由经济基础到上层建筑再到意识形态的过程，这种由低到高的过程的背后其实是人的需要的层次性升华，就是人性的攀越性实现，就会呈现各要素、各层次之间的“依赖链”。人要生存，首先要解决基本生存条件问题，这就决定了以生产力为核心的经济基础的先决性，但是解决经济问题，往往又要依赖于科技创新，经济内部的“打转转”，无法从根本上解决经济问题。科学技术问题往往又与政治关联，只有在政治昌明的时代，科学技术才能突飞猛进。政治文明又往往需要法治文明，或者说，政治无法完全解决政治的问题，必须要法治，通过法治建设来实现政治体制改革，是社会治理的通规。但法治也有自身的局限性，需要道德来滋养和补充，法治的难题就交给了道德。但是道德是一种规则与信仰的中介存在，说伦理学“顶天立地”，就是它立足法律，头顶宗教，所以，道德解决不了的问题就交给宗教。一旦进入信仰层次，人类所有的“谜团”，最终都交给宗教，我们不难理解，一些大科学家和人文大师，最终归皈宗教，与神同一。这就是所谓“归宗”，就是圆满，就是终极，而这个过程的主要解释系统主要是哲学、文学和艺术。如果从伦理上讲，对于自主和负责任的个人而言，“伦理是连结的律令的表达”。让我们不断地去重复：一切伦理行为事实上都是一种连接行为，与他人的连接，与自己亲朋的连接，与共同体的连接，与人类的连接，最后是置身宇宙之中的连接。我们越是自主就越是要担当不确定性和不安宁，也就越需要连接。我们越是意识到在宇宙中的自我迷失和被置于一次未知的探险，我们就越需要与我们的人类兄弟姐妹相连接。宇宙连接通过生物连接达至于我们，通过人类连接达至于我们，自我呈现为互助、博爱、友谊和爱。因此，我们所要探讨的伦理连接，就是在伦理理念、伦理主体、伦理动力等要素构成的伦理结构中，通过增加过渡性机制，使之始终保持有机、开放、具有再生力的必然联系，确保社会伦理秩序的正常运行。

二、拆解与互损：伦理断裂的文化特性

社会断裂在伦理上的表现就是伦理结构上的拆解与伦理主体间的互损（害），它构成伦理断裂的两大特性。拆解是对伦理关系及规则的结构性支离，让原本具有连接性变得毫不相干，如儒家所倡导的“修身、齐家、治国平天下”就是一个具有有机联系的伦理序列，但如果淡化了家风家教，就有可能在修身与治国之间断裂，“内圣”与“外王”之间出现阻隔，要么可能就是“独善其身”，要么可能就是“无德之王”。互损是不同伦理主体之间由于某一主体过分突出自身利益而损害其他利益，而导致的利益链中断，造成彼此伤害。如埃德加·莫兰认为，西方社会由于个人主义价值观的主导性，使人日益分子化、孤独化、自私化，最后导致互助与爱的消解，使自我伦理、社会伦理、人类伦理之间发生断裂。

英国伦理学家 B. 威廉斯在《伦理学与哲学的限度》一书中开宗明

义地指出，“现代世界对伦理思想的需要是没有前例的，而一大半当代道德哲学所体现的那些理念无法满足这些需求”，当他一开始就以“人应该怎样生活”这个“苏格拉底问题”辨析道德与伦理、德性的区分时，明确提出伦理的特殊性，伦理“那就是它与他人有关，它把他人的要求、需求、主张、欲望以及一般说来把他人的生活与我们及我们的行为联系在一起”，也就说，人们完全可以不按道德哲学上的普遍性行事（如效忠）也会是好的，因为“伦理的位置会在一组对照的两端之间移动，相对于我的个人利益，市镇的利益或民族的利益可能表现为一种伦理要求，但若伦理要求来自更大尺度的共同体，我们就可能把市镇的利益视作自利”。这是对近代以来道德哲学所倡导的普遍主义和绝对主义的质疑，进而提出了现代伦理学的区间性、选项性、相对性等限度性要求。

法国思想家埃德加·莫兰在《伦理》一书中断言：“我们人类不仅处于一个不确定的时代，而且处于一个危险的期。”这种社会的不确定性，常常使我们的伦理设计陷入困境，良好的意愿足以证明我们行动的道德性，但行动一开始就会生成新的关系，甚至走向意愿的反面，所以，在现代社会，“伦理是一种涌现，它甚至不知道自己从什么当中涌现”，一切都在“可能”与“不可能”之间，伦理处在“大拆解”的现代性断裂时期，个体伦理、社会伦理与种属（类）伦理相互无法支撑甚至互损，所以，我们需要的是复杂性思维和复杂性伦理。复杂性伦理的核心就是通过伦理的连接来解决好伦理的断裂问题，一切用可能性思维来代替必然性思维，从而以“大蜕变”的方式为人类伦理找到新路。

我们所面临的伦理境遇是，由于社会结构的松弛化、社会分层的等级化、人口流动的快速化，导致了人的存在空间的多重性甚至空间叠加，加上科学技术的精细，专业化、区隔化和碎片化成为现代生活的基本样态，由此带来了伦理断裂的危险，这种断裂将会在伦理与道德的断裂、伦与理的断裂、德与得的断裂、个人伦理与社会伦理的断裂、国家伦理与人类伦理的断裂中展开。

伦理与道德无论是在学理上抑或在行动中原本是一体的，有时甚至是可以互换的，二者具有相通性的渊源，均是指社会风俗习惯与个人品性。在中国语境中，“伦理”就是伦之序、礼（理）之分、道之德，而“道德”始于老子《道德经》，其意较伦理远为广泛，后与之趋近，深蕴自然人伦之达道、天地本性之大德。伦理就是“人伦之理”，就是处理关系之理，而道德就是守道而“得”，“德者，得也”。李泽厚先生在《伦理学纲要》中曾对伦理与道德作过区分，“我将伦理界定为外界社会对人的行为规范和要求，从而通常是指社会的秩序、制度、法制等等”，“与伦理的外在远东不同，我将道德界定为人的内在规范，即个体的行为、态度及其心理状态”。在西学语境中，亚里士多德的《尼可马科伦理学》实际上研究的是“德性”。康德虽然想用道德哲学而统摄伦理学，但终未完成了伦理与道德的统一。黑格尔道德与伦理视为绝对精神发展的不同阶段，以扬弃对伦理与道德的偏颇，但终因“绝对精神无处安放”而最终无法化解伦理与道德的紧张。其实，无论是二者归一的学术主张还是二者分殊的致思路径，其前提都是承认二者有差别。不区分伦理与道德及其各自的使用情境，是当代中国伦理学的一个缺陷，已经成为共识。那么伦理与道德的区别到底在哪里？无非是侧重点的不同：伦理侧重客观的伦理关系及其外在规约，重具体情境分析；而道德侧重主观的内在追求及其自律，重原则坚守如一。现代伦理与道德断裂的根本原因不在于其“本义稀释”，而在于社会流动铸成的伦理“新空间”里道德难以起作用。在当代中国道德之应当在伦理之现实中根本行不通，难以找到印证；同样伦理之关系难以体现道德之精神。

伦理断裂有时也会表现为伦与理的内在断裂：或者有伦无理，或者有理无伦。“有伦无理”是当代社会生活的新主体与新样态造成的以及伦理学理论的滞后造成的。随着科学技术的发展和人类对自身生活认识的加深，许多原来不在伦理生活范围内的事物进入伦理视域，如自然、动物、植物、宇宙、太空、机器人，外在物“人化”之后就有了“人伦”，但如何相处、如何协调，还处“无理”或“理不清”的状态。特别是智能人的出现，人伦关系中的主客地位开始模糊甚至颠倒，加之由人机关系扩展到机机（如果机器人真有意识）关系，是否会出现人人关系、人机关系、机机关系的多层“人伦世界”，原来的“伦理”是否有效，其“理”如何统一，这些都是我们必须面对的难题。即便是在人伦世界里，许多人伦场域已经没有了理了，如高铁霸座中的“我为什么要让座”之理的穷词就是例证。“有理无伦”是当代以来占主导地位的道德哲学忽视人类生活本身带来的必然结果。当代道德哲学，无论是康德的道德哲学还是分析哲学的道德哲学，都把理性清晰的理解解释为说理理性（discursive rationality），而“这样的解释损害了伦理思想本身，也扭曲了我们对伦理思想的认知”。任何道德哲学如果离开了“人应该怎样生活”这样一个最根本的“苏格拉底问题”，理最对、最清，也不过是“天理”“上帝之理”，而非人伦之理。康德以来西方伦理学的最大病根在于热衷于在“理性王国”中想象道德生活，脱离人的真实性存在特别是人的情感性存在，把人当抽象、纯粹理性的人，把人与人的关系当纯粹的逻辑关系而推演，所以，这样的“理”在现实的人伦生活中根本找不到印证，这样的伦理学在实现的道德生活中显得“语无伦次”，甚至“无话可说”。

如果从同源性讲，伦理断裂也就是“德”与“得”的分离。如果我们承认“德者，得也”是一条中国道德哲学的基本法则，那么，我们不得不承认现实生活中的出现了“得者不德”与“德者无得”的情况。在中国文化中，“道德的根本不是游离于‘得’，而是在处理现实的利益关系中体现‘得’；道德的真谛不是不要‘得’，而是如何符合‘道’的方式‘得’。故如何处理‘德’与‘得’的关系，成为道德必须解决的基本课题”。中国传统道德哲学是围绕“德得相通”的基本原理展开的，具体可以演化为“‘得’必须‘德’”的道德合宜主义、“‘德’为了‘得’”的德治主义、“‘德’必然‘得’”的道德理想主义、"'德'就是'得'"的道德终极主义、"'得'就是'德'"的道德美化主义。"德""得"分离的实质就是权利与责任（义务）的不对等，其原因是多方面的，但其主要原因是随着市场经济的发展、民主法治意识的增强，个人的权利得到了重视，相反，责任和义务就淡漠。与此同时，也可能是由于社会的赏罚机制不健全，好人得不到好报，相反是恶人当道，小人得势，这也会导致"德""得"相悖抑或分离。

伦理断裂从主体性来讲表现是个人伦理与社会伦理断裂。个人伦理与社会伦理的冲突与断裂，莱茵霍尔德·尼布尔在《道德的人与不道德的社会》一书中早有提及。莱茵霍尔德·尼布尔认为，伦理有理性与宗教两个层面，理性伦理的本质是实现各利益主体之间的平衡，而宗教伦理的本质是超越现实利益的冲突，所以往往在理性伦理中容易出现个人道德与社会道德的冲突，因为社会最高的道德理想是公正，而个人最高的道德理想则是无私，但现实人的人性是自私的，如果用个人道德去要求社会，就无法实现公正。同样，社会所谓的公正，也是以压制个人利益来实现的，是一种更大的利己，如爱国主义，所以，道德的个人不一定会逻辑地导致道德的社会的形成。埃德加·莫兰在《伦理》中明确提出："近代社会造成了全体—社会—种属三位一体关系的拆解和断裂"，其原因主要在于世俗化、过度自主化、个人主义、去道德化等影响。

从全球化进程方面出现了国家伦理与人类伦理的断裂。随着政治国家的出现，特别是国家主义的强化，国家利益高于一切成为国际事务中最常见的伦理主张和行为准则，而全球化进程的加剧，亟待建立一种超越国家利益的全球伦理或人类伦理。为此，伦理学家如罗尔斯有过《万民法》的努力，政治学家有过《世界人权宣言》的宣示，宗教学界有过世界宗教大会倡导的《全球伦理宣言》，但人类伦理始终超越不了国家间的利益，人类伦理构建成为最大的"乌托邦"。全球性的环境资源和气候问题的出现，直接威胁着世界各国的生存与发展，将人类生存和发展的命运紧紧连接在了一起，但与此同时，霸权主义、单边主义、国家主义仍然是各国价值观的主流，人类命运共同体构建刻不容缓。

三、规导与连接：伦理学功用的理性回归

伦理学不但要提出对行为主体的道德规范，也要注重主体间、规范间的有机连接与过渡，这在中外伦理思想史上都有充分体现，特别是在古典时期。如古希腊的柏拉图在《理想国》里就设计了完整的“城邦伦理”，不但提出了“四元德”说，认为城邦主要应该有“智慧”“节制”“勇敢”“正义”四种美德理念，而且有特定的伦理主体“配置”：统治者要“智慧”，市民要“节制”，军人要“勇敢”，如果三者都得到充分实现，就是“正义”的城邦。这实际上是美德的“配位”，体现了社会伦理之间的不可分割性，构成一个有机整体。近代以来，西方社会为什么把“自由”作为最基本的伦理价值，因为它是以独立的个人作为社会的基座并具有价值优先性的，在此基础上构成两人以上的关系才能谈“平等”的问题。所以，从“自由”到“平等”再到“民主”，不但体现了伦理理念的递进性，而且体现了社会伦理秩序的有机性和连接性，并且用“博爱”这样的宗教伦理价值观来统摄因过度个体化带来的矛盾与冲突。当然，20 世纪特别是二战以后，由于极端个人主义、利己主义，加之功利主义的影响，西方社会出现了严重的道德危机，这种危机用麦金太尔的话说，就是道德变成纯主观的东西，没有了客观性和权威性，传统意义上的美德也发生了质的变化，因此，他主张回到传统的德性伦理，重新回到共同体伦理，恢复伦理的整体性和连接性。而罗尔斯则坚守自由主义的价值立场，在强调个人至上性的同时，主张通过建立“作为公平的正义”的社会制度，以此克服当代的道德危机，因为正义是社会制度的首要美德，这

种正义的核心就是"权利优先于善"，如果使正义原则可普遍化，就可实现从社会正义到国家正义再到国际正义的有效且有序的推进，实现伦理的连接。罗尔斯甚至在《万民法》中提出"万民社会"来实现正义其正义理论的完整性和连接性，尽管其前提性假设难以证实，但其致思路径是可取的，体现了对伦理连接性的追求。

在中国传统伦理思想特别是儒家伦理思想中更是体现了伦理的连接性特征。儒家总是从"人伦"而设"理"的，或者说是因"伦"而"理"的，在人伦关系的有机构成中寻找伦理的连接性。第一，在伦理承载上，注重由己及家、国、天下的整体连接。"推己及人"是儒家的伦理思维方式，由"己"出发，确保了伦理的真实性。由无数个"己"构成了家庭，家庭是宗法社会最基础的伦理实体，由此产生一系列的伦理关系。家的扩大或延伸就是国，国是家的"缩影"，没有家就没有国，同样没有国就没有家，家国同构，家国一体，就可实现伦理秩序的有效扩展。"家国一体、由家及国的社会结构所形成的文化理念，就是所谓'天下'"，"'国家'是政治的组织，'家族'是血缘的实体，而'天下'则是一个文化意义上的概念"，只是指文化力量所达到的范围，由此实现血缘—政治—伦理三位一体，直接同一，形成伦理政治化与政治伦理化的独特文化类型。第二，在伦理规范设计上，注重与具体人伦关系的对应性连接。如孟子的"五伦"被称为中国伦理最经典的设计。《孟子·滕文公上》："使契为司徒。教以人伦：父子有亲，君臣有义，夫妇有别，长幼有序，朋友有信。"这里，孟子不但在复杂多样的人际关系中归纳为五种人伦关系，建立起了社会最基本的人伦关系坐标，而且还提出了与之对应的伦理规范"亲、义、别、序、信"，实现了规范与连接的统一。又如，起于董仲舒完成于朱熹的中国儒家最经典的伦理主张"三纲五常"。董仲舒认为，在人伦关系中，君臣、父子、夫妻存在着天定的、永恒不变的上下服从关系："君为臣纲、父为子纲、夫为妻纲"，或叫"君臣义、父子亲、夫妻顺"。但为了维护好这种上下尊卑的关系，还需辅之以"仁、义、礼、智、信”这一“五常”之道，这就从纵向与横向上建立了一个调节人伦关系的规范体系。与此同时，强调了“君为臣纲”对于“三纲”的基础性意义，以及“仁”对于“五常”的前提性意义，以此层层推动，循序渐进。

上述伦理设计给我们的启示是，一切伦理行为事实上都是一种连接行为，与他人连接，与自己亲朋连接，与共同体连接，与人类连接，最后是置身宇宙之中的连接，我们越是自主就越要担当不确定性和不安宁，也就越需要连接。我国处于由传统社会向现代社会与现代社会向后现代社会的双重转型发展过程中，各种社会结构化因素错综复杂地交织在一起，加之，波谲云诡的国际形势、复杂敏感的周边环境、艰巨繁重的改革发展稳定任务，必须要保持清醒的头脑，不断提高防范化解重大风险的能力。伦理学如果仅仅停留在规范约束的层次而不具有预测的抗风险意义，没有连接各个层面伦理的功能，那将失去其存在价值，由于人类生活的本质是连接性，所以，伦理是连接的律令表达，伦理的本质就是连接，从而形成共同体精神，用莫兰的话说：“伦理是连接，连接是伦理。”我们这个时代的伦理危机不是麦金太尔所说的规范性危机，也不是德性重要还是规范重要的问题，更不是个人与共同体何者优先的问题，而是连接的危机，是伦理规范与规范之间、伦理主体与主体之间，甚至德性之间出现了断裂，需要有一场伦理连接的整体化行动，我们可以从强化具有连接性的伦理入手。

强化基于承认的利他伦理。现代性伦理道德危机出现的祸根就是个人主义的过度张扬。个人主义造成的自我中心，使社会整体越来越外化和无名化，使利他主义道德彻底丧失，使个体—种属—社会之间严重断离，使去道德化成为时髦。由此也带了“伦理的各种源泉不事灌溉，个人源泉被自我中心主义阻滞，共同体源泉因互助精神的消泯而干涸；社会源泉在社会现实的条块分割、官僚主义化和原子化中浑浊，被各种各样的贪污腐败玷污的；生物—人类源泉被个人对种属的优先性弱化”。强化利他伦理，不是鼓励自我牺牲，而是不要将他人排除在社会和人类之外,这是基于每个人类主体都有被承认的需要的客观实事,就是黑格尔所说的承认,即被另外一个人类主体承认为人类主体。一个人之所以伤害他人,就是不承认他人具有与自己同样的不能被伤害的权利,我们要通过“重回生命整体的爱的感觉”建立一种相互承认的利他伦理,以克服个人与他者、群体之间的隔离。

强化基于理解的宽容伦理。理解与宽容是连接主体的重要途径,是克服伦理障碍和伦理断裂的良方,宽容要以理解为前提。伦理上的理解不同于心理认知层面上的理解,它排除人的意图和行为的因果联系解释,强调意义、意图自始至终是渗透于人的行为和生活之中,强调主体对生活意义的自我认可与赋予。所以伦理上的理解对人生有双重的意义:它使人与生活及文化传统建立起意义联系的同时,也彰显出人的自我理解。伦理生活没有理解是无法想象的,理解自身即是人的生活。理解是人生经验的表达方式,它卷入情感、体验以及了解人的愿望,也意味着对所理解的人与事采取一种同情的态度或情感的介入。“理解也是一种再体验,体验他人的人生同时体验自己的人生,因为理解他人总是在自己的生活经验中进行。”理解的最高境界是理解不理解,这就是宽容。宽容是化解伦理矛盾与冲突的润滑剂,也是伦理共同体的黏合剂,因为它是对多元权利的承认,也是对自身权利的自我克制,更是对自由价值的尊重,因为“自由的边界就是宽容的边界”。

强化基于平等的爱的伦理。爱是人与人最基本的连接体验,爱在连接中使我们蓬勃生长”,爱是防止主体分裂的黏合剂,爱既有可能将利他伦理推向极致,也有可能因自私而排他,即将爱禁闭在充满妒忌的占有中,所以真正的爱要建立在平等的基础上,要求每一个人在平等的层面上担当起自己的责任,认清我们的生存处境,用利他主义精神去感化每一个人。中国儒家所倡导的“仁爱”是有差等的爱,爱的施予是同关系远近、亲疏有关联的,我们要把这种“仁爱”精神转化为一种超越狭隘人己关系的真正的人道主义精神,或者叫世界人道主义。这种人道主义将人类意识提升到了伦理的层面，可以“在全部人类属性中承认统一性，在整体统一性中承认多样性，由此产生了到处保护人类统一性与多样性的使命”。

强化基于担当的人类伦理。我们可以将人类伦理定义为担当人类命运的伦理模式。担当是一种责任伦理的主动态，是对人类现在和未来的深沉忧虑，是对人类在宇宙中的有限性的觉悟。倡导构建人类命运共同体就是一种人类伦理建设的智慧主张。构建人类命运共同体，不同于其他抽象的、虚构的主义论证，它既是一种抽象理论系统，同样是一份具有实践性的现实指南；它维护的不是作为“特殊群体”的国家的“私利”，而是全人类范围“公利”，即促进人类文明的和平延续与可继续发展。和平与发展的人类进化方向决定了在构建人类命运共同体过程中必须超越狭隘民族国家视角，构建整体人类观。整体的人类观包含平等的自由原则，与公平的机会平等原则，同时也是对于冷战思维、霸权主义、不公平贸易、新殖民主义、丛林法则等思潮的超越，因为它是以全人类的视角看待人类文明的问题，换言之，整体的人类观是一种复杂性视角，能够避免复杂问题被抽象与简化的问题。当然，何为人、人何以成“类”，“类”何以成共同体，究竟怎样理解人类的“命运”，都是值得我们去思考的“元问题”。无论如何思考，无论得出何种结论，连接性思维是必不可少的。

总之，中国伦理学的社会历史文化背景与自身内存要素的复杂化，构成了复合型伦理建设的紧迫性，这种复合型伦理大思路的特点就在于超越个体、超越单一性，强化连接，进而在复杂中求明晰，在不确定中求选择，在选择中求再生，在再生中求蜕变，建立基于“人类”思维的共同体伦理，从而避免伦理道德的区隔化和碎片化。

（原载《浙江社会科学》2019 年第 7 期）

社会全面转型期道德建设思路的三大转变

社会转型是社会发展到新的阶段所引发的系统化调整，意味着社会结构、生活方式和建设模式等方面的深刻变革。我国改革开放之后长期处于单一经济社会转型之中，而现在则开始迈向社会全面转型。在此转变过程中需要确立新的价值目标，也必然形成新的道德关系，产生新的道德诉求。因此，我们必须转变道德建设思路，为社会全面转型提供有效的道德支撑。

一、从一的市场经济适应到全面的社会适应的转变

在经济驱动的社会转型中，道德建设的主要任务在于满足社会主义市场经济的道德要求，旨在创造与经济发展相适的道德环境。在此过程中，经济的现代化建设也有力地推动了道德的现代转型，带来了道德生活的革命。

首先，个人利益受到肯定与尊重。我们一度片面强调个人对于社会的责任和义务，将社会利益置于绝对优先的地位，过度倡导个人的牺牲和奉献而忽略了个人利益的实现。市场经济恰恰遵循从自利走向他利的道德逻辑，关注个人利益的实现。肯定个人利益是发挥市场效力的道德前提。随着市场化程度的加深，人们对个人利益普遍持有积极的态度，增进个人利益也成为社会建设的重要方面。

其次，社会成员的自主性得以维护和巩固。市场经济机制有赖于人们在经济生活中充分调动主观能动性和创造力，在增进自我利益的

过程中激发社会活力。在经济的助推下，人们的自我意识得到强化，个性得到张扬，自主精神得到了弘扬。市场经济本身具有道德之维，市场机制的运行以平等、自由等道德价值为基础。市场经济讲求自由选择和平等交换，平等、自由是主体性的主要道德支撑。与之相应，社会生活呈现出多样化的形式，当人们拥有更为广泛的自主权力，社会生活也表现出更多的道德宽容。

第三，社会民主参与得到深化。社会主义市场经济建设打破了以往完全计划的经济模式，计划经济背后的无限政府权力开始合理收缩，社会管理不再单纯依靠政府的行政干预。市场机制需要与行政权力之间保持合宜的距离，在经济财富创造和资源配置中发挥主导作用。市场促进了社会权力的重新分配，在新的权力分配中，原本由政府权力支配的领域向公民和社会开放，政府权力收缩留下的空间有待公民权力和社会权力的填充。这无疑给予了人们更为广阔的社会参与空间。托马西等学者认为，在市场中，人们经济行为的自由被视为基本权利，它们定义了市场民主的范畴，从而保护了人们实现自我人生价值的自由选择领域。对于私人利益和自由选择的关切，促使人们在社会事务中发出自己的声音，为深化民主创造了条件。

但是，完全围绕市场经济进行的道德建设存在缺陷。一方面，道德的独立价值逐渐弱化，道德话语日渐微弱。虽然道德和经济具有相互促进的一面，但两者也存在着矛盾和张力。道德通常依据某种“善”的观念对人的行为进行正当性评价，而经济则主要追求利益的增长。合道德的行为不一定会创造经济价值，经济行为也不必然合乎道德的规范。市场经济适应的建设向度让道德成为市场的附属。其中隐含的逻辑在于：道德建设必须与经济发展的要求相吻合。毫无疑问，经济处于价值的优势地位，道德价值只能处于次级地位。这意味着一旦经济价值与道德价值出现矛盾或冲突，后者只能做出退让和调整。在单一市场经济社会转型中，经济发展成为社会生活优先考虑的问题，社会资源的分配、社会制度的安排和社会结构的调整都紧跟市场的需求，经济效益成为社会评价的主要标准。社会生活的舞台被市场经济牢牢占据，道德只能边缘，受到忽视和冷落。同时，市场经济衍生出道德中立的逻辑，即市场行为应该游离于道德判断之外。任何经济行为都应该将利润的创造作为最高原则，道德的介入会破坏市场机制的政策运转，降低市场效率。弗里德曼就曾指出经济主体（企业）的唯一目标在于创造利润，因而企业不应该担负额外的道德责任——因为履行道德责任会导致利润的减少，反而会妨碍企业扮演自己的社会角色，损害社会的整体利益。市场经济道德中立的倾向造成了经济领域可以完全置身道德之外的假象，道德价值的光环被经济利益所掩盖。

另一方面，单一市场经济适应的道德建设难以满足社会的多样化需求和价值冲突的化解。为契合经济发展所进行的道德建设带有明显的片面性，难以为解决社会生活的道德问题提供完整的答案。社会是由多元领域所组成的复杂体系，各个领域都有着不同的道德诉求，需要不同的道德价值指引。将市场价值拓展到其他领域，必然造成道德困境。经济领域带有与生俱来的功利性，追求经济效率、实现资源优化配置是市场的内在功能。因此，单一适应市场经济的道德建设以满足市场需求、发挥市场功能为价值导向。但这种导向却无法有效指引非经济领域的道德生活。相反，市场道德的普遍化在一定程度上激发了社会矛盾，其中最受关注的就是效率与公平的矛盾。从经济的视角看来，我们的社会生活需要效率的保障，高效的经济运行能够积累更多的社会财富，创造更丰富的社会资源。这就意味着我们的社会分配应该优先满足具有更高市场能力者的需求。但是这种分配无疑会导致社会分配的不公平，那些市场效率低的社会成员将处于不利地位，他们的需求往往难以得到满足。群体经济差距的拉大已成为我们所面临的重要社会问题。改革开放以来，我国的社会基尼指数一度持续上升，充分说明了经济价值的泛化所导致的社会失衡。事实上，我们的社会生活不仅包括功利计算，还含有无私奉献、人际关爱等诸多超越功利的道德需求。显然，适应市场经济的道德模式和标准并不能适用于社会生活的各个方面，完全站在经济的维度所进行的道德思考忽视了社会其他层面的道德要求。

社会全面转型的道德建设旨在满足社会多元化的道德需求。在社会全面转型阶段，我们不能再以某一社会领域的道德要求作为统合性的标准，而应该在承认社会生活多样性的基础上谋求道德价值的最大公约数。社会道德需求的多元化来自社会领域的分化。社会全面转型谋求政治、经济、社会、文化、生态五位一体协调发展，每一领域都内含着独特的价值目标和道德尺度。在道德建设中，我们必须充分认识不同社会领域的道德特质，构建与之相适的道德标准和道德培养模式。我们的道德生活既需要承认差异，也需要达成一致。面对多样化的道德诉求，我们也必须诉诸统一性的标准对之进行审视、评判和调和。政治、经济、社会、文化、生态等领域虽然保持着彼此独立，但作为社会有机组成部分却相互联系、相互作用、相互影响。要让各社会领域之间达成健康的联动关系，我们必须确立拥有广泛包容性的道德体系，寻求各领域间的道德共识。社会主义核心价值体系与社会主义核心价值观是我们当代的道德公约数，树立了国家、社会、公民三个层面的价值目标，集中反映了各社会领域的道德诉求。全面贯彻、践行社会主义核心价值观是社会全面转型期道德建设的根本任务。

社会全面转塾的道德建设旨在培育良好公民。在市场经济推动的单一社会转型中，我们希望社会成员能够具备参与市场活动的品质和能力，道德建设的重心在于培养合格的市场参与者如上文所述，市场道德与社会道德有契合之处，市场诚信、交易公平等道德要求对于道德生活而言也产生着积极的意义。但市场道德并不能替代社会道德，一位合格的市场参与者并不一定能够成为优秀的社会成员。关键问题在于，市场道德依然以“自我利益”为原点，追求个人利益的实现和优化。一旦个人利益与他人利益发生矛盾或冲突，市场道德通常将个人利益置于优先考虑的位置。所以当我们关注市场人格培养时，公共道德却受到了严峻的挑战。要适应社会全面转型，我们就必须具有超越个人的道德视野，从社会的视角理解、看待自己扮演的道德角色、与他人的道德关系和所承担的道德责任与义务。

社会全面转型的道德建设旨在实现社会的共同发展。改革开放之初，社会的主要矛盾是人们不断增长的物质需求与低下生产力之间的矛盾，提高社会生产力水平，把社会整体“蛋糕”做大是当时社会建设的历史使命。当我们的社会经济总量跻身世界第二，生产力得到充分释放时，社会的核心问题就是如何让所有社会成员共享发展的成果，实现社会正义成为现代道德建设的主题。站在正义的立场，我们要确保所有社会成员都享有基本的权利和平等的社会参与资格，在社会生活中受到无歧视的对待。经济利益的增长不能成为道德合理性的充足理由，对于社会制度设计和社会交往方式，能否维护人们的基本权利、促进社会利益共享将是判断其道德正当的重要标杆。

二、从被动适应社会到主动引领社会的转变

我国的道德建设总是随着社会变革的脚步，在发展中作出相应的调整和改变。这种改变大多是在社会转变的压力下完成的，是对社会生活的被动适应。造成道德建设被动适应的主要原因在于：

一是道德发展滞后于经济发展。我国道德建设经历了传统与现代的分离，在经济改革之初尚未形成与现代商业文明相适的道德体系，导致道德生活的摇摆不定。无论是我国传统道德文化，还是沿用苏联模式所建立的经典马克思主义伦理系统，都无法有效指引市场主导的经济生活。目前，我国传统伦理并未完成现代转型，而市场经济是现代文明孕育的产物，传统伦理与市场经济道德诉求之间存在着显见的鸿沟——经济生活从来就未走入传统道德的中心话语，甚至遭到忽视和排斥。这种道德取向与市场经济的道德要求背道而驰。所以当我们开启经济改革的序幕时，存在道德体系与市场道德之间的张力。正因

如此，我们的道德建设不是主动地引导市场经济的发展，相反，市场经济成为推动我国道德现代化的内驱动力。市场走在了道德的前面，道德建设表现为不断满足市场需求的过程。道德建设的滞后性导致了道德观念的模糊和道德生活的迷茫。以市场为载体的商业文明逐渐占据文化的主流，由于缺乏成熟的道德引导机制，人们对于夹杂其中的思想观念难以辨别和抗拒，个人主义、拜金主义和消费主义等陈腐的意识观念开始滋生、蔓延，挑战着原有的道德底线。此外，道德建设的滞后让我们在很大程度上欠缺预见道德风险的能力，以至于某些市场行为产生了严重后果才引起大家的关注。

二是道德文化处于交往劣势。经济全球化不仅让商品打破了地域的界限在世界范围内流通，更让文化冲破了空间的限制在各个角落汇聚、交往。在这一背景下，文化多元成为现代社会的显著特征。而我们却一度试图回避多元文化的挑战，以封闭的态度拒斥其他文化的输入。但是商品经济赋予了文化无孔不入的渗透力，以商品为载体，其他国家、民族和地区的文化涌入我国，文化交流不可避免。在文化交往中，经济发达地区的文化（特别是西方文化）无疑处于强势地位。他们凭借经济优势在文化交往中拥有更多的话语权，甚至成为交往规则的制定者。我们则更多以文化学习者的姿态参与交往和对话，没有形成强有力的道德话语。因此，我国的道德建设受到西方道德文明的深层影响。面对西方道德文化，我们的自我道德认同也经受着考验。

三是道德生活缺乏现代性体验。在现代化的转型中，社会结构和社会生活方式发生了深刻改变。社会生活的现代化也产生了新的道德现象，带来了新的道德问题。解释现象、解答问题不仅需要道德理论的牵引，还需要道德生活的经验。但由于我们进入现代社会的时间较短，没有积累足够的道德经验，不能对新的问题作出及时回应。在社会转型中，我们已经从熟人社会走向了陌生人社会，公共领域的产生和私人领域的萎缩催生了新的道德诉求。我国基于家族血缘联系所构建的传统道德显然难以应对公共生活。囿于私人领域的道德话语以及差序的道德秩序与现代社会公共性特质大相径庭。此外，我们对于现代生活出现的诸如气候变暖、资源枯竭等问题缺少预先的认知和思考，只能针对所发现的问题进行道德理论和规范的完善。

被动适应的道德建设让我们在社会转型中倍感焦虑，一旦暴露新的问题，我们往往一时间束手无策，需要经过长时间的探索寻求解决之道。在社会全面转型中，社会格局较单一要素推动的转型更为复杂，被动适应的道德建设只会让道德生活更为混乱。从被动适应到主动引领的模式转变，是道德建设的必经之路。

第一，要构建与现代文明相适的道德理论体系。完成自我道德体系的现代转型是实现主动引领的前提条件。作为有着数千年文明的古老国度，我们积淀了丰厚的道德资源。我们有着引以为傲的道德传统，而且这一传统从未中断，在任何历史时期都表现出旺盛的生命力。只是我们迎接现代性的方式太过突然——在某种意义上是西方以暴力的方式强行打开了我们通向现代文明的大门，造成了传统与现代的割裂。如果说当现代文明初现时令我们措手不及，那么我们现在有充分的条件深度挖掘自己的传统道德文化，完成传统道德的现代转型。我们既要传承中华民族独有的道德思维和优秀观念，又要保持开放的姿态包容、吸纳多元道德文化，为传统道德的现代转型注入时代气息和新鲜养分。毫无疑问，西方率先体验现代生活的国家和地区积累了更多的道德生活经验，对于现代性道德难题的考察中取得了值得我们借鉴的成果。只是我们不能简单地、不加选择地模仿，或者以西方的道德标准审视自己的社会生活。相反，我们应该立足于民族的道德维度对其他道德文化进行评价和反思，将之纳入自己的道德体系。

第二，要以中国道德话语言说道德生活。虽然现代性的道德问题具有某种普遍性，但这些问题在不同的社会和文化环境中通常具有独特的表现方式。在社会全面转型中，由于道德语境的差别，这些道德难题的诱因和解决方法也必然存在差异。我们不能期待完全照搬其他文明的道德模式，只有将中国问题置于自己的道德文化谱系之中，才能找到破解的方法。要具备引领社会的能力，我们的道德建设就必须关注道德现实，满足道德需求。同时，道德建设不仅要面向过去和现实，还要指向未来。引领社会意味着我们要形成关于道德生活的基本理解，澄明社会发展的价值导向。我们的道德建设要统领社会的全面发展，协调多维的社会关系，就应该铺筑适合民族特性的道德道路，形成道德文化自信。如果我们总是借用别人的道德话语，那么就只能跟在他人身后亦步亦趋，无法表达自己对于道德生活的理解。唯有植根于民族道德话语的肥沃土壤，构建具有中国特色的道德理念，在此基础上树立与之对应的道德原则，才能引导社会沿着我们所期待的价值目标前行。

第三，要实现道德价值主体性的复归。道德既是对现实生活的反映，又具有对于现实的超越性。在单一市场经济社会转型中，道德之所以处于被动地位，是因为道德的主体价值在经济价值的强势面前开始动摇，受到削弱。一旦经济运行的方式发生改变，道德就需要随之进行调节，经济需求成为道德建设的指挥棒，后者则成为经济利益的实现工具。在社会全面转型阶段，道德不应也不能由任何单一的要素所驾驭。道德应该独立于任何社会要素之外，形成自己的标准和权威。道德是社会的本质属性，社会生活离不开对于“善”的追求，这种追求指明了社会的发展方向，也很大程度上决定了社会运转的模式。复归道德的主体性意味着我们要将社会的道德本质贯穿于政策制度之中，围绕社会主义核心价值整合社会资源、梳理社会关系，让道德重新走入社会生活的中心。

三、从自控式管理模式到协同式治理模式的转变

社会全面转型正引导社会建设从管理走向治理。在旧的社会管理模式下，道德建设更多依赖自控式管理，要求管理对象服从管理者划

定的道德规范。在此模式下，道德观念的树立、道德行为的规范通常借助行政权威实施和完成，社会道德生活呈现自上而下的垂直结构。自控式管理模式将管理对象客体化，弱化了人们的道德自觉，压制了人们的道德人格，如张康之所言：“管理型社会治理模式在科学化、技术化和形式化的追求中，让工具理性泯灭了人对独立人格的渴望，使人在人格追求方面变得麻木起来。”

社会全面转型提倡道德生活的多元参与，发挥不同社会主体在公共领域的道德导向和规制作用，希望在道德生活中结成协同互动的合作关系，协同式治理成为社会全面转型期道德建设的必然选择。

以引导和共识建立道德权威。任何社会都需要为人们普遍认同的道德体系予以规导和约束，否则就会滑向道德相对主义的误区，导致道德生活的失序。问题在于，道德权威如何形成？在传统社会管理中，道德的权威与行政权威相互混淆，缺乏清晰的界限，很容易引发行政权威对于道德的僭越，存在着以行政强制取代道德认同的风险。而在协同治理中，道德权威的树立则不再单纯借助行政的力量，而更多地源于社会群体的道德交往。当然，协同治理并不否认政府的作用，更不是要将行政权力驱赶出道德领域，而是重新定位政府及其权力的作用。政府应该成为道德建设的引导者，为人们提供达成道德共识的基本框架和交往平台。所有的道德共识都需要相近的道德语境，只有生活在同一道德共同体中的人们才有达成道德共识的可能。很难想象一位来自差序社会的臣民可以像现代社会的成员一样认同政治平等的价值。就此而言，道德的引导不可或缺，政府由于其在社会资源掌握、调动等方面的独特地位，应该发挥价值导向作用。自上而下的道德引导只是确立道德权威的一方面。通过协商交流达成共识是道德权威的另一重要来源。道德生活本身是随着社会发展而不断丰富、完善的。在社会的转型中，定然会产生新的道德需求，激发新的道德思想和观念。虽然人们有着显著的个体差异，但处于道德共同体内的成员总会怀有相近的道德立场，可以就最基本的道德原则达成一致。罗尔斯提出了“重叠共识”的概念，旨在通过人们的平等交往达成为大家共同接受的道德认同。值得注意的是，“重叠共识”不同于一般的临时性协定，这种共识的目的以及内涵的观念必须接受严格的道德检验，建立在人们完备的道德理性之上，而不是为了谋求私人利益所进行的力量博弈的结果。显然，这充分表明道德共同体是达成有效共识的基础。正因如此，共识与认同是现代社会获取权威的主要途径，能够赋予权威最有力的合法性证明。在形成共识的过程中，每一位社会成员都是道德交往的主体，维护了平等的道德人格。因此，共识有机整合了所有道德主体的意愿，代表了人们的公共道德意志。这种道德权威的形成方式不仅是社会从管理迈向治理的内在要求，也符合康德关于人为自己立法的逻辑理路。

以互利交往强化道德自主。如果说管理模式的重心在于约束人们的道德行为，那么协同治理模式则致力于激发人们的道德自主。要激励人们自觉地遵守道德原则、坚持道德信念，就必须创造健康的道德环境。经济主导的社会生活凸显了道德与利益的矛盾，一些道德行为非但不能实现利益的增长，而且面对着利益损失的风险。如果人们的道德行为不能得到正面的社会认同，就会产生非道德化的偏向。道德之所以脆弱，是因为一旦有人通过非道德甚至不道德的手段获得额外的利益而免于惩罚，这种行为就会为其他人所效仿，最终导致社会道德的整体滑坡。近来“互害型”交往之所以广泛存在，皆源于此。面对社会全面转型，建立人际“互利型”交往成为驱使人们发挥道德自主的关键环节。当我们进入陌生人社会，彼此缺乏先天的道德联结（比如血缘关系和熟人交往），在社会成员之间缔结道德互惠的纽带就显得尤为必要。建立互利交往的核心在于以制度的形式明确人们之间的道德责任和义务，让人们的道德行为获得积极的回馈。我们之前已经有很多有益的尝试，取得了良好的效果。比如有的地方建立了“道德银行”，有的机构则赋予道德行为主体权利的优先。这些尝试的本质在于，以社会制度的形式给予道德行为确定的回报，增强道德行为的可持续性。只有当人们对于道德的持守拥有良性的社会回报，才会自主地履行道德责任、开展道德生活。

以多维共治培育道德人格。社会生活包含着丰富的层次和维度，人们也因此扮演着多重的社会角色。只有从多维的视角定位人们的道德人格，才能有效化解多重角色间的价值冲突。多维既包括社会群体的多维，也包括治理方式的多维。就社会群体而言，人们总是从事着特定的社会工作、操持特定的社会职业和履行特定的社会职能。针对不同的群体，我们应该具有不同的道德要求。这些要求要符合他们的社会角色特性，保障他们完成社会工作的质量。柏拉图曾经指出，当人们各安其位、各司其职，社会方可实现正义。道德人格的培育与社会人格是息息相关、不可分割的。如果我们忽视两者的内在联系，期待所有社会成员都形成统一的道德人格，则会造成道德人格的错位，在现实生活中也不具有可操作性。职业道德在我们的时代有着特殊的意义，因为在公共性不断强化的社会中，职业道德不仅关系个人的品德情操，还直接影响其他社会成员的社会生活品质。将道德细化为不同行业的职业规范和操守，推动行业道德自治，对于道德人格培育至关重要。就治理方式而言，道德人格的培育需要道德认知、道德情感和道德意志等要素的共同支持。因此必须采取多维途径促进道德人格的塑造。一是要构建完备的道德教育体系，既要教授人们普遍性的道德知识，还要帮助人们形成道德思考、道德践行的能力。二是要搭建道德信息传播平台，帮助人们在日常生活中接受道德熏陶。三是要充分发挥道德示范效应，通过道德榜样的树立引导人们追求崇高。四是要发展志愿者团队，促进人们参与道德实践，深层融入社会道德建设之中。

（原载《马克思主义与现实》2017 年第 1 期）

社会主义核心价值观与道德规范体系之关系

道德规范在构建社会秩序、协调社会关系中发挥着至关重要的作用。道德规范体系离不开道德价值的引导和支持，换言之，任何道德规范体系都是围绕特定的道德价值所制定和完善的。社会主义核心价值观是我国当前道德文化的内核，是现阶段社会主义道德建设的价值引领。通过道德规范体系全面表达社会主义核心价值观的价值要求，是将核心价值观贯彻落实于社会道德生活的必然选择。

一、社会主义核心价值观是道德规范体系构建的根本导向

任何道德规范的建设都必须与传统道德文化相适应，与现代道德文明的价值理念相契合，与社会生活的道德诉求相匹配。社会主义核心价值观植根于深厚的中华民族传统道德文化土壤，集中表达了马克思主义道德原则和人类普遍的道德观念，是构建道德规范体系的根本导向。

社会主义核心价值观凝练了我国优秀传统道德文化。我国拥有数千年悠久璀璨的历史，积淀了厚重的道德文化。这些文化潜移默化地熏陶、感染着每一位中华民族的同胞，形成了我们所特有的价值追求和道德气质，深刻影响着我们的道德心理和道德行为。我国优秀的传统文化是社会主义核心价值观的重要来源，赋予了核心价值观旺盛的生命力。社会主义核心价值观浓缩了我国传统政治伦理的精华。“仁

政”是传统政治伦理的中心价值。传统政治伦理严格区分了“王道”与“霸道”，仁政是两者的分野。所谓“王道”，就是通过仁政的实施获取天下的道德认同。“仁政”也就成为国家政治合法性的基础。这种思想在孟子与梁惠王的对话中得到了淋漓尽致的表现。梁惠王问孟子强国之道，孟子告诫他不能盲目地崇尚武力、只着眼于如何驾驭其他国家，而应该胸怀仁爱，专注于国家道德建设，即“王何必曰利？亦有仁义而已矣”。在孟子看来，如果国家仅建立在趋利之上，就会充满危险，所谓“苟为后义而先利，不夺不餍。未有仁而遗其亲者也，未有义而后其君者也”。仁政的实施一是要严控施政者的道德资格，所谓“政者，正也”；二是要为民谋利，构建道德的社会生活，孟子对此论述道：“七十者衣帛食肉，黎民不饥不寒，然而不王者，未之有也。”如果建立以仁爱为根基的国家，那么国家规模再小也可成就“王道”——“地方百里而可以王”。社会主义核心价值观提出了国家层面的道德理念——“富强、文明、民主、和谐”，无疑是对传统道德国家理念的继承和发展。

社会主义核心价值观彰显了优秀的传统社会伦理。我国的古圣先贤们从未中断对道德社会的追求。他们认为，让民受惠、具有良好道德秩序的社会才是值得期待的。在我国传统思想中，对于“民”的地位有着深入的思考，表现出对于人民生活状态的关切、关怀。孔子看到民众受到盘剥后的窘境发出了“苛政猛于虎”的哀叹，孟子更是描绘了让民受惠的社会图景——“谷与鱼鳖不可胜食，材木不可胜用，是使民养生丧死无憾也”。“天下大同”是传统社会的最高境界——“大道之行也，天下为公，选贤与能，讲信修睦，故人不独亲其亲，不独子其子，使老有所终，壮有所用，幼有所长，鳏寡孤独废疾者皆有所养；男有分，女有归，货恶其弃于地也不必藏于己，力恶其不出于身也不必为己，是故谋闭而不兴，盗窃乱贼而不作，故外户而不闭，是谓大同”。在对“大同”社会的叙述中，我们可以看出，传统社会的道德理想在于为人民生活提供充分保障、让社会生活井然有序、让人们根据自己的特点参与社会工作、各安其位、各司其职，而这也是社会层面核心价值观的本质内涵。同时，社会主义核心价值观体现了传统道德人格的标准。“君子”是传统道德人格的集中体现。所谓君子，首先要恪守仁德，不论在何种生活境遇中都要追求德性，孔子曰：“君子无终食之间违仁，造次必于是，颠沛必于是。”个人的高尚品质也是承担社会责任的道德基础，所以有从修身到齐家、治国、平天下的道德序列。其次，君子要以“中庸之道”指导自己的行为，这也是对“礼”的遵守。朱贻庭将孔子的人格理想概括为“仁、智统一，仁者安仁”。“中庸之道”指人无论在什么环境下都要本着仁爱的德性选择与之相适的行为。社会主义核心价值观中的“诚信”“友善”都包含了君子人格的道德要求，是对传统理想人格的时代传承。

社会主义核心价值观反映了社会主义道德的本质。社会主义道德的本质在于从辩证的角度看待人与社会的关系，强调两者的和谐统一、共同发展。资本主义道德过分强调个人本位，将人视为孤立的存在，从而造成个人与他人、与社会的割裂。在资本主义私有经济运行中，劳动被异化为与劳动者对立的力量，占有生产资料的资本所有者以占有剩余利润的方式占有社会的优质资源，享有剥削的自由，而广大劳动者除了获得维系劳动所必需的物质，只能被迫廉价出卖劳动力。经济的不平等最终转变为社会不平等，社会群体在收入差距日益拉大的同时也形成了相互权利的差异。资本主义所宣扬的自由、平等、博爱等价值最终被其制度所消解而流于形式。社会主义道德则深刻认识到社会与人的相互依存关系，既肯定了人的主体性，维护人作为社会主人的地位；又指出了人的社会本质，看到人无时无刻不受到社会的影响、人的生活很大程度上由社会所决定。所以社会主义道德崇尚社会本位，以联系的视角看到人际和人与社会间的道德关系，并确立了集体主义道德原则。以社会主义道德看来，人的价值需要通过社会实践方能实现，所以虽然承认个人利益的合理性，但提出当个人利益与集体利益发生冲突时，在特殊条件下应该服从集体利益的需求，做出适当的个人牺牲。社会主义核心价值观既含有对集体的尊重，又内含对个人权利的肯定。在核心价值观中，我们看到人民建设强盛、繁荣、文明国家所担负的责任，也看到国家和社会为人民创造自由、公正的生活环境，以法治保障人民基本权利等方面所承担的使命。个人和社会、国家间缔结相辅相成、互利互惠的道德关联。

社会主义核心价值观表达了中华民族的道德理想。国家的强大、社会的文明千百年来一直是中华民族的道德理想。特别是近代以来，随着西方以暴力的方式打开我们通向现代文明的大门，对于国家兴盛的期待更为迫切。每一次中华民族的革新都表现出改变国家命运的道德担当。“天下兴亡、匹夫有责”的观念激发着一代又一代华夏儿女为民族复兴不懈奋斗。从“师夷长技以制夷”到辛亥革命、新民主主义革命，无不彰显了我们对于民族独立自强的热望。在此过程中，我们也看到了民族文化传统与现代的断裂，实现民族文化和社会模式的现代转向成为我们不可推卸的历史使命。要完成转向，我们就需要先进道德观念和价值的指引。从差序社会走向现代文明的根本标志在于，我们开始确认人的自由、平等、法治等具有普遍意义的价值，期待人们摆脱一切被奴役和压迫的命运、最终实现人的自由全面发展。同时，我们亟待在现代化的道路上形成自己的道德话语体系，不仅成为现代文明的追赶者，更要成为引领者。这就要求我们必须以自己的智慧解答人类现代性的道德难题。西方资本主义道德文明的困境在于，并不是所有社会成员都能分享社会的利益，很多群体被排除在互惠机制之外。在社会成员间构建和谐的交往关系、造就普惠型社会是我们的社会道德理想。由于社会模式和生活方式的改变，我们对于个人道德也有了新的要求。以往，我们更强调个人私德的培育，而现在我们则希望成为优秀的公民。私德以宗法制度和血缘关系为基础，阐发于家庭伦理——通常认为君臣关系也是家庭关系的外化。公共道德则以公民身份为基础，强调政治共同体成员之间的责任与义务，是人们在公共领域所应具备的道德品质。“爱国”“敬业”都是作为共同体成员最重要的道德义务。显然，社会主义核心价值观全面表达了中华民族的道德理想、回应了当前道德诉求。

二、社会主义道德规范体系为核心价值观提供道德合理性

社会主义核心价值观有着丰富而坚实的道德文化基础。除了上文论及的我国优秀传统道德文化，核心价值观还来源于马克思主义道德思想和我国现有的道德习俗、道德环境。社会主义道德规范体系是马克思主义道德思想的具体化，更是马克思主义道德观念与我国道德现实相结合的产物，为社会主义核心价值观提供了道德合理性。

一方面，社会主义道德规范体系内含着社会主义核心价值观的道德要求。我国已经确立了以“为人民服务”为主线，以集体主义为原则，以职业道德、社会公德、家庭美德、市场道德为主要方面，以“爱祖国、爱人民、爱劳动、爱科学、爱社会主义”为基本内容的道德规范体系。社会主义道德规范体系回答了一个根本性的问题，就是我们的道德生活目的何在？道德生活的目的决定了道德建设的方向和特质，也是不同道德体系之间最重要的差别。如罗国杰等学者指出，以往的道德体系都是为少数人服务的，“只有无产阶级的道德核心，才是为广大群众服务的，即为人民服务的”。社会主义道德规范体系将“为人民服务”作为核心，旗帜鲜明地体现了社会主义的道德本质。社会主义核心价值观的十二组概念，只有从社会主义道德本质的视角予以解读，才能准确把握其内在意义。显然，在核心价值观中所呈现的概念，很多曾出现在其他的道德谱系之中，如自由、平等、爱国、公正等价值观概念自启蒙运动以来也为西方文明所倡导，并获得了普遍性的肯定和承认。但这些概念在不同的道德语境中却被赋予了不同的含义。西方所提倡的价值概念大多基于自由主义传统，凸显个人的

中心地位。而我国的价值概念则关注人际的本质联系、人与社会的协同发展。所以我国社会主义道德规范内含了核心价值观的道德镜像。同时，以“五爱”为主要内容的道德规范正是社会主义核心价值观对于公民个体的道德要求。个人层面的核心价值观包括“爱国、敬业、友善、诚信”。爱国既意味着对祖国的热爱，也意味着对人民的热爱，对社会主义制度的热爱。爱自己的同胞、认同国家的政治道路、对祖国的深切情感都是爱国的应有之意，也是爱国的具体体现。也正是基于爱国所形成的政治归属感和公民意识，同胞之间建立了相互关爱的道德责任与义务。诚信与敬业是公民参与社会生活的必备品质，也是分担社会角色、承担社会工作的道德标准。“爱劳动”是对这一标准的完整表述。在道德规范体系中，劳动涵括广泛的社会职责范畴，爱劳动的要义在于各司其职、各尽其责。涵盖职业、社会与家庭的社会主义道德规范体系细致地反映了核心价值观的道德要求。

另一方面，社会主义道德规范体系为核心价值观认同铺筑了基础。美国学者库尔顿（Cureton）指出，道德规范体系的确立必须满足以下要求：（1）规范为社会广泛接受；（2）得到普遍的服从；（3）规范不是由某一个体所指定，在规则之中没有人拥有优先权；（4）规则通过非组织性的社会压力所施行；（5）规则所适用的情景是所属群体经常遇到的。社会主义道德规范体系立足于社会生活现实，针对我国道德情景中的主要关系和问题，具有普遍的实践指导作用。同时，道德规范体系以社会主义理论为内核，是马克思主义道德理念的具体表达。历史证明，以马克思主义为理论指导、走社会主义道路是中华民族走向富强的必然选择。所以社会主义道德规范体系是基于历史合理性成为社会共识的结果，得到了人民群众的认可和遵守。在规范体系的实践过程中，它潜移默化地引导人们的道德语言和道德行为朝着社会主义价值要求改进和完善，让社会主义价值理念深入人心，内化为社会成员个体的道德操守和人格目标。道德规范在价值观念的传播过程中发挥着重要的载体功能，并以其独有的规制力量强化人们对于道德概念的认知和理解。荷兰学者古德曼（Alan H. Goldman）指出，道德规则对于行为的规导作用只有当这一规则能够被所在群体以道德理性加以理解的情况下才是有效的。他举例说，当我们制定不准“谋杀”的规则时，遵守这一规则的群体需要分辨何种形式的“杀人”属于“谋杀”，否则此项规则就毫无意义。由于道德规则与道德理性之间的紧密关系，当我们在既有的道德规则体系中进行道德实践时，我们的道德理性也得到了提升。对规则遵守的过程也是深化对其所表达道德价值理解的过程。在社会主义道德规范体系的长期践行中，人们也必然对蕴含其中的社会主义道德价值产生进一步的认识，并且在不同程度上完成价值的内化。这无疑是树立社会主义核心价值观的坚实基础。另一方面，社会主义核心价值观的形成本身就是社会成员达成价值共识的结果。核心价值观必须表达社会成员最深切的价值认同和价值追求，否则就会成为空中楼阁，远离道德生活。这些诉求很长时间以来就是由社会主义道德规范体系所展现的。同时，规范体系为调和价值矛盾和冲突提供了基本原则和具体标准。这些原则和标准为核心价值观的贯彻、落实提供了畅通的渠道。

三、基于社会主义核心价值观的道德规范体系探索性调整

社会主义道德规范体系是一个动态开放，不断完善的系统。在社会主义核心价值观的引领下，为了适应新的社会历史条件，道德规范体系也必定要做出相应的调整。

首先，以“人道主义”和“集体主义”为根本原则。在以往的社会主义道德规范体系中，集体主义是唯一的原则。集体主义的社会本位本质有利于人们超越私人利益的计较，关心他人和社会并积极为社会利益的实现作出贡献。但是单一的集体主义原则也存在着某种局限性。如在集体主义的践行中容易忽视个人权利。片面强调集体利益的

至上性以及个人奉献的合理性隐含着对个人权利的轻视。社会主义核心价值观凸显了个人与集体的并重，而且表现出对个人权利的尊重。同时当代伦理关系也发生了变化，对新型的伦理关系集体主义原则难以直接介入调整，如人与自然的生态关系，就不是一个个人与集体的关系问题。社会层面核心价值观的内容是自由、平等、公正、法治，指出了社会建设的价值方向。这四组价值观都以人民的权利为原点和旨归。自由价值观肯定了人们的自由权利、承认并且包容个体间的多样性，意味着社会建设应该为人们的自由全面发展创造有利条件。自由价值观的确立意味着社会与个人关系的深刻改变。在旧有社会生活中，我们总是过于强调单向度的管理，以限制个人自由的方式满足社会秩序的需求。现在，我们则致力于通过激发个人的自主性实现有序的社会治理，本质在于维护、增强人民的主体地位。平等与公正也都着眼于个人权利，要求所有社会成员在社会生活中得到无歧视的对待，而且享有基于公民身份的平等关系。我们曾过于关注社会总量的增长，平等与公正价值观引导我们确认社会成员个体分享社会利益的权利。社会不仅要实现总量的提升，还必须惠及每一位社会成员，这也是我国全面建成小康社会的整体目标。法治是保障个人权利的根本方式。法治社会的前提在于严格划分个人权利的范畴与边界，以法律的形式确保任何人的合法权利免于遭受他人的侵犯。不难看出，社会主义核心价值观对个人权利予以充分关切。人道主义是以个人权利为基调的道德规范，可以成为集体主义的有益补充，满足核心价值观的人本需要。人道主义是人们对抗宗教权力和王权的产物，旨在恢复人的独立自主，肯定世俗世界的价值。人道主义不但要保护人们的合法权利，更要求从人性关怀的角度处理社会关系、考虑社会问题。将“人道主义”与“集体主义”并立为社会主义道德规范的原则有利于我们在道德情景中兼顾个人利益与集体利益，认识两者的界限，有效避免相互的矛盾和冲突，以增量方式促进两者的协调统一。

其次，以“发展、公正、共享、和谐”为核心伦理理念。我们完善道德规范体系的目的在于实现“发展、公正、共享、和谐”的社会生活，能否有助于上述理念的达成是检验道德规范正当性的关键依据。“发展、公正、共享、和谐”理念凝练了社会主义道德生活的本质，是对社会主义核心价值观的集中表述。社会主义道德是在对资本主义社会深刻反思的基础上构建而成的。资本主义私有制将广大劳动者置于被剥削的地位，限制了他们的自由发展。同时，资本聚集在少数资本所有者手中，资本的不平等逐渐泛化为政治和权利的不平等，群体歧视和排斥现象显露无遗，大多数民众无法分享社会利益，只能被动接受社会分配的结果。社会主义道德的本质在于实现所有社会成员的自由全面发展，让人们在现实生活中处于平等的地位，形成个人、社会和谐统一的社会图式。“发展”是对中国道路的伦理表达，作为道德规范体系的理念，意味着我们的道德规则制定、道德制度安排和道德实践都必须促进国家、社会和人民个体的发展。对国家和社会而言，“发展”理念不是仅指经济的发达或者某一社会领域的增长，而是社会主义核心价值观所提出的“富强、文明”的状态；对个人而言，“发展”指人格的升华以及对于人生理想的追求。“公正”是中国经验的伦理特色，意味着我们的道德生活应该包容所有社会成员，一视同仁地予以道德关怀或施以道德约束、尊重所有人的努力和贡献、切实保护人们的应得权利。“共享”理念则是中国模式的伦理机制，表明社会成员都具有分享社会利益和社会资源的权利，相互间应建立互利互惠的合作关系。我们应该保证社会机会向所有人开放，合理缩小人们在获取社会资源、社会财富等方面的差距，促使人们结成互惠式合作关系。“和谐”理念是中国发展的伦理目标，要求我们消除社会群体间的隔阂，在不同群体间搭建互信互爱的桥梁，超越群体归属在社会层面达成普遍的身份认同。这四组理念相互支撑、相辅相成，是有机的整体。无论国家、社会还是个人的发展都需要公正制度、共享机制与和谐环境的支持。国家、社会与个人的发展又会拓展社会共享的空间、更大限度地满足人们的需求，为社会和谐创造条件。公正与共享是消解社会矛盾、实现社会平等的重要途径，也成为建立和谐社会的价值前提。

再次，以“爱国、敬业、诚信、友善”为基本规范。“爱国、敬业、诚信、友善”是社会主义个人层面的价值观，体现了社会主义道德对公民个体的基本要求，理应成为人们普遍遵守的道德规范。“爱国”是人们对国家责无旁贷的道德责任，是人民对国家最质朴的情感，更是公民相互认同、凝心聚力的纽带。就公民而言，我们所享有的各项政治权利、社会福利以及所担负的社会义务和责任都是依据国家而存在的。公民身份是国家所赋予的，这就是为什么分属不同国家的公民权利范畴和内容存在着显著的差异。国家的存续是我们公民身份得以保持的基石，就个体而言，我们生而进入国家这一政治共同体，由此决定了自己的政治身份。“爱国”规范要求人们拥护国家的政治体制，建立道路自信、文化自信和制度自信，基于高度的政治认同自觉遵守国家法律、自觉维护自己和其他公民的法定权利，主动关心和参与公共事务，履行公民应尽的政治责任。值得注意的是，“爱国”是以对国家的爱作为基础，而不是倡导对其他国家和民族的厌恶、排斥等负面情绪，因此要与“民粹主义”和狭隘的民族主义划清界限。“敬业”要求人们对自己的家庭和社会角色尽心尽力、尽职尽责，以高度的责任感投身于社会工作。“敬业”更表达了对人们精神境界的期待，即我们今天时常提及的“匠心”。我们不能把工作仅仅视为谋生、获利的工具，而要怀着敬畏之心将之作为个人价值实现的平台。“诚信”是我国的传统美德，也是维持社会契约的道德品质。契约关系业已成为维系社会健康运转的主要关系——政治公信力很大程度上影响着政策、制度的执行率，商业信用主导着现代的经济生活，道德信用则决定着人际交往的态度和程度。任何对于社会契约的违反都可能造成严重后果。根据“诚信”规范，人们必须严格遵守社会承诺，培育契约精神。“友善”是公民对待他人应该秉持的道德姿态。“友善”要求人们承认并尊重社会的多样性，以积极的姿态对待社会成员在文化程度、思想观念、生活方式等方面的个体差异，避免基于个人或者特定群体道德中心主义所导致的道德绑架、道德排斥。此外，“友善”倡导人与人之间的相互关爱，防止道德冷漠。当然，“友善”不是无原则的妥协和退让，而是“成己达人、成人达己”的道德互动。所以社会成员对于那些违背道德标准的言行也要予以批评和纠正，只是批评的目的在于帮助他人实现人格的完满。

最后，以“职业道德、社会公德、家庭美德、个人品德”为特殊道德要求。职业是人们履行社会责任的主要方式，更是人们形成社会联结的主要领域。从事不同职业的人们一边为社会提供劳动产品或劳动服务，一边在他人所提供的服务和产品中满足自己的需求。所以职业道德直接关系到人们的社会生活质量。社会公德是人们参与公共生活、建立和谐秩序的道德保障。在公共领域，道德的脆弱表现为，如果有人从对规则的违反中获得额外的利益，其他人就会争相效仿，最终导致社会失序。由于公共生活牵涉各个群体的利益，人们难以凭借个人理性应对社会的复杂性。所以公共生活内在吁求基于公共理性的道德规制。家庭是社会的重要单元，人们在家庭中产生了自然的人伦关系，也缔结了原初的道德责任和义务。家庭在我国道德文化中有着特殊的意义。在传统道德中，家庭美德与社会伦理之间高度统一，处理代际伦理关系的“孝”道在道德话语中一度占据中心位置。这一传统让我们的家庭美德在社会生活中发挥着举足轻重的作用。因为社会与个人的分野，个人品德曾被划分在社会道德规范体系之外，但在道德实践中，个人品德是社会道德不可忽视的环节。个人品德可以分为两个部分，一是私人品德，二是作为公民的道德。私人品德是人们在私人领域所遵从的道德价值、道德原则和道德标准，涉及个人的道德观念和道德判断。公民道德是人们依据公民身份参与社会事务时的道德品质。两者既有联系，又有区别。两者的联系在于，拥有高尚私人品德的人也倾向于在社会生活中自主维护公共秩序；区别在于，我们私人品德的实践要以不侵害其他公民的权利、符合法律和社会制度要求为前提。如果我们将自己所形成的道德观念作为社会的普遍性原则，依据道德偏好排斥其他社会成员或者强迫他人接受自己的道德理念，无疑会对公共生活带来严峻挑战。成为好人和好公民是社会对于个人的道德期待。

（原载《道德与文明》2017年第2期）

社会全面转型与道德引领

道德是社会生活的重要支撑和内驱动力，任何社会结构和生活方式的改变都需要道德的引领，也必然产生新的道德诉求。只有充分发挥道德的引领作用，满足社会发展所形成的道德需求，才能为社会转型提供正确的价值方向，确保社会在健康的道路上前行。当前，我国社会进入了全面转型的时代，随之而来的是对于道德更为急迫而深切的呼唤。

一、从单一性社会转型到社会全面转型

转型是社会积聚力量、获取新生的重要方式。每一次转型都标志着我国社会进入了新的历史阶段、开启了新的发展进程。之前的转型虽然都是由不同的力量推动，但都呈现出单一性的特征。

从新中国的建立到改革开放之前的社会主义革命和建设阶段，政治成为驱动我国历史进程的主要因素。中华民族在历经艰难曲折的探索之后，终于找到了适合自身发展的政治道路——中国共产党领导的社会主义道路，中国人民以独立自强的姿态重新站立于世界民族之林，以 1949 年中华人民共和国成立为里程碑，中华历史翻开了新的一页，我国社会也迈向了新的纪元。其主要社会特征是：

首先，差序社会格局被彻底打破，以公有制为基础的等序社会逐渐形成。差序格局是我国传统社会的基本特征，社会成员依据血缘、出身以及所处的社会地位而享有不同的权利。社会呈现明显的金字塔

形态，少数人占据统治地位，广大民众则处于被奴役的状态。更重要的是，社会权利表现出自上而下的一元向度，社会上层对于下层往往只拥有权力而不负有责任，下层则只承担义务而鲜有权力。而且社会阶层之间建立了牢固的人身依附关系，社会下层甚至连生命权都掌控在上层统治者手中，所谓“普天之下莫非王土、率土之滨莫非王臣”，君主之外的社会成员都是以臣民形态参与社会生活，服从成为他们最基本的道德原则。辛亥革命之后，我国并未达成实质统一，家长制统治依然是社会的主要模式。新中国成立后，我国社会进行了深入的公有制改革，通过社会资源的公有，消除了由于私有财产差异所导致的人格差异，确保社会成员以平等的身份参与社会合作。人民代表大会制度和政治协商制度的建立则确立了社会成员的主体地位，为人们参与政治生活敞开了大门。中国人也首次以人民的身份出现在社会生活之中，享有法律所赋予的平等权利和责任义务。单向的义务服从关系被互利互惠的人民关系所取代。

其次，以国家计划为主导的社会发展模式得以确立。面对百废待兴的国家，集中社会资源进行重点建设无疑是合理的选择。同时，为了规避资本主义自由经济所导致的市场失灵、实现社会生产的信息对称，我国实行了计划经济模式，由政府计划组织实施社会生产和资源分配。同时还建立了严格的社会管理体系，国家权力发挥着统摄性作用。“革命时期，权力的高度集中和意识形态的不断强化是其突出特点”。强化政治权力和意识形态是确保革命胜利的策略选择。新中国成立以后，我们延续了革命时期的思路，强调以国家权力支配社会建设。与计划模式相匹配，我国建立了严格的户籍制度，城乡二元格局也由此形成。随着政府对社会管理的强化，国家权力延伸至社会各个领域，私人领域也很大程度上成为社会管理的范畴。

从这一阶段的社会转型看，社会变革更多由政治力量所推动，社会制度的建立也主要出于政治考量。以政治作为社会转型的主要推动力量，有着历史的必然性。有学者对我国近代历史进行考察后发现，从维新运动开始到中华人民共和国的成立，政治觉醒在文化转型中扮演着主要角色，得出“在近代中国，人们是先有政治觉醒，然后才有文化觉醒”的结论。因此，直到改革开放之前，政治转型成为社会转型的主导动因。

在一段时期内，政治所主导的社会转型取得了重大成就，但在社会的发展过程中，制度弊端也逐渐显现。其中暴露出的最核心问题是：严格的社会管理制度极大约束了社会的流动性，而计划模式则将政府理性的不足转化为社会风险。面对复杂的社会生活，计划难以跟上社会变化的脚步，而计划模式本身为社会生活开展提供了固定的框架，不利于发挥社会的创造力、压抑了社会活力，加之接近均等化的分配模式，严重挫伤了社会成员的积极性。在这种状况下，社会生产关系已经不再适应社会生产力发展的需求，国民经济停滞不前，人民物质生活短缺匮乏，新的社会转型势在必行。党的十一届三中全会拉开了我国再次重大转型的序幕。这次转型的标志则是以建设社会主义市场经济作为国家的根本方针。在新一轮的社会转型中，我国迎来了高速发展的阶段，社会格局也发生了巨大变革。

首先，以市场取代计划作为经济生活的主要模式，将经济价值实现置于社会生活的优先地位。显然，改革开放政策实施的根本目的在于进一步解放和发展生产力，解决人民不断增长的物质需求和落后的社会生产之间的矛盾——这也是当时我国社会最主要的矛盾。社会生活的重心向经济建设转移，经济增长成为社会发展的首要目标。那么随之而来的问题在于，以何种方式实现经济目标。我们曾经将社会模式与意识形态过度联系，全面否定市场模式。而十一届三中全会及时纠正了以往观念的偏差。邓小平同志敏锐地指出，市场模式是人类文明的共同财富，作为社会建设的手段与政治意识形态没有本质联系。市场作为人类有史以来最为高效的财富生产和资源配置手段，在经济领域具有其他模式不可比拟的优势。建设社会主义市场经济成为我国经济建设的主旋律。为了改变国家经济基础薄弱、技术能力低下的困境，提升人民群众的物质生活水平，我们提出了“以经济建设为中心”的战略方针，经济建设占据国家发展的优先位置。在此转型阶段，我国经济取得了举世瞩目的成就，经济总量跃居世界前列，国民收入大幅增加，部分地区经济指标达到、甚至超过中等发达国家水平。

其次，个体利益得到广泛尊重，社会允许合理的差异。改革开放政策实行之前，我们过分强调社会整体利益而忽视了个体利益，甚至将两者完全对立，导致个人权利难以得到充分保障。改革开放之后，我国肯定了个体利益的合法性，并鼓励社会成员通过自身努力增进个人利益。同时，我们认识到社会成员之间的差异，不再以政治权力强行抹平人际之间的差别，而是承认合理差异的存在，建立多劳多得的分配制度、激发人们的主观能动性。由于人们对于自身利益关注度的提高，自我意识、权利意识大幅提升，尊重并维护私人领域的呼声日渐强烈。对于个人而言，经济生活成为最主要的生活方式，人们通过商品贸易满足生活需求、并在消费中展现个体价值。

再次，社会流动性增强，社会也从熟人社会向陌生人社会转变。“由于社会开放是社会转型的重要标志，而社会流动又是社会开放的重要标志，所以，社会流动毫无疑问是社会转型的重要标志”。严格的户籍制度严重阻碍了人口流动，不利于劳动资源的优化配置。在市场机制的引导下，人们开始打破户籍限制，在区域乃至全国范围内流动，以满足市场对于自由劳动的需求。与之相适应的是，我国的人口居住制度也越来越宽松，给予了人们更多的自由流动空间。在这种背景下，旧有熟人社会被陌生人社会所取代，公共领域得到了前所未有的扩展。在市场机制的推动下，国家权力合理收缩、政府对于经济和社会的干预日渐减少，社会自我治理领域不断扩展。

改革开放至21世纪的第一个十年，我国社会转型的根本力量源自经济领域，社会制度安排和政策制定也紧密围绕经济目标。

单一性的社会转型无疑把握了当时我国社会发展的主要矛盾，解决了所处时代最为突出的关键问题。但单一性转型的弊端也非常明显，那就是在解决主要矛盾的同时通常忽视了其他社会领域的协同共进，在实现主导目标的同时也带来新的问题。比如在政治主导社会转型时期，国家权力过于膨胀，社会领域丧失独立性、个人权利没有得到应有的尊重和肯定，经济建设停滞不前。在经济主导社会转型时期，其他社会领域都让位于经济发展，致使社会发展的失衡。在文化层面，道德话语让位于经济欲望，经济价值发挥统合性作用，成为普遍性的价值衡量标准，道德价值面临着边缘化的尴尬。如哈沃尔（Havel）所言，经济的发展并不足以培养好的公民，负责任公民的培育还要依靠道德价值的支撑。在生态层面，盲目追求规模效应导致环境污染，人文和自然生态都遭受了不同程度的破坏。在社会生活层面，贫富差距凸显，地区发展不协调，区域差别拉大。

我国正处于全面建成小康社会的决胜阶段，社会又面临着新的转型压力。以党的十八大提出“五位一体协同发展”为标志，我国社会开启了全面转型时代。与以往单一要素引发的社会转型不同，这次社会转型是政治、社会、文化、经济、生态等要素综合作用的结果。以坚持中国特色社会主义道路和党的领导为前提，进一步扩大民主、建设法治国家、完成管理型政府向阳光型、服务型政府的转换是推进社会转型的政治因素；在保持经济中高速发展的新常态下完成产业优化升级，让我国从规模经济向品质经济迈进成为促进社会转型的经济因素；进一步提升社会治理能力、形成完备的社会治理体系、保障与改善民生成为助推社会转型的社会因素；在多元时代统一思想、达成价值共识、提高公民道德素质、丰富人民的文化生活是推动社会转型的文化因素；消除环境污染、完善生态制度、实现绿色发展是促成社会转型的生态因素。毫无疑问，社会全面转型的目的在于社会全面协同发展。可以预见，社会全面转型将带来社会生活的重大改变。面对全方位、全领域的转型，我们不禁要问一个根本性的问题：我们转向何处？任何社会转型的背后都离不开价值的支撑，或者说，任何社会制度之后都存在着价值目标。只有首先厘清社会转型的价值诉求，我们才能为社会的全面转型提供明确的方向，才能解答在诸社会领域之间如何同步、怎样协调的核心问题。以文化转型引领社会全面转型是澄明社会价值导向的合理方案。

二、以文化转型引领社会全面转型

文化总是时代的先行者，从人类历史进程来看，社会的转型通常首先表现为文化的转变。比如西方工业革命集中表现为以“自由、平等、博爱”为内核的现代性价值观念的确立，或者说是由新兴的价值体系所引领。我国历史也是如此，“三民主义”引导了旧民主主义革命，而马克思主义则指引了新民主主义革命和社会主义建设。虽然生产力与生产关系的矛盾是催生社会转型的内因，但文化先行似乎是社会转型的常态。社会转型遇到的首要问题是价值冲突，如我国学者兰久富所言，“在社会转型时期，旧的价值体系已经不能合理地解释社会生活，而新的价值体系还没有建立起来，此时社会失去了主导价值观念，各种价值观念纷纷出现，每个价值观念都提出一种价值标准，从而造成价值多元化的局面。价值多元化的必然结果是价值冲突，价值冲突是社会转型时期的一个最显著特征”。只有解决价值冲突，社会转型才有明确的方向。同时，汉森（F. Allan Hanson）在他关于文化与社会关系的论文中指出，文化在具有相近价值体系的群体中能够发挥最大的社会效力，但随着社会结构变得越来越复杂，社会群体越来越多，群体之间的价值差异会导致“文化战争”，最终成为社会转型的障碍。要消除这种障碍，就有赖于社会达成价值共识。这就是为什么我们必须始终坚持马克思主义理论体系，以此引领我国的社会生活。以文化转型引领社会全面转型的首要问题在于文化如何转型？怎样的文化转型才能满足我国新一轮社会转型的需求？面对社会的新常态，我们的文化转型主要包括以下方面：

1. 以社会主义核心价值观作为文化转型的基础

社会主义核心价值观是社会文化的内核，是我们在社会转型中整合道德资源、实现文化创新的基础。社会主义核心价值观是对马克思主义的高度凝练与概括，是我国优秀传统文化与时代精神融合的结晶。社会主义核心价值观首先具有社会主义本质，揭示了我国社会主义建设的价值规律，指明了我国社会的发展方向，是我国社会转型的顶层设计。也正因如此，社会主义核心价值观表现出鲜明的历史前瞻性，是我国社会转型的价值牵引。社会主义核心价值观表达了中华民族的价值共识，带有民族的独特气质。建设“富强、民主、文明、和谐”的国家是华夏儿女共同的期盼与理想，对于这些价值的追求也是中华民族能够历经磨难、生生不息的精神基石。构建“自由、平等、公正、法治”的社会是对于现代政治文明的回应，更是对马克思主义社会理论的集中表述。社会层面核心价值观的提出表明我们必须以普遍联系和发展的眼光看待社会生活，不仅要实现自我利益，更要注重社会整体利益的实现，唯有如此，我们才能拥有富宁和谐的社会生活。塑造“爱国、敬业、诚信、友善”的道德人格吸取了我国传统君子人格的精华，也是对于现代公民身份的道德关照，阐释了成为优秀公民的道德内涵。毫无疑问，社会主义核心价值观明确了从国家、社会到公民个体各个层次的价值目标和道德原则，对于我国社会具有文化统合作用。

社会主义核心价值观既有历史的向度，又指向未来，既是马克思主义理论发展的成果，又形成于中华文明历史积淀之中。它所承载的科学性、历史性、民族性使之被人民群众所普遍接受。从社会主义核心价值观的提炼过程不难发现，它虽然具有价值构建的意味，但植根于深厚的民族文化之中，是中华民族同胞认同共识的结果。这就决定了我国的社会全面转型必须、也只能在社会主义核心价值观的引领下完成。只有如此，我们才能确保社会转型的结果符合中国人民的共同理性、符合社会发展的历史规律、符合中华民族的根本利益和道德期待。将社会主义核心价值观作为文化转型的基础是坚持正确政治方向、确立“道路自信、理论自信、制度自信”的必然选择。

2. 确立主体性的世界文化观念

我国学者赵旭东曾经指出：“文化转型对于中国而言，首先意味着一种整体性的世界观念上的转变，即从由于追赶先进而定位于自身为后进的姿态中转换角色，从别人影响我们，开始转变为我们去影响别人。”以往我们在世界文化的交往中都处于防御性的态势，更多着眼于在外来文化渗入的条件下如何保持民族文化的特性，在合理吸纳外来文化的同时抵御不良思想观念的侵入。时至今日，我国综合国力已经大幅增强，成为国际社会的重要力量。我国正以更为主动的姿态参与国际事务，并制定了“一带一路”战略，实现与国际社会的对接与合作共赢。我们对于世界文化的观念也要做出相应调整。事实上，旧有的文化态势将严重限制我国文化的生长空间。首先，防御性文化根本上仍然属于输入性文化，必须根据外来文化的输入情况随时调整文化策略，但这种调整总是存在滞后性。其次，防御性文化难以建立自己的文化话语，文化生长很容易受到外来文化的干扰，甚至难以脱离外来文化的言说框架。再次，当前的文化交往已经发生了颠覆性的变革。基于个体的文化交流取代了原来以国家组织的文化交互，成为文化互动的主要形态。在这种条件下，防御的成效大为降低，不构成捍卫自己文化体系的有效选项。树立、巩固我国文化的主体性，从文化防御走向文化主导是我国文化转型的必然趋势。文化主导意味着我们要从世界文化的跟随者变为世界文化的领导者。很长时间以来，我们将更多的注意力放在如何使自己的思想观念融入国际话语之中，在某些时候为了与国际接轨而被动做出改变。这就造成我们总是在其他文化体系，特别是西方文化体系中参与文明对话，其劣势不言自明。全球化的进程在加剧南北经济差异的同时也客观上维护了西方文化的强势地位。要取得与西方文化平等的对话地位，我们就必须打破世界文化的旧有框架，强化自己的语言体系，形成多元文化体系相互对话的格局。近来爆发的世界性经济疲软和中东危机证明西方一元主导的格局已经岌岌可危，受到巨大的挑战。西方话语权的削弱为新兴文化体系的确立提供了空间。这无疑是我国文化提升主体性的时代机遇。如何借助夯实我国的文化核心，建立文化优势，是我国建立主导型文化的首要问题。此外，文化主导还意味着我们的国际文化交往重心要从接收外来文化调整为输出民族文化。经济无疑是目前国际文化交往的主要载体，如果说在改革开放初期我国在全球经济关系中身处从属地位，那么目前我国已经发展为全球贸易的支柱。我国是大多数经济体的主要贸易伙伴，国际经济对于中国的依赖正不断提升。以商业贸易为平台，向世界其他国家输出我国的价值观和文化元素，成为文化输出的重要途径。在国际对话中，我们要采取主动型战略，以我国的价值观为导向作为解决国际问题的基本准则，提高文化的国际权威。可以预见在人民币已被国际货币组织列为国际主要流动货币的今天，中国文化的主导时代即将到来。

3. 实现文化的现代性转换

我国文化转型的另一重大问题在于在哪种维度实现转型？实现何种转型？现代性无疑是文化转型的基本方向。现代性的主要特征在于理性主义、自由价值、进步主义、对于个体的肯定以及现实化倾向。自启蒙运动以来，人们对于社会的理解发生了根本性的转向。如果说传统社会理论带有明显的自然主义倾向，那么现代性则带有浓厚的世俗化色彩。社会契约论更是消解了传统权威的神秘主义基础，将自然的社会秩序理解为人类自为的结果——大家为了富宁生活而相互签订契约所形成。在这一转向中，人的主体性得到了充分尊重与肯定，文化生活更多取决于人类的理性——包括科技理性与道德理性。社会不再是先验的存在，而是人类探索的对象，所以历史的规律可以被把握，历史的进步以人的自由全面发展为导向。如有学者所指出的，“社会转型是建立在传统社会与现代社会划分的基础之上，是社会从传统型向现代型转变的过渡过程”。我国文化的现代性转换主要表现在三个方面：

一是传统文化的当代语境转换。作为有着悠久历史和深厚文化传统的社会，古典文化在我们的生活中扮演着举足轻重的角色，潜移默化地影响人们的观念与行为。恰如习近平总书记所指出的，“中华优秀传统文化已经成为中华民族的基因，植根在中国人内心”。在传统文化的滋养下，我们形成了独有的价值体系、思维方式和行为习惯。这就是为什么现代的价值构建必须从中吸取营养。不可否认，传统文化植根于当时的社会环境，必然受到历史局限，因此在传承过程中必须对之进行甄别和扬弃。而且对于现代性本身具有历史的断裂特征——“就它的发生学来讲，在它的原生地，它自身是一个与自己应当依赖的历史传统相割裂的体系”。作为中国人，我们都处在民族历史的节点，承载着传统优秀传统文化的责任。如何将优秀传统文化融入现代话语之中，为其注入时代的活力，是我们跨越现代型历史断裂必须回答的问题，对于传统文化转型至关重要。

二是私人文化的公共性转换。私人文化是我国现代社会的重要文化现象，主要表现为社会生活的自我中心主义。私人文化的存在既具有历史的原因，也与当前的社会生活方式密切相关。历史原因在于，我国长久地处于熟人社会之中，由于缺乏流动性，人们在传统社会中通常依据血缘关系聚居、并与他人进行交往和联系。在分析我国传统道德时不难发现，最核心的道德价值都是从家族伦理产生和衍生的。在我国传统家庭中“父与子的承继关系是家庭延续的基础，而代际关系是构成家庭的纵向阶续的链条”，“在以自我为中心向外扩展的社会关系网络中，家人永远是最靠近核心的人，是最亲密、最应当真诚以待的人”。在熟人社会的道德图谱中，自我还是立于中心位置。私人文化蔓延的另一原因则很大程度上归结于商业文明的兴起。随着市场经济的深化和商业文明的发达，人们对于自我利益的关切也上升到新的高度。如何在社会生活中获得最大化的个人利益，拥有更多的消费资源成为人们重要的价值目标。在商业文明的浪潮中，对于自我利益的关注得到极大强化。在私人文化的侵染中，人们将自我作为社会生活的中心，在社会交往中过分优先考虑自我利益——特别是经济利益的实现。同时，私利文化促使大家注重自我的价值判断，并且将私人道德倾向作为衡量是非善恶的标准。这就不难理解为什么在我们的社会生活中会遭遇道德相对主义的困境，为什么我们的身边经常发生各种形式的道德绑架。这些现象出现的根本原因都在于人们总是表现出将自己的价值偏好和道德判断扩展为社会伦理标准的冲动。私利文化的个体思维模式使人们缺乏他人意识、忽视社会规范，容易采取侵犯他人权利的方式扩大自己的私人空间，并在社会交往中显现对于他者的排斥性，“不和陌生人说话”成为常见的社会心态。如上文所述，公共领域的扩张是现代社会的重要标志。随着社会流动性的增强和社会分工的细致，社会生活的公共性特征也不断得以强化。党的十八大提出“国家治理能力与治理体系现代化”的方略，从管理走向治理是我国社会未来发展的基本走向。在这一过程中，国家权力必然会做进一步的合理收缩，留下的空间则期待社会权力的填补。这对于形成具有公共维度的社会文化产生了急切的内在诉求。从私利文化向公共文化的转换是文化建设的主要内容之一。

三是功利文化朝生态文化转换。不论承认与否，功利文化是当前社会生活中普遍存在的文化形态。很多社会成员将市场机制的思维扩散到其他非经济领域，狭隘片面地把各种社会交往简化为利益的交换。人们总是期待在最短的时间通过最小的投入产出最多的效用。这种文化已经渗入各个领域，深刻影响着我们的社会生活。诚然，功利文化在一定范畴和时间之内也具有某种程度的积极意义，比如在经济领域能够提高生产效率、促进经济增长。但超出合适的范围，功利文化则引发了社会的短视与浮躁。在社会发展中，功利文化只关注短期效益，而破坏了社会的可持续性；在政治建设中，功利文化促使人们唯绩效马首是瞻，沉迷政绩工程而漠视民情民生；在公共生活中，功利文化让人们拒斥道德、回避高尚。这种文化的滋生对自然与人文生态都带来了严峻的挑战。

社会多维领域的协同发展迫切需要功利文化向生态文化转换。与功利文化相比，生态文化尊崇对于社会生活的全面、长远考量。生态文化把社会成员视为社会的有机组成部分，以普遍联系的观念看待人与社会、人与自然的相互关系。就自然生态而言，环境污染、气候变暖等全球性的难题，都是人们为了获取短期利益而采取高排放、高污染生产方式导致的后果。功利文化与私人文化有着紧密的内在关联，功利文化的最终指向也通常为行为主体。我们之所以在面对诸多共同但有差别的责任上无法达成一致，根本原因还是在于人们以割裂的方式看待自我与他人，宁可扩大现实利益，也不愿为长远的威胁买单。而要消除这些威胁，显然需要超越功利的生态文化指引人们的社会行动。就人文生态而言，功利文化让人们在利益面前表现出过度的急切与焦虑，从而造成人际的紧张。在特定的时刻，就难免以非道德的方式追逐额外的利益，并且通过排斥道德的方式为自己辩护。而健康的社会必然是崇尚道德的社会。从功利文化转向生态文化是化解人际张力、营造和谐的人文环境的必然选择。

三、社会全面转型过程中的道德引领方略

社会全面转型离不开社会主义文化的繁荣。道德文化无疑是社会文化的核心。以怎样的方式以道德引领社会全面转型成为保证我们社会和谐健康发展的关键问题。要充分发挥道德引领作用，就必须着力于以下四个方面：

第一，尽快完成道德从被动适应社会需求到主动引导社会发展的转变。多年来，我们道德建设的基本思路放在建立与市场经济相适的

道德体系。在市场与道德之间，道德处于被动适应的地位。在改革开放初期，以经济建设为中心具有国家策略层面的合理性，围绕社会主义市场经济构建道德规范系统也是历史的必然。将经济发展置于国家建设的优先地位是当时社会主要矛盾所决定的，着眼于改变社会生产力滞后的现实困境。毫无疑问，优先发展经济的国策取得了良好的效果，为今日国家的富强奠定了坚实基础。在一段时期内，道德生活的变化更多由经济生产和生活方式的改变所驱动，印证了马克思主义经济基础决定上层建筑的科学判断。同时，经济环境的改变为道德体系的调整铺平了道路。正是在新的经济方式中，产生了新的道德问题和道德元素，促使人们反思旧有的道德规范和价值标准，助推了道德体系的丰富和发展。但是，作为思想意识层面的道德与经济基础之间并不是单向地处于被动状态，思想意识同样发挥着不可忽视的反作用。当物质生活发展到一定阶段，道德的批判和导向功能就开始凸显出来。社会是各领域相互作用的有机整体，经济发展并不是解决所有社会问题的唯一方案。随着我国社会主义建设进入新时期，生产力与生产关系的矛盾得到根本性缓和，社会领域之间的协调发展上升为新的矛盾。立足于市场需求构建的价值体系，此时已无力胜任对于社会引导的角色。事实证明，完全适配于某一领域的道德总是受到严格的局限。我们当前社会消费主义、拜金主义、个人主义观念的滋生与盛行就是这种局限产生的后果。这就要求，我们要以更为宏大的社会视野重新诠释我们的道德生活，树立更具包容性、全面性的价值目标。道德既是对现实的反馈，也富有强烈的前瞻性。从某种意义上，道德是对于现实的超越。这种超越性表现在，道德价值总是为人们的生活选择指明方向。只有首先明确社会的价值目标，才能为协调不同社会领域之间的关系提供原则，社会的全面转型才能沿着适宜的轨道运转。当我们从单一性的社会转型转换为多维度社会转型，道德体系的构建就不能只适应某一方面的诉求，而应该增加政治、社会、生态、法治等要素，并且找寻社会不同主体之间价值的最大公约数。

第二，构筑适应社会诸领域的道德体系。在单一性社会转型模式中，道德话语也总是围绕着主要转型要素而构建。比如在政治驱动社会转型阶段，我们建立了与公有制和国家权力主导相适的道德体系，将社会价值的实现置于绝对优先的地位，对任何私人价值诉求都持批判的道德态度。而在改革开放之后以经济为驱动力量的社会转型中，我们的道德标准又开始向市场经济倾斜，不但肯定个人价值、肯定经济利益，而且把经济价值的实现作为道德评价的主要尺度。正因如此，一种被极大简化的功利主义道德开始出现并蔓延——之所以说其被简化，是因为功利主义关于从私利走向公利的内容被普遍忽视。从单一社会转型的现实来看，偏重某一价值的道德体系无法有效统领全面的社会建设，导致社会道德的偏差。在突出政治的道德话语中，出现了高位道德的泛化，并最终陷入了道德的人与不道德社会之间的矛盾；在突出经济的道德话语中，由于过分关切社会个体和现实利益而表现出对于高尚道德的拒斥，流俗文化的盛行和道德冷漠都与之相关。这也再次印证了汉森对于经济不足以独立担负增进道德的责任之论断。在社会全面转型期，我们需要建立能够满足不同社会领域需求的，与这些领域内在价值保持一致的道德体系。

社会主义核心价值观为我们构筑统合性的道德体系提供了基石。我们要围绕社会主义核心价值观构建针对不同社会主体、领域的规范体制和评价标准。社会主体基于其所扮演的社会角色而表现出差异性，这也决定了它们的价值诉求之间也存在着差别。比如对于政府部门而言，维护人民群众的根本利益是其最根本的价值原则；而对于企业而言，创造利润、增加财富则是最本质的价值追求。显然，不同主体在追逐各自价值目标的过程中甚至会出现相互冲突。寻求广泛的价值共识，以大家普遍认同和接受的道德体系规约社会行为，是实现道德全面引领的必要前提。将社会主义核心价值观全面贯彻于社会生活之中，既是我国文化建设的战略任务，更是有效整合社会各领域、各群体道德资源的内在要求。其一，我们要根据不同社会主体、行业的特点设立与社会主义核心价值观相适的规范体系，将道德自律与道德约束相结合；其二，要设置社会主义核心价值观监测与评价指标体系，对社会主义核心价值观的践行情况进行及时监督和反馈。

第三，建立社会道德协同共治机制。我们社会正经历着从管理走向治理的道路，意味着社会不同主体之间、不同领域之间的共同参与、协商共治将成为社会建设的常态。构建协同共治的道德引导机制是在社会新常态下完成道德引领使命的前提。一方面，要构建多元主体的道德交互平台。道德是一个开放的系统，道德引领的重要条件是道德本身具备自我完善的功能。社会总是处在不断的变化、发展之中。以发展的视野看待道德才能为其持续注入活力。社会生活作为动态的过程，势必会产生新的道德要素，社会结构的调整和行为方式的改变也会对价值观念产生深远影响。社会主体的道德交往有利于对新的道德问题和诉求做出回应，并达成新的价值共识，为道德体系的完善输入新的元素。这也是道德协同的应有之义。另一方面，要强化道德的传播与培育。社会安定团结有赖于所有社会成员各安其位、各尽其职，并以积极的道德姿态参与公共生活。因此，我们要加强公民道德的宣传和培养。一是充分利用学校教育和媒体平台对社会成员进行系统性、多层面的道德教育，增强公民的道德认知；二是通过道德奖惩制度的建设鼓励人们参加道德实践，树立公共意识和责任意识。作为社会成员，不可避免地与他人存在交集，也只有融入社会生活才能实现自我价值、满足利益需求。只有恪守自我与他人、与社会的权利边界，主动承担作为公民的责任，才能实现个体与社会整体的和谐统一，实现个人与社会的协同发展。

第四，充分发挥具有公共影响力群体的道德示范作用。公职人员（如公务员、教师、事业单位在编人员）、企业精英、文艺界明星等群体因为自己特殊的身份对于社会道德产生示范性效应，他们应该在道德引领中承担应有的责任和义务。

公职人员具有天然的公共性，总是参与公共权力的行使。公共权力属于全体人民，公共权力的行使总是会涉及公共利益，所以任何带有公共权力色彩的从业者都具有客观的公共性，意味着这部分群体必须接受群众的监督，必须让自己的言行满足公众的道德期待。我们曾提出以德治国的概念，以德治国并不是要以道德取代法律成为社会的根本保障，而是强调从事公权行使的道德资格。这就是为什么对于公职人员的道德要求要高于普通民众。一旦公职人员出现道德问题，就会产生社会对于公权的质疑，并导致负面的道德示范后果。十八大以来，党中央之所以对腐败采取高压政策，制定了细致的规章制度约束公职人员的语言行为、甚至规范公职人员的私人生活，就是因为公职道德的缺失将动摇政府的权威和公信力。

企业精英与文艺界明星的公共性则源自民众的关注和追捧。由于经济成为主要的社会领域，商业行为与人们生活方式和质量的联系也日益紧密。人们对于经济价值普遍持有尊重和肯定的态度，从而产生了对于商业成功的追逐。企业精英随之成为大家关切和效仿的对象，期待复制他们的成功经历。文艺明星直接以公众为服务对象，他们的成功一方面源自自己高超的技艺，另一方面则更多源自满足了民众的文化生活需求。正因如此，他们总是处于民众的视线之中。明星们通常聚集了大量的受众，借助网络技术的发达，其影响力也进一步得到扩展和提高，有的明星在网络社交网站的粉丝高达数千万之众。他们的言行对于追捧者而言产生着潜移默化的引导作用。

近年来，我们发现为社会褒奖的道德优秀者更多来自非公共性群体，也就是通常所言的草根群体。这从一个侧面反映了我们社会道德生活的现状，表明公共性群体道德引领能力的不足。我们应该对于这部分群体设立更为严格的道德规则，通过高标准的职务道德和行业道德规范激发公共性群体的道德意识、规制他们的道德行为，发挥其道德引领的群体效应。

（原载《湖北大学学报》2016 年第 3 期）

道德理性化的历史批判及其启示

情理关系始终是中国伦理思想史上争论不休的问题之一。就其基本思想倾向而言，历来就是重理轻情。尽管有人倡导情理合一的情感方式，注重在审美追求中重视情的作用，在社会控制上注重情的软约束，但当情施之于道德领域时，就成了“以理灭情”的伦理异化。这种异化的结果，就是导致人们自觉不自觉地信奉一条道德生活的教条：情欲与道德是绝缘的，谁越理性谁就越道德，理性成了道德的同义语。现代化的道德情感方式在中国人的心目中尚处于朦胧的恍惚之中，但情感的感性光辉却足以使人全身心地向往之。如何在道德生活中实现情理关系的高度和谐，此乃现代伦理目标之一。

当代中国的道德建设面临着多种选择，坚持道德理性重建，还是道德向自由情感的回归，就是其中之一。有的学者认为，中国历史上占主导地位的是情感型道德，而今天困扰我们的道德建设难题正是情感型道德无可挽回的失落及由此而产生的道德重建问题，目前道德重建的实质是以道德理性来弥补传统道德信念和道德情感的失落所留下的空缺。

我们认为，中国传统道德是一种理性道德，它把道德与人的非理性绝对对立起来，否定人的生命意志，否定人格独立，反对感性生命，是一种缺少人文向度的“被动道德”。在传统道德的理性框架统摄下，中国人的情感生活几乎是处于抑制状态，自然，道德情感的作用也没有得到应有的发挥。在中国思想史上，对这种道德的理性化倾向曾有过批判。分析这种道德理性化批判历程，对当代中国的道德建设，也许会有诸多启示。

第一次是老庄对儒家礼教的批判。传统道德的理性色彩从道德基点上的整体主义和道德目标上的禁欲主义两个层面上清楚地呈现出来。伦理型中国传统文化把道德当成是最高的伦理学范畴。何为“德”？“德”就是“内得于己，外得于人”。而“内得”就是“仁”而言的，“外得”就是“义”而言的。因此，传统道德的理性化倾向可以从“仁”“义”这内外两个维度进行分析，老庄对礼教的批判也是从对“仁”“义”的批判开始的。

应当说，老庄也是主张人应“无情”“无欲”的，因为在老庄看来，人的情感欲望会扰人害生，是“累德”“病性”、损伤人的“天机”的祸根。“不见可欲，使心不乱。”“同乎无欲，是谓素朴，素朴而民性得矣。”但人有情有欲是一种客观存在，老庄并不主张用所谓的“仁”“义”之理来灭绝情欲，而是主张“复归于朴”“反其性情而复其初”。由于老庄认定自然纯朴的人性是最圆满的，所以他们都不以“仁义”为人性的基本规定。在他们看来，仁义礼智并不是什么美好的道德行为，而是败坏道德、伤害人性的东西，只有排除这种“人为”的、非本于人的情感需求的因素，“绝仁弃义”，“绝圣弃智”，任其自然，才能保持纯朴的德性。老子说：“大道废，安有仁义。智慧出，安有大伪。六亲不和，安有孝慈。国家昏乱，安有贞臣。”他并且认为“仁义”是社会动乱的根源，“失道而后德，失德而后仁，失仁而后义，失义而后礼。夫礼者忠信之薄也，而乱之道也。”很明显，对于老子来说，仁德礼义的出现，并非社会的进步，而是社会倒退的表现。礼的产生是人们忠信偷薄的结果，名目繁多的礼仪，就是以外在“法制”形式强制人们服从上下的等级秩序。但其结果，反而造成社会关系的更大混乱。这一思想在庄子那里得到了更明确的表述，《庄子》外篇中排斥仁义的观点极为鲜明。“自虞氏招仁义以挠天下也，天下莫不奔命于仁义，是非以仁义易其性与？故尝试论之，自三代以下者，天下莫不以物其性矣。”这就是说，仁义与人性是不相容的，“奔命于仁义”，“以仁义易其性”，就是“乱人之性”。庄子追求精神上的自由，他的《逍遥游》希望以“自然无为”的方法摆脱身心内外的种种道德理性的限制，达到社会的原始状态和个体的逍遥自适，表现出比老子更加明显的反理性道德的倾向。

因此，老庄把从有仁义而至于有礼，看成是社会道德风尚趋向不断衰败的过程；把从没有道德规范到有道德规范，从没有道德之名到有道德之名，看成是道德自身的蜕化，因而认为制定道德规范不是维护社会关系的良方，这明显地表现出一种反道德规范的倾向，或者说具有一种反道德的性质。但老庄的思想，确实具有反对道德形式主义的合理性，从一个侧面揭露了仁义道德的虚伪性，反对以唯理形式出现的道德对人性自由的约束，企图在现实的社会关系之外寻找一种符合人的“素朴”本性的道德境界，具有自然主义和伦理非理性主义的特点，成为后世的思想家反对和批判封建道德的主要思想渊源。

第二次是魏晋时期形成的对抗传统道德理性的潜流。魏晋时期伦理学所讨论的中心问题是“名教”与“自然”的关系问题。思想家们主张“名教本于自然”，以自然之实反对虚假之名，以自然之情反对人为之理。所谓名教，即封建社会政治制度和伦理道德等封建文化的总称，主要是指儒家所倡导的理性主义道德传统。所谓自然，即“自然无为”，也就是老庄的“道”，是万物和道德的主体，落实到人身上就是人的自然而然的本性。“自然”的概念来源于《老子》，老子讲“人法地，地法天，天法道，道法自然”。老子认为，作为世界本源的“道”是自然无为的，而仁义道德法令制度等都是人为的、违背自然的，是大道的堕落，所谓“大道废，有仁义”，圣人制定的礼仪道德，一方面违反了自然本性，另一方面又给人自身加上了刑具。魏晋思想家们接过老庄自然无为的思想武器，崇尚自然而攻击名教，试图打破两汉以来封建礼教约束的传统，为门阀世族阶级自然放任、极端自由的生活寻找理论依据。何晏、王弼最初提出“名教出于自然”的命题，主张伦理道德应当从人的自然本性中引申出来，用“自然”来衡量“名教”的价值，反对以名教为本，这无疑具有反封建礼教、反理性的性质。如果说王弼的“名教本于自然”旨在论证名教的存在基础是人的自然本性，那么阮籍和嵇康的“越名教而任自然”则公开要求摆脱名教的束缚，实现人的个性自由。嵇康的所谓“自然”，是指人的自然情欲。既然人性是自然的，不要求任何外在的束缚，那么一切人为之“礼”都是违反人的“真性”。他揭露说：造立仁义，以婴其心；制为名分，以检其外；劝学讲文，以神其教。就是说，仁义的造立，是为了束缚人们的思想；制定名分，是为了约束人们的行动；提倡读经，是为了神化“名教”。而所有这些就是要“抑引”人们去争名夺利的道路，使人们陷人名缰利锁而不觉，这就破坏了人的“自然”。所以，六经以抑引为主，人性以从欲为欢。抑引则违其愿，从欲则得自然。然则自然之得，不由抑引之六经；全性之本，不须犯情之礼律。这样，就把“名教”与“自然”尖锐对立起来了，并由此提出了“越名教而任自然”的思想主张。所谓“越名教而任自然”，就是“越名任心”，就是要摆脱六经、仁义、礼律的束缚，使人回到本性“自然”的状态。当时有一“法礼之士”张叔辽，写了一篇《自然好学论》，鼓吹读经，称“六经为太阳，不学为长夜”，嵇康对此进行了严厉批驳，“今若明讲堂为丙舍，以讽诵为鬼语，以六经为芜秽，以仁义为臭腐，睹文籍则目瞧，修揖让则变伛，袭章服则转筋，谭礼典则齿龋。于是兼而弃之，与万物为更始……则向之不学，未必为长夜，六经未必为太阳也。”这一番“非毁典漠”、唾弃名教的惊世之言，充分表达了“越名教而任自然”的旨意。

“越名教”的思想，旨在揭露封建道德的虚伪性和腐朽性，要求摆脱封建道德的束缚，实现人性的解放，这是自董仲舒提出“独尊儒术”、儒学被封建统治者奉为正统思想后的第一声惊雷，也是对道德理性主义的公开挑战。尽管他们非薄汤武周礼、批判纲常名教、反对封建道德，其真实的政治目的是反对司马氏集团的篡权阴谋，但这一思想倾向的历史影响是不可低估的，后世的李贽等人乃至五四时期的思想家对封建道德的批判，可以说是这种思想的自然的历史承继与光大。

第三次是五四新文化运动对封建的道德理性主义的清算。“反对旧道德提倡新道德，反对旧文学提倡新文学”，这是五四新文化运动的两大旗帜，尤其是批判封建旧道德是当务之急。五四时期的进步思想家们在事实中认识到，孔教与帝制，有不可离散之因缘，封建道德是封建专制主义的安身立命之宝，不彻底批判封建道德，帝制复辟的孽根就断不了，中国要解决政治上的根本问题，迫切需要的是“伦理觉悟”。中国文化革命的伟大旗手鲁迅用杂文做武器对封建道德的虚伪性和反人道性进行了无情的批判。他在《我之节烈观》《我们现在怎样做父亲》《随感录》和《灯下漫笔》等文章中指出，封建道德是“虚伪的道德”，它“蔑视了真的人情”，是扼杀现在和将来的刀子。所谓中国的文明，“其实不过是安排给阔人享用的人肉筵宴。”他在1918年发表的《狂人日记》这篇战斗檄文中，他借“狂人”之口，说道：“我翻开历史一查，这历史没有年代，歪歪斜斜的每页上都写道‘仁义道德’几个字。我横竖睡不着，仔细读了半夜，才从字缝里看出字来，满本都写着两个字是‘吃人’!”封建道德是以理杀人的道德，是吃人的道德。继《狂人日记》之后，吴虞又写了《吃人与礼教》一文，他认为，“孔二先生的礼教讲到极点，就非杀人、吃人不成功，真是残酷极了!”“我们如今，应该明白了，吃人的就是讲礼教的，讲礼教的就是吃人的呀!”新文化运动的倡导者们还进一步揭露，封建旧道德、旧礼教不仅残忍，而且也虚伪、丑恶；它不仅吃人、杀人，而且造成了道德的堕落。陈独秀就曾这样愤怒地写道：“忠、孝、贞节三样，都是中国固有的旧道德，中国的礼教、纲常、风俗、政治、法律，都是从这三样道德演绎出来的，中国人的虚伪、利己、缺乏公共心、平等观，就是这三样旧道德助长成功的。”胡适看到了中国道德理性主义的实质在于禁欲主义，他从自然人性论出发，把人性归结为情欲。他认为，理学家教人“乐天、安命、知足、安贫”乃是一种“自欺自慰”的“催眠药”；宗教家教人“栽贱身体、断臂、绝食、焚身”则是一种“自残自杀”的行为，“使人生观变成了人死观”。针对道德理性主义否定情欲的特点，胡适强调情感是道德的基础，人“因为有情有欲，故有生养之道，故有事业。有道德”。所以，“道德不在情欲之外”，而在情欲之中。胡适还吸收了杜威的所谓互助道德观，强调同情在社会生活中的作用。他说：“二三百年间，物质上的享受逐渐增加，人类的同情心也逐渐扩大，这种扩大的同情心便是新宗教新道德的基础。”陈独秀还大声疾呼要革新道德，不仅要推翻中国封建的旧道德，而且也要对西方的资产阶级道德加以改造，改造的重要内容之一就是要发扬“相爱、互助、同情心、利他心、公共心”。只有这样，才能“消除黑暗”，才能“救济社会悲惨不安的状态”。五四新文化运动的思想家们看到了道德理性主义的另一个弊端，这就是整体主义，所以他们当中有人主张建立“个人本位主义”的新道德，这种新道德是以承认和尊重个人独立自主的人格为前提的。他们认为“以己属人”，变为伦理纲常的奴隶，只有有了个人正当权利的确立，才有真正意义上的法律和道德。

从老庄对礼教的批判，到五四新文化运动对个体感性生命的张扬，其要旨就在于，拯救被理性道德毒害了的灵魂，让自由、民主、个性、情感走进道德的广阔天地。尽管这种呼声仅仅从道德自身来变革社会，其底气何其不足，事实上也没能从根本上唤醒沉睡的国人，但至少也证明，在中国伦理思想史上存在一种与道德理性主义对抗的声音，它仍将成为我们今天进行社会主义道德建设的重要思想财富。因为当代道德建设的主题，应当是强化国人的道德情感，实现道德向自由情感的回归。

中国传统道德基本上是把天理与人欲对立起来，天理出自顺性之理的先天自然，人欲来自气之欲的后天人为，所以，天理对人欲具有天然的超越性。“知德者属厌而已，不以嗜欲累其心，不以小害大，末丧本焉尔”，升高道德理性的地位和作用，不致造成以小害大，以末丧本的弊端。如果泯灭道德理性而纵穷感性欲望，就会把人之所以为人的理性自我，降格为与动物无别的野蛮人的感性存在。因此，人的理性自觉必须否定人的感性自我和情感自我而反归天理，实现人的自我价值。这种先天必然之理与后天之情是水火不相容的。尽管中国的许多道德学家非常重视道德运作的情感条件，如儒家把道德建立在自然亲情基础之上，但道德情感较之于道德理性而言，自然是次居其位的，表现出浓厚的重理主义特色。诚如冯契先生所言：过去的理性主义，尤其是正统儒家的理性主义，后来实际上成了理性专制主义，把以伦理为中心的实践理性绝对化，把情意等非理性因素，都贬到不重要的地位，甚至一概抹杀，造成“以理杀人”。

不可否认，人类的道德生活是人类具有理性特征的一个突出表现。既然人“半是天使，半是野兽”，那么，理性对于人来说当然具有特殊的意义，人若丧失了理性，就丧失了人的本质，同时，没有理性自觉，就没有道德行为。总而言之，道德理性主义在把理性看作是人与动物的根本区别，克服人的盲目情欲，促使人的行为规范化、自觉化等方面有它的积极意义，也为人类道德经验的理论化、哲学化提出了重要的思想方法。但是，道德理性主义走向了道德情感的另一个极端，只承认理性对于道德的指控权，把理性等同于德性，给道德生活带来了严重的消极影响：其一，排斥和压抑情感，为禁欲主义开拓地盘。既然只有遵循理性命令才是道德的，理性不仅是控制人的情欲的重要力量，而且是德行的唯一来源，那么，谁越理性，谁就越道德，而人的感情欲望，不仅于人无益，而且是罪恶的渊薮。只有根除一切情欲，才能与道德同在，与神同在。禁欲主义在道德的保护伞下自然更具有“合理性”，道德几乎成了禁欲的同义语。其二，轻视道德内化，促成道德虚伪。在道德理性主义者看来，人类生活的道德化就是理性化，这样就导致社会道德规范的神圣性与个体道德要求的形成某种对立，无法注入人的内心世界。但是为了某种功利性要求的满足，不得不迎合社会道德规范，不得不进行道德上的伪装，以适应社会化的需求。尤其在阶级社会里，统治阶级常用理性的面纱来掩盖内心的丑恶，装出一副正人君子的样子，以欺骗劳动人民。因为人们似乎坚信一个

“常识”：有理性的人就是有道德的人。可见，道德理性主义在抬高理性在道德生活中的作用的同时，把道德情感的作用也给抹杀掉了，使道德成了外在于人的情感欲求的“枯燥物”。

传统道德的全部努力，在于实现社会生活的道德化，然而结果却并没有能建立起一个富于德性的社会，理性世界中的道德王国最终只能是虚无缥缈的海市蜃楼；而现代社会道德的全部努力，在于实现道德化的社会生活，然而结果却也没有建立起一个充满善性的社会，相反社会罪恶不断滋生和蔓延。为什么几千年的道德建设换来的却是社会上响彻一片的道德滑坡的责难？如何在市场经济条件下加强道德建设，以实现个体心性的道德纯正和社会生活的有序化？目前学界有一种普遍被认可的呼声，这就是，道德的制度化和法律化。姑且不论道德法律化了还有没有道德存在的必要，重走道德理性主义的道路也许是行不通的。相反，现实的道德生活要求我们重新调整思路，充分认识情感在道德科学中的意义，重视道德情感的功能作用，强化国人的道德情感，实现道德向自由情感的回归，使道德建设同人类心灵的秩序和谐统一。

（原载《现代哲学》2000 年第 3 期）

利益关系格局的制度伦理调控

——对我国《物权法》的伦理解读

正确处理国家利益和个人利益的关系是伦理制度安排的宗旨，也是建立优良的社会伦理秩序的前提。2007 年 10 月《中华人民共和国物权法》（以下简称《物权法》）的实施，不仅是我国法律史上的重要里程碑，也是我国道德生活中的一件大事，它为社会利益关系格局的调整奠定了制度性基础。然而，人们对《物权法》的关注基本上还是停留在法律条款的细节上，而对它的法哲学义特别是伦理学意义鲜有涉及。事实上，随着我国社会转型的加快，社会利益格局发生了重大变化，其中最根本的是由过去单一的国家利益本位转向“以人为本”的对个体权益的深切关注。这一转变要求我们对《物权法》也要做伦理解读。

一、物权的伦理价值核心：平等

“物权”一词为中世纪注释法学家创立。在近现代各国民法中，物权概念在学理上普遍被理解为指直接支配特定物并享有其利益的权利。对于物权的本质，德国学者的权利归属理论最值得注意。该理论认为，物权的直接支配、享有权利和保护的绝对性，最终来自法律将物直接归属权利主体；物权在此基础上才可能成为直接支配特定物而享受其利益的绝对性权利。由此可看出，首先，物权是关于财产的权利；其次，物权作为绝对性权利最终来自法律的规定。而不论是从人类追求财产平等的历史来看，还是从规定物权的法律的属性来看，这种权利的伦理核心都是平等。

随着人类社会发展中私有制的产生，原始的平等状态宣告结束，人类的不平等成为必然。这种不平等主要来自因私有制而导致的氏族首领享有支配财产的优先权：这种优势直接演变为占有财富的特权，财产成为谋职的条件，而职位本身又带来财富。这样，人类的不平等首先表现为财富占有的不平等，或者说财富的差异是不平等的重要原因之一。纵观历史，人类追求平等的奋斗历史首先就是要求财产平等的历史。

在古代，平等观念所要求的就是财产平等。孔子说："丘也闻有国有家者，不患寡而患不均，不患贫而患不安。盖均无贫，和无寡，安无倾。"（《论语·季氏》）老子与庄子都在其著作中描述了理想的"乐园"，其中最重要的是关于财产平等的思想。老子提出："天之道损有余而补不足。"（《老子》第77章）庄子云："富而使人分之，则何事之有！"（《庄子·天地》）而在古希腊、古罗马的哲学家眼中，平等总是与正义相连，并且不是绝对的。柏拉图将平等理解为部分人的平等，主张从正义的平等即可能的、合理的平等来理解平等，认为真正的平等在于恰如其分：一个人多得一些，另一个人少得一些，各依其功绩的大小、品质的高低。亚里士多德在其著作中将平等看成是一种美德，认为正义可以分为分配的正义和平等的正义：分配的正义"体现在对待荣誉、金钱或是其他任何可以在参加某个社会的人们之间进行分割的东西的分配上"；平等的正义则"表现在对属于交换物品范围的东西进行平均分配上"。近代平等思想则以洛克与卢梭为代表。洛克被称为平等论的"两面人"。"洛克关于自由、平等的思想始终与财产问题联系在一起，他以神圣不可侵犯的私有财产权取代了统治者或法律的权威而成为自由和平等的基础……平等在洛克那里也是一种自然权利，但是这种权利仅仅是就人的政治地位而言。平等是指人和人之间不应该有人身方面的'从属关系'，因此洛克认为奴隶制是反理性的。但是洛克坚决反对把平等思想运用到经济生活中，平等不应当威胁私有财产的神圣性。”也就是说，洛克的平等论仅限于政治上，而在经济生活中则不主张平等。卢梭在《社会契约伦》中指出：“至于平等，这个名词绝不是指权力与财富的程度应当绝对相等；而是说，就权力而言，则它应该不能成为任何暴力并且只有凭职位与法律才能加以行使；就财富而言，则没有一个公民可以富得足以购买另一人，也没有一个公民穷得不得不出卖自身。”可以看出，卢梭的平等观念已不再是古代社会中要求绝对平均主义的平等观念；而且，这种平等观念不仅要在政治上得到体现，还要在经济上得到实现。

现代的平等观念则以英国著名史学家托尼和美国著名哲学家、伦理学家罗尔斯为代表。他们的共同之处在于承认不平等的前提，进而追求实质平等的目的。托尼用大量资料证实经济上的不平等，认为一致的道德观念的恢复，依赖于经济实力及“实际情况或状况”的不平等现象，并指出纠正这一局面的措施在于重新调整社会及政治领域那些当务之急。他的平等对待的理论被视为是从追求经济学上的结果平等转变为追求伦理学上的平等。托尼说：“社会的幸福仅仅在于，这个社会是这样地被组织起来的，即不管人们权力的大小，所有的社会成员都可以平等地在他们具有的权利之内，最好地发挥自己的力量。”罗尔斯的平等思想主要体现于两个平等原则中。第一个原则是：“每个人对与所有人所拥有的最广泛的基本自由体系相容的类似自由体系都应有一种平等的权利。”第二个原则是：“社会的和经济的不平等应这样安排，使它们：（1）在与正义的储存原则一致的情况下，适合于最少受惠者的最大利益；（2）依系于在机会公平平等的条件下职务和地位向所有人开放。”可见，罗尔斯追求平等的权利，但是面对现实，他也承认不平等的社会和经济安排具有合理性，前提是必须给最少受惠者带来补偿。

物权的本质是权利归属理论，即物权最终来自法律将物直接归属于权利主体；物权在此前提基础上才可能成为直接支配特定物而享受其利益的绝对性权利。换句话说，权利主体对特定物享有的权利是源于法律的规定。从目前各国关于物权的法律规定来看，主要有两种方式：一是将规定物权的法律制定成为一个单行法律，二是将规定物权的法律收入民法典之类的法律之中。同时，从规定物权的法律都属于私法的角度上看，物权法调整的是具有平等性的市民社会生活关系的法，而私法调整的民事关系，是主体之间因民事而形成的具有平等性的社会关系。这里所讲的平等，是指民事关系的主体在民事关系中所处地位是平等的，民事主体平等地享有权利、承担义务，同时任何主体依法取得的民事权益都受到平等的法律保护。也就是说，有些在其他领域中不平等的主体，比如在行政法上，上级组织和下级组织处于不平等的地位，但是在私法领域特别是民法领域中，这两者的地位是平等的。有些民事权利和义务是由法律规定的，比如所有权是法律赋予财产所有人的权利，而有些权利和义务是由当事人约定的，但不论是哪种确定方式，民事主体的权利义务都是平等的，并且被平等地保护其合法的民事权益，他人不得侵犯；如果某主体侵犯其他主体的财产权，将承担同等的民事责任。因而，平等是制定物权法律的基石。

二、“三分法”的物权伦理：以国家为本位

我国以往的物权模式采用的是“三分法”，即按照所有制划分，将所有权区分为国家、集体和私人三种类型分别予以规定。“三分法”的做法起源于苏联的法学理论和苏俄民法典，它突出了公有制的神圣地位，强调把国家、集体、个人的财产权利做明确区分并给予不同的地位与保护。这一观念后来被我国法学界所接受，并成为支配我国法学和立法的指导性意识形态。也就是说，在“三分法”的模式下施行的是国家本位，优先保护国家、集体利益。这一点从当时我国的法律规定尤其是宪法、民法和刑法中都可以清楚看出。

这种国家本位的物权伦理在当时确有其合理性：第一，国家本位与计划经济体系相适应。计划经济是指在生产资料公有制的基础上，根据社会主义基本经济规律和国民经济有计划按比例发展规律的要求，由国家按照经济、社会建设与发展的统一计划来管理国民经济的社会经济制度，其最大特点是由国家计划来满足国家的发展要求，保证国家利益的至上性是社会主义经济制度的基本要求，也是社会主义的基本道德原则。第二，这种经济体制与国家的政治体制相适应。在计划经济体制下，因为经济上的高度计划性必然要求政治上的高度集中，而政治上的高度集中必然要强调国家的至上，由此形成“强国家、弱社会、无个人”的社会关系格局。第三，国家本位与社会物质财富的匮乏有关。当社会物质财富不足以满足公民利益需求的时候，通常遵循的是“大河有水小河满”的逻辑，强调个人利益服从国家利益，从而维护好国家的稳定。

然而，从中国进入市场经济体制之日起，伴随而来的是国家与社会的二元分离。在社会领域，公民的个人权利日益凸显，保护公民权利成为法治的根本目标。因此，在伦理原则上由过去的单纯强调国家利益转向今天的重视个人权利的保护，是一种历史发展的必然。

三、《物权法》的伦理本质：“平等保护”

在《物权法》中最为世人所关注的是伦理关系的变革，即明确提出“平等保护”的物权原则。《物权法》的第四条规定：“国家、集体、私人的物权和其他权利人的物权受法律保护，任何单位和个人不得侵犯。”虽然这里在法律条文的字面上没有出现“平等”的字眼，但其内容充分表明，在社会主义市场经济条件下，各种市场主体都处于平等地位，享有相同权利，遵守相同规则，承担相同责任。在财产归属依法确定的前提下，作为物权主体，不论是国家、集体还是私人，对其物权都应当给予“平等保护”。而强调“平等保护”国家、集体、私人的物权和其他权利人的物权，对推动与发展我国社会主义市场经济有着重要的作用。“平等保护”体现了《物权法》的伦理本质，也是社会主义市场经济条件下社会伦理生活的基本前提。

第一，平等不是平均，也不是绝对的平等。平等无论是作为一种观念还是作为一种制度设计，其前提都是基于差异的，即平等的思考是来自差异的存在。平等从来不是谋求消灭差异或绝对平均，它所谋求的只是差异的合理性。虽然《物权法》提出“平等保护”物权的原则，但不能由此推断，各经济主体应当平等地分配社会资源。而且在我国，“平等保护”也不是说不同所有制经济在国民经济中的地位和作用是相同的。依据《宪法》规定，公有制经济是主体，国有经济是主导力量，非公有制经济是社会主义市场经济的重要组成部分，二者在国民经济中的地位和作用是不同的。这主要体现为在国家宏观调控、公共资源配置、市场准入等方面，在关系国家安全和国民经济命脉的重要行业和关键领域，必须确保国有经济的控制力，而这些是由经济法、行政法予以规定的。

第二，平等是主体地位的平等，是对物权保护的平等。《物权法》讲的平等，主要是各种市场主体对相同的物权享有同等的权利，适用相同的市场交易规则；当其物权受到侵害时，侵害人应当承担同样的民事责任。也就是说，《物权法》中的平等最重要的是主体地位的平等：对物权享有同样的权利，享受平等保护的权利。我国实行的是市场经济，主体地位平等是市场经济的要求。为了适应社会主义市场经济发展的要求，就必须保障所有市场主体的平等的法律地位和发展权利。在马克思主义看来，商品代表了一种社会关系，在这种社会关系中强调的平等观，应该是体现社会关系中人的平等，即生产者、交换者之间的平等。在市场经济时期，强调主体的平等是一个非常核心的伦理问题。在西方市民社会中，主体地位平等实际上就是私人之间在市场经济中的平等，因为其实行的是以私有制为基础的经济结构。而根据我国国情，在社会主义初级阶段要坚持以公有制为主体、多种所有制经济共同发展的基本经济制度。换言之，在社会主义的市场经济中，主体的平等应该是指国家、集体、个人的主体平等。在《物权法》的视野里，可以把纷繁复杂的人际关系抽象为利益关系，把多变复杂的人性抽象为理性，把多元的价值追求抽象为利益最大化。经过了这番抽象之后，在它们无数的差异性后面的相同点就是权利能力，即不同的物权人，无论国家、集体还是个人，都具有相同的自主、理性和趋利的特性，因此具有享有民事权利、承担民事义务的平等资格。

第三，平等不仅是结果的平等，也包含了机会的平等。主体地位的平等要求平等保护的权利，即给予平等机会的权利以及物权受到侵犯时同等保护的权利。“机会平等原则也是一种权利平等原则。但是，一方面，这种权利并非政治或经济等具体权利，而是获得这些具体权利之机会；另一方面，这种权利仅仅是竞争非基本权利——主要是社会的职务和地位、权力和财富——之机会，而不是竞争基本权利之机会，因为基本权利的获得既不需竞争，也不需机会。”前引罗尔斯正义论的第二个原则，就很明确地提出了机会公正平等的原则，即依系于在机会公平平等的条件下职务和地位向所有人开放。在现代社会中，无论是从正义的角度还是从伦理、经济等角度来看，机会平等都比结果的平等更具有现实性，也更有意义。正如萨托利所讲的，机会平等包括起点的平等和进入的平等；如果没有机会平等，很难想象可以得到平等的结果。萨托利还认为，平等对待并不导致平等结果；要想得到结果平等，我们就要受到不平等的对待。但是我们如何得知不平等的对待是合理的，并且能够真正实现实质的、结果的平等呢？如果不可知，那么最好的制度设置即是赋予平等机会的权利。而关于物权受到侵犯时受到同等保护的权利，这更多的是从保护物自身出发的，是物权的惯有属性。这意味着物权发生冲突或受到侵害的情况下，适用平等的规则来解决纠纷，不能因为所有者的不同而予以区别对待。如果对各种市场主体不给予平等保护，解决纠纷的办法、承担的法律责任不一样，就不可能发展社会主义市场经济，也不可能坚持和完善社会主义基本经济制度。

第四，“平等保护”的对象不仅是所有权，更重要的是使用权。对物权的“平等保护”最明显的变化莫过于对私有财产征收征用的法律规定。从古至今，土地和房屋都是人类生产生活资料中最重要的组成部分。不论是城市还是乡村，人们将房屋这种具有特殊意义的不动产都不仅仅是看作财产，更重要的是看作他们人格权的延伸和生存权的保障；而土地则是人们安身立命的基础，是其生存发展的前提。因此，处理好土地的征用以及房屋的征收征用问题，关系到广大人民的根本利益和社会的长期稳定。征收和征用是国家强行取得私有财产权或者强行使用私有财产的制度，是物权绝对性原则的例外。其本质特点在于强制性，即依法实施的征收和征用均仅依政府单方面的意思表示（征收命令、征用命令）而发生效力，无须征得被征收、被征用的公民和法人的同意，被征收、被征用的公民和法人必须服从，不得抗拒。正因为征收征用的强制性特征，很容易产生公权力侵犯私有财产权的状况。2004 年 3 月 14 日通过的《宪法》第 22 条修正案，从《宪法》的高度指出：“国家为了公共利益的需要，可以依照法律规定对公民的私有财产实行征收或者征用并给予补偿。”《物权法》第 42、44 条则进一步落实了宪法对征收、征用方面的规定，主要体现为以下两点：第一，规定了征收、征用土地的基本条件，即必须是出于公共利益的需要，必须符合法定程序和法定权限，在征收后必须给予充分补偿；第二，完备了征收后的补偿制度，关注了对公民住宅土地的征收，更注重补偿被征收人的合法权益。也就是说，根据法律的规定，私人在面对征收征用时，可以与开发商、政府开展较为平等的对话，即可以对征收征用是否属于“公共利益”、是否“符合法定程序和法定权限”以及“充分补偿”的标准进行较为平等的协商和谈判。重庆“史上最牛钉子户”在《物权法》颁布之际诞生；随后，索赔 1400 万的深圳“最贵钉子户”、北京版“最牛钉子户”等陆续上演，这些都表明征收征用正在由强制性朝着平等性、法律性过渡。

当然，正如有学者提到的，“平等保护不意味着主体享有的实际权利和利益相同。在这个意义上，它关注的是通过保护财产来创造财富，而不是通过再分配来缩短贫富差距。”因此，“平等保护”物权的原则更多的是体现平等的观念；从该原则出发，我们可以看到对物权保护的伦理核心正由传统的国家本位主义向现代的“平等保护”理念转变。虽然在实践中还存在着对国有财产特别保护的情况，从而可能产生潜在的不平等，但是应该看到：实现平等是需要有一个过程的，《物权法》确定“平等保护”物权的原则就是一个重大的进步。《物权法》是民法体系的核心；作为保护最广大人民群众利益和维护我国社会主义基本经济制度的重要法律，它规定的“平等保护”原则对整个民法体系都有重要的意义，同时预示着传统利益关系之伦理格局的解体，预示着新的社会伦理秩序的产生。

（原载《哲学研究》2010 年第 8 期）

契合与分离：政治哲学与政治伦理学的关联

在政治哲学正呈复兴之势的当代，随着应用伦理学的蓬勃发展，作为其重要支脉的政治伦理学取得了长足的进步。由于政治伦理学和政治哲学所关注的问题域极其相近甚至还有重叠的部分，所以人们在把握这两门学科时难免造成某种程度的混乱。因此，为了能够更好地促进政治伦理学的发展，弄清楚该学科与政治哲学之间到底有着怎样的契合与分野，就显得很有必要。唯有如此，才能有助于各自学科的发展，明确各自的学科界限和关注重点，才能共同成就中国建设“政治清明”的事业，促成“人类命运共同体”的构建与运行。

一般而言，政治伦理学是伦理学在政治领域的应用，是应用伦理学的一个分支。政治哲学是研究政治的规范价值取向的一门学科，是哲学的一个分支。政治伦理学“是指一种把道德问题与社会政治问题结合起来进行综合研究的伦理学理论”。政治哲学则是以政治价值、政治制度和政治理想为主要研究对象，并力图对此作出深层、理性和道德的论证的哲学理论。一方面，政治伦理学关注的是“社会政治共同体（主要是指国家，亦包括诸社会政治共同体之间）的政治生活，包括其基本政治结构、政治制度、政治关系、政治行为和政治理想的基本伦理规范及道德意义”。与政治哲学一样，政治伦理学的关切点也涉及国家的政治价值、政治制度、政治理想，不同的是它将这些点归置于伦理的关照之下，从伦理学的视域中去叩问政治价值、创设政治制度、表达政治理想。另一方面，政治哲学被认为是“关于政治的道德和伦理原则的学问”，被赋予“为政治划定伦理底线”的使命。这样，“为政治划定伦理底线”就成了政治哲学的应有之义。而政治的伦理底线恰恰是由最基本的政治原则和最核心政治理念所昭示出来的。至于提出并论证这些基本原则和核心理念，则正是政治哲学家的主要工作。政治伦理学与政治哲学的连接处就在于“政治与道德之间始终存在着一种内在的价值关联或连贯的价值理解”，两者的契合点在于它们都认可政治与道德的这种价值关联，两者的分野处在于各自处置这种价值关联的方式彼此有别。政治哲学在更高的层级上处置这种关联，以基本原则和核心理念来维护这种内在的价值，而政治伦理学则更关心于这些价值在现实中的践行，落实于共同体的政治生活，付诸对基本政治结构、政治制度、政治关系、政治行为及政治理想的考察，探究其基本伦理规范与道德意义。

一、契合之由：政治与伦理的内在关联

自古以来，无论东方和西方，政治生活总是离不开伦理的视野。政治必然有对某种价值理念的追寻、需要伦理的支撑、需要伦理的引导。在古希腊，政治被人们赋予了浓厚的伦理色彩，是实现最高价值的生活方式。柏拉图认为城邦是依据自然秩序而形成的，实现正义是城邦的内生诉求。城邦是亚里士多德认为城邦追求实现最高最广的善——“所有人类的每一种作为，在他们自己看来，其本意总是在求取某一善果。既然一切社会团体都以善业为目的，那么我们也可以说社会团体中最高而包含最广的一种，它所追求的善业也一定是最高而最广的：这种至高而广涵的社会团体就是所谓‘城邦’，即政治社团。”在亚里士多德的眼中，城邦是人类为了获得优良生活而自然演化的产物，趋向城邦生活是人的本质使然。就如整体和部分的关系，城邦是先于个人的存在，人不能离群索居、自给自足，唯有在城邦中满足自己的需要、实现自身的价值。正是在城邦中，人们得以与动物区别开来，并通过遵纪守法而避免堕落。对于个人而言，公民是引以为

傲的身份，唯有通过政治生活才能实现至善。

政治的伦理特质在东方文明中也得到了充分的阐发。孔子就提出“政者，正也”的命题，政治天然具有追求“仁”的伦理向度，而且从政者必须具备高尚的道德品质。“为政以德”成为我国传统政治的核心话语。施行“仁政”数千年来都是从政者孜孜以求的道德理想。孟子在与梁惠王的辩谈中将伦理政治表达得淋漓尽致。他告诫梁惠王不能在政治生活中只关注利益。一个失去伦理的国家即便强大到可以征服其他国家，也不过是推行霸道。唯有推行“仁政”，让天下都心悦诚服，才可达“王道”的境界。如他所言：“五亩之宅，树之以桑，五十者可以衣帛矣；鸡豚狗彘之畜，无失其时，七十者可以食肉矣；百亩之田，勿夺其时，数口之家可以无饥矣；谨庠序之教，申之以孝悌之义，颁白者不负戴于道路矣。七十者衣帛食肉，黎民不饥不寒，然而不王者，未之有也。”施行道德的统治、建立道德的国家是成为王者的必要前提。或者说，作为国家政治理想的王道本身就被赋予了积极的道德价值。从上不难看出，经典的政治从来都与伦理如影随形，不可分离。道德的政治对人类历史产生了极为重要的影响，政治的道德正当成为国家生活的核心组成部分。在传统政治中，执政者要获得统治的合法性，必须首先站在伦理的高点。也唯如此，传统政治对于道德予以了额外的关照。

柏拉图与亚里士多德都认为，只有那些拥有最高理性的人才能步入政治的殿堂。柏拉图区分了三类人，提出了“哲学王”的命题，即那些分有最高理性的人方可成为国家的统治者。这里的理性当然指道德理性。亚里士多德虽然不认为善如柏拉图所论述的那样是形而上的实体，而是须由实践所体现。但他认为政治生活恰是人们按照逻各斯实践的最高形式。在我国传统政治中，道德也处于中心地位。“仁”不仅是政治制度和政策的核心价值，也是参政者的人格理想。我国早在商代就形成了“以德配天”的思想，认为缺乏道德的人无法承受参与政治的使命。仁爱、清正、廉明、忠诚也成为我国传统政治道德的普遍要求。怀道德之心从道德之政是我国传统道德生活的内在逻辑。对政治道德资格的强调也充分展示政治与道德的统一。

只是近代以来，古典主义的政治、道德关系才受到了挑战。这种挑战主要来自三个方面。一是道德知识逐渐让位于科学知识，就是斯特劳斯所说的“Knowledge”被狭隘理解为“Scientific knowledge”。后者讲求精确性、客观性和可预测性，需要得到实证的检验，而前者恰恰无法满足自然科学知识的标准要求。正因为道德知识的式微，政治的道德也就难以逃脱被质疑的命运。二是政治的世俗化趋势。从马基雅维利开始，人们不再认为政治追求天国般存在的善。政治的任务发生了根本性的变化。政治的善性很大程度上依赖于对于人性的善理解。比如古希腊理性主义学派所言及的道德理性、我国儒家的性善论。马基雅维利却认为人性是自私和贪婪的，正因为人性有恶的一面又缺乏自我约束，所以需要政治生活来限制人们的行为，组织人们的活动。政治的使命从追寻伦理永恒价值转向创造富宁的世俗生活。政治的伦理光环逐渐消退。从马基雅维利到霍布斯、孟德斯鸠，政治非但不以积极的道德姿态出现，反而被视为必要的恶，如何防止权力滥用成为政治生活的重要内容。三是政治作为学科业已形成独立的体系，与道德哲学分属不同的范畴。而且受到政治结构主义的影响，正当在近代政治语境中占据了优先于善的地位。政治不再讲究道德立场，价值中立反倒被认为是政治生活的合宜状态。罗尔斯等学者认为政治应该无偏地对待所有社会成员，既有的道德价值立场不但无助于政治理想的实现，反而会引发政治的不公正。由于上述三个因素，政治与伦理之间出现了分离的张力。把政治拖出价值的范畴似乎成为了一种趋势。

但是，政治与伦理并没有分道扬镳。事实上，两者也不可能完全割裂。时至今日，我们意识到，政治与伦理的结合其实存在于两者的内在规定性之中。首先，政治必然有对某种价值理念的追寻。政治是人类发展的产物，其中的中心问题在于，我们要通过政治生活实现哪些价值理念？不同的历史时期、不同的文化族群对于政治的理解都表现出差异。这种差异实质就是价值的差异。很难想象离开价值的政治会以怎样的方式存在。当我们选择某种政治方式，或者做出某种政治决策，必然要确立相应的价值立场。比如我国之所以提出实现国家治理体系与治理能力的现代化，就是持有从善政走向善治的价值立场。所谓价值的中立，是指从事政治活动的人不能抱有价值偏见，从而引起政治的不公平，绝非把政治强行与伦理相隔离。

其次，政治需要伦理的支撑。合法性是政治的关键问题。只有获得政治合法性，政治才能被人们所接受和认同，才能具备稳定性。政治的合法除了手段的有效和科学，更重要的是道德的正当。离开伦理的范畴，我们就无法辨别善政与暴政，无法为政治提供合法性依据。而且所有政治制度的背后都必须诉诸价值的支撑。失去价值的方向，政治生活将陷入茫然和无序。如万俊人教授所指出的，社会生活的公共化以及愈加强化的制度的确产生了让政治远离道德的张力，但是一切制度都是“人为的产物”。“因此，在我们讨论制度问题之前，需要形成一种人类的哲学自觉——‘自知其无知’：人类的任何知识都只能是有限知识，包括我们对社会政治制度和政治生活的知识。因此，作为一种特殊的‘人为的产物’，社会制度及其建构只能是基于我们对现实社会生活的有限认识、基于我们自身独特的文明和文化背景，以及基于我们已有的政治生活经验和所能获得的其他社会或国家的政治生活信息，在反复探索、反复博弈、反复试验的过程中逐步建立起来的。”我们只有通过社会认知形成道德观念，制度的构建才有明确的价值方向。

最后，政治的操作需要伦理的引导。政治的运作离不开人的参与，人的道德理念、道德素养直接决定了政治生活的质量。虽然我们认为在政治参与中不应基于特定的价值标准而区别对待其他政治主体，让政治生活有失公允。但我们不得不承认，政治参与需要道德人格的保障。参与政治的主体依旧需要培养对于普遍性道德价值的认同，树立与政治文明相适的道德品质。否则，我们政治的操作就会被扭曲、腐蚀，最终背离预定的价值理想。显然，政治与伦理之间充满着密不可分的联系。两者的融合让政治学与伦理学的交叉成为必然，对政治予以伦理的关照是学术研究的重要方面。政治哲学与政治伦理正是在这种背景下成为学界研究的热点。

二、契合之界：政治哲学与政治伦理学的侧向

如果我们简单套用“伦理学是哲学的分支学科或二级学科”的说法，那政治伦理学与政治哲学无疑就是“个别与一般”之关系，可问题在于，当政治作为一种实践理性展开时会出现目的与手段、价值与评价、成败与道义等不同侧向。何谓政治哲学、政治伦理学的内涵是什么、两者有着怎样的学术边界？这就需要对他们的研究侧向进行具体分析。

什么是政治哲学？这是一个古老而又关键的问题。作为一门学科，只有确定内涵，才能与其他学科划分开来，形成自己的学科边界。然而关于政治哲学的内涵，在学术界有着较大的争议。很多经典政治哲学家认为政治哲学的核心在于研究政治应当。自亚里士多德开始，并将澄明最优价值视为政治哲学的首要问题。亚里士多德区分和比较了六种政体，即僭主政体、君主政体、寡头政体、贵族政体、平民政体和共和政体。他对政体的区分最根本的目的还是论证何种政体才是我们最好的选择。在亚里士多德看来，由贤人引导的贵族政体是最优的组织方式，唯如此才能保证政体富有道德理性，从而免于僭主或平民的暴政。无论他的结论是否正确，都体现了政治哲学的主题。政治是人类社会的重要组织方式，甚至是最重要和最基础的组织方式。而政治体制的选择无疑是其中的根本问题，政治体制将决定政治制度、程序的构建和政治生活的展开方式。因此，经典政治哲学的关键问题就是，我们应当选取何种政治体制。斯特劳斯沿袭了亚里士多德的政治

哲学理念，指出政治哲学与政治学最大的分野在于，它不以政治历史、政治事件和政治手段方式作为主要的研究对象，而是关于政治价值的研究。斯特劳斯在论及政治哲学知识时强调，政治哲学所寻求的知识是基于道德理性的知识，是关于如何建立“好的”城邦的整体知识。按照此理解，在政治哲学中，最重要的问题莫过于我们应当如何建设国家才能让政治生活变得更好，而不是更差？恰如斯特劳斯所言，政治的行动总是由那些更好或更差的思想指导和引领，而当我们谈及更好或更差时，我们业已形成了“善”的观念。不仅如此，一切政治行为都指向善的知识。所以，政治哲学就是关于一种整体性的政治善知识的学科。这种知识以好的生活和好的政治共同体为对象。斯特劳斯断言，当一个人思考如何获得好生活和好的社会时，便进入了政治哲学。形成关于政治事务本质的知识是政治哲学的基本任务。因为倘若我们无法形成这些知识，我们就会失去对政治事务进行价值判断的根据。所以，政治哲学总体而言就是探寻政治活动价值本质、指出政治活动道德应然的学科。政治哲学旨在通过呈现政治生活的价值本质发掘核心的价值目标，从而选取与之吻合的政治体制。在此过程中，政治哲学也会遭遇挑战，特别是一元主义的价值主张与多元主义的价值事实之间存在着张力。这就是斯特劳斯所言的政治哲学知识的含混性。因为在政治体制的价值研究中，我们必须选择一定的立场。但是对于政治价值的认同又充满群体和个体的差异。但这并不构成否认政治哲学知识的理由。我国学者周穗明对之论述道：“政治哲学家并未因为一元观的淡出而真正放弃目标追求。在我看来，德沃金和金里卡解决这一矛盾的方式，使政治哲学传统的目标追求在新条件下得以重构。他们认为，当代政治哲学家追求的并不是相互冲突的根本价值，他们之间至少存在着更根本的平等主义共识。”

但对于经典政治哲学内涵的界定当前也遭遇了不同的学术声音。英国学者杰弗里·托马斯认为哲学的三种典型活动是概念分析、高层次的理论化和研究悖论。与此相对应，政治哲学的使命在于：政治概念的分析、政治概念的高层次理论化和对政治概念悖论的研究。就政治概念分析而言，“政治哲学的视角是规范和评论性的。托马斯列出了政治哲学考察的十二组核心概念——“权力、权威、国家、主权、法律、正义、平等、权利、财产权、自由、民主、公共利益”。托马斯指出，在历史的流变中，上述概念也被赋予了不同的意义，分析其准确定义是政治哲学的有机组成部分。就高层次理论化而言，托马斯认为政治哲学需要对浩如烟海的政治规范理论进行梳理、阐释和批判。此外，政治理论的悖谬随处可见，“如卢梭所说，我能够被迫自由吗?”等等，政治哲学需要对这些悖论进行探讨。概念分析、高层次的理论化和研究悖论构成了政治哲学的基本结构。托马斯还在对政治哲学的定义中质疑了经典理论完全将政治哲学伦理化的倾向。他指出，对于政治哲学的传统理解，他认为西季威克式将政治哲学视为“旨在决定一个国家或政治社会应当做什么”的观念面临重大挑战，因为“在与政治理论的关系上，任何赋予道德理论以简单的基础角色的做法都无法自圆其说”。他同时质疑了传统政治哲学依循哲学逻辑而演绎的对政治真理的观点，认为政治生活太过复杂，难以诉诸单一的真理标准。

无论是经典的政治哲学解读，还是新的政治哲学理解，都不能离开价值的维度。从以往政治哲学内涵的研究，我们可以将政治哲学概括为“对于公共权力的价值研究”，这也是政治哲学与政治学的分野。后者以政治制度构建、操作作为关注的焦点，前者则聚焦于政治的合法性与合理性。

那么何谓政治伦理学？伦理即人伦与秩序，所以伦理学的研究对象集中在对人伦、秩序做出道德判断和道德评价。政治伦理学是对政治关系和政治秩序的道德研究。首先，政治伦理学关切政治与道德的关联。如上文所言，政治本质上需要伦理的关照，那么道德在政治生活中处于怎样的地位、扮演怎样的角色，如何影响政治生活？这些都是政治伦理的重要主题。一种政治价值的实现需要依靠一套正义的政治制度。而正义的政治制度需要制度本身在道德上是值得期待的。这种值得期待的制度又需要具有良好德性的人去创建、完善、执行与维护。从而才能期望这样的制度下培育的人是有德性的，能够继续执行与维护这一制度的。政治在本质上需要伦理的关照，就是期望在道德的人与正义的制度之间形成良性的互动，借助于政治伦理的关切实现政治与道德的价值联结，推进对各种政治关系和差异化的政治秩序的研究，为实现社会的良善治理提供必要的理论支持。

其次，政治伦理学关切政治活动主体的道德责任与义务。我们在公共生活中都拥有特定的身份，在此基础上相互之间形成特定的联系。不同的公共角色对我们提出了独特的道德要求。政府机构、社会团体、企业、公民在公共领域都必须恪守相应的道德标准和规范，才能保障公共生活的健康秩序。澄明各自的道德准则，厘清相互的道德关系，又取决于所在的道德语境。比如在臣民道德关系中，人们之间就形成了差序的道德人格，显现出单向度的道德责任和义务。而在以契约论为基础的社会中，人们之间作为契约签订者则构建平等的道德人格，承担着同等的道德责任。在现代社会中，任何政治共同体都沿袭着特有的道德文化，保持着源自民族历史而积淀的道德特质。通过对政治共同体的道德谱系研究确定人们在政治生活中的道德身份，进而确立道德原则、规范和评价体系，是政治伦理的基本维度。

再次，政治伦理学关切政治生活的道德目标。从古希腊开始，伦理学就追问一个最重大的问题——什么样的生活是值得追求的。政治伦理从未停止追问，何种公共生活是最令人期待的。正义、平等、自由、民主、宽容等构成了政治伦理的核心价值，一直以来都在政治伦理研究中处于中心位置。在不同的层面，这些核心价值的道德意义之间也会出现矛盾和张力。如何在公共生活中对道德价值进行排序，化解其中的冲突、避免陷入道德困境，是政治伦理的努力方向。

最后，政治伦理学关切政治生活的道德秩序。在国际层面，政治伦理学主要探讨国与国之间应该遵循怎样的伦理原则构建国际秩序、如何调和多元道德体系之间的关系，贯彻基本的人类道德准则，构筑和谐的人类命运共同体。随着全球化进程的深入，人类面临着更多共同的问题，比如对抗贫困和自然灾害。以有益于人类整体的道德观念引领国际合作是近来政治伦理的热点。在社会层面，政治伦理学研究社会道德的发展脉络、在人际和人与社会之间搭建互利互惠的道德桥梁、达成广泛的道德共识。在个人层面，政治伦理学着眼于公民道德的内化和公共精神的培育，以及个人对社会核心道德理念的接纳。总而言之，政治伦理旨在为政治生活提供道德价值引领和道德评价原则与标准。

三、分野之难：政治伦理学与政治哲学的共同基座

政治伦理学与政治哲学都意图回答："如何去生活?"这样的切身性问题，都尝试给出某种明确指向"应该怎样组织美好的新社会"的可能方案。在"如何去"和"应该怎样"的背后，存在着作为提问者亦是解答者的人的应然性预设，旨在将人自身在存在论之事实上的"是其所是"与"是其所不是"转进至价值论意义上的"如其所是"与"如其所应是"。唯有背靠人之存在的应然维度去反思人该如何生活，如何去生活，美好的新社会应该怎样组织，怎样去组织，才能在使人在面对世界的现实时超越自身的实存。政治伦理学和政治哲学的分野之难，难就难在两者都意图基于应然的视角实现对人自身的超越性的批判与建构，力求依托政治与道德间的内在的价值关联为政治划定伦理底线。

一方面，"政治根本上不可能没有基本的价值立场和道德取向。"所以，无论是政治伦理学还是政治哲学都把政治价值作为学科研究的核心问题。在当代政治哲学中常常为人所关注的所谓"价值中立"也是为了确保政治自身的价值。"现代自由主义政治思想家所说的'价值中立'，并非指政治的非价值立场，恰恰相反，它是为了确保政治自身

的价值及其普遍有效性，而主张政治价值超越于包括道德伦理、宗教和其他一切非政治文化价值之外的独立性。”在罗尔斯看来，多元民主的现代社会当中人们信仰不同的统合性学说（comprehensive doctrines），在这样的现实处境中，要想确保政治本身的价值立场和道德取向恰恰需要对包含特殊价值立场和道德观念的统合性学说保持价值中立，并且相信唯有以中立的方式才能更好地守住政治的伦理底线。就政治伦理学而言，它对政治价值的守护则转化为对政治正当性的拷问。在这样的拷问中展开人类政治的价值选择，推进政治制度、政治组织以及政治行为主体的伦理研究，形成现代政治伦理问题的基本架构，以使政治不再停留于技术性的机械操作而获得道德性的价值锚定。

另一方面，以制度的方式才能最有效地守护政治的基本价值立场和道德取向。因此，在当代，无论是政治伦理学还是政治哲学的研究中都存在明显的“制度依赖”。政治价值的实现在近代以来越来越依赖于规范性的法权模式，德性伦理向规范伦理的现代转进就很能说明，在实践政治价值时相较于依靠政治行为主体之德性的非制度化路径，以具化为权利与义务之集合的制度化路径会拥有更稳定和持续的效用。罗尔斯在论述其作为公平的正义时，就将按两个正义原则建立起来的社会制度作为实现自由和平等这对当代最重要的政治价值的基本途径。政治伦理学对政治制度之伦理性的关注，政治哲学对政治制度之正义性的关切，所看重的正是政治制度的伦理性或正义性直接想关于对于政治价值之现实的可能境况。而无论是伦理性还是正义性都可以追溯到政治价值的源头，即政治与道德的价值联结，人类政治活动的价值之所在。

政治伦理学和政治哲学间密切的内在关联也正是由上述两个方面所延展开来。具体如下：

首先，两者都从价值的层面关注公共权力。公共权力有道、术之分，后者着重强调权力的来源及其合法性的论证、权力的运行手段与路径的考察；前者则试图阐明支撑公共权力的价值基础，澄清公共权力得以发生效用的内在伦理诉求。两者均以价值导向的功能作用于公共权力正当施用。显然，政治伦理与政治哲学都属于公共权力之道的范畴，试图寻找引领公共权力之善、并以此划定评价公共权力的价值体系。因此，两者分享很多共同的研究主题，比如，正当与善的问题，公平与效率的问题，规范与德性的问题，人与制度的问题等。

其次，政治伦理学与政治哲学都聚焦于公共生活的应然。两者都希望基于对公共权力价值的理解为之提出道德正当的运行方向。所以政治伦理学与政治哲学一方面关注公共权力当前的行使状态，另一方面则面向未来而谋划公共权力的发展道路。政治制度、政治行为、政治组织都在两者的视阈之下，服务于政治价值的现实。政治伦理学与政治哲学都在追问，我们的政治生活应当如何谋划才能建立秩序良好的社会、实现社会的善治、让人们获得幸福的生活？在公共生活论坛中这样的追问依托于其应然性的维度，不断地纠正着技术主义、工具主义的单纯政治操纵，使政治回归到哲学的反思和伦理的关照之中来。

最后，政治伦理学与政治哲学都关切政治合法性。两者不但要提炼公共生活的基本价值，还需要论证相应的价值命题。他们都在努力说明，何种对公共生活的价值理解是合理的，何种公共权力的结构才具备道德合法性？诸如社群主义、自由主义、新自由主义等流派的理论框架奠定了两者的研究范式和研究维度。社群主义对共同体的关注、对特殊性知识的尊重，自由主义的权利本位，新自由主义的平等主义风尚，都从各自的理路给政治合法性问题注入了新的论述视角和证明资源。因此，无论是政治伦理还是政治哲学都由此推进了对于政治合法性问题的探究，而这种探究归根结底是一种事关人类政治之价值的探寻。

四、分野之势：政治伦理学与政治哲学的可能性分界

正因为政治伦理学与政治哲学高度的契合，有学者认为二者没有

差别，是对同一学科的两种表述。事实上，在研究对象和方法上的重合性也让他们的边界显得模糊。但是，如果我们深入考察两者的学术属性，还是能发现政治伦理学与政治哲学的分野。而且，这种分野在各自如何归置政治与道德的这种价值关联上就已初露端倪。政治哲学对政治价值的追问以及此价值的实现方式的探讨更多的聚焦于基本政治原则和核心价值理念上，而政治伦理学则更多地落实于对具体的政治制度、政治行为主体的伦理关系及伦理德行的反思与拷问。从层级上而言，政治哲学是从宏观层面对人类政治实践之价值的坚持，对人类未来生活之可能性的总体谋划；而政治伦理学则是在中观的层面展开对人们的政治行为之道德性的日常维护，对每一个普通人的社会生活之政治正当性的进行例行性讯问。政治伦理学与政治哲学的这种分界呈现为一种可能的“分手不分家”，可以具体表述为：

第一，政治伦理学主要处理公共生活中的道德关系，而政治哲学则探讨一般性的价值规律。政治哲学从公共权力的普遍意义上阐发为何社会成员应处于平等的权利地位，公共权力为何要服从公意与公利？政治伦理学则需要研究在权利平等的社会图式中，人与人、人与社会之间应该构建怎样的伦理关系，人们应该抱有怎样的道德姿态进入公共领域、进入社会生活？如上文所提及，在经典的政治哲学家，如斯特劳斯看来，只要我们思考什么样的政治生活是好的，我们便踏入了政治哲学的土壤。然而并不是一切关于政治好坏的评价都隶属道德的范畴。政治组织和制度安排的效率，社会财富的增长等非道德因素也可称为政治生活的评判依据。正是在此意义上，政治一度出现了排斥道德，甚至脱离价值评价的倾向。政治功能主义、自由放任主义等学派就是从政治效率和功能的视角提出政治生活应该如自然科学一样严谨，对于无法用科学理性论证的道德观念和规范持质疑的态度。可见，并不是所有政治哲学问题都可以被纳入政治伦理学的范畴。只有当我们开始梳理和分析一定的政治语境下，政治生活参与者之间形成了什么样的道德关系，或者他们应当构建什么样的道德关系时，我们方进入政治伦理学的大门。

第二，政治伦理学一定是“社会嵌入”式的，政治哲学则可以是抽象的。比如在社会契约论中，人是抽象的人，该理论通过社会契约签订的假设论证人是社会的基本单元，人与人之间构成了普遍意义的平等关系，同时论证了公共权力的起源。这一论证不受契约签订的内容、所处政治共同体的历史、文化以及人们所富有的观念、知识等因素影响。这就意味着，在任何政治共同体中，只要按照契约论的逻辑，就会产生此理论所推演的价值结构。但当我们对某一确定的政治共同体进行政治伦理考察时，我们就难以脱离共同体的历史传统和文化语境。无论是调和道德关系还是厘定道德责任，我们都需要辨识共同体成员的伦理身份。这一身份不但由政治制度和政治结构所决定，还与所处的政治道德语境息息相关。在不同的共同体中，由于历史传统伦理文化的熏陶，人们或多或少会形成对于公共生活的独特道德理解。所以有的共同体更强调个人的独立自主，有的共同体则更注重成员间的合作和共同利益。在一定的共同体中，伦理身份是具体的，在社会之中的。离开特定的伦理语境，政治伦理研究就将成无水之源。这就不难理解，针对不同的政治共同体，我们所应用和构筑的政治伦理理论、原则也是不同的。

第三，政治伦理学偏重个体道德，政治哲学则偏重共同体的整体价值。无论是功利主义提出最多最大化原则，还是罗尔斯将正义作为社会基本制度的首要善，政治哲学回答的首要问题是——社会的基本善是什么？虽然政治伦理也不能完全脱离这一问题，但主要研究内容还是参与公共生活的不同主体应当培育何种道德品质、塑造何种道德人格？关于政治道德的研究，从亚里士多德时代开始，就是政治伦理的重要组成部分。亚里士多德在《尼克马可伦理学》中所提出的德性都与政治生活密切相连，在某种意义上都是对公民提出的主要道德要求。政治伦理致力于确立公共生活主体的德性内容，公共道德的内化和公共精神的培养。如果说政治哲学为政治生活提供了善的观念，政治伦理就是寻找如何通过道德内化和品性修养鼓励社会成员自觉地遵循和追求社会善观念。公共秩序最终是在人们的公共生活中达成的。唯有达成基本的道德共识、以良好的政治道德作为支撑，才能确保公共领域的健康有序。

其实，对于政治伦理学和政治哲学的契合与分野问题，从学科的基本属性上，单就政治哲学与政治伦理学因其分别作为哲学与伦理学的一个分支也能得到一定的说明。同样是对政治予以道德向度上的关切，哲学的方式和伦理的方式总是有差别的。这种差别从伦理学之所以作为哲学的一个二级学科上也可获得启示，相较于伦理的关切，哲学的关切总是更加抽象、更加根本、更加形上的。而且，道德哲学和政治科学（政治学）的存在，也从另一个层面说明了，政治哲学以哲学的方式实现对政治的道德关注，所启发的高阶性是政治伦理学所不具备的。如果说政治科学是微观层面的，政治哲学是宏观层面的，那么政治伦理学的适当位置是中观层面，它联结政治哲学与政治科学，为政治科学注入道德因子，直接将政治从政治科学的工具主义与技术主义中救赎出来，因道德的加持使政治恢复往日的荣光，因对政治之价值的坚定不移的守护使政治能够保有善念，从而留有抵达善治的可能。至于，政治哲学则在更高处看顾政治的重生，养护政治的价值，回应社会“何以为善、如何为善”千年诘问。

（原载《马克思主义与现实》2019 年第 6 期）

新时代政治伦理学研究的问题域

任何科学理论都有其特定的研究对象，这些对象会构成一个不空的集合，这叫论域，也就是科学研究的问题域。当政治与伦理（道德）在思想家们的思想观念和理论构造中经过“融合”与“分离”再到“反分离”的历史演进之后，伴随着20世纪六七十年代应用伦理学的兴趣，政治伦理学研究成为热点并重新获得其显学地位，无疑成为一种必然劲势。然而，就我国目前政治伦理学研究的状况而言，尽管社会关注度越来越高，参与其中的人越来越多，研究成果越来越丰富，但由于缺少对基本理论问题的深入研究，如研究对象不明、知识边界不清、研究方法陈旧、学科体系缺位，等等，难免会自话自说，无法交流，难于互鉴。在此，我仅从讨论政治伦理学研究所涉猎的问题域入手，为使政治伦理学的研究对象和知识边界相对确定与精准，找到一条可能性进路。

首先必须明确的是，我不主张政治伦理学的研究对象是政治道德，也不是政治与伦理的关系，更不是政治与伦理的简单相加，而是政治伦理本身（需另文详论）。政治伦理是一个结构性、实体性存在，是观念、关系、制度、心理等多因素的集合体，政治伦理学就是以政治伦理现象本身为研究对象，具体研究政治伦理关系、政治伦理制度、政治伦理主体、政治伦理理念、政治伦理实践等问题的科学。基于这种认识，我对政治伦理学研究的问题域做一种开放性理解，具体分为四个层面，以期达到对政治伦理学研究对象的整体性“聚焦”。

一、外生性政治伦理问题

在黑格尔哲学中，伦理是一个整体性、实体性概念，既体现了客观存在的自在自由性，又体现了“必然性的圆圈”，往往表现为一种客观的秩序及法则，这种伦理秩序是用以治理社会生活的持久的东西和力量构成的，所以，各个民族都把伦理法则视为永恒的正义，而体现国家现实性的政治伦理则是在社会生活中居于高位的一种独特的文化形态，具有解决社会问题的统摄力量。社会生活中的政治伦理问题是由社会生活的其他领域（如经济、文化、法律）中产生的问题无法解决而转变成为政治性问题，这些问题超出了自身解决的能力而需要借助伦理资源，如贫富差距问题、教育资源分配正义问题、社会核心价值观问题、司法公正问题等，我们把这一类问题总称为“外生性政治伦理问题”，是侧重于“从政治伦理看社会”的产物，并且它们往往与社会问题解决的整体性、复杂性、依赖性、梯度性有关。

马克思十分重视社会结构的整体性，他认为，不但个人、国家与意识形态是一个整体，而且生产力与生产关系、经济基础与上层建筑也是一个相互作用的有机整体，并且强调社会结构要素的梯度性。生产力是社会的基础，在此之上产生生产关系，生产力与生产关系的统一构成经济基础，然后产生上层建筑，在上层建筑中又有思想意识与制度之分，作为上层建筑的制度中政治又居高层次。因此马克思指出，政治是以经济为基础的上层建筑，是以政治权力为核心的各种社会活动和社会关系的总和。这样一种社会结构要素的层次性，也就决定了它们之间的依赖性和梯度性，即社会生活问题的解决都是由低向高的层次转化过程，抑或是向上依赖的过程，从而呈现出一种综合性解决态势和方案。我们以贫富差距问题为例，它本是经济生活中的问题，由于人的先赋资源和自致资源的不均衡，加之社会分配制度的不合理，必然会导致贫富差距拉大，如果不加调整，社会冲突在所难免。如何来设计使社会分配相对公平的整套制度，就成为重大政治问题，是执政者必须重点关注的问题，如果解决不好，轻则发生社会动乱，重则导致政权的丧失。理论家和政治家们往往从社会正义的高度来认识和解决贫富差距问题，这就是政治伦理问题，罗尔斯的正义理论就是典范。我们把所有社会问题中带有政治伦理性质问题纳入政治伦理学研究的视野，不但拓宽了政治伦理学研究的领域，而且也由此显示了政治伦理学与政治学、政治哲学的区别，因为政治学和政治哲学是以政治现象本身为研究对象的，只不过政治学偏重政治权力的构架与运行，而政治哲学偏重政治的价值理念而已。

二、依存性政治伦理问题

所谓依存性政治伦理问题是基于政治与伦理的同构或依存所产生的伦理问题，诸如自由民主问题、政治合法性问题、政治反对问题、政治发展问题、政治协商问题、公权力制衡问题、公民参与问题、政治妥协问题、政治宽容问题、政治怨恨问题等。

内生性政治伦理问题，往往是侧重于“从伦理看政治”的产物，其衍化逻辑是伦理对政治的规导。自古以来，无论东方和西方，政治生活总是离不开伦理的视野。在古希腊，政治被人们赋予了浓厚的伦理色彩，是实现最高价值的生活方式。柏拉图认为城邦是依据自然秩序而形成的，实现正义是城邦的内生诉求。城邦是亚里士多德认为城邦追求实现最高最广的善——“所有人类的每一种作为，在他们自己看来，其本意总是在求取某一善果。既然一切社会团体都以善业为目的，那么我们也可以说社会团体中最高而包含最广的一种，它所追求的善业也一定是最高而最广的：这种至高而广涵的社会团体就是所谓‘城邦’，即政治社团。”（亚里士多德：《政治学》）在亚里士多德的思想中，城邦是人类为了获得优良生活而自然演化的产物，趋向城邦生活是人的本质使然。就如整体和部分的关系，城邦是先于个人的存在，人不能离群索居、自给自足，唯有在城邦中满足自己的需要、实现自身的价值。正是在城邦中，人们得以与动物区别开来，并通过遵纪守法而避免堕落。对于个人而言，公民是引以为傲的身份，唯有通过政治生活才能实现至善。

政治的伦理特质在中国文化中也得到了充分的阐发。孔子就提出“政者，正也”的命题，政治天然具有追求“仁”的伦理向度，而且从政者必须具备高尚的道德品质。“为政以德”成为我国传统政治的核心话语。施行“仁政”数千年来都是从政者孜孜以求的道德理想。孟子在与梁惠王的辩谈中将伦理政治表达得淋漓尽致。他告诫梁惠王不能在政治生活中只关注利益。一个失去伦理的国家即便强大到可以征服其他国家，也不过是推行霸道。唯有推行“仁政”，让天下都心悦诚服，才可达“王道”的境界。如他所言：“五亩之宅，树之以桑，五十者可以衣帛矣；鸡豚狗彘之畜，无失其时，七十者可以食肉矣；百亩之田，勿夺其时，数口之家可以无饥矣；谨庠序之教，申之以孝悌之义，颁白者不负戴于道路矣。七十者衣帛食肉，黎民不饥不寒，然而不王者，未之有也。”实行伦理道德的统治、建立伦理型的国家成为王者的必要前提，或者说，作为国家政治理想的王道本身就被赋予了积极的伦理道德价值。从上不难看出，经典的政治从来都与伦理如影随形，不可分离。伦理的政治对人类历史产生了极为重要的影响，政治伦理应正当成为国家生活的核心组成部分。在政治生活中，无论制度设计、权力运行，还是执政者行为，要想获得合法性资源，必须首先站在伦理的制高点，接受道德理性的审视，符合人类最基本的伦理精神和规则。

三、自因性政治伦理问题

如果说依存性政治伦理问题是源于政治对伦理的需求与依赖，那么，自因性政治伦理问题则是源于政治伦理本身的价值矛盾与冲突带来的问题，如政治手段与政治目的问题、政治品质与政治行为问题、政治忠诚与政治背叛问题、政治承诺与政治失信问题等，这往往是侧重于“从伦理价值冲突看政治伦理”的产物。

在西方的政治理念中，政治本身是有伦理价值的，并且个人也只有参与到政治生活中才能完善其本质。虽然经过中世纪直到近代自由主义的兴趣，西方古典政治伦理观没有成为主流，但研究政治伦理的目标始终是关注“人应如何过上正当的生活”这一主旨没有变。尽管现代西方政治实践有宗教和市民社会的伦理关怀来弥补伦理资源供给不足，但政治也不应该借此堕落成为一种纯粹的统治术，而应该主动担负起政治的道德责任。其实，当我们从政治理性去反思政治生活的时候，我们就会发现，政治与伦理是不可能分开的，因为无论政治主体所秉持的政治平等和政治自由，都离不开政治合法性的价值判断，都离不开政治伦理的评价，从而在伦理上就对政治主体的义务、使命和职责进行了规范，所以政治本身就是价值属性和伦理属性的统一体。无怪乎，莱斯利·里普森说：“在政治中，我们置身于对价值的探索之中。”（莱斯利·里普森：《政治学的重大问题——政治学导论》，华夏出版社，第17页）约翰·罗尔斯也强调：“政治领域的理论和一种正义观念本身都是规范性的道德的理念，这就是说，它们的‘内容是由某些确定的理想、原则的标准给定的，而这些规范又清晰地表达了某些价值……清晰地表达了某些政治价值’。”（约翰·罗尔斯：《政治自由主义》）政治所特有的价值属性和伦理规则，决定了政治不可能逃避价值选择，正如莱斯利·里普森所说：在政治活动中人们“首先要研究的是选择、优先性、价值、问题。尽管制度、程序的权力是重要的，但处于第二位”（莱斯利·里普森：《政治学的重大问题——政治学导论》）。可见，政治本身就是一种价值选择活动。

然而，伦理道德价值本身虽然有“基本善”的统一要求，但也有层次上的差异和由“境遇”不同而导致的矛盾和冲突。伦理上的价值冲突一般有三种类型：一是善与恶冲突，这只能做非此即彼的选择；二是善与善的冲突，也就是大善与小善的冲突，这往往会出现伦理上的“二难选择”，一般会选择大善而舍弃小善，如有外敌入侵时，好男儿会选择尽忠报国而不是在家做孝子；三是恶与恶的冲突，涉及大恶与小恶之择，这往往是法律上考虑的事情。政治生活同样面临多种伦理价值的选择，由此产生复杂的伦理问题，如关于目的与手段的关系，按照“马基雅维利思维”，在政治生活中似乎为了目的可以不择手段，而就是因为这只“肮脏的手”可能使目的价值丧失全无，所以从政治的伦理价值上，政治手段也应该是正当的，才能保证政治目的价值的实现，并且许多政治之恶就是手段的卑鄙所造成的。政治伦理学不能回避这些复杂的伦理问题，必须有明确的行为准则和评价时的技术化处理途径。

四、主体性政治伦理问题

任何政治活动都是人的活动，都有人这个主体的承载，都是人的合目的性的结果，政治主体伦理问题是不可忽略的。这个问题可分为两个方面：一是作为“政治人”的伦理问题，如政治人的人性假设问题、政治人的人格问题、政治人的道德评价问题等；二是政治生活中的政治主体伦理问题，如政党伦理、政府伦理、非政府组织伦理、公务员伦理、公民美德等。主体性政治伦理问题往往是侧重于“人怎样看自己的政治本性”的产物。

“政治人”假设最早是由古希腊思想家亚里士多德提出来的，其通常表达为“人是天生的政治动物”。这个假设内涵丰富，深刻揭示了人是具有合群性的社会动物、人是有利益协调能力的动物、人是有合作精神的动物等思想。连马克思也认同，称这命题“标志着古典时代的特征”，“人即使不像亚里士多德所说的那样，天生是政治动物，无论如何也天生是社会动物”。政治人假设的理论意义在于，人的社会本质性决定了他的政治性，只要是社会的人，就有可能成为政治人，但不一定必然成为政治人，前提是要有好的德性，这就为政治主体伦理提供了逻辑前提。因为从“社会动物”到“政治人”必须有一个伦理的蜕变过程。社会动物也是动物，其自身会带有自私、贪婪、暴力、残忍等劣根性，而这不是政治文明所许，更不是政治伦理所为。这就又涉及更为复杂的“政治人”人性假设问题，因人性假设不同，其政治理想设计、政治制度安排、政治权力运作等也会不同，如基于人性恶的政治人会执行强法制治理模式，而基于人性善的政治人会执行温和的德治主义模式。同时，对政治人的道德评价也只有从政治伦理作为基本评价标准，如果以一般性市民道德或其他职业道德去评价，会造成道德评价的失准、失真的失效。

由于进入政治生活有伦理的“资格准入”条件，政治主体的伦理属性和道德要求就不证自明了。现代政治基本上是政党政治，因而政党伦理问题日显突出；政治权力的具体运行主要靠国家（政府），政府道德首当其冲（行政伦理是政伦理的内在部分）；政府由无数公务员组成，公务员伦理成为一种公共化程度最高的职业伦理；在国家治理现代化的今天，企业及其他社会组织共同参与国家治理，社会组织伦理也成为政治伦理的重要组成部分；因政治伦理的关键性问题是国家权力与公民权利的关系，有什么样的公民也决定着国家政治的优劣，公民美德建设自古以来就是政治伦理的题中之义。政治主体的职责不同，所以其伦理要求也不同：政党伦理的特质是崇尚民主，政党也可以应当争取和维护自己应有的民主政治权利，同时又要尊重它党的民主权利，并把追求民主同加强纪律有机结合起来；政府（国家）伦理的本性是旨向公平正义，在重大决策中不但要坚持享受权利与履行义务的统一，而且要自觉维护社会的公平正义；社会组织伦理的核心的对公权力的监督；公务员伦理的核心是为政清廉，各级国家政务人员都必须在其位，谋其政，并谋好政，清正廉明；公民美德的核心是爱国，为国尽责。各主体伦理要求之间相互独立、相互制约，又相互作用，共同构成完整的政治主体伦理，构成政治文明的最美镜像。

（原载《光明日报》理论版 2017 年 12 月 11 日）

世界主义伦理观的国际政治困境

冷战结束之后，随着全球化的推进，作为全球性问题解决方案之一的世界主义伦理观日益受到关注。围绕全球风险、资源分配和国际危机应对等重大现实问题，世界主义伦理观提出一种新的研究视角，体现出国际政治伦理的更新。作为一种规范性概念，世界主义是对个体与他者关系的认知与定位，它涉及个体与他者关系中的道德界定与价值判断。在世界主义看来，所有人都有责任改善并丰富人类的总体人性，人类是一个种群意义上的整体，是一种原子式的构成，其中的个体皆为世界公民，他们从属于精神与伦理共同体。世界主义伦理观采纳了个体主义的一个基本预设：集体是抽象存在的，个体是具体实在的，一切伦理准则均以个体为旨归，每个人都具有同等的道德价值地位和可通约的道德责任。个体主义与普遍主义构成世界主义伦理观的哲学基础，跨国价值观成为世界主义伦理观的基本价值取向之一。然而，国际政治的特殊主义因素和主权原则与世界主义伦理观的个体主义、普遍主义和跨国价值观主张之间存在着张力，世界主义伦理观在国际政治现实中呈现出较大程度的非适切性，面临着各种规范性和现实性的国际政治困境，突出体现为国际政治伦理的限度、普遍主义思想的迷思、国际分配正义的悖论和人道主义干预的困局。

一、国际政治伦理的限度

国际政治伦理的限度是指国际政治伦理在国际政治系统中的低位

运行状态。一般认为，国家的道德标准远低于个人，由此类社群组成的国际社会因广泛而深刻的利益冲突，其伦理水准至多维持在一种底线状态。如尼布尔所言，社群具有强烈的利己倾向，个体的无私冲动在社群中受到抑制，社群的道德低于个体的道德，社群甚至可能以牺牲个体的无私道德来满足其利己取向。卡尔（E. H. Carr）分析了国家道德标准低于个体道德标准的原因。第一，国家的道德标准问题。国家的道德行为往往由国家情况决定，国家的利他行为与富裕程度等因素有关。可见，国家的行为不是道德约束的结果，而是国家情况的体现。第二，国家的行为会比个人的行为更加无道德。从个人的行为上看是无道德的行为，在国际的行为中却往往是有道德的行为。人的自私行为是无道德的，一旦这种自私行为表现为爱国主义，爱自己的国家就是一种道德行为。第三，在国际社会中不存在一个权力机构可以评判道德行为，道德在国家的行为中并没有强制约束力。第四，任何道德的存在都依托一个行为体，但在国际社会中却并不存在这样的行为体。某些原则在一些国家看来是正义的，在其他国家看来却不是正义的。这种由国家利己主义引发的国际政治伦理的限度问题成为世界主义伦理观遭遇的主要困境之一，对国家利己主义的认可度成为世界主义与其他流派在国际政治伦理限度问题上的分歧点之一。

秩序与正义的关系问题是世界主义与其他流派在国际政治伦理限度问题上的另一个分歧点。针对这一问题，主要有现实主义、国家道德主义和世界主义三种代表性的国际政治伦理观。在笔者看来，现实主义坚持秩序价值取向，认为在国际政治领域，混乱是最大的危险，道德选择的深度与广度在国际社会中受到严格的限制。现实主义承认对于境域外的其他居民应该持有某些低限度的道德义务，但这种义务极其微弱。在其代表人物摩根索（Hans J. Morgenthau）那里，与正义价值相关联的规范理论具有乌托邦色彩。在现实主义的语境中，对安全与均势之下的国际秩序的追求高于正义的价值取向。现实主义者看到正义的实现有赖于稳定的秩序，秩序应该被排列在优先的位置。“虽然现实主义者阐述了一个强有力的观点，但是他们过于绝对了，认为秩序总是优先于正义。”但现实主义者也不认为秩序是一种绝对的价值，从而排斥对正义的追求，在秩序和正义之间仍需要某种程度的平衡。当然，这种平衡在更多情况下偏向于秩序一端。

国家道德主义强调国家的道德主体地位，认为国家主权具有道德上的优先性，国家间的公正秩序才是国际政治的主题，而不应简单地将道德诉求贯彻于国际政治之中。国家道德主义的代表人物沃尔泽（Michael Walzer）主张，“当代男女作为历史共同体成员生活的权利，通过他们之间形成的政治形式表达其文化的权利。”国家权利是所有公民生命权利和自由权利的集体表现形式，主权国家这一数百年来的现代国际政治主体便是其国民物质利益与道德诉求的共同表达途径。按照这种观点，几乎一切国际干预行动都应该被视为不合法，但沃尔泽又同意诸如防止屠杀等条件下的干预行动，所以国家道德主义在处理人道主义干预问题时仍将国家视为公民个人权利的集体表达就未必有说服力。沃尔泽认为，国家天然就是管辖区内所有个人为了共同的生活目标而建立起来的组织形式。事实上，只有真正基于契约理念而组建的国家才能成为沃尔泽所言的“集体表达”。这种情况下的国家道德主义与世界主义已经没有本质区别，它们都建立在主权与人权重叠的基础上，通常也不会产生招致外来干预的各种因素。

世界主义则关注人类共同的基本人性，持有一种跨国价值观。这种跨国价值观认为，虽然国家边界客观存在，但它仅仅是一种安全边界，而并不具备道义上的地位，更不应成为国际范围内分配问题、道德问题和人权问题的边界。“对享受其他权利而言……安全和生存的权利是必要条件。没有它们，人们难以作为。因此，基本权利是普遍性的。它们并不尊重政治边界，需要普遍性政治将它们付诸实施，即使这意味着破坏国家主权的城墙亦在所不惜”。正是基于上述跨国价值观，世界主义承认个体价值的优先地位，认为这个世界首先由个体组成，其次才由主权国家组成，国际政治仅仅是对主权国家体系的一种描述，但并不能改变世界是由个体组成的本质。因此，所谓正义就不应该是指国家间的正义，而应指个体间的正义，即人的正义。国家间的公正未必一定会导致个体间的公正，国家间的公正与个体间的公正并不存在必然的因果关系。在世界主义看来，不应由国家间秩序掩盖个体间正义，国家间秩序不是个体间正义的前提，个体间正义却是国家间秩序的基础。只有充分的人的正义的存在，才能有人的衍生组织——国家与国家间——的正义和秩序的存在。

作为个体的人可以有很多效忠对象，例如不同层级的地域、国家、宗教团体等，人既可以同时效忠上述所有对象，也可自主地选择某一个作为效忠对象。无论是对国家利己主义的不同看法，还是对秩序与正义关系的不同评判，现实主义、国家道德主义和世界主义对于国际政治伦理限度认知的区别集中在如何平衡跨国价值观与国家价值观。世界主义强调跨国价值观，质疑国家利己主义的正当性，强调个体间正义乃是国家间正义和秩序的必要条件，反对以国家价值观为导向的国际政治伦理。但由于当代政治理论光谱的复杂性，上述三种国际政治伦理观之间也未必泾渭分明，它们只能是韦伯意义上的“理念型”。例如，复杂的现实主义者可能会承认公正影响秩序的合法性，复杂的国家道德主义者可能会承认跨越边界之义务的可能性，复杂的世界主义者可能会承认国家边界的政治重要性。笔者认为，无论其如何演变，世界主义仍然会坚持全部的国际政治行为皆为“人格化”的价值判断与道德选择。这在伦理学上固然有其合理之处，但各个国家对主权原则在维系国际秩序过程中重要性的认识尚存很大差异，多元化的国际政治伦理主体在道德发展水平上也存在着广泛的非均衡性，这不仅导致了国际政治伦理的有限性，也决定了国际政治伦理共识的有限性。

二、普遍主义取向的迷思

普遍主义是世界主义伦理观的主要哲学基础。普遍主义认为每个人都具有超越种族、民族、文化与国家的普遍共性与基本人性，这些普遍共性与基本人性在任何地域的人身上都得到程度基本相同的体现，同时也是不同地域、文化、民族与国家的人们相互沟通、交流和共同发展的基础。世界主义伦理观的主要创立者斯多葛学派认为，作为个体的人事实上皆为生物学意义上的相同类，具有共同的基本人性和理性，共同受自然法的支配。当代的世界主义者亦将普遍主义视为世界主义的理论基石，甚至提出民族国家的樊篱不应阻碍个体权利的实现，全球公民社会的形成与世界主义理念的推广将超越传统的主权国家的界限，“这一全球社会理念的发展，必然要打破过去的国家主权观和‘不干涉’的国际关系原则。”强命题式的世界主义还持有类似道德普遍主义的观点。总体而言，道德普遍主义包含绝对主义、本质主义和一元论的成分，认为人类社会中存在着某种终极的、绝对合理的而又被普遍运用的一元化价值标准。

世界主义伦理观的普遍主义取向在仍具无政府特征的当代国际政治中坠入迷思。在“丛林”状态下的国际政治环境中，世界主义伦理观面临秩序与正义两者关系造成的两难困境，国际政治伦理只能在狭小的限度内“潜性”存在。作为暴力垄断组织形式的国家，在很多情况下也扮演着文化共同体的角色，每个国家所代表的一定地域内的居民拥有独特的文化习俗、思想意识与身份观念，这是以普遍主义作为哲学基础的世界主义伦理观无法解决的悖论。无疑，世界主义伦理观在不同国家中受到认可的程度不尽相同。有些国家的居民素行个人主义传统，有些国家的居民向来以集体原则为主导，这些居民又会因国际政治伦理发展阶段的不同而对世界主义伦理观的理解大相径庭。

从学理上探讨普遍主义迷思的内在机制，必须深入当代国际政治理论的光谱之中。如同政治哲学领域存在着自由主义与社群主义的争论，世界主义与社群主义的争论也是国际政治伦理研究的重要对象，区分世界主义与社群主义成为各种规范性国际关系理论关注的核心问题。社群主义即共同体主义，其伦理观建立在共同善、社会实践、历史传统、文化特征和社会责任的基础上，强调普遍的善和公共利益，主张社群之于个体、公共利益之于个体权利的优先性，认为个体的自由选择能力及其权利皆以社群为依托，公共的善优先于权利和正义。社群主义认为，人不是抽象的个体，而是具体的个体；人不是单个的概念，而是一个群体观念之下的概念，应该被置于家庭、血缘、地域、民族和国家等共同体之中加以讨论。在国际政治中，社群主义强调民族和国家等实体性的社群机构在个体价值建构进程中的重要作用，“社会归属对个体所具有的价值，和这种归属对于国际实践中国家的道德地位所具有的意义。”丹尼尔·贝尔指出：“在国家政治制度里实行的国家政治对把公民和民族连接起来的共同纽带有重大的意义。多数公民强烈地认同他们的国家在历史上确立下来的管理与习俗。”

在对国际政治伦理主体的认知、国际政治价值主体的判断和国家边界道德意义的评价等问题上，特殊主义取向的社群主义与普遍主义取向的世界主义之间存在着若干重大分歧。世界主义的关注点在于个体，而社群主义的关注点则在于社群（在国际政治中通常指主权国家）；世界主义注重个体的道德地位，并将其视为道德关怀的终极目标，而社群主义则强调包括主权国家在内的社群的道德地位，并将其视为个体道德地位的最终来源；世界主义采用原子论的观点来分析个体价值的本质，认为人类社会是由单个的人组成，每个个体均有自由选择的意志与权力，而社群主义则采取构成论的视角，将个体视为社会和历史的产物；世界主义承认个体价值及其道德地位，认为个体价值与其所处的社群并无因果关系，而社群主义则否认个体价值及其道德地位，认为不仅是个体价值与其所处的社群紧密相连，而且是社群将这些价值赋予其中的个体。总体而言，世界主义与社群主义两种国际政治伦理观分别沿着普遍主义与特殊主义的路径展开，其他分歧亦由此衍生。

世界主义伦理观面临的普遍主义迷思深刻地体现在社群主义基于特殊主义立场提出的挑战。特殊主义认为对人的个性、认识的主体性和价值的特殊性的正确把握是伦理学的前提，唯一、终极且永恒不变的价值体系及其判断标准是不存在的，人类价值的多样化是政治哲学研究的基础，只有充分考虑事物的特殊性才能正确理解价值问题。兰克（Leopoldvon Ranke）在历史哲学的高度上看待特殊主义，其政治思想的核心就是将民族国家这一社群视为“个体”。提出“每个都与其他相似，但本质上独立于其他”。全球诸文明之间呈现出很大差异，各个民族国家之间政治思想文化的差异更是大到了虽共处于同一时空之中，却相差几百年的程度。

三、国际分配正义的悖论

国际分配正义是世界主义伦理观的价值追求，也是国际政治伦理的核心问题之一。世界主义伦理观认为，作为世界公民的每个个体对世界范围的资源享有共同的权利和平等的机会，“一些人正好处在了有利的资源位置上的事实，并不意味着他们拥有将其他人从这些资源的收益中排除在外的权利”。但在人们的思想观念之中，富裕国家无理由与贫弱国家分享财富或资源。对于贫困者的援助虽然在现代国际政治实践中不断增多，但这些援助大多建立在一种“慈善”概念的基础上，尤其是在被援助者处于极端困境中才可能会发生。布尔（Hedley Bull）提出，正是国家阻碍国际分配正义的实现：“国家体系通过两个方式妨碍经济和社会公正目标的实现。国家体系由于阻碍了人员、货币和商品在地球表面上的自由流动，或者阻碍它们根据全球经济发展计划而进行流动，从而制约了世界经济的增长。与此同时，由于每个国家只关心特定人类群体的利益，所以国家体系导致了一个结果，即无法根据某种世界共同利益的观念，在国家、民族和个人中间对经济和社会利益进行公平的分配。”可见，世界主义的国际分配正义观关注的并非国家内部的共同价值，而是由所有个人组成的整个人类社会的共同价值。

与世界主义伦理观不同，社群主义的国际分配正义观认为，同胞之间存在着不同于非同胞之间的特殊责任与道德义务，而这种道德义务并不必然延伸到非同胞；以国家为代表的共同体因其在历史、文化、语言与信仰方面的共同经验，导致人们对同胞的特殊情感与认同，包括资源禀赋、社会福利、自由迁徙权与就业机会等在内的资源配置并不能向非同胞无限制地开放，因为这种开放对同胞而言意味着一种新的非正义。

世界主义对于分配正义问题的探讨具有多种思路，诸如契约论、功利论、义务论等，但基于罗尔斯正义理论之上的世界主义契约论的分配正义理论俨然成为当代主流思潮。世界主义契约论的分配正义是以罗尔斯的普遍性正义理论作为基础，尽管它并非罗尔斯本人的观点。在罗尔斯设计的原初状态中，各契约方处在一种无知之幕的背后。他们不知道各种选择对象将如何影响他们自己的特殊情况，不得不仅仅在一般考虑的基础上对原则进行评价。罗尔斯提出了两个正义原则，一曰自由优先原则，二曰机会平等前提下的差别原则。众所周知，罗尔斯认为其正义理念适用于国内社会，而非国际社会。他是基于三个原因：一是正义的概念仅适于一个具有社会合作体系的自足社会之中，国内社会符合此条件，国际社会却并非如此；二是国际社会缺乏正义原则所需要的社会基本结构；三是正义原则的实施需要强制性的社会制度，而这也是国际社会一直欠缺的。贝茨和博格希望罗尔斯的正义理论应用于国际社会，这成为世界主义契约论分配正义观的出发点。为此，贝茨提出了“资源再分配原则”和“全球分配原则”，认为全球范围内如果分配正义缺失，就会导致全球不平等的加剧和不公正现象得到宽恕，“不同国籍人之间相互存在着一种类似于国内公民之间的分配义务，国际分配义务建立在正义而非仅限于相互援助的基础之上的……把社会正义的契约原则限制在民族国家的范畴之内是错误的；相反，这些原则应该被运用于全球范畴。”贝茨进一步主张分配正义原则在全球层面上的具体运用：“由于全球经济相互依存的兴起，对这个世界以国家为中心进行描述失去了规范方面的适切性。所以，分配正义原则必须首先应用到作为整体的世界，再衍生应用于民族国家上来。罗尔斯的差异原则作为全球原则是适宜的，但或许要做一些修改，即：只要达到了国际再分配义务的门槛标准，就要对相对富裕国家的国内再分配做一些规定。”贝茨的这一看法，反映了他在资源禀赋问题上与罗尔斯的差异。贝茨认为，资源禀赋分布的偶然性并不能决定正义原则的应用范围，也不能因资源禀赋分布的偶然性而导致正义原则的扭曲或转向，每个人对于这些资源禀赋的权利都是平等的。贝茨赞成罗尔斯的差别原则不能局限在国家的边界之内，而应该在国际分配领域也贯彻这一原则。贝茨不赞成罗尔斯将国家理解为一种自给自足的联合体的观点，他认为当今世界并非由自给自足的国家组成，在这个全球化的时代，国家都卷入了复杂的国际经济、政治和文化关系之中，这些关系证明了存在着某种全球性的社会合作安排体系。对这个问题的分析牵涉到国家间正义与个人间正义的关系问题，引发了国家间正义是否等同于个人间正义、国家间关系是否等同于个人间关系、国家间的相互权利是否等同于个人间的相互权利等一系列问题。“我们说一个国家对于另一个国家的道德义务并不等于说国家是一个道德人，而是强调一个政府作为其国民的代理机构，代表着该国人民对其他国家人民所负有的道德责任。同样，政府也代理本国人民行使这种权利”。国际分配正义在本质上履行着道德人之间的道德义务和责任，这种义务与责任并不会因国家边界而消失。从更深层次上讲，世界主义伦理观对超越国界的责任、对跨国价值观的承诺和对国际分配正义的实现并未被彻底否定，只是面临着现实性方面的质疑。米勒（David Miller）认为，弱命题式的世界主义很容易得到绝大多数人的认可，但在严格意义上的世界主义则面临着与国际政治现实脱节的尴尬："世界主义具有两种不同的形式。弱式伦理视角的世界主义——按照同等的道德价值或者同等的道德关注的原则来阐述——可被除些许种族主义者及其他顽固者之外的几乎所有人所接受。但是强命题式的世界主义要求我们作为主体者应该承认对世界上的每一个人都毫无例外地具有同等义务或同等责任，这只有在与全球政府的政治要求相关联的时候才有意义。"

世界主义国际分配正义观的困境在于，在主权国家的边界面前，契约精神所引发的罗尔斯式正义原则在国际社会中是否具有适用性。围绕该问题的争论最终指向了罗尔斯提出的正义理论不适于国际社会的三个原因是否成立。有学者认为，罗尔斯对社会正义所提出的这三个条件在全球层面上基本都得到了满足：在全球化的推动下，国际社会已形成一个具有社会合作体系的自足社会，不平等的全球秩序也已构成了罗尔斯所声称的"社会的基本结构"，全球秩序在很多方面已经是强制性的。然而，笔者认为，全球化的浪潮依然不能造就一个可以等同于国内社会的国际社会，国际社会的经济交流与合作虽久已有之，但其终究与各生产要素都能自由流通的国内社会差之甚远，国际社会仍然只是一个部分程度上的经济合作体系，而非罗尔斯意义上的社会合作体系。自发性的且处于底线状态的全球性经济秩序的软性约束，远不能与具有暴力垄断性质的国内社会秩序的强制力相比。毕竟，合作性的软性机制与强制性的硬性机制之间存在着本质区别，这是世界主义伦理观在国际政治实践中不得不面临的困境。此外，对国际分配正义的忽视必然导致部分世界公民的不平等状态，而对国际分配正义的全盘接受又会引发新的非正义——对共同历史经验与合作建构现实的忽视。或许，这种悖论的化解有赖于国际分配正义向人际分配正义的转化。

四、人道主义干预的困局

在较为广泛的意义上，干预指在国际政治、国际法和外交领域中外来力量或外来意志对另一国家国内事务的介入，有些情况下被理解为一种强行干涉，即外来力量或外来意志“强行介入另一个国家的国内事务”。在世界主义看来，正义是最基本的价值观，个人组成的社会是最重要的国际制度。因此，世界主义伦理观视人权具有绝对的正当性和普遍性，它主张人与人之间的关系只存在于人类种群里的个体与个体之间，并非需要主权国家这一社群形式的中介。在不同地域内个体之间的关系问题上，社群组织并不具有先天的优先权，人类种群中个体之间的关系是人的一种自然属性，也是个体彼此间形成共同利益的基础。“在这个社会里，每个人都与‘人类有关联’……共同利益的范围将会扩大，而且某些权利将会被视为人的个性本身的属性，并非纯粹以部落式约定的方式归属于整体的这一或那一部分的附属物”。在后冷战时代，世界主义的人权观获得了生长的空间。在一些西方国家看来，通过人道主义干预来推进世界主义，让人权这一合乎“公理”的权利安排取代充斥着利益争夺的旧的权力体制的历史时机已经到来，因为“国家”的对外关系是改进人权的重要领域，而且衡量这种改进的标准是主权和维护既得利益的秩序让位于世界主义的程度。为此，世界主义将国际政治和外交问题直接与人权改进挂钩，鼓吹以人道主义干预促进世界主义的拓展，主张如果人道主义干预行为伸张了正义并促进了人权，那么就具备正当性与合法性。世界主义伦理观的人权观在理论与实践两个层面都得到了某种程度的呼应。在理论层面，学界支持人道主义干预的声音越来越多，认为“冷战结束以来的事实表明，反干涉主义的体制已经与涉及公正的现代理念格格不入了”；在实践层面，联合国在冷战结束以后的二十年间开展的维持和平行动体现出人道主义特征，在第60届联大峰会通过的《世界首脑会议成果》中，国际社会就“保护人民免遭灭绝种族、战争罪、族裔清洗和危害人类罪之害的责任”（即“保护的责任”）达成了共识。

世界主义的人道主义干预主张可以追溯到康德，其主张的人权所具有超验的正当性与普遍性与康德的“世界公民权利”类似，它们共同的目标都是“为了达到全球范围的公正，要提高某一地的人民对另一地发生的错误行为的敏感程度”。康德的政治哲学支持某种形式的伦理共同体，这为人道主义干预提供了理论支持。康德相信，由于德性义务涉及人的整个族类，伦理共同体是一个关系到所有人的整体的理想，单个的共和国并非伦理共同体，只是进入这种伦理共同体的整体之一。单个国家应该致力于追求与所有人的一致，以期建立一个绝对的伦理整体；而每一个局部的社会，都只是它的一个表现或者一个图形，因为每一个局部的社会自身都又可以被想象为处在与其他这一类的社会的关系中，即处在伦理的自然状态中，连同这种状态的全部不完善性。针对如何构建伦理共同体，康德主张所有国家都成为共和国，在此基础上形成一个自由国家的联盟。在这一构想中，很容易出现如何处理人权与主权关系的问题。康德认为，对处在“公民—法治”状态之外国家的干预具有正当性与合法性。对处于“公民—法治”状态的国家而言，敌对行为和战争行为都是不正当的；但对处在“公民—法治”状态之外的国家来说，当这一国家影响到了处于这一状态的国家的时候，则可以视之为“敌对”。这一主张在现代国际政治中体现为世界主义的人道主义干预：当一个国家的国民被剥夺了国际公认的基本人权的时候，其他国家、国家联盟或国际组织可采用警告或使用武力等手段保护其国民免于遭受权利之剥夺。世界主义伦理观支持世界公民的观点，作为国际政治的道德可能和国际政治伦理实现途径之一的人道主义干预便被世界主义推向国际政治伦理的前台。世界主义伦理观从主权合法性的来源及其构成的形式来看待主权国家边界的道德意义，认为一旦违反基本人权原则，国家意志与国家权力便失去了其应有的合法性与正当性。

国际政治中人道主义干预的手段通常是非和平的，尤其以暴力作为主要方式。这导致世界主义的人道主义干预的第一个困局——以暴制暴的伦理两难。从义务论的角度出发，暴力是一种恶，这种恶的实质不因情势的不同而发生改变，以暴制暴并不具备伦理正当性，暴力的固有特点和内在价值决定了以暴制暴的非正当性。但从目的论来看，当一种具有道德情怀的暴力手段成为阻止某种暴力罪恶的唯一可能时，这种暴力手段的目的就成为对其评价的出发点，以暴制暴的行为便可获得正当性辩护。即便如此，世界主义伦理观仍然面临着一系列的困难。例如，如何认定这种具有道德情怀的暴力一定是一种小恶，与其对应的那种暴力一定是一种大恶，不仅在人道主义干预发生的当下确实如此，在难以预料的未来也依然如此。

目的论虽然有助于人们对人道主义干预的接受，但会形成一种普遍性人道主义干预的心理定势，以至人们越来越倾向于支持包藏着各种非道德的利益动机的人道主义干预，甚至将人道主义干预作为一种常态性手段运用于国际政治之中。这种去道德化的普遍性人道主义干预与国际社会奉行的主权原则和不干涉内政原则之下的不干预主义之间形成冲突，造成世界主义的人道主义干预的第二个困局——普遍性人道主义干预与不干预主义的伦理两难。面对国际政治危机，世界主义伦理观难以在普遍性人道主义干预与不干预主义之间获得具有足够道德正当性的平衡，尤其是当某些人道主义干预包藏着非道德的利益动机之时。

人道主义干预问题也与国家的道德目标紧密相关。霍夫曼认为，国家通常具有两种道德目标：一种道德目标属于自我取向，促进国家共同体的长期利益，避免损害或尽量减缓损害其他共同体的利益；另一种道德目标属于他者取向，不仅与国家这种社群组织构成的国际社会有关，也与本国之外其他国家的居民有关。国家他者取向的道德目标表明一种对本种群之内而在本国之外的居民的道德义务，这种道德义务并不依赖国家这一社群组织而存在，在国家这一社群组织出现之前，它就已经存在。笔者认为，人道主义干预意味着国际政治领域增加了道德与伦理的考量，道德与伦理在国际政治领域地位的上升，也意味着国际政治伦理水平的提升，赤裸裸的利益交换行为并非国际政治的全部内容。

（原载《中国社会科学》2012 年第 5 期）

论世界主义伦理观的核心命题

世界主义伦理观是一种规范性概念，是对个体与他者关系的一种认知与定位，涉及个体与他者关系范畴中的道德界定与价值判断。世界主义相信所有人都有责任改善并丰富人类的总体人性，认为人类是一个种群意义上的整体，是一种原子式的构成，其中的个体皆为世界公民，他们从属于精神与伦理共同体。“世界主义伦理观坚持正义的优先权”，这对全球化时代的当今世界独具意义。在复杂的思想理路与理论光谱之中，世界主义伦理观的核心命题应首先得以厘定。

一、理论内涵的演进

出于某种时境之中人类自身发展情势的需要，世界主义伦理观总体上时而勃兴、时而沉寂，在思想史上经历了一个曲折的发展历程。古希腊城邦制度解体后，代之而起的是一个广袤而多元化的帝国，从“文明人”与“野蛮人”之间界限的模糊到众族平等地生活于同一帝国治下、从亚历山大大帝所倡导的与“外邦人”广泛联姻到哲人对世俗社会想象视野的空前开拓，都意味着个体与群体（城邦）之间的紧密关系已经演变为个体与群体（帝国）之间的疏离关系。“作为政治动物，作为城邦或自治的城市国家的一分子的人已经同亚里士多德一道完结了，作为一个人的人则是同亚历山大一道开始的。这个个人既要考虑如何安排他自己的生活，又要考虑同其他个人的关系；为了满足前一需要，就产生了研究行为的种种哲学，而为了满足后一需要，则产生了有关四海之内皆兄弟的某些新思想。”在此背景下应运而生的斯多葛世界主义伦理观宣扬人类是一个整体的世界公民理念，“提倡一种世界主义的团结和人性”，认为“内在的、不可违反的个人权利的观念，与永恒的普遍的法的观念联系在一起”。古希腊时期这种朴素的世界主义伦理思想，被古罗马时期后继的斯多葛主义者所延续，这意味着世界主义伦理观步入第二个发展阶段。在此时期，罗马帝国通过武力拓展，将一个宏大的治理空间呈现给哲人，促使他们必须以更加明确的思想来看待并解释当时的多样化世界。不仅西塞罗将人的定义扩大到包括奴隶在内的所有人，塞涅卡也称：“我来到世界并非因为想占有一块狭小的土地，而是因为全世界都是我的母国。”而奥勒留则认为：“就我们是理性的存在者来说，理性也是共同的……这样，我们就是同类公民（fellow citizens）了，因而在某种意义上，这个世界就是一个国家。”此外，影响深远的罗马法也采纳了世界主义“一切人共有的物”的概念。之后基督教吸收了古希腊遗产中的世界公民思想和希伯来文化中的天下大同观念，将教内信徒隶属于单一的共同体之下，倡导人们拥有平等地位与共同身份，相互之间保有道义责任。中世纪之后，在近代民族国家的不断形成中，世界主义伦理观淡出了人们的视野。而在 18 世纪之后的启蒙时代和民权时代的洪流中，世界主义与民族主义、个体主义等共同成为多位先驱人物的思想利器，康德的世界公民理论则成为世界主义伦理观在此阶段的思想巅峰。之后，一战、二战的结束和国际联盟与联合国的成立及其运转，再次证明了人类每经历一次社会发展历程的重大曲折与变革，世界主义伦理观便会受到青睐甚至某种程度的尝试与探索。冷战结束后，全球化浪潮席卷世界每一个角落，在与社群主义、国家主义和民族主义等思潮的论战中，世界主义受到越来越多的关注并步入其新的理论演进阶段，甚至或将成为人们应对全球化时代众多全球性议题的法宝。

世界主义的核心命题，首先是由对人的自身定位关系的追问引起的。古希腊时期，在被问及“你属于哪个城邦”时，第欧根尼答曰

"世界"。第欧根尼此答之用意虽在于批评城邦，但他在此将"自我"置于一个极大化的可知空间中，确立了以"自我"为中心的个体与宇宙之间的定位关系。斯多葛学派创始者芝诺则根据理性统一性的宇宙因式，认为人类应当生活在统一的政治实体—世界城邦—之中，该实体导致个体不再有身份之别，均为"世界公民"。斯多葛学派接受了原子式的个体存在观，由此引申出个体的衍生权利，在个体与宇宙间建立了个体的定位方式，认为"因为所有的人都分享神圣的逻各斯，所以人人都是一个共同的人类社区亦即构成这一世界城即国际性都市的一个人类兄弟会的成员，而且，每个个人都被要求积极参与世界事务，从而履行自己对这一大社区的义务"。斯多葛学派强调，"所有的人们被认为参与了一种宇宙—逻辑的和道德的整体，他们对此具有一种宗教的信仰。"因此，"在个人和宇宙之间建立起和谐。"

作为对斯多葛朴素观点的深化，康德的世界主义伦理观则是一个精深的完整体系，包含了相应的哲学原理、正义理念与制度设计。康德认为，一个自由和理性的公民，既属于其所在的民族国家，同时也属于整个世界，即所谓的世界公民。这些公民所秉持的普遍的理性律则，当然超越了包括民族国家在内的所有社群界限，在所有社群之间均得到根本承认和相互尊重。在此基础上，康德开列出永久和平的三项条款：（1）每个国家的公民体制都应该是共和制；（2）国际权利应该以自由国家的联盟制度为基础；（3）世界公民权利将限于以普遍友好为其条件。在此三项条款中，康德因认为自由国家间的和平乃自然生成，且世界国家或将导致某种专制，因此并不主张世界国家；第三项条款中的所谓普遍友好意味着"一个陌生者并不会由于自己来到另一个土地上而受到敌视的那种权利"。这种主张体现了康德世界主义的普遍主义思想。同时，康德采用了第三个公法概念：世界公民法。在其视角中，国家法适于规范国内政治行为，国际法调整国家间关系，而在世界公民法中，个人则作为世界公民而非某个特定国家的公民而享有权利。因此，以普遍友好作为达致世界公民之重要条件的基本认识，表明了康德对具有强烈普遍主义价值取向的世界公民思想的肯定。康德的这种思想，从其后的理论史来看，为世界主义伦理观价值主体的确立奠定了根本基础。一个明显的例子在于，康德将每个人都视为理性存在者、在政治上皆为具有同等权利的公民的思想，影响到了罗尔斯的政治自由主义理论。

罗尔斯在《万民法》中继承了康德的个体关怀方式，将讨论的基本单位定位在人民而非国家，旨在将其思想与传统构想的政治国家区分开来，也与30年战争后国际法中包含的政治国家的主权概念区分开来。他提及，主权包括为追求国家政策而发动战争的权利和由国家理性慎思的利益而设定的政治目标以及国家所拥有的对待自己人民的自主权。在罗尔斯看来，这些自主权纯属错误，“必须在合理的万民法的指引下重新规定主权权力，而否认国家传统的战争权利以及漫无限制的国内自主权。”罗尔斯的这些观点，被认为在一定程度上认可了世界主义的普遍主义内涵，从而在一定程度上加固了政治世界主义的理论基础。他否认国家利益至上的天然合理性，将自由民主国家公民之间的平等正义原则扩展到国际社会，由此超越了民族国家狭隘的利益视角，为世界公民社会确立了基础性的正义原则。在此，罗尔斯以全球普遍正义的规范主义为基准，不再沿用传统的民族国家利益至上的功利主义法则，认为自由国家人民的根本利益在于按照普遍正义之原则，对国家边界之外的人民予以同样的尊重和认可。而贝茨（Charles R. Beitz）的世界主义观点则主要属于正义世界主义（juridical cosmopolitanism）的范畴。正义世界主义涉及分配正义的范围与性质，主张“包括所有人在内的全球分配正义原则”，反对“分配正义仅适用于同一民族或国家成员之间”的观点。贝茨认为，个体的目标选择与追求具有其内在价值，这种价值不能被对社会善的考虑所压倒；除非有正当缘由，作为自治体的个人不应屈服于他者的意志。在贝茨看来，国际政治的主要行为体—国家—因参与了复杂的国际关系而不再自给自足，而必须渗透到某种全球社会合作的体系之中。如同国内社会合作为国内社会正义原则提供了支持，国际经贸合作因促进了全球相互依赖亦为全球性分配正义原则的确立提供了支持。在此背景下，国家边界仅为强化这一全球分配正义原则的工具而非其樊篱。值得注意的是，贝茨不仅将罗尔斯的正义原则应用于国际分配正义领域，而且同样采用了个体关怀的分析方式。

二、核心命题的建构

从前述世界主义伦理观的演进脉络来看，作为个体的人和作为整体的人类在各种世界主义论述中始终占据着中心地位。“尊重人的尊严意味着承认所有人都是主体，都是一个共同世界的共同建造者。”世界主义伦理观虽因人类发展的情势变化而在理论史上经历了曲折的发展历程，但各种分野的世界主义伦理观皆保持着核心命题的传承。世界主义伦理观始终关心的是人（个体的人与整体的人类）究竟占据何种道德地位以及是否认可世界公民身份，前者涉及道德的关怀对象，而后者则涉及伦理的价值主体。因此，世界主义伦理观的核心命题在于，就道德的关怀对象而言，个体的人与整体的人类被视为最根本的价值目标和道德关怀的终极单元，每个人都具有同等的道德地位与价值序位；就伦理的价值主体而言，所有个体皆被视为普遍意义上的世界公民，个体彼此之间的世界公民关系是先天自在的。

韦尔托维奇（Steven Vertovec）的观点对于分析和理解世界主义伦理观的核心命题很有裨益。韦氏从以下六个视角对世界主义的理论进行梳理：世界一体化的社会—文化状态；希望所有人都成为“世界公民”的哲学或世界观；致力于建立超国家体系的政治设计；承认人的多元身份与从属关系的政治纲领；对各种文化均平等相待，都保持开放沟通态度的价值取向；理解、尊重和深入其他文化的能力与实践。就世界一体化的社会—文化状态这一概念而言，世界主义相信人类所生活的这个世界被无所不包的正义原则所支配，世界范围内的物质与观念皆会趋向整合；社会—文化高度交融，人们不再将自己局限于区域性的身份归属，而视自身为一系列的同心圆（如个体、家庭、团体、市镇、国家和人类等）所包围，其中的每一个圆都被认为代表着一种不同类型或层级的依附或认同，人的特定的政治利益与行为注定要从一个圆向另一个圆转换；世界主义政治观强调人具有多重归属身份，同时也代表着对文化多样性的肯定与赞赏；世界主义认为人类发展呈现出全球化、一体化趋向。在此背景下，个体对于“世界公民”身份的认同得以加速，全球化条件与科技化条件下的种群归属感逐渐取代了前现代时期流传下来的国族认同感；某种超国家体系（当然未必是世界政府）的确认与建立将在更大程度上与更广泛范围内保障种群认同感的凝聚过程，而且这种超国家体系也将为人们对多元价值的接受与内化提供合理化平台，对多元价值与多元文化的理解与认可将会成为世界公民的标志。在韦尔托维奇对世界主义的认知中，人的地位与世界公民身份的建构并列处于中心位置。

价值主体问题是政治哲学与规范理论的基础性问题。世界主义伦理观的价值主体是世界公民取向的个体。世界主义民主理论学者赫尔德（David Held）亦珍视个体的价值地位，他将个体公民的政治参与和公民权从地方到全球的扩展视为民主世界主义模式的核心特征之一。他认为，“人们可以享有对他们有至关重要影响的形形色色共同体的成员地位，并因此有途径进行各种形式的政治参与。原则上，公民权会被扩展为从地方到全球的所有重叠交错的政治共同体的成员资格。”赫尔德在2005年5月于西班牙的国际法哲学与社会哲学协会（IVR）第22届世界大会上发表题为“世界主义秩序的原则”的发言中提出了世界主义价值观的八项普遍共享原则：（1）平等的价值与尊严；（2）能动的行为主体；（3）个人的义务和责任；（4）同意；（5）以投票程序对公共事务进行集体决策；（6）参与性与辅助性；（7）避免严重损害；（8）可持续性。显然，上述八项原则中的前六项均直接涉及个体价值的主体性。

在博格（Thomas Pogge）早期的世界主义论述中，世界主义被分为法律世界主义（legal cosmopolitanism）和道德世界主义（moral cosmopolitanism）。法律世界主义意味着在全球秩序中，每个人都是“世界秩序的政治理想”，他们享有个体平等的地位、相同的权利与义务。而道德世界主义则将所有个体指为终极关怀对象，只要身为人，便有义务去关心世界上每一个体，每个人皆享有同样的权利和义务，皆为一个普遍道义秩序的成员和维护者。博格又将道德世界主义分为制度世界主义（institutional cosmopolitanism）和互动世界主义（interactional cosmopolitanism），前者涉及以世界主义原则为中心的各种制度建构与法则设置，以消除不公，达到共享平等之目标；后者则为人权的实现而将直接责任赋予给了其他个人和集体机构，并须随时具有行动的准备。他认为世界主义具备三种基本要素：个体性、一般性、普遍性。道德世界主义的主旨在于每一个人都拥有作为道德关怀终极单元的全球性身份，这种道德关怀可以无数方式予以充实。在后来研究中，博格将世界主义分为法律世界主义、社会正义世界主义（social justice cosmopolitanism）、一元论世界主义（monistic cosmopolitanism）和伦理世界主义（ethical cosmopolitanism）四种立场。但后三者不像法律世界主义那样倡导世界制度性秩序，而是主张世界主义道德准则，因此泛属道德世界主义，并共同持有四项基本承诺：第一是规范个体性（normative individualism），道德关怀的终极单元是个人，而以国族为代表的社群只能借助个体成员并以间接方式才可能成为道德关怀单元；第二是公正性（impartiality），这要求世界主义伦理观的基本准则与评价方式应该被平等公正地适用于所有个体；第三是完全性（all-inclusiveness），每个个体皆被纳入道德关怀与道德评价的对象之内；第四是普遍性（generality），世界主义伦理观的道德要求与内在规定具有普遍权威与全球效力，超越所有个人和社群。这四项基本承诺，亦将世界主义伦理观的关怀对象命题与价值主体命题有机地包容于一体。

具有世界公民取向的个体成为世界主义伦理观的价值主体意味着其基本原则具有实质性的普遍意义，而不应因国家、族群、文化、习俗等因素的不同而发生改变，亦不因原本并不存在而被人为指定的边界所限制。因此，无论个体或人群置身于何种文化域或国族圈内，他们皆为世界公民之一分子，皆应享有人的基本尊严与平等关怀。从政治世界主义来看，“政治世界主义主张应该存在超国家机构，个体皆为世界公民，在此意义上，应该存在包括所有人在内的政治机构”，“某些政治世界主义观点还认为，应该有一种多层级治理体系，该体系中既有超国家机构，也有类国家机构和次国家政治结构”。因此，就价值主体的主张而言，政治世界主义具有显著的世界公民取向，甚至认为作为种群的整个人类应该整合为一个世界国家或世界城邦。当然，这并不意味着政治世界主义对特定文化观念与价值传统持完全否定的态度。在涉及分配正义之范围与性质的正义世界主义方面，成为道德关怀终极单元的个体与具有普遍主义色彩的世界公民倾向共同构成正义世界主义自在的理论预设。正义世界主义理论的实际奠基者罗尔斯直接将人作为基本的论述单位，而且还主张一种持普遍主义的正义观。认为所有的社会基本价值均应平等分配，某种道德上的偶然性不应成为造就非正义分配的依据，作为个体的人的天赋所具有的偶然性不应必然决定最终分配。此外，贝茨强调自然资源全球范围内的偶然分布更不应成为最终非正义分配的权利或原因，与天赋、性别和族群等因素相比，国籍对于诸多个体更具深刻的偶然性，而且同样会以制度性方式深刻地影响最终分配。这说明在正义世界主义的语境中，论者始终将个体的人置于整体人类的框架下以世界公民的价值视角对分配正义问题给予理论阐析与价值判断。

三、规范视角的检视

因上述核心命题内在价值观的独特性及本质性，某些具有与世界主义命题域高度相关性的规范性问题便会衍生出新的“非传统”外延。世界主义伦理观的核心命题既继承了传统个体主义的基本理念，也体现出一定程度的普遍主义成分，即将个体置于一个更大的规范视角中，使个体具有更多的定位内涵与道德责任。由于“每个人对其天赋拥有权利，能够控制其发展及运用”，个体也便有权利将其忠诚与认同投放于更大的群体之中，更广泛地参与全球公民社会的建构。因此，强式世界主义伦理观便认为民族国家的樊篱不应阻碍个体权利和价值的实现，而且全球公民社会的形成与世界主义理念的推广也或将超越传统的主权国家界限，“全球社会理念的发展，必然要打破过去的国家主权观和‘不干涉’的国际关系原则”。这意味着在世界主义的语境中，人的基本权利的优先性是普遍正义的基本原则与首要条件，这种观点与契约思想也完全一致。在契约观念中，对于人的基本权利及责任的承担者是所有自由而平等的个人，同时他们也构成了契约的确立者和契约主体，自然也是国家—社会结构中的主宰者，更是所有权力的最终来源。确立契约之后，相关责任虽部分地转移到了特定的代理组织、机构或共同体，但并未改变人是契约主体这一事实，也未改变人在契约中的最终责任地位。这说明社群仅是人的基本权利与责任契约中的某种附属产物，并无资质因此而转化成为契约主体与最终责任者。

世界主义伦理观的普遍主义成分恰与国际社会的此种发展情势相呼应。早在古希腊时代，“世界公民”和“普遍主义”就联系在一起。在斯多葛学派看来，“世界城邦”（cosmoplis）和“世界公民”（cosmopolites）寓意相同。当时，人们需要了解的，一个是个人的概念，所谓个人就是人类的一个单位，他有他纯属个人的和私人的生活；一个是普遍性的概念，指的是全世界的人类，人类中所有的人所具有的共同人性。现代意义上的普遍主义则强调个体之间具备超越民族、国家与种族的普遍共性与基本人性，整个人类的聚合不仅可促进彼此间的共同利益，还可使共同人性得以不断丰富和自我完善。因此，人性问题，特别是构建于原子论基础之上的人性观，也就构成了世界主义伦理观的逻辑基点。

那么，在人类这一种群之下，基于文化与价值传统构建而成的社群是否一定成为人们垄断性的忠诚对象，而且人们对于本国人的责任与对于外国人的责任之间的差异究竟达到何种可以接受的程度，则是相当有争议的问题。米勒（David Miller）认为，国家是一种伦理共同体，人们对本国人所负有的责任不仅不同于人们对一般人所负有的责任，而且在广度上也远比后者广泛。在特定领土上形成的民族共同体的人们有权要求与政治相关的自决权。但事实上，国家的形成原因、背景与方式，都具有很大程度的偶然性、被动性和地域性，通常并非在某些共同信念与价值原则之下而形成，亦非因具有某种独特的共享文化和历史传承而成，如同林克莱特（Andrew Linklater）所言，国家因成为诸如法律、政治和经济等公共物品的唯一提供者而获得其公民的忠诚。因此，世界主义伦理观的核心命题也就拥有了优先权的正当性与合法性，它所衍生的分配正义观、全球正义观与现代社会的国家观，为解决包括非传统安全问题在内的诸多全球性议题提供了新思路。此外，在世界主义伦理观的核心命题中，文化因素依然占据着重要地位，“世界主义将差异与他性的价值判断，同建立一种新的、民主的政治统治形式的努力结合起来”，不断吸收多元文化中的积极因素与共享价值，并将对传统文化的认同与对社群的忠诚进行某种程度的区分。

从身份角色的进化角度看，个体身份—国家公民—世界公民三者间也存在着内在的历史传承基因。基于国际社会发展情势的论证，威斯特伐利亚式的民族国家体系与作为自由人的基本人性和自然追求之间必然包含着某种内在矛盾。在民族国家体系内，社会成员对边界内的国家倾注了政治忠诚，而且这种忠诚超越了村落、地区的阻隔，在国家范围内达到了普遍性。但反过来，这种忠诚及其普遍性却又被局限于边界范围之内及其成员之间，无视或漠视边界之外同一种群者的基本权利及其道德地位。与人类整体概念和地球村概念相比，这种忠诚显得狭隘和尴尬。但这非但不能成为阻隔世界公民取向的巨大障碍，反而还可为达致世界主义认同奠定基础。比如林克莱特就认为，前述内在张力中隐含现代国家在组织形态上发生变化的最终可能。在公民身份的概念及内涵的基础上，从公民研究路径和价值主体的角度，林克莱特强调世界公民的角色演进，认为公民身份的内涵具有不断扩展的总体趋势，呈现出由政治—法律权利、社会—经济权利，到文化多样性的不断扩充的过程；而且作为历史产物的现代国家公民身份本身就包含着自由、平等的内涵，因此现代国家公民身份与世界主义伦理观的核心命题并行不悖，其解决方案在于实现超越威斯特伐利亚模式的政治共同体的转型。在此意义上，政治共同体的转型会促进后主权时代国际关系的形成，次国家、国家、超国家三个层级的政治社群分享政治认同，国际社会或将呈现出政治权威多元化和政治忠诚多样化格局。

（原载《哲学动态》2010 年第 5 期）

公共政策程序正义及其价值

一、公共政策程序正义为何种程序正义

如果我们把公共政策理解为国家（政府）与公民就某一公共问题通过一定的程序共同作出决策选择，并通过国家行为解决公共问题的过程，那么，公共政策程序正义是指在公共政策的制定、执行、评价与终止的过程中，依照宪法与行政法规的要求，按照一定的顺序、方式与步骤作出政策选择的行动；如果说程序正义就是最好地实现正义结果的方法，那么公共政策程序正义就是通过理性权衡，寻找并选择最有效地实现正义要求的公共政策的方法。

对公共政策程序正义的简单定义，并不意味着我们对公共政策程序正义本质的深刻理解，还需要进行类型学的分析。罗尔斯在讨论分配的份额问题时，提出过纯粹的程序正义问题。他认为，纯粹的程序正义可以通过完善和不完善的程序正义的比较来理解。完善的程序正义是指有一种确定的有关结果公正的标准，并可以设计出有效地实现这一结果的程序。其条件是有一个决定结果是正义的正当标准和保证达到这一结果的程序。不完善的程序正义是指尽管有一种关于正确结果的独立标准，但是由于人类有限理性所决定，还是可能因为某些偶然的因素而使我们偏离正确的结果，我们无法设计出一种程序以确保正确结果会万无一失地实现。不完善程序正义的基本标志是："当有一种判断正确结果的独立标准时，却没有可以保证达到它的程序。"

公共政策程序正义属于不完善的程序正义。首先，公共政策就是政府选择作为或不作为。政府作为权威的公共组织其任务是按公共利益的要求，协调不同的利益主体的利益要求，维护社会和谐与稳定。所以，公共利益是判断政府行为正当与否的标准，也是判定公共政策是否正义的标准。其次，由于理性的不及，存在着公职人员将公共权力蜕化为牟取私利的工具的可能，因此，我们需要设置一些抑制性的程序，以限制政府公权力的运行，以确保公共政策不偏离公共性的目标取向。由此可见，公共政策程序是一种抑制性程序，其目的就是保证政策结果的正当性。

判定一个公共政策程序的正义与否，主要依据三个标准：程序所产生的结果与实质正义相一致，公民参与性的广度、深度，以及这种程序所允许的政治权力使用的正当性。公共政策程序正义的伦理价值就是通过抑制性的程序，保证补充理性不足，使其不偏离公共性的目标。因此，判定一种程序是否正义，最基本的是要考察这一程序的选择是否合乎公共政策实质正义的要求。在任何可行的程序中，只有更好地实现公共利益目标的程序才是最合乎正义要求的程序。规则（程序）正义要由实质正义所决定，实质正义是判断程序正义的核心标准。

公共政策本质上是国家运用公共权力协调社会各种利益主体与利益集团的利益。任何一项公共政策的制定、执行与终结都会使不同的利益主体的利益产生某种变动，这种变动是否合乎社会公正的要求，就看它是否源于公共利益的要求。但是，公共利益是一个抽象的概念，也不可以还原成某种个人的利益，它的识别与取得只有经过民主的公共论坛才可以得到全体公民的认同。所以，公共政策的任何一个步骤与环节都应该允许公民参与其中，表达其利益要求，他们的意见与建议都应当受到国家（政府）的平等的重视。政府不能单凭自己的意志创造公共利益，公共利益源于公共意志，只有在公共意志之中，我们才可以找到公共利益的实质所在。公民参与的广度与深度是公共利益能否被识别并得以实现的根本途径。一种程序的设计只有满足了公民参与的要求，才有正义性。公民参与权的剥夺或阙如，就是对公共政策程序正义的破坏。就权力使用的正当性而言，确保公共权力的合法使用并对公共权力进行有效地限制，程序设计才可能是正义的。任何公共政策都是公共权力所为，一种公共政策程序是否是正义的，由这一程序所允许的公共权力使用的方式所决定。一种程序的设计对政治权力使用的合理限制是判断这一程序是否正义的又一标准。正因为如此，现代社会的公共决策都必须体现公众的要求，以避免因强势的政治集团利益的主导性而忽视、甚至损害大众利益。然而，现代民主社会是建立在多元价值格局基础之上的，不同利益主体之间的价值冲突是不可避免的。所以，“在一定条件下，把价值问题转换为程序问题来处理也是打破政治僵局的一个明智选择。”在价值多元时代，通过程序的设置，使不同的价值与利益要求达成共识，并借此作出政治决策，不失为处理政治决策成本与决策风险负担两者矛盾的一种恰当的方法。

公共政策程序正义必须满足以下四个要求：

第一，公民参与并决定决策，即公民有权提出公共决策议程设置，并参与决策讨论，最后结果应当体现公民理性协商所达成的共识。“与程序的结果有利害关系或者可能因该结果而蒙受不利影响的人，都有权参与该程序并得到提出有利于自己的主张和证据以及反驳对方提出之主张和证据的机会。”公共政策影响到所有公民的生活，所以，至少是与政策有利害关系的公民应当有权参与制定公共政策，发挥各自的角色作用，具有充分而对等的自由发言机会，从而使决策集思广益，引起共鸣并获得支持，这是程序正义之价值所在。

第二，程序过程中公民地位平等，即公民在决策制作过程中具有平等的地位并受到平等的尊重。如果说正义的要求首先是平等，那么给每个公民平等参与并决定公共决策的权利，是公共政策程序正义的基本条件。就程序设计目的而言，要限制决策者的恣意裁量，由公民共同决定关系到他们利益的重大事务的公共政策，以实现公民对公共生活自治的目标。这一目标实现有赖于公民通过参与程序，表达他们的政策意见，平等地与其他公民及政府决策者进行协商。

第三，决策过程的价值中立性，即决策过程中，政府必须在各种互相竞争的利益要求中保持中立的态势，平等对待各种利益要求，不有意偏向任何一种价值取向。公共政策体现了一定时期公共管理的价值取向。但公共价值取向并不是由政府随意决定的，它是公民理性协商的结果。在决策的过程中，政府只有保持价值中立的态势，才能为不同的利益要求与价值取向提供平等协商的机会。政府作为一种公共权力，在伦理上负有回应公共需要的义务。

第四，决策程序的自治，即决策的结果不是产生于程序之前或程序的协商过程中，而是由程序协商的结果最后决定。程序具有开放的结构，又具有作茧自缚的效应。“程序没有预定的真理标准，程序通过促进意见疏通、加强理性思考、扩大选择范围、排除外部干扰来保证决定的成立和正确性。”程序并没有设定决策真理的标准是什么，只是一个开放性结构，在程序开始之时所有的决定都没有成立依据，只有经过决策程序，通过公民之间理性协商取得共识，才可以作出决策。在民主的决策过程中，各种声音都有可能出现，也应当都得到平等的重视。但是，程序为了效率的需要，必须形成一个程序的真空，排除杂多信息的干扰，而且，程序必须具有作茧自缚的效应，任何经过程序所确定的决定都具有法律的强制性，全体公民都必须认同并遵守。在程序之中，公民拥有充分的自治权，平等表达他们的政策建议，并受到平等的对待，他们共同决定公共政策的制定。

二、公共政策程序正义的工具性价值

公共政策程序正义的工具性价值，指程序将应然的权利与义务转化为实然的权利与义务，将静态的宪法与行政法律制度转化为动态的政策过程，实现对公共权力的合理性限制。公共政策程序正义的工具性价值主要通过程序本身的自治、理性选择等功能，发现并实现公共利益。

一定的社会组织结构或功能经过进化，逐渐演变成两个或两个以上的组织或角色功能的过程，就是分化与独立的过程。经过分化与独立的组织和角色都具有自己特殊的意义，因而要求明确各自的活动范围与权限，以实现其独立的价值。某些社会组织和角色为了达到一定的目的，经过不断反复而自我目的化。这种现象被称为功能自治。程序的自治就是在程序设计中分配程序参与者以角色并明确其职责与义务，从而排除外在因素的影响和外部环境的干扰，最终形成一个平等对话、自主判断的理想的程序世界，以解决程序所要解决的问题。

经济民主与政治民主互动并构成其社会秩序的内在驱动力，是现代市民社会的根本特征。公共利益是市民社会各种力量的平衡点，也是市民社会秩序不断完善的内在动力。但是，在一个多元的民主政治体系中，如何实现公共利益仍然存在诸多困难。一种完全开放的政治决策过程，过于理想化而且成本极其高昂，事实上，往往达不成任何协议。因此，通过由宪法或法律规定一种程序，克服信息杂多的干扰，才可能更好地实现公共利益。以分化为基础的程序，通过分配程序参与者的角色的权利与义务，可以对政治权力的恣意进行有效的限制，以创造出一个相对独立的决策“隔音空间”。理想的程序世界为平等的各方提供了一个有效的公共论坛的组织方式，最终为公共利益的识别与创造提供了条件。如果没有程序的这种分化与独立的功能，现实的政治权力就可能会左右决策的选择，因而导致决策偏离公共利益的轨道。比如，政治利益集团就可以凭借其强大的经济势力，通过金钱操纵舆论而制造出虚假的“公共呼吁”，以控制政治决策而实现其特殊的利益，使公共决策的选择偏离公共利益的轨道。相反，弱势群体的利益要求尽管是十分急迫，也完全符合公共利益的需要，但是由于他们发出的呼吁声音太小而不为公共决策者所注意。一旦进入到程序之中，在民主的公共论坛上，参与程序的各方都是平等的，这里没有金钱多寡、职务高低与社会角色的区别。在程序的展开过程中，程序的参与各方都拥有平等的权利以表达自己的意愿与见解，而且各方的意见都可以得到平等的重视。只要各方意见都得到了充分的表达与平等的尊重，最终选择偏离公共利益的可能性就会较小。

程序的理性选择功能是指公正合理的程序具有提高从多个备选方案中筛选出更适合公共利益的具体决策方案的功能。公共政策的目的是公共利益，但是公共利益是一个抽象的、变动不居的概念，具体决策中的公共利益要求并没有一个统一的模式，我们只能在各种备选方案中作出选择。程序本身就是一种民主的方式，它开放性的结构要求公民广泛参与其中，有助于克服理性不及的弊端，从而使选择的结果更具有合理性。

程序之所以具有保证选择的合理性的功能，首先是因为程序创造了一个自由平等对话的条件与氛围，使得各方的意见都得到充分的考虑，以优化选择的合理性。人类是不完全的理性存在者，理性所设计出的程序都有理性所不及的危险性。为了避免这种危险，我们必须对自发的秩序怀有深切的敬意。自发的秩序所以是合理的，是因为它经过了长期试错过程的检验。在公共政策过程中，当有一种公正的程序存在并实际发挥对政策的控制作用时，所有的利益相关者甚至于全体公民都拥有平等地表达他们意见与建议的机会。这样，不同的过去的经验在公共论坛中都得到了合理的呈现，政府与公民也就可以根据所有过去的经验作出理性的甄别，并检验其合理性。经过这一过程所做的决策，事实上也经过了一个经验的试错检验，因而自下而上的民主决策与自上而下的个人决策相比，其选择的合理性无疑会更大一些。

其次，程序结构具有公开性，这也为选择的合理性提供了保障。从系统的观点看，我们可以把政策的制定过程看作是循环的连续的过程。国家（政府）是一架政策输出的机器，当我们将公民或公民代表的意见与建议输入其中时，它通过加工整理的过程将政策作为结果输出。但是，最初选择的方案可能会有理性不及，所以，我们要根据系统所反馈的信息不断修正我们的决定使其更符合现实情况。只要程序是公开的，公民参与到政策的制定过程之中，并且信息反馈的途径畅通，政策制定过程中的不合理的选择和政策执行过程中的偏差与走样就可以得到及时纠正。

最后，程序具有调动公民参政积极性的作用。只要公民积极参与公共政策的制定，不合理选择的可能性就会较小。民主选择是避免错误的最佳方法之一。当公民发现他们的意见与建议被国家（政府）所接受，他们就与国家（政府）有着共同的价值背景，从而增强了他们对国家（政府）的信心，参与政治的愿意会更强烈。反之，公民则会丧失对国家（政府）的信心，产生出政治冷漠感。公共政策程序化有助于公民参政积极性的提高。因为程序是一个开放的结构，没有预设任何结果。在程序开始之时，一切都是可能的，经过程序决定之后，其结果却具有普遍的约束性。所以，公民参与其中，可以公开发表自己的意见与建议，并受到决策者平等的重视，决策的结果会有助于他们计划的实现；相反，如果不参与政策的制定过程，他们的计划无法实现并可能受到更大挫败。公民对他们的计划实现的关心将会促使他们积极参与到政策的制定过程之中。这样，政治的民主程序将会有极大的提高，公共政策失误的可能性就更小。

三、公共政策程序正义的内在价值

程序的内在价值是相对于程序产生的结果之外的独立的价值，其价值证明不依赖于程序结果的正当性而内在于程序自身之中。一种正当的程序不仅具有确保政策的选择不偏离公共性的方向的功能，其自身也体现了国家公共权力在决策过程中对其所管理的公民的权利的尊重和社会秩序的自觉合理建构，这就是公共政策程序的内在价值。

首先，从公共政策程序正义与公民尊严的内在关联看，可以将社会视为一个合作体系，公民在这一体系中与他人互动，以实现其个人的目标。公民自尊包括“一个人对自己的价值的感觉以及他的善的概念，他的合理生活计划值得努力去实现这样一个确定的信念”和对“自己实现自己的意图的能力的自信”。公民自尊的实现取决于两个条件：一是公民的自信心。如果公民通过适当复杂的方式可以将他的能力组织起来，并使这些能力在合作博弈中得以实现，他的信心就可以得到极大的提高；二是公民的合理生活计划的实现。社会是一个利益合作与博弈体系，公民生活计划的实现取决于公民自身计划的合理性与社会对公民生活计划的支持。社会合作体系的组成方式如何，决定着公民的自尊及其合理生活计划是否可以实现。

当社会基本结构处于不公平状态，其中一部分人的利益为另外一部分人的利益所剥夺时，社会就不是将所有公民都当作目的，而是将被剥夺者当作是实现剥夺者利益的手段。对于被剥夺者而言，他们失去的不仅是利益，还包括他们的自尊。相反，当社会合作体系遵循正义原则时，每个人的利益都被包括在一种互利互惠的结构中，这种人人努力而又人人获益的制度肯定并支持每一个人的自尊。所以，把每个人都当作目的而不是手段是社会保证公民自尊得以实现的前提。把人当做目的，最起码一点是社会要按照在公民平等的原初状态下所选择的原则，也就是罗尔斯所论证的在原初状态下选择的两个正义原则来对待他们。

罗尔斯的两个正义原则之所以支持公民的自尊，可以从以下几个方面来理解。首先，原初状态下所选择的正义原则与公民作为理性的存在物的本性是一致的。当人们的行动原则受其社会地位、自然禀赋或生活于特殊社会的需要来安排时，就是受他律的支配。在原初状态中，除了关于正义环境的知识与基本的善的知识之外，人们处在“无知之幕”中，经过理性慎思而选择的行动原则是作为独立的理性的存在者所选择的行动原则。遵循这些原则行动表现了人们作为自由的、平等的理性存在物的本质。其次，正义原则的第一个原则确立了公民平等的政治自由。在正义原则指导下的社会合作体系的安排将政治权力当做是公共权力，其合法的使用由公共理性所指导并受其节制。在政治生活中，公民们应当相互尊重并且按照也支持他们的自尊方式调整他们的政治要求，这样，自由就是按照我们给予自己的法律而行动，因而导向一种互尊和自尊的伦理学。最后，正义原则确立了社会合作、利益平等分配的原则。正义原则是在原初状态中选择出来的，排除了基本的善的知识与正义环境的一般知识之外的信息，这样选择出的正义原则将自然能力的分配当做是一种集体的资产，以至于较幸运者只有通过帮助那些较不幸者才可能获得自己的利益，这样就将自然的不平等融入互惠的目的，并将其作用于社会合作体系之中，以保证公民自尊的实现。

现代社会本质上是法治社会，而法治的本质是程序之治，公民权利的实现与公民尊严的维护均离不开程序。公共政策程序是对公民尊严维护的一个重要方面，一种正义的程序设计充分体现出国家对公民权利的保护与公民尊严的维护。如果说社会是一个利益合作体系，其合理性就在于这一体系所决定的合作不是为合作体系中的某个人或某些人的利益服务，而是为实现合作体系中的所有成员的利益而存在，那么，在一个正义的社会中，每一个公民的权利和利益都拥有基于正义的不可侵犯性，即使以社会整体之名也不可以逾越其上。正义的要求否认了以整体的名义侵害任何一个公民的自由权利，也不承认整体利益可以绰绰有余地去补偿强加于个人利益之上的自我牺牲，这是公民尊严得以维护的最基本条件。任何一项公共政策的制定与变动对公民利益的实现都会产生某种影响。因此，允许公民（至少是利益相关者）拥有平等的自由权利，让他们参与政策活动之中，表达他们的意见与建议，并公平地对待这些意见与建议的要求，是政府保护公民权利、尊重公民人格尊严的应尽的基本职责。让那些与某一决定有直接利害关系的人参与该决定的制作过程，并向其陈述决定的理由，不仅是提高效率的需要，而且是正义的要求。公民或利益相关者参与政策制定过程，并对政策施加影响，可以使公民的尊严与道德主体地位得到维护，产生出受到尊重的感觉。

其次，从公共政策程序正义与社会秩序构建的内在关联看，公共政策作为社会系统结构的一个组成部分，对社会秩序的形成与演化有着极其重要的影响作用，同时，社会的构成及其演变也影响着政策类型的变迁。无论是福利主义公共政策，还是程序主义公共政策，都反映了公共政策的理性演进与社会秩序之间的互动关系。一些西方学者对现代社会向后现代社会的转变过程中的公共政策变化做过探讨。如福克斯与米勒就指出，现代化的特征是整合、中央集权、向心、总体性、宏大叙事、熔炉式、对称、大一统、普遍主义与牛顿经典力学，而后现代化与现代化则有着完全不同的特征，与现代化相对，它表现为解构、地方分权、离心、破碎性、肢解文本、凉拌菜式、失衡、多元中心主义、相对主义、海森堡的测不准原理，按照卢曼的观点，后现代化的根本特征就是功能分化。从现代到后现代的社会转型给国家的定位与政策整合提出了新的要求。在后现代时期，公共政策的社会功能与实施存在着激烈的冲突与矛盾。一方面，从政策的社会功能而言，要求公共政策通过制定与执行对社会进行有力的约束；另一方面，功能分化的社会又不断对政治权力的这种约束力进行质疑，追问其合法性。这一矛盾解决的出路就在于不同的社会子系统之间的互洽，它们既可以承担起自主的功能，在自身内部协调统一，又可以与周围的环境建立一种富有意义的关系，可以与其他子系统的功能和结构性成就互相协调。这样社会整合的思路就从社会层面的整合转向了子系统层面的整合。程序自治为后现代社会整合与社会秩序建构寻求到了新的出路。

程序的本质是过程性与交涉性，因而可以更好地适应后现代社会的要求。作为交涉过程的制度化，程序的重点不在于产生出何种结果，而是按照何种手续作出政策的选择与决定。程序是决定的决定，它所决定的并不是结果而是作为结果的决定是如何产生的。程序结构是开放的，所有政策相关者都可以参与其中，表达自己的意见与建议，并在民主的公共论坛中受公共慎思的检验。同时，经过程序所产生的决定由于是公共慎思的结果，而且具有法律效力，要求无条件地服从，由此构成了对社会子系统的内在限制，社会子系统的自治不得越过其疆界。这样，一种有管理的自治的社会秩序也就产生了。在程序进行的过程中，自主与自治的权利得到了保护，“自然的秩序”在程序中得到了承认。程序结束以后，由于程序所产生的最终结果具有法律效力，因而可以对社会秩序进行合法的控制。社会整合与调控也得到了公民的认可，具有合法性。因而政策的社会功能与实施的矛盾就得到了合理的解决。从政府理念的变革中，我们也可以看到这一趋向。作为“守夜人”的政府与斯密所言的“最少管理的政府”支持社会自主却无力承担社会整合的需求，从摇篮到墓地的福利主义政府形式却因为规模过大，社会整合任务过重而忽视社会系统的分化，也不适应后现代社会的需要，与此相应而生的“掌舵而不是划桨”的服务型政府却更好地适应了后现代社会管理的要求，因为它一方面承认社会功能分化所要求的社会自治与自主，另一方面也承诺对社会进行合理的规制与管理。由结构控制到反思控制，是后现代社会控制模式发展的根本途径，也是现代社会向后现代社会发展的必然性结果。

中国正积极推进社会主义民主政治建设，随着政治体制改革的深入和政府角色的定位的转变，以及社会功能的不断分化，公共政策的程序结构会进一步开放，公民将真正成为公共政策的主导者和受惠者，公共政策程序正义的价值将日益凸现。

（原载《中国社会科学》2009 年第 1 期）

罗尔斯正义理论拒斥功利主义的伦理反思

从20世纪初至60年代末，由于行为主义范式的大行其道，向来以道德价值研究作为其“哲学本来的文化价值使命”的伦理学逐渐偏离了自苏格拉底、亚里士多德时代以来对现实问题与人的自我的强烈关注，由实证和分析传统占据着主导地位。那个时代的“伦理学家们大都专注于从形式方面探讨道德陈述及命令的语义和逻辑关系，而不太关心紧迫的现实道德问题”，伦理学从第一哲学变成了哲学中的逻辑学、一门“冷冰冰的学问”。1971年美国学者约翰·罗尔斯《正义论》的问世，则彻底扭转了欧美这一研究传统，实现了向古希腊伦理学传统的复归；更为重要的是，罗尔斯在《正义论》中对社会契约论的改造尤其是正义两个原则理论的提出，终结了从边沁、密尔到西季维克等人所倡导的一直在自由主义哲学中风行的功利主义理论的主流地位。国内外的伦理学者已从理论上对罗尔斯正义理论的创新意义做出了诸多评判，本文之所以再次提出罗尔斯的正义理论，则是希望通过罗尔斯在提出正义原则的过程中对功利主义的拒斥这一认知途径来关照我国的政治现实。诚如有学者所指出的，“我无意主观地将罗尔斯的政治哲学和伦理学作中国式的主题化引申，但是，如果当代中国社会所面对的政治实践语境和社会伦理问题与罗尔斯哲学思考的社会语境之间产生了——或多或少地——某种关联、甚至是某些可比的特征，那么，本文的主题化引申就是一种有意义的哲学讨论”，本文的逻辑起点也将由此展开。

正义的两个原则是罗尔斯《正义论》全书的旨趣所在，而正义原则提出的基础便是对自洛克以来的传统社会契约理论的改造。传统社会契约理论的核心在于通过对一系列前提的假定来设计一个无法在现实当中得以证实的、人类起先时期的原初状态，在原初状态中人类由于自身条件的限制和自然环境的恶劣，为了更好地保存自身利益、实现生存与发展，经过一致同意达成契约，每个人都自愿放弃其全部权利的一部分组成一个公共机构来使得所有人过上安定而有序的良善生活。不过，由于对原初状态细节设计的不同导致了社会契约理论的两个不同导向。前者是以洛克为代表的温和主义，主张生活在原初状态的人们是幸福的，只不过由于公共的、权威的仲裁机构的缺失导致每个人都成为维护自身利益的仲裁人因而引起生活的混乱，因而需要一致同意的契约来产生一个公共的仲裁机构。后者则是以霍布斯为代表的极端主义，认为由于公共权威机构的缺乏导致生活在原初状态中的人们所面临的是“一切人对所有人的战争”进而导致人类共同体的瓦解，因而需要一致的契约来组成一个强势的利维坦式的君权式的政府来实现社会的有序。在罗尔斯看来，这两种社会契约论的导向都存在着一定的问题。前者的根本问题在于忽略了人与人之间的“自然天赋的最初资质和早期生活中发展和教养的偶然性”所导致的事实上的不公平现象，所以在此基础上尽管达成了以为所有人的功利为目标的公共管理机构，但是在现实中却无法使所有人的平等正义的自由权利得到切实保障从而导致了非正义局面的出现。后者的根本问题则更为明显，利维坦式的君主制政府无疑导致强势政府的不断膨胀和由此而发生的对公民自由权利的侵害与剥夺。这也是传统的社会契约理论的缺陷所在。按照一些学者的观点，这种传统的契约论的缺陷恰恰在于这种完全按功利主义目的论的思维方式建立起来的国家和社会，达到公平的可能性要远远低于遵循社会普遍道义论的思维方式所建立起来的国家和社会。“问题的关键就在于：不解决自由权利的平等分享和公平实现问题，任何人、任何社会都难以确保人的自由权利的真正持久的实现，更难以确保自由社会的长治久安。”因此，通过将公平提高到一个前所未有的高度并作为正义理论的核心来证明社会经济和政治的主要制度的合法性与正当合理性则正是罗尔斯《正义论》的出发点与目标。

为了避免传统社会契约理论的缺陷，罗尔斯对其进行了一系列的改造。通过诸多复杂的理论假设，假定生活在原初状态中的人们处于一种资源中等程度的匮乏、人与人之间处于一定程度下的利益相关性状态，同时，所有人都站在无知之幕的背后，每个人都不知道自己的社会地位、自然天赋、自由权利，不清楚自身的利益偏好与诉求，甚至不知道所要达成契约对自身的影响的利弊程度。在此基础上，罗尔斯提出了著名的正义的两个原则：

“第一个原则：每个人对所有人所拥有的最广泛平等的基本自由体系相容的类似自由体系都应有一种平等的权利。

第二个原则：生活和经济的不平等应这样安排，使它们：

（1）在与正义的储存原则一致的情况下，适合于最少受惠者的最大利益；并且，（2）依系于在机会公平平等的条件下职务和地位向所有人开放。

罗尔斯还特别标明，两个正义原则是以一种“词典式的次序”来排列的，即第一个原则优于第二个原则，可称之为自由对平等的优先性；第二个原则中的第一点又优于第二点，可称之为正义对效率和福利的优先性。正义两个原则的作用就在于建立一种道义论取向的普遍主义正义理论，用以替代19世纪初以来一直支配着英美乃至整个西方政治哲学发展的功利主义目的论，并为现代民主社会条件下的正义秩序和民主政治建立一套充分正当和普遍有效的正义原则。按照罗尔斯自己的话说，这两个优先性集中体现了他的正义理论对功利主义思想的拒斥，主要表现在两个方面，一是对正义的界定，二是对功利主义原理即“最大多数人的最大幸福”的驳斥。

按照功利主义代表人物之一的约翰·密尔的观点，正义的问题是“功利道德理论中唯一的真正难题”。罗尔斯在《正义论》的第一章“作为公平的正义”中便指出：正义是社会制度的首要价值，正像真理是思想体系的首要价值一样。一种理论，无论它多么精致和简洁，只要它不真实，就必须加以拒绝和修正；同样，某些法律和制度，不管它们如何有效率和有条理，只要它们不正义，就必须加以改造或废除。关于正义的界定，罗尔斯认为，我们可以把有规则、无偏见的、在这个意义上是公平的执法称为“作为规则的正义”，不正义的行为之一就是法官及其他有权者没有运用恰当的规则或者不能正确的解释规则。在这方面，举出各种严重的侵犯行为，例如受贿、腐败和滥用法律制度来惩罚政敌，还不如举出那些诸如在司法诉讼程序中实际上歧视某些团体的细微的成见和偏心更有启发意义。进而罗尔斯从法律的角度来阐述说，一个法律体系是一系列强制性的公开规则。提出这些规则是为了调整理性人的行为并为社会合作提供某种框架。当这些规则是正义的时，它们就建立了合法期望的基础。它们构成了人们相互信赖以及当他们的期望没有实现时就可以直接提出反对的基础。与之针锋相对的是，密尔坚持认为：“我质疑那些脱离于功利而建立某种虚构的正义标准的理论观点。相反，我主张基于功利之上的正义才是整个道德的主要组成部分，具有无可比拟的神圣性和约束力。”他还举例关于不正义的几种情况。一是剥夺任何人的人身自由、财产以及其他一切按照法律规定属于个体的东西通常被视为不义。密尔认为，在这里正义和不义这一概念得到了最明确的体现，即尊重任何人的合法权利便是正义的，侵犯任何人的合法权利便是不义的。二是被剥夺的合法权利或许本来就不应该属于被剥夺者。然而即使一部法律被认为不义，对该法律的违背似乎仍然被视为不义行为。三是每个人应得到的东西被普遍认为是正义的，而一个人得到他不应得的善或遭受不应得的恶则被视为不正义的。四是失信于人、违背诺言或令他人因我们自身行为而产生的期望落空均是公认的不义现象。五是为人处事偏狭，偏爱和优先选择某些人而没有正确运用偏爱和优先选择原则被广泛认为是有悖于正义义务的。

不难看出，罗尔斯通过对正义理念的内涵与外延的阐述向我们表明了这样一种倾向，即正义理念如果要从理论走向现实，就必须更多的考虑到那些实际上容易受到歧视、偏心和成见的某些团体的感受，这些团体中的个人或由于社会地位或先天条件不足等原因导致他们的自由权利在现实的政治运作中得不到平等的对待；而要实现这些团体的平等权利，就时下而言必须通过对法律和规则的无偏见的、公平的执法才能够为他们提供社会的合作框架。也正是基于此罗尔斯发出了“社会必须更多的关注那些天赋较低和出生于较不利的社会地位的人们”的呼吁。很多人据此认为罗尔斯的理论是对弱者的偏爱。应当说这是一个误解。按照罗尔斯自己的话说，他只是希望建立“一个要与其他原则相平衡的原则”。换言之，只有对弱者保有一定程度上的偏爱才能够真正将公平与正义的天平从偏向社会强势群体的一端逐渐实现平衡。事实上，唯有如此才能够确保每个道德个体的自由权利得到了有效维护。面对正义的社会或者社会正义的根本如何界定的难题，罗尔斯认为，在一个正义的社会里，平等的公民自由是确定不移的，由正义所保障的权利决不受制于政治交易或社会利益的权衡。换言之，保障全体公民的“平等的公民自由”权利及其公平实现是正义社会的基本标志。不难看出，罗尔斯的正义理念并没有脱离功利进行单纯的虚无缥缈式的哲学思辨，但是却明确拒绝了功利主义对个体的自由权利片面进行辩护而导致事实上部分公民的自由权利无法实现的难以自洽的逻辑矛盾。从更深层次上讲，罗尔斯的正义理念并不是冷冰冰的教条主义，而是充满了对公民尤其是弱势群体的终极关怀，这种正义理念的建立所依赖的更多的是自由的平等与公平的实现，而非功利主义与极端的自由主义。这也正是罗尔斯提出的“作为公平的正义”这一理念的缘起。功利主义从维护个人自由和财产权的角度出发认为尊重任何人的合法权利是正义的，同时每个人应得到的东西被认为是正义，功利主义理论难以自洽的弊端也就显露无遗。如前备述，理念上的自由权利与事实上的自由权利并不是一回事，现实生活中的不平等是客观存在的；我们暂且不论这种不平等的原因是先天还是经济和制度的不平等造成的，这种不平等的存在导致对自由和正义的理论上的高倡与现实中能否幸存便另当别论了。这种理论与现实的背离使得功利主义者无可避免的从表面上对个人自由权利的虔诚的信奉者蜕化为事实上的社会既得利益者阶层的代言人。可以说这种理论上的难以自洽是根本性的。此外，关于功利主义者经常使用的“应得”的术语，罗尔斯在《正义论》中也进行了驳斥。他认为“在此弄清楚‘应得’的概念是必要的”。也许有些人会认为天赋较高的人应得那些资质和使他们可能发展的优越的个性的。因为他在这个意义上是更有价值的，所以他应得他用它们能达到的较大利益。罗尔斯一针见血的指出，这个观点却是不正确的。没有一个人应得他在自然天赋的分配中所占的优势，正如没有一个人应得他在社会中的最初有利出发点一样……因为他的个性在很大程度上依赖于幸运的家庭和环境，而对这些条件他是没有任何权利的。可见，由于先天条件不公所造成的贫富差距是背离正义原则的，然而如果按照与功利主义逻辑相类似的诺齐克的观点却是：由此而产生的贫困现象，只能说是一种不幸，却不能说是不公正的。这种逻辑上的谬误无须赘言。一言以蔽之，从表面上看，罗尔斯正义原则中的自由优先原则与功利主义一样都是坚持公民个体的自由权利神圣不可侵犯，但实际上却有着鲜明的价值分野，罗尔斯的自由优先原则所关注的不仅仅是理论上的自由，毋宁说，他所更多的关注并致力于解决的根本问题是：如何保证“每一个人”都能在同一个社会合作体系中平等地享有和实现个人自由的权利，这是正义原则所要解决的首要问题。

罗尔斯的正义理论对功利主义的拒斥的第二个方面便是通过第二个正义原则即差别原则对功利主义原理即最大多数人的最大幸福的观点的驳斥。罗尔斯认为这是功利主义理论的根本问题。与大多数人概念相对应的是少数人。从整体上来说，功利主义的本质其实是以牺牲和损失少数人的利益来实现大多数人的利益。“一种允许以侵犯一部分人的权利的方式来提高总体功利的理论从正义方面不可能得到证明，尽管功利主义者恰恰是以这一点来证明一种制度安排的正义性的”。按照一些学者的观点，无论是从理论上看，还是从实践经验上看，功利主义的原理都证明了这样一个必须严肃对待的结论：任何最大化和最优化的价值原则都会因为其价值期待和目标要求的无限制扩张或者提升，而产生压抑或强制、遗漏或牺牲社会普通公民权益的后果。

二

罗尔斯对功利主义原理的拒斥包含着四个相互联系的观点。首先是功利主义将善或者至善定义为肤浅的快乐或者欲望的满足。密尔认为功利道德所依据的是一种“生活理论”，即追求快乐、摆脱痛苦是人唯一渴望达到的目的。因此，“要接受功利原理为道德之根本，就需要坚持旨在促进幸福的行为即为是、与幸福背道而驰的行为即为非这一信条”。这一幸福标准的确立无疑使得自亚里士多德时代以来所形成的关于沉思的幸福的理念彻底的庸俗化。尽管密尔争辩说功利主义信奉者们将精神愉悦置于肉体愉悦之上时，主要指的是广义上的永恒、安全、节俭等精神因素，同时强调说幸福绝不是满足那么简单，并因此举例说，“宁可做一个不满足的人，也不做一头满足的猪；宁愿成为不满足的苏格拉底，也不愿成为一个满足的白痴”。但最终密尔不得不承认功利主义关于幸福的认知是向亚里士多德主义的复归仅仅是一种空洞的口号，他无奈地表示，“在大多数情况下，对高尚情操的追求犹如一棵脆弱的嫩苗，不但很容易被恶劣的环境所摧残，并且会仅仅因为缺乏足够的养分而枯萎……他们沉溺于低级趣味并非有意择之，而是因为这些低级趣味已是他们唯一可获得的或者说唯一有能力享受的”。对此，罗尔斯鲜明地指出，功利主义作为一种目的论理论，使得一个人无须参照何谓正当来判断事物的善。如果快乐被说成是唯一的善，那么对这种快乐的价值的承认和排列，大概就不根据任何正当或者类似正当的标准。因此功利主义者将善或者至善定义为理性欲望的满足，无疑将导向一种错误的伦理哲学倾向，它的危险之处在于，将善的概念的界定独立于正当并且作为人的唯一追求的目的，将使得人们为了欲望的满足和利益的实现而执着追求，由于是与非的正当性标准的缺失以及人的欲望的无限性与资源的优先性的必然矛盾，导致这一对欲望的追求很有可能会不择手段，从而使得人们为了利益的争夺沦为欲望的奴隶而使得社会出现秩序的混乱并使人类重新回到原初状态——这无疑是历史的倒退与巨大的破坏。

其次是功利主义排除了正当优于善的标准的可能性。目的论理论与义务论理论是伦理学的两大基本理论。作为一种典型的目的论理论，功利主义将善作为唯一的目的加以确立，并将正当作为从属性地位，作为促进善的实现和增加的手段；换言之，人们不需要借助于正当或者正义来判定一个行为或者一件事情、一项公共政策的好坏，只要能够促进善的实现便是好的、是正当的。功利主义的这种观点显然是谬误的，既不符合哲学常识，也不符合道德常识。一方面，“道德常识认为，判断一个事物或行为等等是否善，要借助于它是否正当、是否维护着权利来判断。具体地说，在宪法民主制度下生活的人们的一个普遍信念是，侵害权利或基本自由的行动不可能是善的”。另一方面，有关于自由的哲学常识告诉我们，追求善的实现与增加固然是人们的自由权利，但是这种自由权利并非无限制的，往往有两个层面的界定，第一个层面的界定是积极意义上的，即自由意味着做自己想做的事情而不受他人的约束或者羁绊；第二个层面的界定则是消极意义上的，即自由的限度是不能妨碍他人的自由。可见，如果忽略了善的道德应当性而对人们对善的追求听之任之，将无法避免通过破坏他人的利益、损害他人的自由来实现自己的善的增加，这显然是不符合正义理念的要求的。对上述问题的解答就不能是功利主义的或者其他形式的价值目的论路径，只能是社会道义论的，而且根据现代经济学和现代决策科学的研究成果，只能是一种低度的或者底线式的社会普遍道义论路径。

再次是对公民及其自由权利的工具化倾向。功利主义理论认为，如果一个社会的主要制度被安排得能够达到总计所有属于它的个人而形成的满足的最大净余额，那么这个时候就是被正确地组织的，因而也是正义的。这就意味着只要实现了最大多数人的最大幸福，剥夺少数人的幸福与自由也是符合正义原则的，而这显然是荒谬的。罗尔斯坚持认为，每个人都拥有一种基于正义的不可侵犯性，这种不可侵犯性即使以社会整体利益之名也不能逾越。因此，正义否认为了一些人分享更大的利益而剥夺另一些人的自由是正当的，不承认许多人享受的较大的利益能绰绰有余的补偿强加于少数人的牺牲。值得我们关注的是，作为复兴了亚里士多德美德伦理主义的罗尔斯的正义两原则所透露出的价值观恰如其所说的那样：适用于社会基本结构的正义原则正是原初契约的目标。而洛克等人所提出的社会契约理论的目标便是让所有人过上幸福的生活。可见，罗尔斯的正义观念的内核是对作为个体的人的终极价值关怀；换言之，罗尔斯所关注的是每个人幸福的实现——唯有如此，一个秩序或制度才可以被称作正义的。康德所说的“人的存在本身就是目的”的观点或许能够给罗尔斯的正义观做一个注脚。罗尔斯强调说：“在社会的基本设计中把人视作自在目的就是要同意放弃那些不能有助于代表人之期望的利益。相反，把人们视作手段就是要准备为了别人的较高期望而降低他们的生活前景。”这无疑将导致“在一个公开的功利主义的社会里，人们将发现较难信任自己的价值”。这种对个体幸福的关怀，与边沁、密尔等人宣扬的功利主义截然不同。罗尔斯评论说：“当功利原则被满足时，却没有这种使每个人有力的保障。对社会体系的忠诚可能要求某些人为了整体的较大利益而放弃自己的利益。这样，这一体系就不会是稳定的，除非那些必须做出牺牲的人把比他们自己利益宽泛的利益视为根本的利益。但这是不容易发生的……这确实是一个极端的要求。”不难发现，功利主义尽管强调最大多数人的最大幸福，但同时却强调少数人为了这一最大多数人的最大幸福需要舍弃自己的幸福。这显然是不公平的，是典型的多数人对少数人的暴政和对少数人意志的强奸。少数人为了多数人的利益而放弃自身利益并非不可能，在战争时期为了革命的胜利牺牲自身利益甚至是生命的案例并不鲜见，但必须明确的是，这毕竟是属于极端例外的情况，我们不可能将这一例外当成正当加以要求。从本质上说，功利主义原则是将最大多数人的最大利益化约成了一个高度抽象的概念，而将公民个体从目的贬低成为了实现这一概念的手段和工具。在近代伦理思想史上，康德就曾经大声疾呼：人本身就是目的。这就意味着我们不管提出什么样的社会契约理论，设计怎样的原初状态，界定怎样的原则与目标，我们都必须明白关注活生生的人才是一切伦理学的终极价值目标，脱离了具体的人而去妄谈伦理学的道德价值之类无疑是缘木求鱼，与正义的要求更是相去甚远。

最后是功利主义更多的关注善的实现而非善的分配。罗尔斯认为，功利主义观点突出的特征是：它直接地涉及一个人怎样在不同的时间里分配他的满足，但除此之外就不再关心满足的总量怎样在个人之间进行分配。功利主义者之所以对善的分配没有给予过多的关注，是因为善的最大净余额或者最大多数人的最大幸福的达成是功利主义的唯一目的，至于善的分配方式则是按照市场和竞争的方式进行。毋庸置疑，这种善的分配方式的结果将导致贫富差距的进一步拉大，少数人利益的进一步被剥夺。尽管功利主义者争辩说“功利主义的标准不是指行为者自身的最大幸福，而是指最多数人的最大幸福。如果说一个高尚的人因其高尚而永远比他人更为幸福这种观点姑且值得怀疑的话，那么他的高尚使得他人感到更加幸福、使广泛意义上的世界成为巨大的受益者则是不容置疑的事实”。

然而，这个事实并不能成为让少数人在善的分配中处于不利地位或者非正义状态的充分理由。罗尔斯评论说，如果把各方理解为完全的利他主义者，那么古典的功利主义原则当然可被采用。然而，假定各方是完全的利他主义者是不可能的。他们必定是有某些可能冲突的各自分离的利益。我们认为，人们组建社会不仅仅是为了生存，社会也不能仅仅成为一部分社会成员称心如意的政治组织或者伦理共同体，而应该成为所有参与社会组织的全体成员都能接受和认可的政治组织或伦理共同体，无论以何种理由，都不能将哪怕是极少数社会成员的权利要求排除在社会的组织安排之外，更不能出于某种或者某些社会功利或效率的考虑牺牲哪怕是极少数社会成员或国家公民的基本权利，否则，该社会或社会状态就是非正义的。功利主义者以自由权利为核心旗帜鲜明地反对政府对善的分配指手画脚尤其是善的第二次分配。他们认为罗尔斯的正义理论的差别原则是对处于社会较好地位的人们的自由和财产的无理干预，他们坚称只要善的总量越来越大，整个社会将自动实现平均主义的最大化，即平均功利的最大化。然而，不得不说，这种观点是典型的极端放任的自由主义的倾向。当代世界经济政治的发展尤其是经济总量的不断增加并没有能够掩盖社会贫富差距越来越大的残酷现实。如果没有罗尔斯提出的善的第二次分配，将分配的原则有利于社会最不利者，将难以避免社会共同体的混乱和解体。罗尔斯正义理论的差别原则的巨大价值也恰恰体现在这里。

通过罗尔斯的正义理论对功利主义的拒斥的分析与阐述，我们能够得出这样一个观点，即：罗尔斯关于正义的两个原则并非简单的抽象与思辨，而是有着极强的现实针对性；他的自由优先原则着眼于通过有规则、无偏见的法律的公平实施来保障个人自由的实现；他的差别原则表面上看是对弱者的偏爱，实际上却是着眼于人类整个政治共同体的合法性与正当合理性的维续。尽管制度存在的关键是制度的正义运作，但是正义社会中制度的设计与安排的正义性则是其前提和基础。罗尔斯的正义理论无疑给我们提供了诸多启示。2010 年年末，根据权威部门发布的数据，我国的 GDP 总量已经正式超过日本成为世界第二大经济体；同时，我国的财政收入更是创纪录地达到了 8 万亿人民币，财政收入的增速竟然超过了 GDP。然而，在这些光线数据的背后，是我国人民币对内不断贬值、通货膨胀压力有增无减、社会贫富差距逐渐拉大、贪污腐败官员窝案频发、教育医疗改革举步维艰、社会无业人口总量不断攀升的残酷现实。虽然高层的公共政策制定已经出现了转向，提出了要在全党全国学习贯彻以人为本为核心的科学发展观，提出了要让改革开放的成果惠及全体人民的口号，然而如何通过有规则、无偏见的法律的公平实施来保障全体人民的自由权利的真正实现，如何通过对社会弱势群体的真切关注来抑制既得利益者阶层扩张的冲动、缩小社会贫富差距，恐怕是我国未来一段时期需要认真思索和解决的重大现实课题。

（原载《中南大学学报》2011 年第 4 期）

政治合法性与政党伦理

一、从伦理视角看政治合法性的三个层面

合法性是一个涉及多学科的复杂的综合概念，哲学、政治学、法学、社会学等学科都非常关注合法性问题的研究。追根溯源，合法性的思想最早出现于古希腊的政治思想中，与柏拉图、亚里士多德所阐述的义务和服从等概念相联系，但是合法性并没有作为一个明确的概念提出。在中世纪，人们把合法性的基础与自然法中的“同意”结合起来，使合法性思想有了新的发展，大众同意成为了合法性的重要基础。在近代，第一个提出合法性概念的学者是卢梭，他认为公意是合法性的基础。之后，马克斯·韦伯系统地论述了合法性理论，在合法性与权威的关系上，他认为传统型权威的合法性基础取决于统治者的世袭地位和制定、执行法律时遵循的习俗；个人魅力型权威的合法性基础依靠个人的英雄气概和领袖气质的超凡感召力；法理型权威的合法性基础依靠由理性制定的规则建立起来的事物性的“权限”。在韦伯以后，政治合法性受到了越来越多的关注，比如李普塞、帕森斯、伊斯顿、阿尔蒙德等一大批社会科学家和政治学家都试图对合法性概念作出进一步的发展。合法性与政治是紧密联系在一起的，政治合法性是指一个政治体系行使政治权力或者实施政治治理时获取社会公众认可的价值，它表现为政治权力主体和客体相互作用相互影响的两个方面：一是政治权力主体为强化政治统治或政治管理而采用合法化的

手段；二是社会民众对政治权力主体及其行为持有的一种认可和忠诚的态度。政治合法性是政治体系权威或政党权威的基本来源。

“合法性意味着某种政治秩序被认可的价值。”因此合法性概念的应用领域是有限定的。“只有政治秩序才拥有着或丧失着合法性，只有它们才需要合法化。”政治秩序是伴随着政治共同体的出现而出现的。德国社会学家马克斯·韦伯认为，“政治共同体”这一术语被指“运用于一定‘领土’里，社会成员的行为都服从于秩序性统治这样的共同体”。在这一定义中，我们可以看出，政治共同体的存在是以统治与服从的伦理关系为核心的，而统治与服从的关系是政治有效性的关键之所在，也是政治伦理的核心问题之一。由此出发，从政治伦理的角度，政治合法性包含三个层面，并以此来观照执政党的伦理。

第一，制度层面的合法律性内生出依法执政的伦理原则。从某种意义上说，合法律性是合法性的最完备的形式条件。作为政治秩序的外在保障机制，法律的形式功能对于合法性的获得是必不可少的。就政治系统而言，其效力来自处理各种复杂利益要求以缓解其对系统压力的能力。法律制度作为政治系统的一部分，能不能及时有效地处理来自各方的利益要求，对政治系统来说是至关重要的。从经济方面看，建立完善的市场经济体制首先要建立规范的法律体系，以调整人们的经济利益关系，保护人们的合法经济利益，推动经济的发展。经济的发展将促进共同利益，从绩效上获得人们对现政权的承认和认可。从政治方面看，法律程序上的合理化会疏通人们政治参与的渠道，缓解由于过度政治参与给政治系统带来的压力，从而保持社会发展所必需的政治稳定。而且，法律的制度化和规范化会使人们由于习惯于遵从法律而产生对法律的合法性信仰。马克斯·韦伯指出：“如今，最普遍的合法性形式是合法的信念，即形式上正确的制定，且以人们习惯的方式制定所含有的默认。”

第二，价值层面的合道德性催生出执政党的道德权威。合法性的核心价值基础是合道德性，对合法性“认可”的本身就蕴含着一种道德判断。所谓“正当性”或是“正统性”也是合法性概念的应有之意。美国学者杰克·普拉诺所著《政治学分析词典》中：“合法性”就是指“一种政治统治或政治权力能够让被统治的客体认为是正当的、合乎道义的，从而自愿服从或认可的能力与属性”。因此，人们通常所说的“合法的统治”“合法的权力”首先是指被人们从内心中“认可”的统治或是权力。所谓“得民心者，得天下；失民心者，失天下”就体现了对政治权力合法性的一种道德判断。合道德性对于合法性的作用与价值，历来就为统治者以及政治伦理家们所重视。两千多年来，以道德教化为核心的儒家传统思想一直是中国古代统治者进行政权合法性论证的理论基础。在西方自然法学家看来，合法性的“法”是“自然法”，而不是“实体法”。评价一个政治秩序是否合法，首先在于是否符合以自然法为基础的道德标准。合道德性不仅构成了自然法的基础，同时也构成了政治合法性的基础。合道德性优先于合法律性。合法性首先在于合道德性，法律必须体现道德的价值，这也是合法性的必然要求。因为合法性是对政治秩序的认可的价值，认可本身就是体现为一种价值判断。道德是一种内在约束机制，可以对认可判断产生巨大的心理影响。这一点就连在合法性问题上反对价值—合理性行为、信奉“价值中立”的马克斯·韦伯也不得不承认。在现代社会，法律的神圣基础失去后，其贯彻一方面需要靠国家暴力的权威来维持，另一方面也需要道德的内化。

一般意义上，执政党道德权威的确立主要依靠两个方面：一是政治合法性，也即大众认同性。权威的一个主要特点是大众认同性，权威影响力的强弱取决于权威施加对象对权威的认同程度。作为深层政治意识的一种体现，大众民主认同性对于政治权威来说无疑是至关重要的，获得丰富的大众民主认同资源是确立政治权威的根本。集中体现政治行为的执政党要获得政治体系中最广泛的大众民主认同，就必须唤醒政治体系中最广大民众的政治意识，扩大政治参与，培养大众对执政党的政治认同感。二是执政党的有效性。有效性作为衡量政党效能的重要标准，在维持或者强化政治合法性上有着难以替代的作用。这主要体现在执政党的执政水平和执政能力上，一个廉洁高效的政党必然会在公众的心目中有着难以替代的威望。任何政治权威最深厚的基础存在于一定的经济关系以及受经济关系决定和影响的社会关系之中，而执政党的效能是其先进性最直观的体现，也是最有说服力的体现。因此，政党权威的确立最终要体现在政党的先进性上，在实际工作中，更重要的是体现在政党组织模式的有效性上。政党权威的建立和巩固，对当代中国政治发展具有重要的现实意义。但是，在社会的转型期，任何政治组织容易出现合法性危机。转型社会实质上就是一个传统型政治权威的逐渐消失、法理型政治权威逐渐形成的过程。在这一过程中容易出现政党权威弱化的现象。一方面，新旧两种政治意志不仅在相互冲突中削弱了对方，而且在衔接过程中也极易出现脱节现象，人们对执政党的道德期望无论是内容上还是层次上都发生的变化。另一方面，人们的利益和价值观念发生了重大变化，人们从过去迷信权威、崇拜权威到现在开始怀疑权威、否认权威，社会的秩序和权威被动摇了，

执政党及其领袖不再具有神圣的地位。而转型社会的特殊性又必定要求形成强有力的政治权威，这是因为转型时期社会矛盾和利益冲突比较尖锐，需要有一个强有力的政治权威来发挥导向和均衡调节功能，以保持社会的秩序和发展，因此，执政党在社会转型时期，要特别注重自身道德形象建设，树立道德权威，才可能长期而有效地执政。

然而，单靠合道德性还无法构成合法性评价的最终标准。什么样的社会行为才是合乎道德的，不是由统治者们凭空说出来的。每个时代的统治者都表白自己的统治是合乎道德的，即使是最残暴的统治者也不例外。因此，合道德性真正与合法性统一起来，还需要一个对合法性进行判断的客观标准。

第三，目标层面的合公益性决定了执政党全心为民的伦理宗旨。合法性判断的客观标准是建立在共同利益的基础之上的，离开了共同

利益，就无法理解共同体所表现的“共同行为”特征。共同利益是社会共同政治行为的内在驱动力。古希腊政治家伯利克里就强调作为政治共同体的国家对于个人利益保障的重要性。他说：“每一个人在整个国家顺利前进的时候所得到的利益，比个人利益得到满足而整个国家走下坡路的时候所得到的利益要多些。一个人在私人生活中，无论怎样富裕，如果他的国家被破坏了的话，也一定会牵入普遍的毁灭中；但是只要国家本身安全的话，个人有更多的机会从死人的不幸中恢复过来。”由此可见，政治共同体存在的基础是共同利益。在体现统治与服从关系的政治秩序中，社会行为对统治的服从，是有条件的，是对体现共同利益的义务的服从。对共同体成员来说，权力的让渡是以对自身利益的维护为条件的；对于政治统治者来说，合法性的获取就在于能不能证明和实现政治共同体的共同利益。共同利益不是单个个人利益的简单复加。任何一个共同体要实现所有人的绝对的个人利益是不可能的，因此一个政治秩序的维持还在于共同体内部大多数成员的认可。这样，维持共同体内部大多数成员的共同利益，就成为对政治秩序合法性评价的一个基本标准了。如果说，合法性只有诉诸那“无条件有效的东西”才能产生的话，那么绝大多数人的共同利益就具有这样的品质。一个政权如果维护了广大人民的根本利益，那么就会得到认可，从而获得合法性。但是一旦它失去了这种对共同利益维护的能力，而蜕变为少数人的特殊利益的保护机构，那么它的合法性地位就会逐步或立即丧失，最终要被人们遗弃。古今中外，无数的政权兴衰成败的历史事实都表明了这一点。社会主义国家也同样存在合法性问题。合法律性必须以共同利益为基础。让—马克·夸克认为，对合法律性的信仰要能够与合法性统一起来，还需要两个补充性条件：一是有关法律的叙述必须要与社会同一性的构成性价值协调一致。二是法律的陈述必须要以一种可信的方式促进社会同一性价值的实现。如果法律的实施阻碍了体现具有共同利益的社会同一性价值的实现，而因为缺乏公正造成了更多的利益矛盾和冲突，那不但会导致人们对法律权威的怀疑，还会危及人们对政治共同体的合法性的认同。正如哈贝马斯所说，“宪法无论具有何种形式上的优势，只要它所创建的规则与程序不能回应共同体的根本利益，那么它就无法赋予政治现实以形式，充当政治活动的真正标准。”合道德性必须建立在共同利益基础上。就政治统治而言，道德首先在本质上体现为对共同利益的维护。亚里士多德是第一个把道德与共同利益结合起来的西方学者。他说，“政治上的善即是公正，也就是全体公民的共同利益。”他根据是否顾及城邦“共同利益”为标准，把政体区分为“正确的政体”和“蜕变的政体”（或者称“变体”）。所谓“正确的政体”就是根据以公正即公民的共同利益所做的价值判断，用今天的话说就是具有合法性的政体。所谓“蜕变的政体”就是违反公正原则，以私利为目标的政体，这样的政体也就是失去合法性的政体。因此，任何一个政治秩序一旦离开了共同利益这个根本的出发点，其关于合法性的道德说教对合法性本身并没有太多助益。由此可见，只有在共同利益基础上，道德与法律才会具有统一性，这也正是获得合法性认可的基础。美国政治学者阿尔蒙德等人在《当代比较政治学》一书中指出：“法律一致和共同利益是政治共同性的两个方面，建立包含并反映道德一致和共同利益的政治体制就成为维护复杂社会共同性不可或缺的第三个因素。这种体制又转而赋予共同目的以新的意义，并在个人和集团的特定利益之间建立新的联系。”

综上所述，任何一种政治秩序，要获得合法性的认可，就必须考虑道德与法律两种规范体系对之产生的影响。合道德性是合法性的内在价值体现，公正、正义都是合法性的内在要求和本质反映；而合法律性又是合法性的外在形式保障，法律形式的制度化决定着合法性的证明水平。同时，合道德性与合法律性两者又是相互依赖和相互渗透的。人们对政治共同体的道德认同情感只有借助于法律的强制力才能够得以巩固和强化。同样，法律的形式也只有体现社会同一性的道德原则时，才能够变“他律”为“自律”，法律的权威才能够得到人们自觉的信奉和遵从。无论是合道德性还是合法律性，只有回应政治共同体的“共同利益”的要求，才能够真正与合法性统一起来。体现社会同一性构成价值的“共同利益”正是合法性认可判断的最根本的基础。

二、政治合法性与政党权威的伦理挑战

当前，我国正处于社会转型的时期，中国共产党面对转型时期的多重挑战，应积极寻求新的合法性资源，建立和强化理性的合法的政党权威。

第一，处理好政党利益与大众利益的关系。从社会结构来看，社会转型时期的利益分化产生了新的社会阶层，政党权威面临着新的合法性资源的寻找。我国实行改革开放 20 多年来，社会结构和社会阶层出现了前所未有的新分化，打破了传统的工人、农民、知识分子阶层的分野。中国社会科学院的一项研究报告表明如今的中国社会可以划分为十大阶层、五大等级。我们党应正视阶层分化问题，以积极的姿态迎接挑战。

第二，处理好政党责任与社会责任的关系。效率作为一种社会价值，越来越被人们接受为评价政治体系的重要标准。这对处于社会转型期的我们党来说，迅速提高其政治体系的管理模式的效能是当务之急。

第三，处理好政党意志与公民意识的关系。从价值观念和意识形态来看，当前公众意识越来越独立，主流意识形态相对弱化，价值观念多样化，处于传统结构下的党的权威受到了严重挑战，因此如何处理好党的意志和公民意识的关系是当前的一个重大课题。

第四，积极应对权力腐败的挑战。从执政党自身建设来看，党内腐败现象的滋生和蔓延是政党权威重建和强化的“顽疾”，严重损害

了政党权威。如果腐败现象得不到遏制和消除，人民利益就会不断受到损害，那么党的领导权的合法性就会受到质疑甚至丧失。苏联共产党的垮台与党内腐败蔓延、践踏人民利益而丧失合法性得不到人民的支持不无关系。改革开放十几年来，中国共产党的权威合法性资源及力量基础依然存在，但党仍然要高度关注腐败对党的合法性的挑战。

（原载《伦理学研究》2005 年第 1 期）

当代政治伦理研究与中国问题

亨廷顿曾经断言："身处正在实现现代化之中的当今世界，谁能掌握政治，谁就能掌握未来。"[①] 政治文明是人类文明的重要组成部分，而政治伦理则是现代社会政治文明的价值内核和行动基准。"政治伦理是社会政治生活中调节、调整人们的政治行为及政治关系的道德规范和准则"[②]。我国正处于社会全面转型的关键时期，如何加快政治文明建设步伐是我们面临的关键性问题，因此，以问题为导向，建构中国特色社会主义政治伦理学对于实现国家治理体系和治理能力现代化，促进中国政治文明的发展具有重大的理论和实践意义。

政治伦理研究的经典范式及问题转向目前学术界对政治伦理的研究基本上就是基于政治和伦理的关系，由此对政治现象进行伦理审视与规制来进行研究。然而，这样的研究视角并没有真正从政治本身的真实逻辑来深入思考政治伦理问题。政治伦理学研究有两条基本线索：一条是在伦理的视阈之内对政治进行研究，寻找政治的道德正当性或者澄明政治的价值结构。这也是古典主义政治伦理学的基本方法。如古典主义政治哲学家斯特劳斯所言，政治哲学自从在雅典时期形成以来，就具有亘古不变的内涵，即所有的政治生活都在追求着善的价值。他指出："所有的政治活动无非出于两个目的：不让生活变得更坏或者让生活变得更好。"正因为政治本身处于价值的追寻之中，所以阐释政治的价值目的和价值标准就成为政治伦理的首要任务。另一条线索是

---

① ［美］塞缪尔·亨廷顿：《变化社会中的政治秩序》，三联书店，1989 年，第 427 页。

② 贾红莲：《中国传统政治伦理思想的架构及现代价值》，《中国哲学史》2004 年第 2 期。

通过政治与伦理（道德的）的关系来研究，利用二者的结合点、交叉点、互相作用点，形成交叉性研究，即政治伦理化与伦理政治化。这种对于政治伦理的理解试图从道德理论为解决政治问题提供答案，或者通过政治生活的安排实现伦理的诉求。就政治伦理学来说，与其说它是一门应用性科学，还不如说它是一门交叉性的新兴学科，是政治学与伦理学的交叉，这样的理解更符合政治生活的道义逻辑。

当然这种政治伦理学的致思结果，产生如下普遍性政治伦理问题：政体的伦理特征、政制的伦理属性、政治生活的道德原则、政治人的道德要求、公民生活的德性等。柏拉图的《理想国》、亚里士多德的《政治学》就做了系统论述，由政治与道德的结合产生了“正义”观，把追求“善”作为最高的政治目标。中国古代开启“以德配天”“敬德保民”的政治伦理传统，形成以“仁”为核心的政治伦理观，通过“孝”的具体化，在此基础上形成了“君臣之道”。可见，古典政治伦理学都是以“至善”价值理念为轴心来规范政治生活。不过中西方具有差异性：古希腊注重政治共同体生活的“正义性”，而中国古代注重政治人的“道德性”。中国先秦原始儒家所理解的政治伦理首先是对作为政治治理者的君王或天子的道德价值要求，而古希腊先哲所理解的政治伦理则首先指向了作为政治共同体的国家的价值目标。这一差别是值得关注的，然而并未超出价值目的论的基本向度，或者说，它仍然属于政治与伦理的连贯性价值理解方式。经典的政治伦理学研究范式最终都走向了形而上学。无论是古希腊的“正义”还是传统儒家所宣扬的“仁爱”，都为政治树立了绝对的伦理价值。古希腊“正义”的背后，是自然秩序的安排。无论是柏拉图还是亚里士多德，虽然他们对于正义的理解有着精细的区分，但都认为那些拥有理性最多的人应该占据最有利的社会地位。他们根据理性划分社会等级的最终理由就是自然秩序。儒家的“仁爱”也内含着相近的逻辑。儒家并没有从现实的角度论证“仁爱”的必要，而是以断言的方式解释其意义。孔子就对不同的弟子给予了关于“仁爱”的不同解释。在以后的政治言说和实践中，无论是“六经注我”还是“我注六经”，都没有对“仁爱”的合法性提出质疑。经典的政治伦理研究表现出显著的基础主义立场。对于政治生活，我们会构建一整套价值体系，但我们不需要对之进行证明，这一体系对政治生活的参与者而言更像是“信念”，不证自明。古典主义政治哲学家认为，这种完备的价值基础是政治生活的起点，离开它，我们将陷入茫然，也无从找到政治行为的正当性依据。

但是这样一种经典的、理想型、目的论范式规范主义的政治伦理学模式，近代以来在西方受到了巨大的挑战，这也就带来了政治伦理学研究的问题转向。政治伦理学的问题转向主要有两个机缘。一是政治与伦理的分离或断裂。特别是西方近代以来，中世纪之后，随着科技革命、启蒙运动、产业革命的兴起，理论思想家构建的政治和道德一体化具有巨大的欺骗性，因为人们在具体的政治生活里面看到的是伦理和政治的分离，且是严重的分离。二是应用伦理学的兴起。古希腊哲人的这种政治伦理的连贯性价值理解方式，到了古罗马时代便受到律法主义思潮的挑战，一种基于自然法理论的国家律法主义观念逐渐占据上风。至文艺复兴时期，马基亚维利在其名作《君主论》中提出了一种绝对现实主义的政治哲学，它被视之为西方“无道德的政治学”（the politics without morality）主张的理论滥觞。无独有偶，中国到了先秦时期，周代以来的政治与伦理的统一性遭到了挑战。以韩非子为代表的法家将国家政治及其运作划分为“道”“术”“势”三个基本层面，甚至认为术、势才是政治的根本，以至于形成了后来的政治“厚黑学”，成为表面上非主流而实际上是政治人皆学的官场宝典。

这种政治与伦理的分离或断裂，我们还可以通过西方近代以来的思想轨迹来说明。政治对“道”的疏远甚至背离成为西方近代以来的政治现实，随之出现的是政治与伦理的两分式理论思维模式的逐渐凸显。17 世纪英国政治哲学家洛克的《政府论》显然将国家政治限定在政治权力本身的产生、运作和制约的合法性与有效性范畴。17 世纪英国哲学家霍布斯的《利维坦》基于“丛林法则”提出了国家专制主义主张，人的自然状态就是一切人对一切人的战争状态。18 世纪法国思想家孟德斯鸠所发表的《论法的精神》虽然并未脱离启蒙运动所倡导的基本价值理想，但它所关注的根本问题并不是政治之“道”，而是政治之“法则”原理。政治与伦理的两分随着 20 世纪末罗尔斯《政治自由主义》一书的出版而被明确的理论化了。罗尔斯的“政治自由主义”有三个基本命题：“（1）作为政治自由主义之核心理念的‘作为公平的正义’是政治的，而不是形而上学的或道德的；（2）民主政治及其实施者民主政府必须保持政治中立，必须超越于各种‘道德学说’之外；（3）国家不是任何形式的伦理共同体，而是严格的政治组织，因而对于民主国家来说，具有头等重要性的是政治秩序或政治稳定性，而不是公民美德甚或个人的美德。”罗尔斯认为对于原则和判断，需要经过“反思平衡”的过程。在任何特定的事件或者语境中，我们都要检验并且调整我们曾认为的普遍性原则，尽量让特殊情景下的道德判断符合普遍性的原则。所以对于罗尔斯而言，不存在无证自明的先验原则，也没有任何形而上学的原则具有超越其他原则的优先性。在政治生活中，原则的达成取决于人们通过协商从“权宜之计”走向“重叠共识”。在现代多元社会背景下，经典政治哲学理论隐含着潜在的危险，比如宗教战争，任何宗教都宣扬善（除了邪教），并因此形成了关于善的理解的完备学说。但如果我们都认为自己所确信的教义和教条是绝对正确、不容任何更改且具有不可辩驳的优先性。那么我们就无法与其他的宗教主张通约从而产生强烈的排他性，宗教战争就不可避免。要规避类似于宗教战争的问题，我们只能在特定的情景中与其他道德共同体的成员商谈，寻求关于善的共识，以此重构善的原则。这种政治哲学范式与经典政治哲学寻求善的完备知识的倾向大相径庭。

经典政治伦理学所遇到的最强挑战是近代自孔德以来所兴起的科学实证主义。科学实证主体从根本上重新定义了“知识”概念，认为

"科学知识"是"知识"的最高形态。实证主义所追求的知识不再如神学或者形而上学一样期待提供关于"为什么"的完全解答，而转向寻找关于"怎么做"的相关答案。实证主义发现了事实与价值之间的分野，实证主义的社会科学者们主张只有事实判断才具有科学性，社会科学无力为价值判断提供依据，因而要避免作出价值判断。从这一观点看，价值判断无非是描述了一种行为的倾向或者划定了一个必须遵守的原则。在实证主义影响下，现代政治则出现了对于价值的排斥。政治的价值中立意味着，只有当我们摆脱价值倾向的干扰，才能对政治行为做出科学客观的分析和评价，伦理逐渐走出了政治的中心话语。马克斯·韦伯的官僚科层制理论的现代公共行政管理理论、威尔逊的公共行政理论都提出了所谓政治与行政两分的主张，即认为，国家政治关乎价值立场，而政府行政则应保持"价值无涉"或价值中立，使政府行政成为纯专业技术型的职能管理机构和服务机构，尔后出现的所谓"企业化政府"的概念即源于此。

政治伦理学的问题转向也是与西方应用伦理学的兴起同步的。"应用伦理学是以研究如何运用伦理道德规范去分析解决具体的、有争议的道德问题的学问"（卢风、肖巍：《应用伦理学概论》）。社会生活本身的道德问题是应用伦理学产生的唯一理由。西方应用伦理学是以逻辑实证主义为代表的正统分析哲学土崩瓦解和元伦理学日前暴露出严重局限性的背景下兴起的。应用伦理学产生于20世纪六七十年代，首先在西方兴起，标志着分析哲学中的元伦理学已经走到了尽头。在新实证主义看来，只有元伦理学才是真正科学的伦理学。其侧重于分析道德语言中的逻辑，解释道德术语及判断的意义，将道德语言与道德语言所表达的内容分开，主张对任何道德信念和原则体系都要保持"中立"，并在此基础上研究问题。在具体的研究中，有时机械地搬用自然科学的机械符号和公式，具有形式化和脱离实际的倾向，其最大的局限性是价值中立和脱离道德实践。那么西方应用伦理学的兴起，除了分析哲学受到了挑战以外，最根本的原因就是社会生活。20世纪六七十年代，暴露出社会中的很多问题，比如说战争问题、政治革命问题、生命技术问题、科技问题、环境问题、“性革命”问题等，这些都是社会生活中的具体问题，需要伦理学家做出回答，这就是应用伦理学的产生的原因所在。

但政治驱逐伦理的努力受到了普遍质疑，政治非伦理化被证明既不合理、也不可能。斯特劳斯指出，任何政治行为都无法完全割离价值。离开伦理的关照，社会学者们将无从证明为什么他们关于社会的构想是“好的”，而且任何参与政治活动的人也必然带有某种价值倾向。任何社会制度的安排和政策制定，都是围绕着一定的价值理念所展开的。我们之所以认为社会契约论的理解比君权神授更具有正当性，是因为我们确认自由、平等这些最基本的价值。如果我们完全脱离关于“善”的维度，我们也无法回答为何废除奴隶制是现代政治的必要选择。所以斯特劳斯得出结论：（1）离开价值判断研究社会现象是不可能的；（2）拒绝价值的假设从未得到证明——这种假设认为价值之间的冲突不能由人类理性所解决；（3）政治生活的开展需要先定的“法则”，这些“法则”并不能由实证的方法所得到；（4）实证主义势必走向历史主义，而两者之间却存在着内在矛盾，历史主义不会认为实证主义的知识是最高的知识形态，而且历史主义对社会科学的研究依然要面对“什么是好的社会”这一问题。政治与价值的分离不仅从知识的角度而言缺乏可能性，而且会让政治沦为满足物欲的交易，正如卢梭所批评的：古希腊的政治家们总是强调规矩与德性，而我们只讨论交易与金钱。自卢梭之后，政治开始向伦理回归，政治与伦理的结合促成了政治伦理学的再次转型。

社会生活的政治性凸现、政治问题的集中以及政治与伦理道德的不可分割性是政治伦理学问题转向以及快速发展的重要原因。政治就是正义的治理，这是一个最高的伦理的概念，正义也成为当代政治哲学的主题。从这个意义上来说，中国社会生活离不开政治，经济生活离不开政治，公共生活的各个领域都离不开政治，每个人都离不开政治。在政治的诸领域之中，都可以发现道德的逻辑，任何政治行为都含有道德意义，因为当我们开展政治生活，无论以何种方式，都逃脱不了一个终极价值关怀的问题。在社会文化多元趋势下，政治中的伦理矛盾更加凸显，政治伦理难题不断出现。就目前而言，中国正处于社会转型期，我们的政治制度、伦理规范都在不断调整、完善之中。因此，我们较之以往遇到了更多的政治伦理难题，如稳定与发展的关系问题等。

当我们说政治伦理研究的问题转向时，实际上是遇到了“问题丛”，具体包括以下几个方面：

（1）社会生活中产生的政治伦理问题，这是由社会生活的其他领域中产生的问题无法解决而转变成为政治性问题，如贫富差距问题、教育资源分配正义问题、司法公正问题等。

（2）政治生活本身的伦理问题，如政治忠诚问题、政治反对问题、政治发展问题、国际恐怖活动问题、公权力腐败问题、公民参与问题、政治妥协问题等。

（3）政治伦理本身的问题，如政治手段与政治目的问题、政治品质与政治行为问题、行政忠诚与行政检举问题、政治伦理话语的重构问题、政治伦理的实践问题等。

（4）“政治人”伦理问题，如政治人的人性假设问题、政治人的德性问题、政治人的评价问题等。

当代政治伦理研究必须正视“中国问题”

习近平指出，坚持问题导向是马克思主义的鲜明特点。问题是创新的起点，也是创新的动力源。只有聆听时代的声音，回应时代的呼唤，认真研究解决重大而紧迫的问题，才能真正把握住历史脉络、找到发展规律，推动理论创新。坚持以马克思主义为指导，必须落到研究我国发展和我们党执政面临的重大理论和实践问题上来，落到提出解决问题的正确思路和有效办法上来。政治伦理学研究必须正视中国政治问题，其中的问题有两种理解，一是理论问题，或者说是命题，而另一个就是存在的不足。中国政治生活问题存在的诸多不足或问题也就给中国的政治伦理研究带来了一系列的挑战与难题。

（1）政党伦理问题。在坚持党的领导的前提下，如何确保党的先进性和纯洁性。中国共产党做为中华人民共和国合法执政党，在中华民族复兴中为适应时代发展和社会伦理道德，应遵循哪些诉求？政党作为一种政治组织，是特定阶级、阶层或集团利益的代表，拥有严明的组织纪律，具有鲜明的政治主张和政治目标，可以说政党是一个阶级性、功能性很强的组织类型。政党总是代表着特定群体的利益，发出群体性的利益诉求，并且致力于实现利益目标。作为执政党，党的群体代表性和执政的公共性之间必然具有内在冲突。战胜这一冲突是党所担负的重要伦理责任。

政党在某种意义上可以被视为产生集体行为的组织。而执政党的公共性在于其必须突破集体的限制而服务于所有社会成员。这意味着执政党不仅是公共生活的领导者，也是公共产品和服务的提供者。但是政党的公益性在现代社会遭到了巨大挑战。公共产品和服务要求处在政党中的每位个体都作出贡献。但在一个大的集体中，任何个体的贡献又是微不足道的。集体中的成员知道公共产品（公共善）的提供并不完全取决于个体选择，但这种物品（善）却会由所有社会成员分享。美国学者奥尔森（Ol-son）据此认为公共利益并不会自动地导致公益性的集体行为。在他看来，“公益性行为毋宁是个人追逐自我利益的副产品”，但是执政党的角色恰恰要求党员不能只追求个人利益。如果执政党成员唯个人利益是图，就必定会滑向政治腐败。这正是西方政党所面临的一大症候，也是我国政党必须正视和警惕的问题。中国共产党对于此问题有着深刻的洞见，从“为人民服务”原则的提出到习近平对于“治国理政”的系统阐述，我党都致力于通过党风廉政建设、党员自我修养促使党员把人民利益置于优先地位，把个体利益与政党利益、人民利益有机结合。

从政党的角度，我们党已经完成了从革命党向执政党的转型，党代表着全国人民的根本利益，并且将维护和促进人民利益作为最高的政治目标。从党员个人的角度而言，则面临新的挑战。政治与经济的融合是新社会环境下的重要特征。商业文明的发达一方面创造了巨额财富，另一方面则表现出经济政治化的冲动，即经济主体旨在通过掌握更多的公共权力而实现利益增长。在这种冲动面前，如何通过有效的制度安排和机制选择保持党员先进性、纯洁性，是我们党承担的政治伦理使命。

政党认同是公民政治认同的重要组成部分。对于政党的认同，能够帮助公民降低对于政治行为的质疑，增强政治自信。现代政治表现出强烈的认同政治特征，任何政治组织、政治领袖和政治行为，获得的认同度越高，就越具有政治合法性。公民的政治身份认同是建立政治认同的核心要素。美国学者卡姆（Kam）研究发现，政党认同既可以影响人们参与政治生活的行为路径，又可以消除人们的政治疑虑。他指出，在美国政党政治中，那些分属某一党派的公民更加信任该党提名的候选人，倾向于确信他们所作出的政治承诺。中国共产党处于政治生活的核心地位，是引导社会建设、国家发展的中坚力量。提升政党认同对于巩固党的领导地位至关重要。这就需要提炼并且让人们广泛接受党的价值理念。我们已经确立了社会主义核心价值体系和核心价值观，在其中精练表达了党的价值内核。如何在社会生活中发挥核心价值的引领作用，是实现政党认同的关键问题。

（2）国家权力制约问题。在坚决反对“三权分立”的前提下，如何实现权力制衡的有效性。权力制衡问题是到目前为止政治学、公共管理学都没有能够完美解决的问题。孟德斯鸠说：“一条万古不易的政治经验是，握有权力的人容易滥用权力，直到遇到某种外在限制为止。”因此，要想防止掌权者滥用权力，必须以权力制约权力，对权力的行使进行一定的监督。权力制衡有两种模式，一是横向制衡，也就是行政权、立法权以及司法权分开，但其实我们没有考虑到的是，三权同样可以合并，权力的本质是合谋的，如我们要保持司法独立，要保证公检法三家独立行使这个权利，但一旦这三家的权力掌控者相互勾结，腐败更容易滋生，因此横向制衡只能是一种理想的状态。“我国人民代表大会之下的人大常委会与一府两院之间的分权制衡制度是具有中国特色的横向分权制衡制度，是可以在个别省或地区进行试验的权力制衡结构模式”（刘俊杰：《当代中国权力制衡结构的完善与变革》)。另一种则是纵向制衡，这也就意味着权力制衡要加上一个原理也就是大权力要制约小权力，那就意味着有一部分权力是无法制约的。在这一模式下，腐败问题始终无法根除。腐败的实质是公共权力的私有化，行政人员过权力寻租等手段利用公共权力谋求私利。根治腐败就必须对公共权力的行使加以限制。而在纵向制衡中，公共权力的制约总是上交于更高级的权力，这就意味着处于最高层次的公共权力无法得到有效约束。只有将横向制约与纵向制约相结合，发挥各自的优势，才是国家权力制约的实现之道。

我国实行“议行合一”的原则，不能单纯照搬西方的三权分立，中国要实现权力制衡就得使政府等行政机关的权力和代议制的立法机关的权力相统一，行政机关必须由立法机关选举产生，并向立法机关负责，同时保证检察院、法院作为司法机关的独立性，依照法律来审判各类事情。

（3）政治中的法治问题。在坚决反对西方宪政的前提下，如何确保宪法的至上性和权威性。都说要把权力关进制度的笼子，只能有一个前提，掌握这个权力的人自己要待到这个笼子里面去，问题是谁来做笼子？所以说把权力关进制度的笼子，关键是谁来制定制度。这个制定制度的人，制作笼子的人本身也应该关到笼子里面去，而不是在笼子之外，这个才有效。因此我们要处理好两个问题，第一个是谁来做笼子；第二是把什么样的权力关进去，谁来关。解决这一问题的要义在于保持政治权力与法治权力的独立性。这也是法治与法制的主要区别。在传统社会中，我国也有立法，但法律成为政治权力的工具，法律丧失了自己独立的权威。问题在于，政治权力天然具有扩展的本质，特别是政治效率在某些情况下需要政治权力的扩张。采取有效措施抑制权力扩张的本性，是实现法治的根本方式。

日本学者大木雅夫提出“法治与德治两极互补”的立宪制度安排的构想，“在法被要求伦理化、而运用法的法学家们亦被要求高度伦理性的今天，有必要在新的意义上把握法治主义和德治主义”。中国是人民当家作主的国家，在确保宪法至上性和权威性时必须坚持以人为本，将人民民主制度，人民利益制度作为理论基础。同时，我国有着悠久的德治传统和丰富的道德资源，道德治理已经成为维持我国社会秩序的隐形机制。如果说法律为我们提供了外在约束，道德则是提高人民道德、形成自律的内在激励。我们既要防止以道德评判取代法律制约，最终滑向人治，又要防止忽视道德建设而让社会失去人文关怀。因此，我们必须坚持依法治国和以德治国相结合，将权力制约机制与道德约束机制相结合，不断完善社会主义法治建设，建立健全各项法律制度，强化对政治权利的监督，以此从最大程度上来确保宪法的至上性和权威性。

（4）公民参与权的保护问题。在不照搬西式民主的前提下，如何确保公民参与国家事务的权力。现在的西方民主制度，也不是很充分，也在不断地完善和改进。但是公民参与国家事务的权力如何保障，这是我们需要考虑的问题。我国《宪法》规定：“中华人民共和国的一切权力属于人民。”“人民行使国家权力的机关是全国人民代表大会和地方各级人民代表大会。”“人民依照法律规定，通过各种途径和形式，管理国家事务，管理经济和文化事业，管理社会事务。”我国宪法保障公民的参与权，公民参与权是有宪法赋予的，但是由于我国公民社会依然处于初级阶段，各项法律不完善，公民对参与权的保障意识不够。

公民要形成自觉的法律意识，意识到公民参与权利是法律赋予的宪法权利之一。公民在参与国家政治生活的过程中积极地运用法律，将自身的参与权与国家法律相结合，用法律来保护自身的参与权利，同时提高参与政治生活的积极性。国家要创造条件，保障公民参与权的正常实施，促进公民参与的有序和合法进行。

党的十八届三中全会提出了“完善和发展中国特色社会主义制度，推进国家治理体系和治理能力现代化”的战略任务。国家治理概念的提出意味着公民参与将得到进一步深化。国家治理的要义在于，社会和公民将分享更多的公共权力，在政治参与中分担更多的治理职能和责任。在以往的传统管理模式下，政府处于绝对的中心位置，国家权力无限扩张，国家权力呈现出从上至下的垂直结构。这种权力结构最终导致了政府权力的膨胀、机构的臃肿和行政效率的低下。国家治理则要求国家权力保持合适的限度，国家权力合理退让为社会参与留下更宽广的空间。以公民参与填补国家权力收缩留下的空缺是国家治理有效性的内在要求。在这种趋势下，公民参与不仅要求对于参与权利的维护，更意味着公共权力的重新分配。公民参与程度的深化还会带来另一个问题，就是参与权利与政府权威之间的内在张力。政府的有限性已经得到了广泛认识，正是基于这种认识，我们期待通过多元参与弥补政府决策的不足。那么，当公民参与结果与政府决策出现分歧的时候，如何实现政府的有效主导，也是我们将要面对的问题。

（5）政治真实性问题。在坚决反对西方新闻自由的前提下，如何认识政治需要及政治监督问题。政治是一种需要，是公民的一种精神需要，然而目前学术界似乎很少有人提及政治需要这一概念。随着改革开放和现代化建设的逐步深入，人民群众不仅物质文化需要在日益增长，而且政治需要也在日益增长。人民群众的政治需要主要包括：政治安全需要、政治表达需要、政治参与需要、政治监督需要等。这四种需要归根结底是政治民主需要，满足这种需要必须执政理念科学，政治制度完善，办事程序公正，政治行为文明，政治环境健康，政治事务透明。

我国是人民民主的国家，人民是社会主义国家的主人，同时人民群众也是政治文明建设的基本力量，实现政治需要必须明确人民群众的政治需要主体地位。人民群众是物质文明、精神文明的创造者，而且创造了和正在创造着政治文明。依法治国是党领导人民治理国家的基本方略，是完善党的领导和实现人民当家作主的基本途径和法制保证，国家必须实行依法治国来保障政治的真实性，保障人民政治需要的实行。

（6）政治行为技术问题。在坚持政治目标的至上性的前提下，如何认识政治手段的正当性、如何认识政治人的人品与行为。我们很多政治人的行为无可挑剔，这就能证明他一定是个好人吗？在现代政治伦理语境下，政治手段的正当性判断主要依据两个标准。一是政治手段是否合乎法律和制度规范，是否经过法定的程序。任何僭越合法程序，或者与既定法律条款、制度原则相违背的手段都将丧失正当性。二是公民的认同度。政治认同是政治合法性的另一来源。对于政治手段，获得的公民认同度越高，就越能得到正当性的证明。相对而言，对于政治手段第一条正当性标准的检验更为明确和简单，对于第二条标准的检验则更为复杂。任何政治手段的采取都会有特定的对象并产生利益相关者。而我们往往很难明确界定利益相关者的范围，不同的社会群体所受到的政治手段影响也具有不同的程度。那么，如何划定政治认同的群体和范围，是我们认识政治手段正当性所面对的困难。

对于政治人的道德，也产生了新的要求。道德是政治参与的重要前提。我国曾提出以德治国的理念。这一理念并不是要以道德取代法律，而是强调政治人的道德资格。对于政治人道德品质的关注也是我国的政治传统。早在数千年前，先贤们就提出了“以德配天”的命题，认为没有道德的人没有从事政治事务的资格。西方也是如此，无论是柏拉图还是亚里士多德，都认为那些分有最多道德理性的人才能参与政治生活。那么，政治人应该具备怎样的道德？以往我们总是依据私德评判政治人的品质。这无疑源于传统社会家国同构的形态。但在现代政治生活中，公共领域与私人领域截然分开，私德的好坏已经不能成为政治人的道德判断标准，但是对政治人，人们还是有着更多的道德期待。政治人首先必须是好的公民，即能遵纪守法、遵从、恪守政治原则和政治规矩。此外，政治人应该怀有积极的道德姿态促进公益的实现。当前，一些官员不求有功、但求无过，为官不为。虽然他们的行为没有违反法纪和制度，但显然不能说他们具备优秀的政治道德。在强调政治规矩的同时培养政治人的担当精神、公共精神，是政治道德建设的重大课题。

（7）意识形态问题。在全球化的浪潮中，如何坚持意识形态是所有国家共同面对的问题。在全球化浪潮中，各种文化相互交织、碰撞、影响，国家意识形态的交锋不可避免。在任何国家中，作为政治合法性论据的官方意识形态只有一种。意识形态表达着国家的意志，与国家利益密切相关。意识形态在现代政治语境中，面临着三大困难。第一个困难源自文化多元主义。多元文化的共存是现代社会的文化事实。在某种意义上，我们的确需要以包容的心态接受文化的多样性。但是，这种多样性在诉诸文化包容的同时，也产生了道德相对主义等错误的观念。更为重要的是，多元文化产生了对于权威文化话语的威胁。在多元文化的熏陶下，持有不同观念的人们试图在文化交往中获得更多的话语权，于是出现了文化大众化的倾向。那么，在文化大众化的倾向中如何巩固、强化意识形态的权威，如何在多元背景中维护意识形态的主导地位，是根本性的政治伦理问题。

意识形态所遇到的第二个困难在于西方文化的侵扰。国际意识形态的对话较以往任何时候都更为频繁和尖锐。如果说在传统社会中，意识形态的交往主要通过国家组织的形式出现（比如互派使团），那么网络时代的来临则让这种交往变得日常化。在我们身处的时代，任何人都可以成为意识形态的传播者和交往对象。意识形态的交往已经成为全球化所产生的必然结果。同时，西方国家从未放弃对我国意识形态的渗透和输出。毫无疑问，西方文化在国际层面的强势是一个客观事实。加之他们在经济贸易领域的优势地位，商品全球化的流动为其意识形态传播提供了有力的载体。要抵御外部文化对于国家意识形态的威胁，根本路径在于坚持社会主义政治道路，立足民族文化。正是在这一背景下，我国凝练提出了社会主义核心价值观。只有构建坚强的价值内核，我们才能拥有与其他国家进行对话的根基与实力。在坚决反对西方普世价值的同时，建立、培育、践行好社会主义核心价值观成为我们必须肩负的历史任务。

意识形态在全球化背景下遇到的第三个困难来自民族特殊性与全球化整合性之间的矛盾。全球化一方面带来了文化的多元，另一方面又表现出强烈的统合性趋势。全球化进程内含着趋同的力量。意识形态建立在国家特有的历史、信仰、语言等特性中。而这些特性在全球化过程中受到了严峻挑战。“全球化为人们提供了国际视野，也让很多原本属于民族和国内的问题上升为国际话题。随着人员和资源的国际化流动，国民身份逐渐被国际身份所淡化。国际合作的深化更加速了这一进程”。如何积极应对全球化的统合性力量，保持自己国家、民族的特性，提升国家认同和民族意识，从而捍卫国家的意识形态基础，是政治伦理的又一难题。

以问题为导向的中国特色政治伦理学研究构想

（一）中国特色的政治伦理学研究需要确证政治伦理学的核心问题

政治伦理研究的主题应当是人类政治生活，而非一般的道德理念，政治伦理的研究首先是针对人类政治生活中的特殊问题，而不是针对人类生活中的普遍道德问题，而现代民主政治的根本要求是权利优先于权力，就此而论，现代政治伦理只能是人民的权利伦理，所以，国家权力与公民权利的关系问题是政治伦理学的核心问题。

研究公民权利，要简单了解公民的历史演变：古典公民、封建臣民、近代公民与现代选民。公民的最初原型是古希腊城邦的主人。公民的希腊文 polites 由城邦 polis 衍生而来，是指有权参加城邦政治生活的成年男性。古典意义上的公民是以参与城邦政治事务为主要权利和义务的积极公民（社会成员）。在城邦中，国家的最高权力属于公民大会。但公民并不是指城邦中的所有居民，仅仅指根据出身而获得特权并因此具有参与城邦政治事务资格的成年男性。外邦人、奴隶、女性和未成年人都不是城邦的公民，因此也就没有享有国家最高权力的使用资格。

从帝国时期开始的专制国家形态，在世俗生活中的国家最高权力是一种绝对权力，集中为专制君主所掌控。宗教力量的壮大使得上帝在人们的精神生活中拥有主宰人们信仰的最高权力。专制君主则是上帝在世俗生活中的最高代理人，因此也就同时充当了人们精神生活的最高领导者。此时受世俗与精神两种最高权力绝对支配的人们以一种消极服从和依附的姿态臣服于君王的绝对权力，就产生了臣民。臣民是专制国家中臣服于不受约束的极权、缺乏自主与平等意识以及自治能力的国民。

如果说人民主权还是停留在道德层面意义上的理想学说，那么，宪政架构中的公民理念就是人民主权学说坐实为政治制度的基本安排的第一层级。所谓宪政国家就是实施法律主治、以宪法为限定国家权力和保障公民权利的基本法律的国家。在宪政国家中，作为集体概念的抽象的“人民”才得以具体体现为真正享有个体权利的公民。这里的公民不是仅仅具有象征性的宪法文献意义上的人们的总称，而是其权利、义务及参与国家公共生活的一切规则都不带附加条件地落实为宪法条文的宪政制度下的公民。在这种背景下，民主国家才得以实现，“选民”就是在公民已实现基本权利诉求时发展出来的一个概念。民主性较强的国家中的选民不仅仅是指拥有并行使选举权的投票者身份，而更多地意味着公民从消极地为个体权利寻求保障发展到运用自身的能力和权利来积极履行公民参政义务或权利。

国家权力是统治阶级运用国家机器来实现其意志和巩固其统治的支配力量。国家权力是一种特殊的政治权力，是通过国家政权发生的政治权力关系。国家权力对内具有强制性，对外具有主权性，不允许外来干涉。其所表现的最高统治形式是国家主权，它是国家权力的“最终权力”，是一切国家权力的源泉。政府权力来自国家主权通过法律的合法授予。现代政府权力按照职能不同，一般分为立法权、行政权和司法权。通常以宪法、法律等加以颁布，由政权机关保证其实现。

国家权力代表着国家的意志，属于最高层次的权力。在传统政治伦理中，国家主权有着不容置疑的至上性，服从国家主权是每一位公民的责任和义务。在现代政治伦理视阈下，国家权力的行使不再是无条件的，而是普遍认为需要加以必要的限制。其中的根本问题在于国家权力与公民权利关系的调整。传统政治伦理理论认为国家权力包含公民权利，所以公民对于国家权力必须绝对服从。但近代以来，人们逐渐意识到公民个体在国家权力面前的脆弱性。为了防止国家权力对公民个人的侵犯，需要在国家权力与公民权利之间划分界限。密尔（Mill）曾经指出了私人领域的三个方面：一是个人思考并表达思想，二是个人的品位以及关于自我发展的规划，三是与其他人的交往。他指出国家权力不应该干涉个人上述三方面的权利。罗尔斯也看到了个人权利被国家权力吞没的风险，提出个人拥有一些基本权利，这些权利即便以社会整体之名也无法剥夺。但是，我们也不能认同西方自由主义过分强调公民权利优先性的论断。国家权力的行使在特定条件下难免与公民权利产生矛盾甚至冲突。在特殊情境中，公民权利的牺牲不但是高尚的，而且是必要的，如当国家主权受到侵犯的时候，甚至要通过牺牲公民生命的方式捍卫国家权力。所以，我们既要防止国家权力的滥用，也要避免倒向个人主义或者国家虚无主义。

（二）中国特色的政治伦理学研究必须突出“四权”

政治伦理学体系的建构要以“四权”为核心，也就是国家权力、公民权利、政治权衡、行为权变。国家权力是现代政治伦理研究中的重点内容，它往往是发生政治伦理关系的“基地”，以及由于国家本身强势的“恶”的性质，常常又是产生政治伦理问题的“主动方”。以国家权力为轴心的政治伦理学涉及国家伦理、政府伦理、政党伦理、阶级阶层伦理、意识形态伦理、民族伦理、国际政治伦理等。国家权力又与公民权利不可分割，没有公民权利的让渡，就没有国家权力，而面对既成的国家权力，公民权利又是被动的和渺小的，所以它是产生政治伦理问题“被动方”，正因为如此，保护公民权利就成了政治伦理提倡的最高价值目标。以公民权利为轴心的政治伦理学涉及宪政伦理、公民美德伦理、人权伦理、社会治理伦理等。公民权利和国家权力之间是一个双向互动的平行关系，其中就涉及政治权衡问题，权衡就包含了制约与平衡两个方面。制约主要是公民权利对国家权力的制约，平衡主要是在国家权力与公民权利之间寻找结合点和平衡点，以实现社会的整体和谐。以政治权衡为轴心的政治伦理学涉及政治发展伦理、政治行动伦理、政治制度伦理、政治政策伦理、权力制约伦理等。当然，政治权衡就是由政治主体的权变来掌控，这也就涉及行为权变问题，即在政治生活中可能出现相对重的“人为”因素，对“政治人”的道德要求更加严格。以行为权变为核心的政治伦理学涉及政治行为伦理、公务员美德伦理、政治领袖伦理、政治集团伦理等。

（三）中国特色的政治伦理学研究要以“三清”政治为轴心

党的十八大提出“建设廉洁政治”，将其作为党的建设的重要组成部分，也是国家政治建设中的关键环节，更是中国特色社会主义政治伦理建设的“轴心”所在。中国特色社会主义政治伦理建设要以中国特色社会主义理论为指导，以中国传统政治伦理为基本元素，以西方政治伦理思想为基本参照。中国特色社会主义政治伦理建设的基础就是要结合中国实际，中国特色社会主义理论是中国共产党在深刻总结社会主义发展经验，结合中国社会发展实际开辟出来的社会主义发展的现实道路。因此中国特色社会主义政治伦理建设必须首先要以中国特色社会主义理论为指导。中国传统政治伦理是与中国文化传统、中国历史相伴随的，是中华民族智慧的结晶。政治道德价值取向多元化、政治道德评价标准的不确定、政治道德人格的缺失和扭曲、政治道德教育失当等社会特征给中国特色社会主义政治伦理带来了巨大挑战，我们需要以中国传统政治伦理为基本元素，吸收其中优秀的资源，加快传统政治伦理向现代政治伦理的转化。以中国传统政治伦理为基本元素是从纵向角度吸收优秀资源，而以西方政治伦理思想为基本参照则是一个横向的对比，吸收西方文明的精华，美德政治伦理、神性政治伦理、非道德主义的政治伦理、权利政治伦理等政治伦理观都能够为我们中国特色社会主义政治伦理建设提供宝贵的借鉴。

以“三清”为轴心的中国特色社会主义政治伦理主要包含三个方面：干部清正、政府清廉、政治清明。干部清正也就意味着公职人员要忠诚、干净、担当、正直；政府清廉指政府廉价、高效、负责，权力的运行要透明、公正；政治清明指政治决策英明、政治程序透明、政治态度开明、政治纪律严明。干部、政府以及权力三者是现代政治管理的基本要素，以“三清”为轴心的中国特色社会主义政治伦理建构必须三管齐下，三个方面同时推进，三者缺一不可。干部清正解决的是公职人员的个体问题，同时也是建设以“三清”为轴心的中国特色社会主义政治伦理的微观基础；政府清廉解决的是政府组织问题，是构建以“三清”为轴心的中国特色社会主义政治伦理的关键；政治清明是解决政治宏观价值问题，是构建以“三清”为轴心的中国特色社会主义政治伦理核心。干部清正、政府清廉、政治清明三者是一个有机整体，缺一不可，同时也是一个递进发展的过程。

干部清正是建设以“三清”为轴心的中国特色社会主义政治伦理的基础。作为公职人员的干部，直接影响着政治权力的运行，干部是否清正也就直接影响到中国特色社会主义政治伦理的发展。干部清正意味着，首先，公职人员要忠诚于国家、忠诚于党和人民、忠诚于社会主义事业。其次，公职人员要正确处理角色冲突，时刻认识到自己所具有的公共性特质，廉洁奉公、以“为人民服务”作为自己行为的最高准则。再次，公职人员要具备担当精神和责任意识，合理使用自由裁量权。最后，公职人员要秉持正直的道德品格，在行使公共权力过程中做到公平公正，为维护人民利益、党的利益、国家利益敢于仗义执言、秉公办事。

政府清廉是建设以“三清”为轴心的中国特色社会主义政治伦理的关键。清廉应当是对政府组织的本质要求。首先，清廉的政府是廉价政府。政府廉价具有双重含义：一是降低政府的行政门槛，二是减少行政运行费用，提高政府决策的科学性。其次，清廉的政府是高效、负责的政府。效率是任何组织的基本目标，作为主导性行政组织，政府也必然具有对效率的追求。政府效率主要表现在三个方面：一是政令通达，任何人都处于行政命令序列之中，在理想状态下任一下属只接受唯一上级的指令，政策可以得到完全执行；二是有明确的决策部门、决策部门必须担负相应的责任；三是实现权力集中与权力分散的平衡，既保证政府的有效监管，又要提高非政府部门的自治能力。责任政府则意味着政府必须对权力使用的后果承担责任，敢于担责、敢于接受问责。再次，清廉政府是公开、公正的政府。政府是公共权力的操作者，也是人民的权力委托者，所以政府对于公权的行使必须在人民的监督之下。人民拥有公权行使的知情权，维护、落实知情权是政府不可推卸的责任。政府作为制度、政策的制定者，必须致力于实现社会正义。一是通过公共资源分配为所有社会成员提供平等发展的机会，二是确保人们基于公民身份的权利平等。在社会转型过程中，我国群体间的贫富差距被拉大，经济的不平等导致社会权利的不平等，处于社会有利地位群体聚集着更多的财富和社会资源。在公正的社会中，社会发展的成果不应只由某部分人享有，而应为所有社会成员共享。“让一切创造社会财富的源泉充分涌流，让发展成果更多更公平惠及全体人民”是政府的根本职能。清廉政府的建设是保证公共权力规范运行的根本所在，这也是实现政治清明至关重要的一环。

政治清明是建设以“三清”为轴心的中国特色社会主义政治伦理的核心。一直以来，政治清明都是公共权力运行的一种健康状态，也是公众心中最好的形态。政治清明具体表现为政治决策英明、政治程序透明、政治态度开明、政治纪律严明，是一种良性的社会互动与和谐的社会共生的生态系统。干部清正、政府清廉、政治清明三者相互独立，但同时又具有内在的必然联系。清正是公职人员的立业之本；清廉是政府组织的本质要求；清明是公众对于政治生活的期待，政治清明的前提就是干部清正、政府清廉，与此同时清明的政治环境才能够培育出更多的清正干部和清廉政府。

（四）中国特色的政治伦理学研究要致力于话语体系建设

近年来，政治伦理学的研究取得了丰硕的成果，但同时也存在着诸多问题：首先，知识边界不清楚。虽然说目前关于政治伦理的专著非常多，但实际上很多学者对政治伦理学的研究对象、研究问题以及研究的边界、研究的方法并不完备，很多人都回避了这些问题。学者们的研究往往从谈政治与伦理的关系出发，而根本没给政治伦理学研究范围下定义，或者说很多人的研究都局限于政治与道德的关系来研究政治伦理学，这就导致整个伦理学的知识体系不完备，不明确。其次，研究方法比较陈旧。就目前而言我们对于政治伦理学的研究基本还是采用一般的研究伦理学的方法，用伦理学的基本理论来分析一些政治问题，就变成了政治伦理学。然而实际上政治伦理学的研究应该要遵循政治本身的逻辑，来从中阐释伦理道德问题。所以一些规范伦理学的方法也就限制了政治伦理学的问题研究。再次，中国政治伦理学研究的话语体系，没有中国特色。我们现在大部分的政治哲学和政治伦理学的研究都是通过文本进行研究和分析，基本上是按照西方的政治哲学的概念来研究中国的政治哲学的问题。这样的研究方法固然有可取之处，但是这也仅仅是政治伦理学研究当中的一个部分或者说一个方面，我们应当立足于中国的实际来开展政治伦理学的研究。目前中国政治伦理学的话语体系并没有形成，尤其是中国特色政治伦理学的话语体系并没有形成，这也就导致我们政治伦理学的研究陷入了困境，出现了诸多的问题。因此，我们需要在以下三个方面努力：

一是以“问题导向”拓展当代中国政治伦理学的研究视域。中国政治伦理学的研究应当要具备历史向度、时代向度、中国向度、世界向度。从纵向上来看，中国政治伦理学的研究一方面要继承中华民族的优秀传统文化，从前人的思想当中吸取营养，同时也需要紧紧跟随时代的步伐，根据时代发展的需求调整自身的研究视域。从横向上来看，中国政治伦理学的研究要时刻围绕中国社会发展的实际情况，建立真正属于中国自身的政治伦理学研究视域，同时也需要不断扩宽自身的视野，站在世界的角度去研究政治伦理，要具备大格局的意识。

二是以“视域整合”构建当代中国政治伦理学的研究内容。当代中国政治伦理学的研究要以“问题导向”拓展视域，同时也要不断整合研究的视界，拓展研究内容。从研究视界上来看，正如前文所说的当代中国政治伦理的研究需要有中国向度和世界向度一样，其研究视界也要有中国视界和西方视界，需要同时吸取中西方优秀文化的精华，同时不断扩展研究内容，政治伦理、政府道德、公务员道德、公共管理伦理、行政伦理、公民美德等内容都应当是当代中国政治伦理学研究的重点内容。

三是以“继承创新”形成当代中国政治伦理学的独特风格和中国学派。当代中国政治伦理学的研究需要具备中国特色，需要在现有的基础之上形成中国独特的研究风格。这也就需要以中国传统政治伦理的解释系统作为基本话语，以中国独特的政治思想与智慧作为基本知识基础，以当代中国最生动的政治实践作为基本内容。

（原载《求索》2017 年第 4 期）

政治妥协的伦理价值如何实现

政治本质上是权力与权利关系的体现，这就意味着冲突可能是政治的常态。从古至今，人类一直在寻找与探索解决冲突的方式，但由于思想的局限，为了自身利益大多采取武力与暴力解决冲突与矛盾。随着理性民主思想的传播，在讲究和平与宽容的政治大背景下，政治妥协逐渐成为解决政治冲突的有效手段和方式。政治妥协不仅是现代民主政治生活中的重要现象，而且也成为了政治文明程度检验表征之一。

一、公共理性是实现政治妥协伦理价值的前提

“公共理性是一个民主国家的基础”，其是公民的理性，是为了追求公共善。而政治妥协在政治生活中扮演的则是调解者的角色，要化解政治冲突并使政治处于平和状态，遵循公共理性是基础，由此而达成的政治妥协在处理社会政治冲突中是最有效的方式。

首先，公共理性蕴含着政治妥协的伦理前提。在和谐有序的政治环境下，维系政治社会良好有序运行的价值纽带是公共理性。以和平的手段解决冲突是公共理性的重要内容，“不能用武力来解决理性争辩中的冲突，不能以一种非正义的方式来捍卫一种正义的事业”。而在政治生活中更亦是如此，政治妥协就是一种基于理性的政治策略，这种策略是和平政治秩序的理性保障。

英国哲学家霍布斯摆脱神学论之后，以人性恶为理论研究的起点，

论证了国家存在的必要性，他指出当人迫切希望脱离“自然状态”时，“一方面是要靠人们的激情，另一方面靠人的理性”。人类的政治生活也就离不开公共理性的支撑，公共理性为政治冲突的解决提供和平的思维方式，在政治双方由于利益产生冲突时，拥有公共理性的政治主体会摈弃暴力与武力的方式，顾全大局，采取新的解决手段，即通过协商、谈判的方式，既能够兼顾双方利益，而且能避免暴力的发生，并且达到同一核心目的。因此，公共理性要求利益双方用合理的方式做出理性的妥协。再从理性的角度上来说，法国哲学家孟德斯鸠在《论法的精神》一书就提到，人是有限理性的存在，因而不能知晓天地，故他认为社会生活的运行是需要“政治的和民事的法律”予以补偿和纠正。康德也认为，在自由发展的社会中，社会成员之间是存在对抗性，要使得人与人之间能够和平共处，需要设定理性存在的合理范围。这也就是在让渡出部分政治权利，而妥协的存在正是能够合理地保障社会的运行。法治化的国家的建立，不仅仅可以制约独断专横的权力，同时也是给政治冲突提供了基本合理的秩序与规则。公共理性需要法治来维持，而法治又是保证权力者不滥用权力的手段，但其中法治的建立又离不开政治妥协，需要的是通过协商、谈判，保障政治利益最大化。所以，公共理性是政治妥协意识存在的伦理基石。

其次，公共理性散发政治妥协的伦理智慧。公共理性本身就蕴含着沟通和协商的内在思维能力，是公民参与社会生活中的合理表达。现代政治生活是全民参与的时代，它不仅需要公民理性有序地参与其中，也需要他们运用理性的方式进行利益的协调与妥协。莱维特指出：“社会是需要依靠协商、贸易、妥协和和解来解决冲突的。”这种调和的解决方法，是冲突双方权衡各自利益，保持宽容的心怀，通过沟通、协商、谈判的方式，在维护各自核心利益的基础之上各自做出一定的让步，寻找利益的平衡点，最终实现共赢。其实在儒家的思想当中，理性价值观就是极为重要的组成部分，儒家也非常注重个人德行的修养和价值观的培育，“因为他们相信，真正的社会和谐只能通过交往与协商才能实现”。政治妥协这一理念正是契合儒家的中庸思想的内核。众所周知，儒家的中庸思想在中国很长一段时间占据着核心地位，它提倡不偏不倚、无过不及的处事态度。这就导致很多人在理解中庸精神时，都会认为它是一种固执己见、墨守成规、不愿意去改变与适应环境。但其实中庸并不是简单的不改变，而是希望能够在明确目标下，保持沟通协商的能力，守住妥协的底线，以此追求中华文化“以和为贵”的境界。建立在中庸基础上的中国思想注重的是内在的心性修炼，忽视了理性的完备作用。现代政治生活，要在全面总结合适经验教训的基础之上，审视现实问题，超越与改变文化传统之不足，以此来适应新的政治世界。政治妥协正是要在实现过程中把公共理性作为支撑点，过犹不及，事缓则圆。政治双方只有合理把握妥协的度，才能避免以暴制暴、损害双方利益的悲剧发生，才能打开政治和谐的新局面。宽容的精神一直被视为公共理性不可缺少的一部分，它需要公民保持宽容的理念，才能有利于发挥公共理性的作用。公共理性是以达成和谐、良好的社会秩序为目标，构建良好的社会公共权力的运行机制。这就要求公民能在自身利益受损时，不激起尖锐到不可调和的社会矛盾，避免走入极端。政治妥协正是宽容精神的产物，在社会政治生活运行中，能够有效避免政治暴力的出现，关注不同政治利益团体所面临的政治诉求，以此减少政治社会生活中影响和谐运行的破坏性因素。在公共理性散发的伦理智慧下，以合作共赢的方式给予双方宽容与尊重。

二、政治正义是实现政治妥协伦理价值的基础

“实现人民的利益和意志应该成为国家活动的根本目的”，政治作为国家权力的体现必须以保障人民的权利为核心，这才是国家存在的根本意义所在。正义理念是保障全体社会成员根本利益的有效手段，

正义的现代社会制度制定和运行的基本核心。也正是如此，政治正义对于现代社会的意义尤为重要，甚至可以说是现代社会的根本要求。“一个社会，当它不仅被设计的旨在推进它的成员利益，而且也有效地受着一种公开的正义观管理时，它就是组织良好的社会。”政治正义是衡量现代政治和谐的重要价值尺度，而政治和谐必然是政治妥协的结果。因此政治正义不仅能为政治妥协提供良好有序的政治环境，同时政治妥协的伦理价值实现也需要以政治正义作为基础。政治正义奠定政治妥协的合理性基础。正义是协调各方利益的基本准则，也正是如此，现实要求现代社会的发展必然要建立在互助合作的基础之上，这也是正义存在的前提。但是当我们承认个人存在和能力的有限性和资源的有限性是人类存在所面临的基本处境，需要以政治的方式选择来走出困境之时，也必然把政治正义作为普遍正义原则来充当社会合作的伦理基础。

正义是政治生活中不可回避的话题，甚至可以说是现代政治的核心所在，“对政治权利的占有和行使以及它提供的政治秩序是否正当的根本性追问就是政治正义问题”。正是如此，政治正义同样也需要公共理性来支撑，公共理性要求公民用理性的方式来对待政治生活中的现象，这就表明在公平的前提下，当政治生活出现争议冲突时，社会成员需要意见达到一致，政治妥协正是在其中充当润滑剂的作用，它为公平契约的达成提供一种非暴力的和谐友好的方式。政治正义离不开公共理性，则意味着在平等正义下的所有公民都具有理性的观念，处理一切有可能发生的冲突并实现特定的价值目标。既然有了冲突，就需要解决矛盾，政治妥协是现代社会解决冲突与矛盾的最好方式，它能避免冲突的最大化引发的危害。但是在政治妥协的过程中，首要的是妥协双方需要达成共同利益的政治共识，而这些政治共识只有在公共理性基础上的政治正义才能获得。政治正义也离不开政治权力分配的问题，政治权力的合理分配是建立政治秩序的首要关键。“三权分立”的提出就是为了防止权力的滥用，同时也是为了预防因利益驱使而倾向追求权力的无限扩大。现代政治生活当中，权力的扩张已经成为一个阻碍社会正常发展和运行极为重要的瓶颈和矛盾。分权制衡的提出是要控制权力的滥用和无止境的扩张，这其实就是妥协的结果。通过各方的协商和妥协，让步利益保障协商，实现社会政治的秩序化。权力之间的权衡构成了政治权力妥协的必要基础，因为不管对于西方资本主义国家还是日趋强大的中国而言，权力制衡的思想都是有着重大的影响。总而言之，政治正义为政治妥协奠定合理性的基础。这种基础是需要公共理性作为支撑，同时也需要建立有序的政治秩序，保障政治权力的有效运行的合理性。

政治正义奠定政治妥协的公正性基础。政治正义从大的范围来说，它是国际政治环境中最为核心的观念，英国赫德利·布尔在《无政府社会》一书开篇，提出国际秩序的基本目标有三个方面，一是维持国家体系和国际社会本身的生存，第二是维护国家的独立或外部主权，三是维护和平。对于现代国家而言，随着全球化趋势的加强，不可避免地要面对其他国家，如何处理好国家与国家之间的关系，构建合理的国际秩序是现代国际政治的核心议题。而政治正义正是国际秩序构建的基本价值理念，从爆发的两次世界大战来看，正是由于缺乏国际秩序的建立，国家与国家之间缺乏有效妥协机制，采取暴力及对抗的方式，不仅使国家自身损害较大，也危害到了全世界的其他国家。纵观国际的关系，无非是三种，第一是对抗式即战争；第二是僵局即冷战；第三是妥协即正义。很明显，前两种的结果都是“鱼死网破”“非死即伤”，最终结果也是在非正义压迫下强制。第三种的妥协是指在政治正义的大环境下，以国家之间的平等为基础，构建公平合理的国际制度保障各国根本利益的实现，通过契约的形式来约束国家的行为。因此，政治正义提供了政治妥协的国际大环境，并且以公正性原则为基础，以尊重国家之间的平等利益，解决国家之间冲突为原则，避免暴力与强权政治的发生，并且以增强国际的友好合作，促进国家的发展为最终目的。从小的范围来说，政治正义是维护社会政治的有序运行，罗尔斯认为政治正义是通过调整与分配社会资源，使之保障公民基本权利与义务，实现公平正义的分配。暂且先不讨论罗尔斯定义是否过于狭隘，但从定义上来说，基本公平正义的制度建设是政治正义的关键，它能够保障每一个公民在社会生活中享受到平等与自由。一个好的社会基本制度的建设，必然伴随着政治妥协。在社会政治生活中，掌握权力的少部分人在制定基本制度时，必须充分考虑大部分人的基本权利，维护社会最大多数的基本利益。罗尔斯在《正义论》中就此点，提出了两个条件，归纳其核心是，第一，在社会经济生活中，任何职务与岗位都应在公平的机会下对社会全体公民开放。第二，制度建设分配问题应该有利于社会最底层的最大利益。综合这两点，政治正义的基本制度建设是其主心骨，它能为政治社会生活提供权利与义务分配的蓝本，而这一切，都是建立在政治妥协的基础之上，以公正平等的原则进行合理有效的协商、让步来解决社会本身分配不均的矛盾，维护社会共同体的利益，保障公民平等与自由，奠定政治妥协的公正性基础。

政治正义奠定政治妥协的道义性基础。《理想国》当中按照正义主体的不同可以分为个人正义和国家正义，简单说起来其实就是对于正义的解释“各守本分，各司其职”。因此，政治正义也是指在政治生活中，尊重和保障每一个公民的权利，维护其利益，这就是社会的最大正义。而正是有了这种最大的正义，当其他一切有可能产生冲突的价值出现时，在政治正义下的政治妥协就有足够强大的道义性基础来支撑。“有理由才可能被理解，有根据才可能被视为正当，有价值才可能被接受。”也就是说，在政治共同体中的人民根据正义的观念制定一系列的共同规则，这些共同规则被普遍认同。而在多元化价值社会的今天，每个人都被赋予自由的权利，在面对与政治正义的价值出现冲突时，政治妥协的出现正好合理地解决此难题。这里的妥协并不是指无条件的妥协，而是指社会成员对政治正义本身保持一种认同、承认的观念，在此价值的基础上进行理性的妥协。政治正义是在有社会共同成员参与并且存在政治冲突中产生的。因此，政治正义如哈贝马斯所说的一样，可以理解为一种利益的妥协和协调，对此，采取一种商谈、民主的方式让所有的利益相关者都参与讨论发表意见，但最终的正义的结果必然是经过妥协而得。“对社会的存在来说，仁慈不像正义那么根本重要。没有仁慈，社会仍可能存在，虽然不是存在最舒服的状态；但是，普遍失去正义，肯定会彻底摧毁社会。”值得一提的是，政治正义会带来和谐。从国际关系上来说，国家间的政治妥协是通往和谐世界的阶梯，只有在政治正义下，才能运用政治妥协平等正义地化解国家间的利益冲突。从社会关系来说，当社会出现内部矛盾，掌握权力的公共权威本着正义的原则，运用政治妥协有效协调并解决矛盾，使得利益均衡与公平正义相统一，达到和谐共处的局面。

三、协商民主是实现政治妥协伦理价值的关键

政治妥协是协商民主实现其价值的理念支撑，而民主协商的过程其实就是一个妥协的过程。协商民主是实现政治妥协伦理价值的关键，一方面协商民主为政治妥协伦理价值的实现提供了一个良好的政治环境，搭建了一个科学的对话平台，另一方面民主协商的过程其实就是各方进行利益博弈和相互妥协的过程，通过民主协商是否妥协、如何妥协、作何种程度的妥协等问题都能够得到合理的解决。

协商民主提供政治妥协的良好环境。协商民主是政治妥协的协商过程，目的是化解政治生活中有可能出现的冲突与矛盾。协商民主所提倡的民主为政治妥协的实现创造良好的政治环境，为各方营造一个和平解决利益冲突的理念和环境，同时也为各方的对话和谈判提供一个平等的渠道和平台。政治妥协并非一个简简单单的结果，其应当是一个多方对话和博弈的过程，在各方处于平等地位的基础之上经过对话和协商寻找不同主体之间的“适度”平衡点。民主协商为这个平衡

点的寻找提供了基本的环境和科学的路径。

首先协商民主为政治妥协提供民主和平的环境。“政治上成熟的人会寻求持中的解决办法”，政治妥协是有成熟观念的政治主体选择解决冲突矛盾的手段，而协商民主的参与者则需要在此基础上提高公民参与民主协商的参与度，同时，协商民主不仅给予公民投票选举的权利，还赋予公民积极参与政治决策的权利，这无疑有利于政治妥协被公民接纳。与此同时协商民主的兴起，是代议民主制出现弊端与发生不可调和矛盾时产生的，从“不容妥协”理念到提倡协商民主的改变，实际上也是认可解决冲突与矛盾应该采取非暴力与非对抗的民主方式。以和平的方式来解决利益的冲突是政治妥协最基本的特点，诚然妥协也就意味着让步，意味着要让渡一部分的利益，但是这种让步是有条件的，其目标是为了实现主体的更大利益，毕竟依靠暴力解决冲突最后的结果一般都是共同受损。“政治妥协也是有原则性的，而并不等于无原则的投降，不等于不要原则的随波逐流。”显而易见，政治妥协不是在压迫下一味地软弱，而是有原则有底线的退让，在不使用暴力武力的情况下，最终达成双方的共识。但是，因知识文化条件的不一样，公民对政治的诉求也就不一样，如何在不同政治主体之间进行协调是协商民主需要做的。这里的协调也就是政治妥协实现的基本过程，它实际上是在冲突分歧中找到协商之处。

其次协商民主为政治妥协搭建协商平台。多元发展时代同时满足所有人的所有利益需求是极为困难的。更为合理和可行的方式就是大家通过协商对话达成共识，寻找共同的利益平衡点。但是“在一个多元的社会里，共识是难以达成的、不必要的，也是不受欢迎的。更切实可行和有吸引力的是形成可操作的意见，这时，参与者在行为过程上就达成一致意见，虽然是出于不同的原因”。这种妥协让步利益而达成的共识，通过协商民主搭建长期持续协商的平台。哈贝马斯就曾对代议制民主进行过深刻的批判，他认为“投票为主”的代议制民主很大程度上限制了公民平等参与政治政策的制定、公开发表自己的政治意见、合理地提出政治诉求的权利。而这些在协商民主的兴起后，都可以保障与实施。虽然，不能做到保障每一个公民的政治诉求，但是，协商民主通过政治妥协能考虑到大部分公民的利益。通过协商民主的协商平台，不断地讨论与磨合，既可以做到倾听，也可以做到反复辩论。通过这样的方式，既保证公民参与政治生活的话语权，也使得政治妥协渗入到政治决策的运行中。

协商民主促进政治妥协的适度把握。“历史的任何曲折转变都是妥协”，政治妥协中的妥协并不是一味毫无原则的让步，而是指在相应的范围内把握妥协的度。而协商民主的实现正是能够有效地促进政治妥协的适度把握。

首先主体平等为政治妥协的适度把握提供基本前提。协商民主强调的是双方政治主体平等性，在这一基础之上，才能有效地进行协商与对话，而政治妥协的适度把握正是首要要求的是参与者尊重彼此，只有在这个前提下，政治妥协才不会出现以暴欺弱的强迫式妥协。协商民主强调的同样是各方地位的平等，只有在这一基础之上才能够进行民主协商。民主协商的参与各方以及协商的结果是不会被一个事先的某个权威影响或者操控的，整个过程就是一个多方参与主体进行平等对话的过程。只有在主体平等的前提条件之下，民主协商的过程中参与主体才能够合理表达自身的诉求并找出各方的利益平衡点，实现合理的妥协。

其次，民主协商为政治妥协的适度把握提供基本保障。民主协商是一个不断博弈的过程，是实现从利益冲突到利益妥协的重要环节，“适度”就是其中最为重要的关键点。“世界充满矛盾冲突，生存竞争非常激烈，人类是选择暴力决斗的办法还是选择协商妥协的办法？”很显然，政治冲突在当今政治环境里是无法避免的，政治妥协作为其调节冲突与矛盾的最有效手段，其实现是一个博弈的过程，而其中适度妥协变得尤为关键。是否妥协？何时妥协？做何种程度的妥协？这些问题都需要通过民主协商解决。协商民主实现的最终目的是能让利益主体的双方都得到满意且能接受的方案，这显然是一个需要长期不断协商、对话、让步的妥协过程。协商民主的实现过程，重视的是多元政治参与者的价值理念如何达成一致，并为政治有效运行出谋划策提供良好的政治保障。“协商民主建立了较为包容、平等、公正、自由的沟通机制，以求达成在公共利益基础上社会成员广泛接受的共识。”民主协商的过程其实就是通过沟通的方式来包容双方因利益不一致而产生的不同意见，并且这样的沟通是一个持续性的过程，经过多次的协商和博弈，最终找到多方的利益平衡点，而这个平衡点就是政治妥协的“适度”所在。

（原载《伦理学研究》2018 年第 1 期）

论政治妥协及其伦理价值

政治妥协是现代政治发展的必然产物，是解决政治生活冲突的主要形式，是一种基本的常见的政治现象。然而在现代政治生活当中，政治妥协一直以来都是一个备受争议的现象，有人认为它是一种最大的“善”，也有人认为它是一种难以容忍的“恶”，美国学者史密斯认为妥协是“善行中最低级的，但却是恶行中最好的”。然而，作为一种基本的、常见的政治形态，政治妥协是解决现代政治冲突必不可少的手段。

一、政治妥协源于政治冲突

政治冲突是政治主体之间矛盾尖锐化的产物，是矛盾各方为谋求政治利益、政治权力或实现特定政策目标而围绕着公共政治权力所发生的摩擦、对抗和争斗的方式与过程。马克思主义认为，一切政治冲突，其深刻的根源在于生产力与生产关系、经济基础与上层建筑的矛盾运动。经济关系与利益关系决定着政治关系和政治冲突。在阶级社会，阶级之间的政治对抗与政治斗争是政治冲突的主要表现形式。然而全球化的发展已经将人类带入了一个全新的发展领域，世界逐步融为一体，但政治主体之间的交往互动也变得越来越频繁，由此带来的政治冲突也开始逐步增加，可见政治冲突是任何社会形态都无法避免的政治现实。对于政治冲突而言，也许只有在私人领域中才不会出现，也就不会有政治妥协，然而人并非完全独立的存在。正如亚里士多德所言，人天生就是一种政治动物，人不可能是孤立存在的。作为社会的组成部分和单元，人总是处于社会生活和政治生活的框架当中，而在这个框架当中人的理性行为往往是追求自身利益的最大化。当作为个体存在的个人逐利行为受不到任何控制的时候，其无止境的欲望的扩张可能会导致社会进入一种“每个人对每个人的战争”的“自然状态”。如此也就需要社会、需要统治，需要国家的存在去遏制个人私欲的扩张，去规范个体的行为。国家的存在也就意味着社会成员行为的规范化，而这种规范化伴随的大多是一些暴力机构的出现。毕竟仅仅依靠道德的约束是无法实现所有社会成员都遵守的愿景的，同样地，暴力机关的出现也就意味着社会成员需要让渡自己的部分权利，去服从国家的统治。“社会就是意味着统治，统治就是意味着不平等，而且不平等带来冲突，冲突构成进步的源泉。”因此，政治就不能避免冲突的存在，它是客观存在的，我们不能忽视和逃避，需要的是面对与解决。

人类发展的根本任务之一是解决冲突，而解决冲突的方式主要有四种：地理分离、退出、对话和暴力。这四种方式放在政治领域其实也可以看成是三种方式：暴力式、融合式以及妥协式。暴力式就是通过斗争的方式对抗到底；融合式就是通过一系列的改良使得矛盾双方形成一种新的范畴；妥协式就是矛盾双方通过协商共同让渡部分的利益但并不损害自身的根本利益而实现互惠共赢，虽然说这种方式不能完全满足双方的需求，但也可以使得双方接受从而能够继续共存。暴力式是中国历史上解决政治冲突的主要形式之一，“成王败寇”一直以来都是中国传统政治所强调的，战争在很多统治者看来可以解决一切问题。然而在现代社会，在和平与发展为主题的今天，很明显这种方式已经无法适应社会发展的需要，解决冲突的方式也不仅仅只有战争与暴力，因为这两种方式所带来的社会成本是无法估量的，大规模的战争甚至可能使得人类的历史发展出现倒退。融合式是一种安抚的方式，一般出现在统治力下降或者说社会现实要求社会制度改变的情况下。妥协式就是通过平等的沟通来解决冲突，这如同对话，在当今社会，对话已经逐步成为解决社会冲突的主要形式，其具体的表现就是——政治妥协。政治妥协就是“国家、民族、阶级、政党和政治集团之间在利益冲突时，冲突双方通过政治谈判、协商或默契，互相做出让步，以缓解矛盾的一种行为”。

总而言之，政治妥协其实就是一种通过利益的让渡来解决政治冲突的调节机制，其核心是强调利益的互换。政治妥协是社会发展的基本需求，是解决政治冲突的基本手段。政治源于冲突，妥协则是政治的灵魂。“妥协是政治的灵魂——如果说不是其全部的话。”现代社会人与人之间的合作日益紧密，与此同时利益主体也开始呈现出多元化的发展趋势，要想获得互利共赢，妥协才是最佳的解决途径。在多元发展的今天，多元利益主体和多元权利主体之间的冲突需要政治妥协作为一种调节机制来加以解决。

二、政治妥协的价值属性

政治妥协是人类社会发展的必然结果，同时也是人类理性走向成熟的重要表现。作为解决政治生活冲突的主要形式而存在的政治妥协具有其独特的价值属性，这也是其得以实现的重要价值支撑。

与政治的终极价值相比，政治妥协具有工具性价值属性，主要体现在其能够以非暴力的形式解决政治冲突，降低解决政治冲突的成本。一般说来政治冲突的双方发生冲突的原因是因为各自利益诉求存在一定的差异，冲突双方会根据自身的利益诉求做出理性的分析并采取相应的行动。而在这个过程当中如果采用暴力的方式来解决冲突往往会出现两败俱伤的局面，特别是当冲突双方处于势均力敌的状态的时候。因此，暴力手段会带来巨大的损害，为了避免这种损害，冲突双方只能选择一种平和的方式，就是通过妥协来协商，这样也许不能够完全满足冲突双方的最大利益，甚至不能够满足某一方的最大利益，但却能使双方获得的总利益达到一种最大化的状态。在这个过程当中，冲突的双方通过对话、谈判等非暴力的方式协调各自的行动，使得双方都能够获得一定程度的利益，实现双方利益的最大化。当冲突双方当中的某一方占据着绝对的优势的时候，使用暴力方式解决冲突对于实力较弱的一方来说同样是得不偿失的。此时，实力较弱的一方通过妥协的方式缓和与另一方的矛盾，让渡出自己能够付出的最大程度的利益以获取生存的空间。此时以非暴力的方式来解决冲突虽然付出了巨大的代价，但是同时也为自己保存了最为根本的利益，获得了生存的机会，能够为自己的发展争取一个较为和平的环境以积蓄自身的力量。

与政治功利性价值比，政治妥协具有精神性价值属性。从功利的角度来看，人作为一种“经济人”的存在，获得对自身而言的最大化利益是其不懈的追求，但是随着现代文明的发展和进步，人已经不仅仅或者说不单纯是“经济人”，其应当更多的是一种“政治人”的存在。当我们从人是作为“政治人”的存在这一方面来看的时候，同样可以发现政治妥协也能够带来实质性的精神价值。其一，政治妥协发生的前提就是冲突的双方是作为独立主体而存在的，只有这样才能够在双方之间通过协商、对话等方式进行协调和沟通，进而达成妥协。只有作为独立存在的主体才能够独立对自己的利益进行处理，才能具备在利益发生冲突时有协商谈判的能力。总而言之，主体的独立性是政治妥协发生的前提条件，政治妥协一旦达成也就意味着冲突的双方或者多方承认对方是具备独立主体地位的存在者。其二，政治妥协的达成也就意味着冲突双方是相互承认对方的独立存在并且是相互尊重的。政治妥协的出现也就意味着利益冲突的双方对竞争对手的尊重，这样一种对竞争对手基本利益尊重的精神是在不断地协商的过程当中演化出来的，也正是因为这种尊重的存在才能够更加容易达成共识，减少冲突的强度，缓和矛盾，将冲突的危害降到最小，将双方的共同利益提升到最高。

与政治的斗争性比，政治妥协具有调和性价值属性。首先，对于政治系统内部来说，政治妥协的出现是通过非暴力手段解决政治冲突的最佳手段和最佳方式，能够极大地促进政治系统内部的和谐。当双方或者各方利益诉求发生冲突的时候，矛盾的双方或者各方通过理性的思考和思想的宽容进行交流和沟通，通过政治妥协实现各方的利益诉求，保证获得最大的社会利益。罗伯特指出，民主政体更容易发生政治冲突，但是相对于专政体制却更为和谐就是因为政治妥协的存在。“在民主国家特别是在成熟的民主国家，公民在长期的政治实践过程中已培养起一种妥协精神，能够并希望在既有制度规范内通过协商谈判与互谅互让来解决矛盾和冲突。否则，大量涌现无处不在的政治冲突与拒绝妥协的激化斗争足以摧毁任何一个民主政体。”其次，整体上来看，政治妥协是一种通过理性思考达成共识并促成合作的集中体现。理性共识和合作精神是促成政治妥协的重要因素，也是保证政治妥协得以实现的基本条件。冲突双方无法达成理性共识也就无法开展政治合作，没有政治合作也就自然无法出现政治妥协。理性共识和合作精神是政治生活当中必不可少的因素，特别是在政治冲突的解决过程当中，政治妥协是这两者的集中体现，同时政治妥协也推动这两者的影响力不断扩大。最后，政治妥协是民主社会解决政治冲突最常用且最行之有效的方式，作为理性共识和合作精神的集中体现，它能有效提升政治系统内部的和谐程度。

三、政治妥协的功能作用

在当今的政治冲突中，暴力已经不是解决的主要方式，政治妥协已逐步成为解决政治冲突的最佳方式，而对整个社会而言，它的社会调解机制在于它能够有效地解决矛盾。

（一）政治妥协是实现个体权利的重要保障

对于现代的政治生活而言，在多元化发展的时代背景之下，任何一项政治制度都没有办法完全满足所有人的需求。这也就意味着并不是所有人的利益诉求都能够完全得到满足，因此在现实的政治生活当中最大限度地实现个人的利益诉求才是较为理想的选择。多元化发展的时代，人们的利益诉求存在差异，甚至会出现完全对立的情况，如此一来冲突也就自然而然地产生了。当人们不可避免地面对冲突时，解决的方式要么诉诸暴力，要么是选择妥协。但选择用暴力的方式去解决冲突要么是导致两败俱伤从而损害社会的整体利益，要么是弱肉强食使得一部分人处于绝对的优势地位，另一部分人只能够被压制，这就极有可能导致社会的不稳定，无论哪种情况的出现，对于整个社会的发展都是不利的，同样也就没有办法实现个体的权利。现代社会所追求的是在满足人类整体的最大利益的前提之下能够有效地实现最大化的个人利益。由此可见，在人类的政治生活中只有树立起共同利益的理念，并以此为基础通过妥协的方式解决可能出现的冲突才能够使个体的权利得以保障。尽管在这个过程当中也许没有办法保证所有人都能完全实现自己的绝对权利，甚至有部分个体需要让渡自己的一部分权利，但是不得不承认这是个体的基本权利得以保障的基础和前提。

（二）政治妥协是解决冲突的重要调节机制

政治妥协作为一种解决矛盾的基本方式是现代社会发展的需要。随着现代市场经济的不断发展，人们已经逐步摆脱了人身依附关系，对于自身的权利更为关注，更加平等的意识和利益交换意识变得越发强烈。市场经济的运行逻辑要求保护多种利益并使得利益主体的利益能够得到不同程度的满足。现代社会中人们之间的交往变得更为频繁，随之而来的就是政治冲突也变得更为频繁，如何消除社会矛盾，营造一个稳定的社会环境成为当今政治生活的重要主题。因此，一方面我们需要满足不同利益主体的利益诉求，另一方面又需要营造一个较为稳定的社会环境，也就是说要利用较为温和的手段来解决冲突，此时政治妥协就是其中极为重要的调节机制。在和平与发展作为时代主题的今天，政治妥协已经逐步成为解决政治冲突的主流机制，并且其似乎已经成为解决政治冲突的“帕累托最优”。经济全球化的发展已经将人们的利益紧密联系起来，可能对于个体来说利益诉求是存在诸多差异的，但是对于社会整体而言，“一荣俱荣”的利益关系已经将国际社会连接成为一个完整的“生态系统”。整个社会的利益是一致的，在追逐个人利益的过程中如果出现某一方拒绝妥协而将矛盾的解决诉诸暴力的话，必然会导致社会整体利益受损，出现“一损俱损”的状况。因而政治妥协成为解决冲突的重要调节机制，有必要将妥协精神上升成为一种时代精神，用以解决各种矛盾和冲突。

（三）政治妥协是实现自由民主的基本方法

自由、民主是人类的不懈追求，人类的本性就是趋向于自由。国家的建立就是人们追求自由的结果，人们为了保证个体的自由从而让渡自身的部分权利，受到部分约束。受到约束看起来与自由是相冲突的，其实不然，这是为了获得更大的自由而选择让渡自己的一部分权利。政治妥协首先也就意味着其是接受多元主体的存在的，是具有包容性的，是要尊重对方、肯定个性的。只有在这个基础之上人们才能够进行协商以实现妥协，通过妥协以确定多元主体最基本和最根本的利益，并加以维护。在这个过程当中，需要将多元主体的需求结合起来，找出其中的共同点并要包容其中不同的需求，这也就是要在共同利益的基础之上将社会的发展进一步推向多样化的发展，实现个体的自由。因此，正是妥协的存在，自由才能得以实现，否则一旦将冲突诉诸暴力，强权必然占据绝对的优势，也就意味着人们的自由必将受到损害。同自由的实现一样，政治民主的实现同样要依靠政治妥协。在多元发展的时代，“存在着许多种相互冲突的人类生长繁衍方式，其中一些在价值上无法比较。在人类可以过的许多种善的生活当中，有一些既不会比别的好，也不会比别的差，他们也不会具有同样的价值，而是有着不可通约的——也就是说，不同的——价值”，如何在现代政治制度之下实现民主，保证社会的和谐成为现代政治生活不可回避的问题。多元时代也就意味着利益分化加剧，社会的异质性变得越来越强，现代民主要求“多元一致”“和而不同”，而这也只有通过政治妥协才能完成。

四、政治妥协的伦理原则

现代社会当中政治妥协需要依照基本的伦理原则来进行考量，是否应该妥协、何时应当妥协都应得到合理的论证，促进其工具价值与本体价值的统一，消除政治妥协在伦理上的负面价值，使其内含的宽容、平等、独立等价值追求得以弘扬。

（一）适度妥协：政治妥协的伦理底线

政治妥协虽然在政治生活中是一种客观存在，但妥协也必须保持在一个相应的范围内，这样才能防止妥协的质变，以此来确保妥协双方的利益。妥协并不是一味地退让与折中，而是能有序地推进政治僵持局面的发展。换句话来说，妥协不是灵活性的行为方式，它不能形成本本主义，这就需要有一定的伦理底线作为相应的支撑与基础，这个底线就是适度妥协。适度妥协是指政治妥协作为一个双方博弈的过程，既不能抗拒妥协也不能一味退让，而是要保证不牺牲核心利益，保证妥协双方的互利。恩格斯就曾说过：“我只是在下列情况下才赞成这样做：直接对我们的好处或对国家的朝着经济革命和政治革命的方向进行的历史发展的好处是无可争辩的、值得自取的，而所有这一切又必须以党的无产阶级性质不致因此发生问题为前提。对我来说，这是绝对的界限……策略的错误在一定情况下也能够导致破坏原则。”政治妥协也存在一个度的把握，不能完全失去底线，不然就容易损失其核心利益，为此付出沉重代价。“马克思主义对历史的曲折道路的态度，实际上同它对妥协的态度是一样的。历史的任何曲折转变都是妥协，是已经没有足够的力量彻底否定新事物的旧事物同还没有足够的力量彻底推翻旧事物的新事物之间的妥协。马克思主义并不拒绝妥协，马克思主义认为必须利用妥协，但这决不排斥马克思主义作为活跃的经常起作用的历史力量去全力进行反对妥协的斗争。谁弄不明白这个似乎矛盾的道理，那他就是对马克思主义一窍不通。”

（二）独立平等的主体性：政治妥协的伦理基础

政治妥协需要建立在尊重妥协双方独立性的前提之上。政治妥协的双方主体是在分歧或僵局发生时为了改变现状而做出的协定，这就需要双方通过协商、谈判的方式让渡自己的部分利益。这就说明，政治妥协发生的基础也就是妥协双方是拥有平等协商的独自裁断能力的主体。在过去，政治妥协很容易变成纸上谈兵，因为在封建社会或者奴隶社会里，本身就不存在尊重，更多的是强权与压制。或许做出妥协的一方是出于力量的弱小不得已而做出妥协，看似也承认了其主体性，但这是无奈与被迫之举。因为在封建社会这样一种人不成其为人的社会当中，特权盛行、等级森严，政治妥协往往是特权阶层和统治阶层手中的工具或者说是一种暂时的谋略，其最终的目的就是要消除被统治阶级的独立性以维护自身的绝对权威，其暂时的妥协为的是更好地维护自身的统治，一旦有机会压制和打击被统治者的主体性必然成为其行动的旨归。这也是政治妥协一直以来备受质疑和诟病的最为重要的原因所在。而在现代政治生活中，和平已成为新的政治潮流，暴力斗争的政治形式已逐渐减少甚至被人们所摒弃，各政治主体也获得了自由平等的政治地位，从而可以在政治活动中独立平等地协商与处理自身的利益。在基于平等的基础之上，政治妥协也就能更好地解决冲突，以协商、谈判的方式实现双方的互利共赢。

（三）手段和目的的统一性：政治妥协的伦理条件

政治妥协的手段需要与目的保持一致性。政治妥协的目的是通过协商使僵持的政治局面得到有效的打开，并且让利益双方主体获得一个相对合理满意的结果。而政治妥协的手段则是为其目的服务的，不能背离其目的。以往的政治妥协之所以备受争议，正是因为其建立的基础并非妥协双方作为独立平等的主体而存在的，且在妥协的过程当中手段和目的出现偏离，因而政治妥协往往是与政治阴谋相联系的。政治妥协旨在以最小的代价解决社会矛盾，促进社会整体利益的发展，避免更大冲突的爆发。然而，政治妥协往往成为某些政治团体和政治阶层手中的工具，成为其以最小代价消灭对手的工具。那么，作为一种暂时的谋略而存在的政治妥协，由于其缺乏足够的约束力量，仅仅依靠道德软力量的限制，单方撕毁约定成为一种常态，从而导致更大的社会冲突，冲突愈演愈烈，这种结果是与政治妥协自身存在的目的完全相背离的。尤其是利益集团内部的部分人为了自身的私利而牺牲集团利益去妥协的时候，这种政治妥协的存在可以说是与背叛相等同的。因此，政治妥协的条件就是要保证其存在是为了促进社会冲突的和平解决，避免更大冲突的出现。

总之，政治妥协不是退让，也不是软弱，而是合作，是一种社会调解机制，是在充分尊重政治主体和当今政治格局的基础上的理性选择。无论政治主体是谁，政治妥协都是为了达成各方相对满意的结果而进行的重新整合，这种润滑功能的发挥，避免了更大冲突的爆发。

（原载《道德与文明》2016 年第 1 期）

公民认同：核心价值构建的现代政治伦理基础

现代政治话语总是围绕公民的自由、平等、权利等个体性价值而展开，即如何让社会成员享有充分的自由权利并维系社会成员之间的平等地位，致使现代政治哲学的历史成了个体不断解放、主体性日渐凸显的历史。然而就在个人价值被不断肯定与强调的同时，社会成员之间的沟通与联系同时在日益紧密，特别是在市场经济这一主导发展模式之中，社会成员间的相互依赖程度比任何时候都显得重要。因此，一方面公民对于自我利益有着更多的期待，另一方面公民对于公共生活有着更为迫切的内在需求，私利与公利、私人个体的动机与社会成员的共同期待往往存在着差异，这两者间的张力是显而易见的。只有对于公共善的认同和追寻才能在私人领域与公共领域之间搭建通达的桥梁，引导公民超越私人领域的束缚与限制，积极参与公共生活之中，才能消除这种差异。核心价值就是引领人们跨越私人生活限度，进入公共领域的政治文化。社会主义核心体系建设的基础性工作就是强化公民对核心价值的认同。

一、核心价值：公共文化体系中具有政治与伦理价值的统一体

时下对社会主义核心价值体系建设的讨论，大多关注核心价值体系的内在结构和核心价值观等问题，而对“什么是核心价值”缺少学

理上的分析。探讨什么是核心价值有多种角度，有价值哲学的角度，有意识形态学的角度，甚至还有心理学的角度。我们认为，核心价值的问题域应该定位为，它是一个中国现代性问题，它是一个基于公共文化视角的政治伦理问题。

“多元”无疑是当代社会具有典型性的特征，文化层面则表现得尤为明显。经济全球化的进程给予了文化前所未有的宽广舞台，这个舞台任由它纵横驰骋。文化已经跨越了时间、空间、地理的限制，在每一个角落聚集、交汇，在碰撞与交融间实现文化的传播和交流并产生着深远的影响，以至于在个体行为选择、人格塑造、道德评价、语言、行为方式和价值取向等方面都深深印刻下我们所受文化的痕迹。自近代启蒙以来对于个体自由的追求则给予了评判文化、选择文化的空间与权力。每个人似乎只要不伤害他人，便可以拥有自己的价值观、道德理念和文化气质。现代社会对于主体性的强调，对于个性的张扬无疑更推动了人们塑造殊为不同文化人格的愿望，所谓“亮出你自己”，其本质是拥有、并且表达与众不同的文化类型与品位。同时，大众文化也助推了文化的多元和多维。实际上，数千年来的漫长岁月中，权威文化在社会文化形成中都扮演着主导角色，但这种现象在目前却受到了巨大的挑战，主体性的凸显必然伴随着对权威文化的拒斥和对文化话语权的追求。文化话语是个体权利的主要组成部分，也是重要的表达方式，由此造成的文化大众化更是社会成员权利平等所带来的必然趋势。文化的大众化所体现的是文化平等，而精英文化或权威文化在我国的传统文化中占据着主流，具有文化的优先性。这种优先性也伴随着文化无孔不入的渗透力而流入社会生活的各个方面，从而产生社会生活的不平等。或者说，精英文化、权威文化是阶层社会重要的文化特征，这一特征在吁求平等的现代社会中正遭到解构，每个社会成员都期待能够发出自己的声音，并且让这种声音为社会其他成员所倾听和关注；另一方面，每个社会成员都期待能够在价值的生成和选择方面得到其他社会成员的认可和尊重，能够以自己的文化价值对公共事务进行评判，并且产生作用。权威文化被质疑和解构的过程也是文化多元、多维发展的过程。基于多元文化的交汇，以及大众文化的蔓延，当代社会文化的多样性较以往任何时期都更为明显。但是，多元文化并不意味主流文化的消散，威权文化的解构更不意味着主导文化的退却，恰恰相反，现代社会充满对于主导文化的期待。在现代社会中，虽然每个社会成员似乎都在寻求属于自己的文化，谋求与他人相异的文化生活，但社会成员的语言、行为总是表达出具有共同性和普遍性的文化本质。在多元的文化中，有一种价值体系能够代表民族、国家的文化传统，能够彰显时代精神和现代文化气息，并且对于现代人的道德培养、价值判断和语言、行为方式选择发挥主导作用。这一体系就是核心价值，核心价值究其本质是一种公共文化体系。

1. 核心价值始于公共政治生活的内在需求

如果说权威文化是基于技术、知识的优势，或者政治权力的优先地位而构建的，那么核心价值则是公民在自由、平等社会中对于文化选择所达成的价值共识。近代以来，个体得到越来越多的尊重，个体利益、个体自由、个体文化不断地得到肯定，并且占据着越来越重要的地位，权威性文化则不断地退让，为个体权利留下更多的空间。而在传统社会中，社会生活都是由权威性权力所组织和管理的。“普天之下，莫非王土，率土之滨，莫非王臣”，王权代表的宰制性权力曾一度占据社会生活的各个角落，个体都依附于权威之上，缺乏应有的社会空间。随着封建王权的没落，对于自由、平等的呼声则成为近代历史的主旋律，如何避免社会成员被奴役的命运，成为近代人们所关注的核心政治问题。在这种文化主旋律中，个体和集体之间具有日益明晰的边界，公共权力受到越来越多的限制，特别是具有主导性的权力，比如政治权力，更是被视为洪水猛兽，一度被认为应该受到最为严格的限制，孟德斯鸠主张三权分立的根本原因就在于此。政治权力作为现代社会一种最具权威性的公共权力，被众多思想家视为与个体存在的对立物，甚至是认为是一种恶的存在。康德认为，只有承认政治权力中恶的成分，才能解决建立政府机构所带来的问题；休谟更是指出当我们设置权力机构时，应该把所有人都假设为具有道德危险性。我们无意于激进的自由主义者呼唤着最小政府的模式那样，认为政治权力只能蜷缩于自己守夜的小屋，不能干涉广大民众的社会生活，于是公共权力开始了退缩之旅，原本其统摄的领域都开始暴露在公共权力之外。我们只是要认真思考：当人们都关注自我利益、扩大个体权利的同时，也就产生了不容回避的问题，即公共生活如何可能？社会成员早已不是依据血缘关系而天然地联结，在陌生人社会之中，社会更表现为一个广大的公共体系。参与公共生活，是社会维系稳定、持续发展的根本途径，更是人类特有的存在方式。人类对于政治生活的参与，是与那种纯粹自然联结直接相对立的生存方式，纯粹自然联结的中心是家（home）和家庭关系（family）。社会、政治组织则成为人类生活的中心。如果社会成员都只关注于自我的生活，都只认同属于自己的价值观念，那么当大家走出自己的个体王国，步入公共领域时，如何能够共处、合作？如何能够缔结稳定的，而不是或然的相互联系？显然，在文化层面，核心价值为公共生活提供了可能，并且只有形成为社会成员所认可、接受的文化体系，社会成员才能够在公共生活中找到共同的价值支点，形成文化认同和共识，人们才能够以相似的道德观、价值观指导自己的行为，并且对于公共事务做出评价和判断。就此而言，越是在个体凸显的时代，社会对于核心价值的吁求就更为迫切，核心价值就更显示其作为社会纽带的重要作用。对于现代生活而言，核心价值是社会文化的凝聚和本质反映，更是使公共生活成为可能的重要基础。

作为公民，我们都具有属于所在社会、民族、国家的文化特征，每一个社会成员都具有自己独特的工作、家庭背景、语言习惯、行为倾向，在社会生活中扮演着各种各样的角色，我们也与他人建立着各种各样的关系，我们都可能是某个人的儿女、兄弟、姐妹、朋友、父母、夫妻，也可能是某些人的客户、同事、同学、战友。这些为我们所独有的社会身份和关系都成为我们的社会标识，成为我们与他人区别开来的重要标志。但是，这些独有的标志在将我们与他人区分开来的同时，也决定了我们的社会归属，因为我们的言谈举止之中深深烙上了社会文化的印记。社会成员之间可以有完全不同的经历，以及殊为不同的生活方式，甚至属于各种不同的社会亚文化，贴上不同文化群体的标签，无论我们之间有着怎样的不同，我们作为“公民”所具有的本质特征并不会因此而改变。因为对于属于同一民族的成员而言，人们所真正共有的是历史传统和民族、国家文化所共同决定的核心价值。我们作为中华儿女，无论我们有着怎样的个人经历，有着怎样的个体差别，我们都会认同一些最为基本的价值观念，比如仁爱、民主、富强、发展。正因如此，不论我们身处何地，说着怎样的语言，都会被确认为中华民族的一分子。因此，核心价值有着天然的公共生活本性，这种公共性首先来源于其深深植根于民族成员的文化传承之中，成为公民身份的重要文化属性。

2. 核心价值源自公共理性的向度

近代政治哲学家们普遍认为，人类社会不是由某种自然的神秘力量所规定的，也不是由于某些在人格、道德和理性方面具有卓然不群的具有价值有限性的个体或者群体所安排和规制的，而是公民之间达成契约的结果。具有平等地位的个人为了安宁和富足的生活在相互之间达成契约，形成公共权力，并且赋予公共权力组织以合法性和道德合理性，特别是在文化多元的社会之中，个体自由与公民身份之间的张力是显而易见的。对于公民自由的强调必然带来文化、价值的多元取向，以及公民个体之间的多样性差异，而公民身份本身则要求所有社会成员能够坚持对于社会的忠诚，能够共同遵循社会的法律和规则。公民自由蕴含的多样性与公民身份本质吁求的统一性之间形成现代社会的内在矛盾，解决这一矛盾，需要公民能够以平等的身份进入公共生活，彼此之间就社会制度、框架和道德秩序等公共问题进行协商、辩谈并且谋求共识。公民之间的共存共生，除了文化传统的支撑，更依赖于公民参与公共事务的智慧和能力，并且只有具备这种能力才能保证社会契约能够超越纷繁多样的社会文化，超越社会结构、内容的变迁，保持其合法性的持久力。这种能力很大程度上就是源自公共理性。康德将这种理性喻为给予享有自由权力的人们以达成道德普遍认同的可能。公共理性是保持自由公民社会体系的基础，是处于“基本道德与政治价值最深”的观念，是自由平等公民的理性，与公共善相关，并且为公共生活制定框架，同时也恰恰就是核心价值公共性的体现方式。核心价值作为社会最基本的文化体系，本质要求有着最大的包容性，是为社会成员公共交往提供的价值平台，而不是一种背景文化。自启蒙运动以来存在着两条主要的政治哲学思路：一条是同质性社会的构建思路，确认某种价值理念的绝对真理性而具有严格的文化排他性；另一条则是合理多元的社会构建思路，以保护社会成员的自由、平等权利为主旨。核心价值显然属于后者。核心价值关涉到社会的公共善，指引社会成员认识到公共的利益以及他人与自己的利益联系。核心价值是对于当代社会文化的精练概括和高度抽象，它不是依靠政治权威而树立的文化系统，而是对于为社会成员所广泛接受的政治、文化价值的实然描述和提炼。核心价值也是具有引导性的文化体系，是对于公共善的阐释和澄明，与自由的包容性、善的公共性都是核心价值公共性的重要表达方式。核心价值也因此而具有公共理性的特征，它作为广泛为社会成员接受的文化体系，是公共理性重叠共识的结果。同时，核心价值也是公共理性的重要组成部分，表达了公共理性的理想，集中体现了社会基本善的概念，指引社会成员围绕善观念开展公共生活。就此而论，核心价值代表了思想文化领域的公共理性。

3. 核心价值作为具有公共理性向度的文化体系，是政治价值与伦理价值的统一

合理的多元是当代社会的文化事实，社会成员可以自由选择自己的道德观念、宗教信仰和利益实现方式。公共理性所涉及的是公民社会最基本的问题，即在合理多元的社会之中，如何保持公共权力运行机制、机构的合法性和合理性，如何保持社会成员对于国家、民族的忠诚。因此，核心价值所表达的善是社会的大善，是所有社会成员共同拥有的理性理想，是对于正义社会的本质诉求。自古希腊城邦开始，城邦的善就是公共生活的主题，追求这种善的政治生活也被认为是最有意义和价值的生活。亚里士多德曾将人的社会本质描述为政治性的，指出人是政治的动物，因为人区别于非理性生物的最基本特征，就在于人总是离不开公共领域，人的本质特征在社会之中也总是通过各种政治关系所定义。在现代社会，公民这一身份就决定其不可避免地要参与政治生活，并且在政治生活中实现整体和个体的价值，政治生活成为公民身份最重要的内涵，只有具备参与政治生活能力、并且投身于政治生活的人才能被称为公民。因此，公民生活与政治生活之间有着不可分割的内在联系。政治生活是人类最为重要的社会生活方式，并且“社会”这个词本身表达着清晰的政治意味，它意味着其成员总是为了达到某种特殊的目的而有序组织在一起的。

核心价值作为一种具有公共理性特质的文化体系，首先，反映并表达了社会生活的基本政治价值诉求。从古希腊时代的幸福，到启蒙运动的自由、平等追求，社会的维系总是基于某种具有核心意义的政治价值追求。这种追求是实现公共利益、维系社会存在的重要纽带，对于当代非同质化的社会而言，树立、表达一种为所有公民普遍接受的价值显得尤为必要。现代社会一方面表现为对于个体利益的关切，对于个体自由的注重，另一方面却在无形之中极大地扩展了公共空间。在传统政治理论，比如古希腊政治理论中被认为是私人领域的问题，

现在都称为公共关注的焦点，比如贫富差别、个人的财产和福利。公益或者公利在现代生活中的地位不但没有削弱，反而发挥着更为重要的作用。但是私人生活，特别是个体利益的追求往往遮蔽人们对于公共利益的洞见，造成公共生活的混乱与失序。核心价值则对广大社会成员提供了基本善的引领，将社会的基本善展示在诸社会成员面前，使人们能够超越单纯的个人利益和观念差异，就公共生活达成共识。其次，核心价值精练地表达了政治生活的合理性标准。在公民社会中，文化传统以及蕴含于其中的价值规范是各种机构、组织、律法、规范合理性的重要来源。社会的形成源自公民共同签署的契约，而契约无疑是通过社会成员相互的承诺所达成、实施的。达成这种承诺，既不能仅仅依靠成员的美好愿望，也不能在人类自然本性中找到完备的解释。承诺、或者契约得到尊重，是因为对于它们的违反在文化传统中是为人所不齿的。核心价值体系作为根本性的社会文化体系，是公民相互信任，并且遵守、履行自己对于社会、对于其他社会成员责任承诺的合理性依据。虽然近代以来，一些政治学者期待以公民利益联结的方式实现个体利益与公共利益的统一——市场机制无疑是其中最重要的方式，以增进社会自我治理的程度，但离开文化传统的支撑，这些方式都不足以建立社会成员间的内在关联。单一的经济方式无法满足团结社会成员、并且促进他们共同实现公利的要求。核心价值在集中展现社会善观念的同时，更提供了基本的政治价值原则，而这一点正好说明传统权威文化只有部分社会成员控制、并且生产这些文化，并且借助这种文化获得政治权力。核心价值对于公民而言不是某种统合性观念的灌输和强加，而是为公民的自由平等生活提供基本的价值框架。它既具有作为政治价值追求的引导性，又表现出作为价值基本机构的底线性，特别是在公共权力的运行之中，任何与之相矛盾、相违背的公共权力运行机制、方式都将受到合理性质疑。再次，核心价值直接引导公民的政治生活。公共文化是与公共权力、社会治理相关的行为、规则、语言体系。在这一体系中，公民表现为积极的公共事务参与者，他们理解国家、社会的政治文化，并且准备用他们理性的行为、通过公共权力制度对政治产生影响。核心价值是公共文化的灵魂，在表达社会基本政治价值、社会成员基本政治诉求的同时，更引领社会成员参与政治生活，履行作为公民的政治责任。在现代文明社会中，核心价值为公民提供自由、平等参与政治生活的理念，并且指引他们建立维护所有公民权利的社会政治机制。因此，核心价值是赋予公民政治创造力的公共文化体系，与公民政治生活是紧密相联的，这是核心价值区别于一般大众文化价值的根本特征。

核心价值的本质一方面具有政治价值的深刻内涵，另一方面也表达为基本的社会伦理价值。在公民社会中，公民道德的培养和树立与实现社会基本政治价值相辅相成、内在统一，任何对于社会基本善的谋划，都不能离开对于公民道德的企划和构建。要回答如何建立一个善的国家，就必须回答如何成为一个好的公民。在以正义作为基本政治价值诉求的古希腊时代，公民对于自我德性的坚守成为建立正义城邦的必要前提。由此，柏拉图才强调各个阶层的公民要形成、成就各自的道德品质，以促使社会达成正义的状态。所以，国家的统治者要具备理智，保卫者要勇敢，其他阶层则需要顺从和节制，而作为基本政治价值的善诉求也成为公民的根本道德要求。正义在古希腊时代也被认为是个人道德的最佳状态，当个人的激情与意志都在理智的驾驭之中，人便实现了正义的状态，国家政治价值与个人伦理价值在正义之中达成一致。自古希腊以来，在公民社会的任何阶段，国家的善、政治的善总是与个人的道德诉求形成紧密的内在联系。核心价值作为基本的政治价值表达，自然也是公民道德的抽象凝练，为公民的政治生活提供了基本的价值框架，同时也为大家的公共生活提供了伦理价值基础。核心价值是公民之间的伦理共识，是对于社会基本伦理观念的高度概括。在这种共识之上，公民们才能形成具有统一标准的道德原则和共同的道德目标，公民之间的道德交往才具有可能。缺乏这种建立与道德共识之上的具有普遍性的道德标准和尺度，很难想象社会秩序将能够得以保留和维系。在当代公民社会中，由于权力部门对于公共领域的退让，更多的公共领域将暴露在道德评判和审视之下，公民的道德自治将扮演更为重要的角色，在陌生人的非同质社会中，人们对于公共道德的意识和自觉是维护社会良好秩序的关键因素。

公民道德更是其参与公共生活，特别是政治生活的基本资格。在德治社会中，人们总是期待那些具有最高美德的公民能够管理国家，也只有那些具有最高美德的人才有资格掌握政治权力。公民身份作为一种政治资格，从来与道德是形影不离的，人们甚至一度把古罗马的衰亡归咎为公民资格与道德的分离。认为古罗马皇帝卡拉卡拉（Caracalla）将道德从公民身份中抽出的举动让罗马帝国退化为一个没有道德目标的在“地上笨拙爬行的帝国”。现在社会管理当然更依赖正义的社会程序和规则，但是，政治参与的道德资格依然是保证公共权力纯洁性和完整性的重要方面。更为重要的是，具备道德生活能力是现代公民的基本特征，不能自觉进行道德活动，对自己进行道德自律的人甚至不能算作公民。核心价值显然也内含了对于公民参与现代社会生活的伦理要求，它是公民参与公共生活的道德坐标和指向，只有认同、接受并且实践核心价值，才具备进入公共生活的道德资格。

二、核心价值构建的基本路径：从国家认同到公民认同

核心价值既是描述性的，又是构建性的。核心价值体系建设不但要发挥它全面反映当代的政治文化内涵、凝练社会价值观念、引领社会思想文化发展，同时要让核心价值特别是核心价值观内化为公民的内心信念、变为行为习惯，其中实现核心价值从国家认同到公民认同是关键。

公民作为现代社会的成员身份，具有浓郁的公共性意味。公民与一般社会成员的根本差别在于，公民总是能够意识到公共利益，能够

感受到他者，并且愿意为促进公共利益和他者的利益而生活。公民摆脱了作为独立个体的存在方式，而表现出强烈的公共色彩，在相互依赖的共同生活中成就了文明，并且维护着社会共同体的生存与发展。公民的另一要义在于，公民之间的团结与协作都是在自由的基础上通过协商和自愿选择而完成的。公民身份所赋有的政治属性意味着，在公民社会中所有的事物都应该通过语言和相互的劝诫而达成，而非通过暴力等强制性的手段，社会的公共生活正是在自由、平等的公民间展开的。但是，公民生活并不只是存在着公共生活领域，而且包含着公民对于自我生存和利益的关注，特别是近代以来，私人财产被视为神圣不可侵犯的个人权利，并且在公共生活中扮演日益重要的角色，甚至决定着公民个体在公共生活中的场域和能力。在商品社会中，拥有更多财富的公民对于公共生活能够产生更大的影响，并且拥有更多获得成功的机会，导致公共领域与个人领域之间的界限似乎越来越模糊。个人的利益总是多样和多变的，而公民身份则要求大家能够在追求自我利益的同时关照公共利益的增长，个人领域是被自我的需要所驱动的，而公共领域（或者政治领域）则是一个自由的王国，因此其超越了个体自身的需求。要完成对于个体的超越，进入自由的公共生活王国，显然需要公民超越自身利益的局限性和多样性，达成彼此间的“认同”，“认同”无疑是连接不同公民个体、建立内在纽带的主要方式。

“认同”既包括对于公共利益的认识，更包括思想、文化的确认和接受。文化的认同对于公民社会的形成和发展是必不可少的，只有当公民们为某些所共同持有的主流观念而凝聚在一起时，社会才能得以存在，并且获得繁荣与进步。如果社会成员不能够在根据公共认同形成自我的观念，或者不能够在彼此之间就信仰、观念达成一致，社会只能分崩离析。核心价值无疑来自公民认同的土壤，只有“认同”才能形成为公民共享的文化、思想、理念，才能孕育出核心价值。在当代政治生活中，国家在公共生活中扮演着基础性的角色，是公民身份的重要依据，在为公民提供公共生活场域的同时，规定着公民身份的实质内涵和具体内容。国家颁布的各种法律、政策和规范赋予、保障公民的权利，也确定公民的责任与义务。当人类进入民族国家的历史阶段，公民生活的开展就以国家为基本载体。任何公民都不能游离于国家之外，离开国家就无所谓作为公民的权利，公民身份也就只能成为没有任何政治意义的空洞概念。显然，国家的归属是获取公民资格的基本前提。政治、历史和文化构成国家认同的三个主要维度。

政治维度的国家认同主要包括对于其领土完整和尊严的认同，对于其基本政治理想、政治价值的认同，对于其政治原则和政治制度的认同，以及对于其法制体系的认同。在国际交往和国际政治生活中，尊重、维护各国的国家主权和领土完整是被国际社会普遍认可的最高原则。这一原则是建立国际健康秩序的先决条件，更是国家存在、发展、进步，屹立于世界的坚实基础。如果领土和主权遭受侵犯，国家就会坍塌。在主权、领土完整的国家中，公民才有可能期待稳定、和谐的公共生活。如果国家的主权和领土遭受欺凌、践踏，公民生活必将破碎，公民所面对的也将是深重的苦难。20世纪所爆发的两次世界大战所造成的人类悲剧已经充分说明了这一点。公民要获得实质的公民资格，就必然首先要成为国民，公民的资格和身份都建立在国民身份之上的。只要成为某个国家的公民，便有了分享这一国家公共资源，享有其法律规定各项权益的权力。正因如此，各国公民身份的准入都受到严格的限制。一国公民要改变其国民身份，必须获得母国和移民国双方的承认。只有站立于国家主权的坚实阶梯之上，公民权才能够得到淋漓尽致的发挥。国家主权一旦失去，公民权也难以保全。政治理想、原则、制度、法制体系塑造着国家自我的政治身份，也是国家政治结构的核心组成部分。政治理念、原则、制度、法制体系不仅仅是公民参与公共生活的背景，而且直接决定公共生活，特别是政治生活的内容。相对于国家领土和主权尊严的认同，对于国家政治理念、原则、制度和法制体系的认同处于更高的层次。它们与政治行为之间有着密不可分的联系。一方面，公民的公共生活参与习惯很大程度上是国家的政治结构所塑造的，国家的政治理想、原则、制度、法制体系在其中发挥着不可替代的作用，这些政治要素都是核心价值体系的基本组成部分，表述在核心价值体系之中；另一方面，这些要素也决定了核心价值体系的构建方式，因为政治也是公共文化的催化剂，能够推动公民社会核心价值的行程，促进核心价值体系发展成熟。

国家认同的第二个维度是历史认同。历史记录着国家文化变迁、发展的整体过程，为国家公民提供共同的文化记忆。在国家的历史长河中，不断发生着与民族命运息息相关的公共性事件。这些事件在改变国家、民族历史进程的同时，也塑造着国家独有的内在气质，编织着公民之间的血脉联系。历史把国家气质、民族性格深深镌刻在公民心中，让人们在心灵深处产生强烈的共鸣，催生着彼此之间的自然情感，感受相互之间的责任与义务。而这些，正是公民意识的本质。有学者把历史比喻为国家的定位仪，一方面传递国家的过去，一方面明晰国家的未来。而且“越高级的社会，就越需要准确地、如实地记录历史，其重要性也更大”。历史认同也是民族认同的重要方面，与民族认同相辅相成。民族本身就是极富历史性的概念。历史的积淀赋予了民族成员同宗同源的归属感，刻画出民族鲜明的特征。可以说，历史认同蕴含着民族认同，民族认同又加深着人们对于历史的记忆和理解。核心价值体系既表达公民社会基本的政治观念，也精练反映着民族、国家的历史文化。具有历史认同的公民由于共享着相近的文化背景和传统观念，更容易就基本价值取向达成一致。相同的历史文化为核心价值体系建设提供了得天独厚的认同基础。

国家认同的第三个维度是文化认同。文化作为一种社会和历史的现象，其形成过程受到诸多因素的影响。对于某一种文化而言，其生长的地理条件、历史环境、人文状况直接决定着它的形态和内容。各国独特的地理、历史和人文环境滋养着具有显著民族标识的文化体系。国家的生存与发展与其文化的生长、传递总是相伴而行、不可分割的。

这些文化体系通过语言、文字、风俗习惯而渗透到每个公民的血液之中，为公民身份贴上难以抹去的文化标签。很难想象一个中华民族的成员能够完全没有“仁爱”的思想，能够完全消除儒家文化的痕迹。这些为一国公民所共有的文化元素在他们与其他公民之间划出了清晰的界限，也结成本国公民相互认同的纽带。文化并不是静止的系统，它也随着时代的变迁而自我调整和更新，并且寻求新的表达方式，比如文化风俗、传统的传承和演变。但是，无论国家文化有着何种丰富的表达形式和渠道，都可以清晰地传达其文化内涵，并且展现出鲜明的文化特征。这种内在的文化价值渗透在公民的日常生活之中，就如一张隐性的网络，建立着公民之间的心理联系，并且指导着我们的公共生活，因为公共生活不是完全依靠法制体系和社会规则来规范的，文化的潜性规则在一般生活中发挥着潜移默化的引导作用，这种作用在一定时刻可以显现出超过显性规范的强大力量。不论何处，如果看到一群人用中文交流，庆祝各种中国的传统节日，在表达喜庆或者哀伤的时候付诸中国传统的习俗和礼节，那么不论这群人身在何处，都将被视为中华儿女；相反，一个具有中国人典型体貌特征的人，如果只能使用其他国家的语言，按照其他国家的习俗生活，并且只过其他国家的节日，他实际上已经脱离了中国人的群体。文化认同孕育出民族的情感。民族性也展现为文化和精神的凝聚。民族文化在群体成员生生不息的传承中沉淀、创新，潜移默化为民族成员的信念和人格，也积淀为民族的核心价值观念。只有植根于民族文化的土壤，核心价值观念才具有强大的生命力，伴随时代的发展而不断丰富、完善，借助民族文化不可比拟的渗透力而内化为民族性格和民族精神。

当人们通过国家认同迈入公共生活，如何在其中实现完满的人生价值就成为公民必须回答的问题，而这则有赖于公民的自我认同。亚里士多德的政治共同体传统延续至今，成为现代公民社会的基本特征之一。公民身份意味着自身已经超越了独立的个体，而要开始承担社会公共责任。公民作为政治共同体的成员，是由一系列责任、义务和权利所定义的，并且代表了个体与整体、个人与国家的关系。在共同体之中，公民不再是原子似的相互隔绝和独立的个体，而是相互分工、合作，并且相互依赖的开放式个体。公民意识是公民认同的应有之义，即公民意识到自己在社会中的主体价值，以及由此而衍生的对于他人、对于社会整体的权利、责任和义务；换言之，公民意识就是对于公益的认知。人类社会的缔结并不是一个自然的结果，而是人们为了实现某种善的价值，为了营造富足安宁的幸福生活而有目的地结成的。社会的整体善虽然代表了全体公民的个体利益，但并不是所有公民利益的简单叠加。这就意味着，在现实生活中，在特定情境下，社会利益与个人利益并不完全是契合的，甚至会产生矛盾和冲突。在这种条件下，只有公民认识到公益的存在，将公利置于个体利益之上，才能化解两者的矛盾，维护社会的稳定健康发展。这就是为何奉献精神如此之高贵的根本原因。在对于公共利益的关照之中，也产生了对于他人的关切和照顾，亚当·斯密曾为我们勾勒了一个公民在各自理性可以照见的范围内通过自我利益增长而达到公益的图景，在这一过程之中公民间的关联不但没有断裂反而日趋紧密。时至今日，人类的社会化程度达到了前所未有的高度。人们一方面追求着个体独立和自由，另一方面却建立着彼此间日益紧密的关联。这种关联并不是人们日常的人际交往，而是为了生存和自我价值实现所必须选择的生活方式。特别是社会分工的极度细化已经让任何独立的个体不能脱离社会生活。毫无疑问，堂吉诃德似的公民是不能在当代社会生活谋求一席之地的，互利互惠成为现代公民的必然要求。公民们逐渐发现，社会成员间的内在联系如此之紧密，以至于其他群体的生存状态一定会对自己的生活产生影响。这种影响往往远远超过人们的预期。不顾社会其他成员的独善其身显然已经不可能。一些传统社会中属于私人的领域开始敞开通往公共生活的大门。人们期待通过达成基本价值观念的共识而建立惠及社会全体成员的公民体系。公民道德的自觉是公民意识的另一方面。公利之外，道德也是连接公民的纽带。自康德以来，人的主体性、不可剥夺的个人权利，是确保每一个公民保持独立人格、获得个体自由的基石。利益是建立社会连接的重要因素，但绝非唯一要素。如果仅仅依赖于利益，这种连接是短暂而脆弱的。人的道德价值也将遭到贬低。如康德所言，人不能只是手段，人永远都应该是目的。公民之间绝非相互利用的关系，任何公民都不能出于一己私利利用其他公民，仅仅把他人视为工具。在公共生活中，所有公民都应该被看作是目的，得到他人的尊重。公民间的伦理关系不是一种固化的礼节、礼貌或者习俗，而是以尊重个体自由为准则的连接方式。公民之间相互承认彼此的共同体成员身份，对于各自的权利范围和边界有着清晰的认识，并且会自觉地尊重、维护这些权利。大家一方面遵循着法律法规，另一方面则通过尊重和伦理关怀维系共同体成员间的联系，大家都默认相互之间的平等地位，不谋求通过任何方式具有对于其他社会成员的个人优先权力。公民会认同公平正义价值，表达消弭公民间不合理差别的意愿，以保证所有人都享有平等的社会地位。这也是进入当代公共生活的起点。如果大家站立在不同的权利起点进入公共生活，所产生的结果一定与公民社会的自由平等价值原则相违背。因此，公民们将排斥那些不公平的社会生活，关切弱势群体，帮助那些处于社会不利地位的人。公民们期待能够从平等的起点出发，进入公共生活，并且在其中获得自己应得的成就。在公共生活中，所有公民都给予其他成员以足够的认同，不论种族、肤色、成长历程的差异，以及语言、行为习惯的差别，公民之间都能达成互信，和谐相处。更为重要的是，在不同生存状态的公民间能够达成伦理的桥梁，愿意为其他公民的成长和价值实现提供必要的帮助和支持。如果公民社会能够建立以公民相互信任、相互认同、相互尊重为基础的伦理联系，那么这一社会所达到的状态就能够大大超越那种仅仅依靠公民之间规范性的共同期待所缔结的社会。公民社会精神是建设和谐公共生活的另一支撑。这种精神融入在公民身份之中，培养公民对自我道德的控制和完善。在这种精神的支撑下，民主价值便可以得到最大的发扬，也只有在公民自我身份认同的基础上，自由、民主、平等等观念才为所有公民所认同，并且视为自己公民身份中不可或缺的价值要素。

通过国家认同、历史认同和文化认同，人们在不同层次的公民生活中达成价值和观念的共识，并且在由这些价值、观念构筑的文化环境中繁衍和成长。核心价值体系在文化共识的积累和沉淀下慢慢形成和发展。核心价值体系一经形成，又内化为民族、国家的文化内核，成为蕴含于公民身份之内的文化灵魂。

三、公民认同的价值梯度：政治象征、群体凝聚力与公共性价值

核心价值的公共文化本质决定其必然来自公民认同，而作为根本性的社会价值框架，作为引领性的文化体系，它又增强着公民间的文化联系，为公民认同勾画出更为清晰的轮廓。核心价值是社会政治文化的核心和灵魂，它既是对于政治文化的精练与概括，又为政治文化的生长、丰富提供基本的价值框架，公民对它的认同是分层次的。

公民对于政治文化的认同具有多维的价值层次。公民政治文化认同的第一层面是对于自身政治身份的确认。公民本质上是一个政治性概念，表明个体在社会生活中的政治地位、状态和与其他成员的联系方式，是与私人生活相对的公共生活领域。在私人生活中，所有的秩序安排都服从于家庭的绝对性权威，而且总是为自身的需求和欲望所驱动、左右，处于非自由的状态。公共领域虽然为社会成员所共有，但却以维护个人自由、实现个人价值为主旨，只有在公共生活领域中个人才能实现对于私人生活的超越，并且展现自我。政治生活是公共领域最重要的生活方式，公民对于政治生活的参与方式、状态和态度则都涵括于政治文化之中，公民之所以能够认同某种政治文化，首先在于这种文化能够给予他们清晰的政治定位，其中政治群体属性是公

民进入政治生活的前提因素。

公民对于群体属性的确认通常包含三个基本要素：一是自我群体所独有的特点的认同；二是对于所属群体的情感；三是对于所属群体的评价。政治文化是国家政治的特殊体系，它凝聚了社会的基本政治精神与价值传统，并且抽象了具有历史性的国家政治精神，公民可以在政治文化诸要素中，清晰地找到自己的政治生活定位；换言之，国家所独具的政治文化要素为公民提供了明确的群体辨认信息。只有在政治文化中公民才能找到自己的归属感，并且产生强烈的群体认同，并会将政治文化视为自我存在的一部分。政治文化展现着民族、国家的政治文明历史画卷和现代图景，这些政治图景真实地反映了公民的政治理念和期待，描绘了他们对于政治体系发展的美好愿景。因此，政治文化的认同开始孕育公民对于政治共同体的亲近感，公民逐渐将所属政治群体的重要特征作为自己尊严的重要来源。对于缺乏这些文化要素的政治群体，公民会保持心理距离，并且开始放大自己群体的差异。在开放的体系之中，公民会比较自己所处的群体与其他群体，并且进行评价和权衡，由于社会群体成员总有试图找寻最令自己满意群体的趋势，公民对于群体归属的接受也呈现出动态的特征。公民虽然会主动选择能够更多满足自我需要的群体，但是公共领域一旦建立，往往不能够随意地退出，即便在经济全球化的今天，改变公民的群体属性比如国籍，依然受到非常严格的限制，公民更多地会将自己的意愿在政治生活中予以表达，对群体政治体系进行调整和优化。政治文化也是一种动态的文化，它不仅是对于政治体系的阐明和诠释，也推动政治体系的发展与完善。公民在对于政治文化的认同中也继续丰富着这种文化体系，并且以此为媒介反馈到政治体系之中。所以，以核心价值为代表的政治文化凸显着作为政治象征的价值。

公民在政治文化之中感受到自我的存在，并且定位着自己在公民体系中所扮演的角色。政治文化认同的过程既是主体化的过程，也包含着客体化的成分，因为政治认同的目的在于明确自我的主体性和在政治生活中的完整性，但是当进行自我认同的时候，自我又被客体化了。任何认同都需要在相关情景中才能完成，就如同审视镜中的自己，政治文化则如同这面镜子，让公民窥见自己作为政治群体一员的全貌。在政治文化的认同中，公民相互之间建立起坚实的心理联系，并且产生群体成员的自觉意识，同时反过来会更加强化政治文化的象征性，因为一旦公民确立自我政治群体成员的意识，便会对这一群体所经历的公共事件、所具有的观点、思想以及运行的制度、机制、体系进行筛选和重组，建立起具有典型特征的文化模型。这种文化模型一般具有很强的持久力和坚韧性，并且发生“共变判断”和“框架效应”。在政治文化中认同，公民摆脱“无家可归”的状态，并且开始认识公共领域的自己，也只有在具体的政治文化之中，分属不同群体的公民才持有了属于自己的政治名片，开始承担、享有不同的责任、权利，在不同的政治网络中缔结与他人的联系。文化彰显着群体的独立特征，也影响着群体成员的思维、行为方式。在具体的文化情境之中，人们对于他人、对于自我都有着殊为不同的评价、衡量标准，也有着不尽相同的隐性规范和要求。美国心理学者迈尔斯注意到了“个体主义”与“集体主义”倾向在东、西方文化中的差异。他认为，在西方工业文明中成长的人可能更具有“个体主义”特点，而受东方文化熏陶的人则更趋向于表现“集体主义”的特征。如果说公民是一个具有普遍化和抽象性的概念，那么具体的政治文化则赋予了归属不同群体的公民独特的实质内涵，公民也会在政治生活中尽量培育、养成符合这一文化体系的气质和行为习惯。

公民对于政治文化认同的第二层面在于对于政治群体的认知。政治文化如果是一面镜子，那么在其中不但可以照见自己，也可以照见他人。公民的政治自我很多时候是在与他人的联系中得以表达的。虽然公民们对于自我群体属性的认同会受到自我需求、目标的影响——人们总是比较容易选择与自己具有共同目标的人组成团体，但是，群体身份的自我感知和他人认同程度发挥着更重要的作用。从社会心理的角度而言，公民对于自我的群体归属感并不是完全建立在与其他成员的共同追求或者目标之上。作为某一群体的成员身份，以及其他成员对于自己身份的接受，是人们进行自我群体划分的标准。政治文化为公民的自我认同与他人认同提供了重要的文化参照，认同政治文化，也就认同了自我的群体身份。公民都希望自己的这种身份也获得其他成员的认同与接受，从而会积极参与群体交往，在交往中产生对于其他成员的亲近感。政治文化澄明了共同体中公民的连接方式和结构，拉近了公民之间的相互距离，加深了相互间的肯定与接受程度，为独立的公民之间搭建了共通的桥梁。政治文化特别是核心价值理念能够缓解社会成员间的冲突和矛盾，使成员之间的关系更为平顺。在政治群体中，成员总是努力寻求得到更多地尊重与认可，比如希望建立良好的声望、获得群体内的荣誉等。这些群体内的认可，有一些是与群体稀有资源密不可分的，比如财富，在稀缺资源的分配中，那些获利较少的成员有可能产生对于群体的不满。而在政治文化认同中，公民感知其他成员的存在，并且将关切的目光投向他人，公民之间会产生博爱的情感，并且用之驱散过分的自私自利。与此同时，公平、正义等政治文化价值则能够帮助公民消弭因为稀缺资源分配所带来的不合理差别，维护群体的统一，坚定他们的群体归属感。当然，在政治群体中也存在着诸多的亚群体，这些亚群体因为自身的特质而被视为非主流，比如在某一国家所生活的移民，或者与大多数成员持有不同宗教信仰的公民，在某些条件下，亚文化特征可能使部分公民处于相对不利的群体地位，从而造成群体内部的紧张，比如群体内歧视等问题。处于不利地位的亚群体将谋求改变群体的结构以获得更积极的内部评价，而处于优势地位的亚群体则可能会利用立法等行为保持现有的群体内评价系统，以延续自己的优先地位。群体的团结显然存在危机，正好政治文化的认同则能够超越这些群体内的差别，使公民在整体层面达成一致，建立公平、积极的群体内部评判机制。政治文化认同就是一个价值的支点，引导公民在塑造具有普遍性的自我身份特征的同时相互尊重、包容相互间的差异，彼此平等相待。

在我国传统社会中，社会的向心力主要来自家庭以血缘关系的自然连接，而现代公民社会则体现出完全不同的形态特征，越来越多的陌生公民步入社会生活之中，熟人社会作为一种社会形态渐渐离我们远去，成为社会发展的历史印迹，血缘关系已经不能维系整个社会的统一和秩序。公民取代了家族成员身份，成为进入公共生活的最重要资格，恪守在每个公民心中的政治信念和善价值、为所有公民所向往的公共生活远景将大部分以前素未谋面的陌生人团结在一起，组成公共生活。在这种对于政治文化的认同、确信中，人们产生了彼此的义务和责任，更产生了对于社会的忠诚。忠诚自古以来便是重要的政治美德。亚里士多德认为，人在城邦中生活，便如同与城邦签订了契约，人生于斯、成长于斯，就具有忠于城邦的责任。所有公民都在城邦生活中实现自己的善目的，城邦的善代表了公众的共同善，因此是最大的善，具有无可争辩的优先价值，这也是人们聚集在城邦之中，共同参与政治生活的基本理由。社会成员对于社会的忠诚，本质是对于公共善的忠诚，政治文化认同实质是公民对于公共善和基本社会价值的认同，这种认同无疑将增进公民对于社会的忠诚程度。在现代公民社会中，社会制度的完善离不开公民的共同参与，公民对于公共事务的关切、参与是提升社会内部凝聚力的基本方式。全球经济化，以及市场竞争所带来的非均衡性结果，以及所产生的诸多社会问题直接有悖于公民社会对于平等的本质诉求，对于社会的凝聚力造成了极大威胁。当公民享有共同价值时，他们则可以进行更多的交流、互动和沟通，共同面对、解决这些问题。而且价值的认同也将更加强化他们对于群体的归属感，从而鼓励他们更多地参与公共事务。政治文化为公民们提供了形成共同价值的舞台。政治文化的认同使得公民们相互弥合在现实生活中，特别是经济生活中的分歧和差别，在共同体成员的平等身份下继续公共生活，并且保持对于群体的忠诚。尽管现代社会中存在的多元文化现象对于公民自我身份的识别和相互沟通都带来了困难，并且各种文化的交汇、交织在传递信息、传播文明的同时，也模糊了公民间的政治文化界限，加之个人理念、思维方式的差异，使求同变得殊为不易，但政治文化认同无异于在大众文化边界的模糊之中勾勒出清晰的公民政治身份界限，标注出政治共同体的边界，形成坚韧的群体凝聚力。

对于政治文化的认同，具有政治象征、群体凝聚力的意义，但是对于公民社会而言，政治文化认同的最深层次意义在于其触及了公民社会最本质的特征——公共性。当代社会的公共生活领域是对于以往专制社会的颠覆，是对于私人领域和经济领域的跨越。在公民社会中，人们不仅仅在一个由法律体系所构建的社会中共同生活，而且分享政治权力，哈贝马斯将之看作公民社会公共领域与封建时期“代表型公共领域”的本质区别。后者排斥平民对于政治的参与，平民只是作为国王、贵族等代表型统治者的衬托和背景。只有在公民社会中，平民才转化为具有平等政治地位的公民，进入公共生活，同时也只有在公民社会中，人们才能摆脱私人财产差异对于政治生活的干扰。因为在经济生活之中，那些拥有更多财富和经济资源的人会有更多的生活选择，他们能够消费更多的商品，占有更多的社会物品。但在公民社会，人们的交往都基于平等的权利和地位，自由、平等主体之间的交互、商讨、达成共识已经不单是公共生活的主要方式，更是公民社会的根本特征。罗尔斯希望平等的公民能够抛开他们特殊的个体背景，在公共理性的指引下达成重叠共识，从而建立正义的基本社会制度，因为只有当公民通过交往、互动而形成社会的自我治理，公民社会才能完成民主自治。但是，现代社会私人领域与公共领域的划分对于公共生活也带来了一些问题，人们似乎更愿意在私人领域享受个体的自由，而对公共事务则相对缺乏热情，西方国家出现的低投票率等政治冷漠现象昭示了这种症候。那种公民之间只要恪守互不干涉的原则就可万事大吉的消极自由观点在现代社会中弥漫开来，其直接结果则是公民社会的危机。所以，公共领域的突出特征便是政治权力的参与，如果人们不能积极地参与政治生活，充分地享有、发挥政治权力，公共领域就会退缩。从作为公共舆论和公共批判场所开始，公民交往、对于社会事务的积极参与和密切关注一直都是现代公共领域的内在呼唤，也是公民的基本美德。卢梭就把公共领域当作将公民美德直接作用于政治权力的场域。在现实生活中，只有公民走出家庭，走出私人领域，发出自己的声音，表达自己的观点和看法，才能与其他公民一道形成社会观念，并且最终反馈于政治权力。超越消极自由，积极地步入公共生活，在政治生活中体现公民的政治身份，促进公益、公利，是公共性的主旨所在。

政治文化将公民的视野从家庭、个人引向公共领域。公民在政治文化所呈现的生活框架中对于公共善和权力理念达成一致，从而提出社会基本制度。无论是罗尔斯的无知之幕、德沃金的海中孤岛，还是哈贝马斯的公众辩谈，政治哲学家们都试图在公共性的背景之下、在公民的相互认同之中，构建正义的社会治理原则和体系。从公民社会的历史看来，公民社会的形成是公共性不断提升、发展的必然结果。人们聚集在公共场所关注、批判、讨论公共事务，产生公共舆论，进而演进出新的社会法则，此时公共舆论开始逐渐具有政治文化的意味，它不再是单纯个人喜好和偏好的表达，而成为对于社会政治的描述和评价，把那些曾经被统治阶层边缘化的社会成员拉入政治和立法领域之中。政治文化的认同帮助公民以政治共同体的整体形式认识自己，摆脱私人领域的局限，从而公开地运用自己的理性，当大家开始热衷于投身于政治生活时，公共生活便开始具备政治功能。公民的普遍意志形成法律和基本的社会规范，公民们不再把自己交给某个、或者某些具有特权、强权的人，而是把自己交给了大家之间的认同和共识。当社会步入21世纪，在经济全球化浪潮的席卷中，公民的来源更为复杂，公民之间的利益、思维和文化差异更为明显。同时，经济政治化、或者经济政治化的趋势使公共领域和私人领域都呈现扩张的趋势，公共生活与个人生活深层地交织，边界似乎越来越模糊。一切原本属于私人的事物开始具有公共意义，而公共领域的事务与个体更为密切地相关，在个体多元、私与公的含混之中公民也陷入迷茫，完全超脱于个体的差异、超脱个体生活的局限，显得尤为不易。政治文化认同则是公民共同点燃的明灯，让大家能够在公共性光芒的指引下，在公共生活的道路上自由前行。政治文化自身处于动态发展的过程之中，而公民对于政治文化的认同也并不是单向的接受过程，在信息社会之中公民的交往较以往任何历史时期都快捷而频繁，知识的交替、文化的更新都以前所未有的速度进行。所以，公民一方面在政治文化认同中产生对于公共生活的自觉，另一方面则把新的文化信息、政治诉求回馈其中，促进政治文化的自我更新，从而推动政治权力结构、体系的完善和优化。

四、政治合法性：公民认同核心价值的目的性旨归

政治认同似乎是现代政治生活的主要形态。任何政治治理、或者政治制度体系都内在地需要社会成员的确信和支持，都希望公民能够产生、培养对其的合法性认同，而不是仅局限于利益或者现实生活的权衡而服从它的安排。这种合法性的期待无疑都集中反映在政治文化之中，政治文化建构的主旨在于通过核心价值体系建设赋予政治治理以合法性，并且培育、坚定公民的政治合法性信念。

政治的合法性主要由两方面构成：一方面是追求善的价值合法性；另一方面则是满足公民要求、促进公民利益增长的目的合法性。前者确保了政治合法性来源的稳定性和连续性，后者表达了政治生活的现实期待和工具合理性。天赋神权的时代早已成为历史的遥远回忆，现代政治合法性不能从任何脱离人类社会的先验存在中得到论证。公民都是在某种政治结构中展开自己的公共生活，在由各种政治制度、规范和程序之中建立政治生活的秩序。这些制度、规范和程序发挥着它们的功能，并且排斥非确定性的结果，在政治行为方式与行为结果之

间建立了确定性的联系。就此而言，这些政治生活的规则体系具备自身的正当性，但是对于合法性而言，显然这还不够，否则某种在程序、规则上设计严密，但与现代政治文明格格不入的专制制度也可能被视为合法的。政治制度、规则、程序本身不能够论证自身的合法性。这种合法性只能来源于政治制度体系之外，在民主的政治生活中公民对于政治秩序的认同成为合法性的重要来源。

任何政治生活都不能离开善价值的指引。政治权力、规则和程序都要依系价值合理性而获得合法性。政治生活的价值目标必须具有道德合理性，而且这种价值目标必须代表公民的共同理想，没有价值理想的政治生活是不可想象的，离开价值期待政治就将完全演变成现实的技术和策略，从而脱离其根本的合法性基础。政治生活不仅是对于社会秩序的安排，更是对于社会整体善生活的指引，这种期待首先必须是符合善价值的，否则政治生活就会面临危险。如果偏离善的轨道，那么越是受到公民的支持，政治生活就越充满危机。苏格拉底之死早在数千年前便向人们诠释了多数人暴政的可怕，但这种场景在人类历史中却依然频繁出现，也正因如此，善的政治制度体系成为政治合法性的重要保障。在政治生活之中，除了要确立为公民普遍接受的政治价值目标外，政治制度、规则、程序的制定也必须获得公民的认同，因为政治的善不能止步于抽象的沉思和向往，它需要以合理的方式表达在现实的政治活动之中。具体的政治制度、程序和结构是连接政治理念与现实生活的桥梁，只有当政治秩序是由公民自由、民主构建的时候，它才能获得合法性。正义的政治秩序是维护其政治合法性的前提，如何通过公民的自由博弈和理性选择构建正义的基本政治制度体系，也成为政治哲学的核心问题。

培养、提高公民对政治生活的认同程度，坚定人民对于政治领域的合法性信念，是构建核心价值体系的政治伦理诉求，核心价值体系建设对于政治合法性的确立和巩固，发挥着不可替代的作用。人类世界之中有着对于普遍善价值的共同追求，但这些善价值在不同的民族之中、在不同历史时期有着大相径庭的表达方式。具体的善概念总是植根于民族语言、历史的土壤，任何民族国家的公民对于善概念的认识和接纳无一不经历漫长的过程。民族历史的回忆、追溯，以及公共事件的共同经历，积淀为民族独特的政治传统和习俗。作为我国政治文化的核心组成部分，社会主义核心价值体系是对于我国政治理想、意识形态、政治传统、历史任务的综合表达和全面概括，是我国人民坚持政治信念、定位政治归属的文化支撑。多元文化的并存显然是当前世界文化的特点，西方模式的政治话语对于其他政治文化产生着巨大的压力，西方世界似乎从未放弃政治文化主导的企图，发生在中东的系列政治事件充分反映了这种谋划。政治文化霸权往往通过多种方式进行，特别在西方商业模式强势的今天，商品也成为政治文化的载体，在满足人们物质需求的同时传送着意识形态的信息。全球化、信息化让多元政治文化间的交流、碰撞与交锋更为容易和直接。在优秀外来文化涌入的同时，一些陈腐落后的思想意识，特别是政治价值观念也流入我国社会之中，这些文化以不同的存在形式和模式考验着我国公民的思想。一些政治信念不够坚强的人容易被迷惑，并且开始盲目地反思我们自己的政治文化和传统，某些政治概念被误解、模糊、扭曲。面对多样的文化，也有人开始动摇，变得犹豫不决，这对于我国政治生活构成了严峻的挑战。如果缺乏坚定、深厚的政治文化的支持，我国政治生活的图景就会充满多元的迷雾，而这直接关系我们构建怎样的社会、用怎样的方式团结社会公民、用怎样的价值导向引领公共生活等根本性问题。如果我们不能坚持自己的政治文化，我们政治文化的传统和连续性受到破坏，就会导致公共生活失序的灾难性后果，阿富汗等中东一些国家国内动荡不安的政治生活已经用事实展示了这种灾难的深重。因此，在现代国际政治环境中，建设社会主义核心价值体系，完善、维护我国政治文化及其传统，是我国实现民族复兴、安定团结、繁荣发展的重要战略任务。

核心价值体系为人民群众提供了强有力的政治信念基础。马克思主义指导思想是我国政治生活的灵魂，历史证明，只有马克思主义指导下的社会主义道路才能让中国洗刷近代百年的屈辱，迎来繁荣和富强。马克思主义思想作为动态的、不断发展的理论体系，在历史各个时期都给予了人民坚定前行的勇气。从毛泽东思想、邓小平理论、“三个代表”重要思想，到“科学发展观”，马克思主义指导思想发展的过程是马克思主义思想与中国历史传统、现实环境不断深化结合的过程。马克思主义指导思想作为系统的理论体系，完整表达了我国的政治文化内容，确定了我国政治生活的基本框架和价值追求。马克思主义决定我国政治生活的最高原则就是建立、维护人民在公共领域的主人地位，而这是千百年来我国人民不懈追求的政治目标。无论是仁爱的传统政治理念，还是近代“三民主义”的政治思想，都充分涵括在马克思主义思想体系之中，它是我国历史政治传统与当代政治精神的高度统一。

爱国主义、创新精神是千百年来为中华民族称颂、追求的伦理美德和民族气质。爱国主义深深扎根于我国历史传统之中。家国同构的文化传统，以血缘为基础的家庭是传统社会的基本单位，使忠孝传统美德的核心——爱国主义在我国政治文化传统中被赋予了更多的意义。爱国主义不仅是个人的美德，更是社会得以延续和保持的核心概念，是个人对于国家的责任与义务。创新则是中华民族生生不息的民族气质。人类的古老文明，很多都已经化为历史的尘埃，淹没在历史红尘之中。中华民族作为最为古老的文明群体，在完整保持自我文化体系的同时历经数千年的风雨，依然保持着旺盛的生命力，并且作为繁荣富强的国家屹立于世界民族之林，其内在动力就是创新精神。从《大学》中“苟日新，日日新，又日新”开始，中华民族就随着时代的变迁、进步不断丰富着自己的文化，保持着民族自我调整、创新的强大能力。爱国主义、创新精神已经融入中华民族的血液之中，成为标志性的民族文化印记。因此，以核心价值体系为核心的政治文化富含着为中华民族儿女认同的历史传统和民族精神。建设核心价值体系，无疑在中华儿女之间缔结其历史共同记忆和现代生活共同期盼的纽带，为民族成员提供最广泛的政治认同基础，从而坚定人民的政治信念，在多元文化的时代进一步确立我国政治生活的合法性。

建设核心价值体系是化解政治合法性危机的根本方式。社会主义核心价值体系充分表达了我国在新的历史时期的共同理想和根本目标，旗帜鲜明地提出实现中华民族的伟大复兴、实现全国人民的共同富裕是我国社会主义建设的主题。我国目前仍然处于社会主义初级阶段，在中国特色市场经济的发展中，也出现了市场机制必然带来的问题。部分公民为我国的经济建设做出了自我利益的牺牲，一部分公民走上了富裕的道路，而也有部分公民没有达到预期的利益期待。特别在我国社会转型期，有的人一时难以适应新的社会结构和环境，或者在转型中失去了既得利益，部分群体陷入了迷茫和困惑，并且开始质疑政治生活的指向。核心价值体系明确地回答了人们所迷惑不解的问题，以其文化宽容性和价值指向性拨开迷雾，提出了政治生活的主题。它清晰地回答人们，我国所走的是中国共产党领导下的社会主义道路，实现民族的富强、实现人民的共同富裕是我国建设的最高要求；它将国家的富强这一公利与个人富裕的私利紧密结合，在根本上实现了私人动机与公共动机的共通和一致，从而在本质上巩固、加强了人民对于政治生活的认同，坚实维护了政治合法性。

在公民社会中，政治合法性一方面来源于公民的认同，另一方面则来源于对公民政治生活的引领。政治合法性最终决定于是否能够构建正义的公民社会。好公民是公民社会对于公民个体的期望。好公民首先是具有公民道德的社会成员。这种道德与个人美德既有联系，又存在着区别。显然，成为好的公民与成为一个有道德的人并不是同义语的反复。好的公民要求社会成员具备良好的道德素质，但是这还不够。自从近代启蒙运动把人类从失去自我的专制时代解脱出来，对于个人主体性的强调、对于私人利益不可侵犯神圣性的关切成为近代政治文化的主旋律。亚里士多德时代建立在城邦公利之上的个人消失了，取而代之的是独立、自由的私人个体。古希腊时代的公民获得私利的合理性在于同时有利于公利的增长，而在现代商品经济中，个体利益的增长本身就具有合理性价值。商业经济本身有着强大的平整化倾向，这种倾向不仅表现在经济生活之中，价值生活也无法逃脱这一倾向的影响，经济价值似乎成为当前社会的主导性价值，并且成为主要的价值衡量标准。这就造成了我们在之前所谈到的公共领域退缩危险的问题，人们开始更多地关注个体的物质利益，对于政治生活的热情似乎逐渐让位于对于私人生活的热衷。在这种情况下，公共领域面临着巨大的挑战，这种挑战不仅影响着之前所言的公共性，更对政治合法性形成了压力。政治合法性有赖于公民的政治认同，更依靠于公民的政治生活参与。政治体系合法性的要义在于，政治秩序是公民共识、共动、共同参与政治生活的结果，也是政治认同的基石。如果政治秩序序不是来自公民的公共生活，而是源于某部分人、或者某一个人的谋划，那么其本身就与现代民主的政治文化相背离，其合法性将受到深刻的怀疑。就此而论，公民对于政治生活的参与不仅是公民权利，更是公民的义务和责任，是政治合法性的本质要求，这也是为什么无论是亚里士多德还是阿伦特，都把政治视为公民的本性的原因。公民表现出对于政治生活的兴趣似乎更多集中于“输出性”政治现象。公民们似乎更关注谁成为了国家领导人，政府又出台了哪些与自己相关的政策和措施，而不是参与政治程序的构建之中。公民只有置身于“输入性”政治生活之中，才能被看作进入了政治领域。私人领域对于公民身份而言，有着束缚和限制，比如自我欲望和利益的牵绊。要使公民冲破这些限制进入公共生活，就必须得到政治文化的引领。建设核心价值体系的基本任务之一，便是在价值层面引导社会成员成为好的公民，在政治生活中实现公民社会的发展目标。

核心价值体系为公民提供了政治伦理价值和政治生活方式的指引。正义是社会的基本善，公民政治生活的目的就在于实现正义价值，而问题在于正义概念如何被定义，公民社会要实现的是何种正义？核心价值体系精练地概括了我国公民社会当下的正义价值目标。核心价值观澄明了公民关于正义观念的重叠共识，自身具有基于公民普遍认同的合法性，这种合法性给予了公共生活以内在的伦理规定性。在现实生活中，所有的公民都是带着自己的理念和政治价值倾向和偏好参与政治生活之中的，任何对话和商谈都必须具备价值目标的一致性基础，否则对话就不可能。政治的互动和合作更是如此，只有当所有公民都认识到公共善，并且致力于公共善的达成，政治生活才具有内在的统一性。马克思主义指导思想是我国公民就政治秩序、方式进行商讨、辩谈的基本价值取向。人们只有以共同理想为目标参与政治生活，才能超越私人领域和不道德政治文化的影响和干扰，就正义的政治程序和政治生活方式达成一致。与此同时，核心价值体系也为我们的公共生活提供了基本的框架。任何政治生活都是在某种秩序中进行的，而这种秩序是在政治文化中所培养和形成的，任何无序的政治生活都意味着政治生活的坍塌和失败。核心价值体系所代表的政治文化则为我们呈现了我国政治生活的秩序安排，这种秩序的核心就是不但要求公民社会以保障人的自由与人际的权力平等为前提，而且强调自由是有限度的，政治生活中没有无条件的自由。正如柏拉图所说，如果驴可以自由地穿梭在马路之中，人就不可能正常行走了。我国公民的政治生活必然以促进社会主义核心价值体系建设为前提，公民对于公共生活的参与必须尊重、遵循社会主义道德原则和伦理规范。只有在核心价值体系引领之中的政治生活才具有合法性，任何与马克思主义指导思想相违背、与爱国主义和时代精神格格不入、阻碍共同理想实现、荣辱不分或荣辱颠倒的政治生活方式都将丧失合法性基础。

（原载《南昌大学学报》2014 年第 3 期）

论我国非政府组织发展的伦理使命

20 世纪最后的 20 年中，非政府组织（NGO）作为一个部门在全球范围内得以快速发展，引发了一场所谓“全球性社团革命”，它与政府、企业共同构成现代民主国家的三大组织支柱，是人类社会发展史上一次伟大的组织制度创新。近年来，非政府组织也成为了我国的一个热门词汇，我国非政府组织从公共部门的排斥到被接受和管理，从非制度化组织到制度化管理，从国内一定范围活动到国际间开展活动，其发展较为迅速，成为了全球治理变革中的一个重要部分。

当人们发现不仅存在政府失灵、市场失灵，也存在志愿失灵时，不禁从深层面来探究失灵之原因，于是非政府组织的伦理精神出现在人们的研究视野当中。非政府组织介于政府和商业组织之间，致力于弥补政府与市场失灵，它扮演着服务的角色、倡导的角色以及价值守护的角色，能以比政府更低的成本提供更好的公共物品，超越了企业对市场功利追求，促进了社会的和谐发展，代表着人类理想的道德境界和文明发展方向。由于肩负这种先天的伦理使命，非政府组织活动过程中散发着一种独特的伦理气质，并内化为支配组织开展各项活动的一种精神力量，自觉而勇敢地承担着社会公共责任。

一、非政府组织的伦理特质

非政府组织独特的伦理气质具体表现在其自身的组织理想、组织原则和管理方式上。非政府组织提供的公益或互益服务的原动力是一种对社会公正理想的追求，自愿奉献的组织原则体现出组织成员高尚的道德情操，组织方式中体现出来的伦理性保证了组织中善心的激发和凝聚，这些特质是政府和商业组织无法比拟的。

第一，追求社会正义。非政府组织的使命就是对社会公正理想的追求。非政府组织提供的公益或互益服务以及从事其活动的原动力，可以追溯到一种向善的价值观，也是一种实现社会公平正义的愿望。正是对社会公正理想的追求，非政府组织不以营利为目的，致力于社会公益性事业。它致力于解决的主要是被主流社会组织体制即企业—市场体制和政府—国家体制所不顾或所难以顾及的一些重大社会问题，主要是人口、贫困、教育（特别是农村基础教育）、妇女儿童保护、环境保护、少数民族、卫生保健、残疾人以及人道主义救援和人权等问题。它服务的对象大多是被主流社会组织体制所忽略或排斥的边缘性社会群体。

政府失灵导致了非政府组织的产生和发展。非政府组织之所以被称作第三部门，正是在现代社会第一部门（政府）和第二部门（企业）高度发展成熟以后，其失灵现象也充分表现出来以后才会产生的现象。所以，在美英等国与非政府组织迅速发展相伴随的政府改革运动，其核心问题是重新界定政府的职能，将政府不该做或做不了、做不好的事务交还给社会，其中，私人物品生产大多交给市场，公共物品特别是垄断性公共物品继续由政府提供，但大部分非垄断性的准公共物品和准私人物品，则由非政府、非企业的“非政府组织”承担下来。

为了弥补政府和市场的失灵，作为一种组织创新，非政府组织任重道远。面对政府失灵，自下而上的非政府组织不仅将接受那些政府做不好、做不了的公共事务，而且还将通过社会权力对政府权力的制约而推进民主政治建设。通过各种各样的社团将个人组织起来，公民才可能有效地参政议政，抑制政府无所不在的权力，将公共权力置于社会控制之下。面对市场失灵，非政府组织通过慈善事业、志愿者团体、社区机构的扶贫、助学等活动来调节人民的收入水平，减少贫富不均，缓和社会矛盾，使社会经济发展具有良好的社会环境。同时还通过干预市场经济活动（如民间对资源、环境等的保护）以纠正外部不经济的问题。非政府组织作为一种组织性质上的过渡。它不仅可以部分地替代政府，还是中间状态的公共物品和私人物品供给的恰当的组织形式，而且还可使社会不同组织之间的关系更为有机协调。所以，公民社会中非政府组织的使命，一方面是促进社会基本制度结构的完善，促进政治正义的实践；另一方面，则是基于道德正义的理想，凝聚社会成员的道义力量，直接去改造不平等的现实。

第二，寻求自愿奉献。志愿精神是指一种自愿的、不为报酬和收入而参与推动人类发展、促进社会进步和完善社区工作的精神，是公众与社会生活的一种非常重要的方式，是公民社会和公民社会组织的精髓。志愿工作是指任何人自愿贡献个人时间和精力，在不为物质报酬的前提下，为推动人类发展、社会进步和社会福利事业而提供的服务。志愿精神的产生基于个人对人类及社会的积极认识、对于社会发展的积极价值取向，而这个取向又来自个人的背景、教育和经验，也来自社会环境的作用。所以，志愿精神是个人对生命价值、社会、人类和人生观的一种积极态度。志愿者是指那些具有志愿精神，能够主动承担社会责任而不关心报酬的人，或者说是不为报酬而主动承担社会责任的人。在实际生活中，志愿者活动很可能比报道的要多，这是因为人们使用不同的方式来开展志愿服务。有时人们提供服务是通过诸如宗教机构、社会福利机构、非政府机构等组织甚至是通过工作所在地进行的社区服务活动进行的。

我们知道企业的目标是追求利润最大化，所以经济人是利己的；政府的目标是维护和实现公益，但公共选择理论认为，人们的政治行为一如他们的经济行为一样是追求私利最大化的；那么非政府组织的志愿者的利他行为何以可能呢？在我看来是完全可能的。首先，经济人概念只是经济学研究的一种理论假设，并没有概括人的全部与丰富性。事实上，市场经济理论的开山鼻祖亚当·斯密对人性就持一种利己与利他并存的观点。我们可以看到，人的利他心在市场交换中只能从效果去看，而无法从行为动机中表现出来；对在政府中掌握公共权力的公职人员来说要好一些，可以在职责和组织目标的实现中利他而主观上可以不为己，但福利待遇已在其中。只有在志愿者的志愿服务中，人的利他心才可以得到纯粹的表现，他们把为慈善事业和公益事业做贡献当作自己的义务和不可推卸的责任。也就是说一个人在生活中的不同领域可以有不同的行为和动机，遵守着不同的行为原则，志愿者利他动机的高尚性是不容怀疑的。虽然部分志愿者的行为是受到由参加志愿工作能带来的满足感、成就感和能力锻炼等内部回报以及荣誉、社会地位等外部回报的吸引，但毕竟已超越了经济的效果利他，而朝着超越个人功利的道德利他（动机利他）的逼近。其次，根据马斯洛的需要层次理论，人类的基本需要可以分为生理需要、安全需要、社会需要、受尊重的需要、自我实现的需要等层次。这些不同层次的需要逐次产生，前一种需要一旦得到满足，就会产生后一种需要。可以认为，志愿者参加志愿组织提供志愿服务就是为了满足他们的社会需要、受尊重的需要和自我实现的需要。志愿者的利他行为是他们满足高层次需要的表现形式。

第三，坚持伦理管理。非政府组织内部成员之间的平等性充分体现了非政府组织管理的伦理性，在非政府组织中推行伦理管理是道德实践的新模式。这种管理方式有赖于个人道德理想和组织推动力量两种动力的结合，从而保证组织管理的有效性。从行为的动力来看，志愿者是依自由意志参与志愿组织，不获取任何报酬，奉献自己的时间和精力，提供各种服务。一个处于商业社会的人，仍自愿自觉地去行动，除了道德理想的吸引之外，实在难以解释其行为的动力因素。在传统社会，道德理想主义同样存在，而且作为官方道德原则大力提倡，当社会由少数有钱有势的人统治时，他们喜欢培养人们对义务的崇高思想，乐于主张忘我是光荣的，认为人应当像上帝本身那样为善而不图报，但道德理想的社会实践缺乏坚实的社会基础。首先在政治方面，传统社会专制政治的合法性不容许怀疑，人们只能在一种无比较的状态中，盲目地相信政治化的道德强制是可接受的，多样的伦理选择萎缩成一种高不可攀的道德理想的绝对服从。这既排除了人们对究竟需要什么样的制度来保证它是“道德的”而不是“不道德的”这一重大问题的反思，造成了一种道德与制度的非良性循环。在行为的伦理蕴涵的认知与决策上，人们也处于一种被固定地设计好了的道德模式之中，在一种被组织化了的、形式主义的模仿道德楷模的定期行为中显示每个人的“道德感”。其次在经济方面，在人们的生存问题基本解决之前，道德的要求和生存的压力实在是一种两难的选择。在心灵境界的提高和肉体享受的改善之间，存在着人们想象不到的密切联系。人们可以随意处理这两种完全不同的事情并轮流加以重视，但不能把两者完全分开，否则两者都做不好。这也就是先秦儒家的“重义轻利”仍具有合理性，而宋明理学的“存天理，灭人欲”却走向荒谬的根本原因。在现代社会，志愿者是一个“道德人”，但这并不妨碍他在市场领域成为一个“经济人”，在政治领域成为一个“政治人”。一个人只有在较自由的制度环境中，基本的生存问题解决之后，才能较为自主地筹划个人生活，关注个人之外的世界，从遵守“生活的道德”向追求“道德的生活”过渡。他才会发现一个人为他人服务也是在为自己服务，他并不是追求个人的功利，只是他对利益有了正确的理解，对人生的意义与价值有了正确的理解，从而对自己的时间、精力和财富等资源有了合理的分配。必要时牺牲自己的部分时间和财富对他人和社会来说是有益的，是他们自己心甘情愿的选择。

从伦理管理的形式和效果来看，在传统社会，志愿者的行为也是存在的，关爱他人、友善助人、危难相扶等，只是这种志愿者行动基本处于分散的、临时的、个体化的状态。现代社会是高度组织化的社会，理性化成为其核心理念和组织方式。个人无法实现或效果不佳的公益行为，只有通过加入组织才能得以实现或取得好的效果。志愿者的志愿精神不是天生就有，它既是志愿者个人的精神追求，也同时需要社会的动员，但更重要的是如何让志愿精神以及志愿行动具有持续性，成为社会生活的一个组成部分。其实，志愿精神与志愿组织之间有着密切的联系和互动的作用。社会上潜在的志愿精神并不意味着志愿者和志愿行动的出现，中间还有一个重要的环节，即志愿精神的培育、发展，以及将具有志愿精神的人群组织起来形成志愿行为的组织化。志愿组织同时又是志愿精神生长的土壤，它通过志愿者开展活动，在组织内部是一种善心的凝聚、交流与激发，对社会来说则是一种社会自组织的道德倡导、感召与示范。可以说，志愿组织是传统社会很少见到的，其行动效果更是传统社会无可比拟的。

当今世界，非政府组织正以不同的方式或角色，影响着社会的发展。正是对社会公正理想的追求，公民广泛参与志愿活动，显示出现代社会志愿行动与组织活动方式的普遍价值与意义。组织的力量，使志愿者的力量形成集合性的状态，显示出较高的效益。伦理化的管理，广泛传播志愿者行动的理念和行为方式，使得志愿者行动得到更多人的认同和参与，从而使整个社会的道德生活表现出普遍性与有效性的特征。

二、非政府组织的伦理精神

非政府组织伦理是适应社会的需求而产生的。在现代社会里，伦理的关系不只限于家庭或传统的人际定位。由于现代社会的个人，可以归属不同的群体，社会的人际关系也因此而愈显复杂化。同时，也因各种团体、机构等群体的存在，团体与团体之间、机构与机构之间、团体与个人之间，都必然产生一种对规范行为的期盼，即制约行为的伦理关系。更有甚者，每一个特殊行业都有其特殊的伦理要求。现代社会除肯定个人伦理、家庭伦理外，尚演化发展出由其他促进社会进步和分工合作的职业和非政府组织伦理。在市场经济条件下，非政府组织作为具有独立法人财产权、自主经营权和自负盈亏的群众自治组织，在其从事以服务为目的的活动中，必然要与外部和内部发生各种利益关系，在这些利益关系中，内含着各种伦理关系。非政府组织要实行正常的服务和生产经营活动，就必须处理好各种利益关系，因而也就必须把握其中的伦理关系，树立自己的经营理念，以此为指导，确立并在生产经营活动中实践一定的伦理原则和伦理规范。

非政府组织伦理是指“与其活动宗旨和服务性质相一致的，调整非政府组织与服务对象之间关系的行为规范体系”[①] 非政府组织伦理与商业伦理不同，它不是与生产经营、商品流通、交换关系有关的伦理守则。非政府组织伦理与政府组织伦理也有一定的区别，它不是与权力运作有关的伦理。

非政府组织伦理指非政府组织的发展与活动不只影响到个人或服务对象，而且影响到政府、社会、环境及其他非政府组织。在处理内外关系，包括非政府组织与其成员、非政府组织与管理者、非政府组织与社会、非政府组织与国家、非政府组织与市场、非政府组织与国际社会的关系中，存在善恶价值取向和行为规则，涉及公平、服务、和平等伦理理念，是非政府组织的一种自我约束机制。非政府组织伦理关系的界定，便于其伦理准则的制定和实践。

在激烈的市场竞争中，非政府组织存在着一个至关重要的价值问题，即怎样服务以及这些服务是否有利于社会的进步和人类的发展。这涉及非政府组织服务的手段善和目的善的价值问题，是全部非政府组织伦理的实质所在。这是在市场经济中非政府组织作为具有独立的法人资格的市场主体所不可也不能逃避的伦理责任。因而，非政府组织伦理实践也就成了对非政府组织行为正当性的辩护。

非政府组织伦理建设一方面要不断完善其内在要素，即非政府组

① 樊浩：《中国伦理精神的历史建构》，江苏人民出版社 1997 年版，第 29 页。

织伦理精神、非政府组织价值目标、非政府组织伦理风尚、非政府组织伦理信誉等；另一方面要处理好与社会、市场的关系，确立服务行为、经营行为和经营理念和市场伦理。非政府组织的服务者和经营者的人格素质是非政府组织伦理的核心，非政府组织经营者的人格塑造是非政府组织伦理建设的重点。当代中国的非政府组织改革和社会主义市场经济建设，亟待培育一大批具有良好的人格素质和卓越管理能力的现代非政府组织家。

非政府组织的伦理性决定了它的存在与运行始终追求伦理精神。所谓伦理精神就是“社会内在生命秩序的体系，它体现人们如何安排人生，如何调节人的内在生命秩序。伦理精神是民族伦理的深层结构，是民族伦理的内聚力与外张力的表现。伦理精神的层面体现人伦关系、伦理规范、伦理行为的价值取向，对民族社会生活的内在生命秩序的设计原理，民族伦理精神的完整结构与伦理性格生长发育的过程”（樊浩：《中国伦理精神的历史建构》）

非政府组织伦理精神是指“非政府组织在长期的服务活动中所形成的具有较大共识的价值观和伦理意识，是非政府组织领导人根据本组织的特点倡导成员应当遵循或追求的伦理价值目标和伦理思想”（高力：《公共伦理学》）。它是非政府组织道德体系的核心，是非政府组织文化的精髓，是非政府组织活动的根本道德准则。它通过非政府组织成员的日常运作、渗透于组织服务活动的各个环节，借助非政府组织提供的社会服务而外显非政府组织形象，表现出非政府组织的精神风貌和伦理风格。在非政府组织内部，伦理精神往往反映在非政府组织所提出并广泛宣传的口号、纲领或宗旨中，或通过非政府组织精神的培育而表现出来。

非政府组织的世界是庞杂的，其意识形态和指导思想也是形形色色的。一般来说，每个 NGO 都有自己的意识形态和指导思想。女权主义、生态主义、宗教教义、人道主义、慈善精神、利他精神以及各种色彩的社会主义等，都有可能被充作非政府组织的指导性意识形态。

尽管非政府组织的这些指导思想和意识形态相互之间的差异很大，但它们都秉承着始终如一的伦理精神，始终贯穿着利他主义、人道主义和自愿原则。这种精神的实质，是人们基于一定的公共意识、关怀意识、责任意识、参与意识、合作意识和奉献精神——当然还有一定的个人偏好——基础之上的自觉努力。非政府组织的志愿性不仅仅体现在它的主要推动者是志愿的，它的一般性的参与者和支持者本质上也是志愿的，它在一切资源动员上基本都是志愿的，这正是非政府组织独特的生命力和独特价值所在。由于非政府组织本质上必须是志愿的，决定了它在组织上必须自治，成员间（推动者、参与者、支持者）的关系基本是平等和相互信任的，它的体系基本是开放的，它的运作需要是公开的、透明和规范的，同时还需要是高效和具有创新性的。这一切构成了非政府组织的伦理精神体系，其核心是基于理想主义的公正精神和基于自愿奉献的志愿精神。非政府组织之所以能够在诸如扶贫、环保、教育、维权、慈善、文化、中介等许多领域取得政府和市场无法取得的成效，都根源于这种鲜明、独特的伦理精神。

非政府组织精神所体现出的人性、人道、公益性和文明性，使得非政府组织成为改良甚至是重构政府（公共领域）—市场（私人领域）两维社会的重要能量和重要方式。非政府组织为人们灵魂的升华找到出路，让人们更好地认识自我和认识社会，非政府组织不断丰富和改良着人们的道德生活，为新时期的伦理建设做出了巨大的贡献。

三、我国非政府组织面临的伦理困境

近年来，随着非政府组织在我国的迅速发展，人们对 NGO 的赞誉不绝于耳。它们相对独立于政府和市场，不仅在经济和社会活动中能够分担政府的部分职能，而且在保障公民权利和新时期伦理道德建设中发挥着积极的作用。但非政府组织在“权力崇拜”“金钱至上”等价值观念的不良影响下，也面临着困境，出现了志愿、合法性、诚信三大危机。导致这些危机产生的原因主要在于，少数组织成员的道德素质不高，以及组织制度缺乏伦理基础。

第一，志愿困境。志愿困境首先突出表现在财务危机上，即非政府组织难以单单通过志愿途径筹集足够的资金，公益活动的开支与所能募集到的资金之间存在巨大缺口。人们普遍认为，基金会、企业和人民大众的财务极其雄厚且非常慷慨，非政府组织从基金会拨款、公司馈赠和个人捐款等来源处获得的慈善捐款如此丰厚，以至于单单私人慈善团体就足以维持非政府组织，所以，非政府组织不需要寻求政府支持，也不需要从事商业活动。因此，非政府组织没有面临丧失自主性的危险。然而，非政府组织自给自足的神话根本没有现实基础。无数的经验表明，没有一个国家的私人慈善团体是非营利部门的主导收入来源。非政府组织的募捐面临着许多不利的因素。其次表现在劳务危机上。非政府组织工作人员通常是无偿的，但是由于这种志愿者的缺乏，出现了很多带薪的志愿者，当然，他们的薪水通常只是象征性的。在发达国家，相比之下，自由国家要比福利国家更容易召集志愿者，很难想象一个没有自由、各方面权利都得不到保障的人会产生社会责任心。往往制度越自由，志愿者越多，比如美国的NGO，它有30%的资源来自志愿者，而北欧福利国家，由于从摇篮到坟墓都有政府承担，志愿者往往很少。因此总的看来，无论是依赖政府资助还是依靠营利活动，都会使非政府组织产生独立性危机。

第二，合法性困境。一般地说，合法性是指“由于被判断或被相信符合某种规则而被承认或被接受”。中文“合法性”一词有两种主要含义：第一是“合法律性”，表示一种行为或者一个事物的存在符合法律的规定，词义接近英文词 legality；第二是“正当性”“合理性”，表示一种行为或者一个事物的存在由于符合人们某种实体或程序的价值准则，以及其他非强制的原因，为人们所认可，进而自愿接受或服从，词义接近英文的 legitmacy。因此，可将两种合法性归结为

“正当性合法性”与“合法律性”①。

随着冷战结束和民主浪潮席卷世界，非政府组织迅猛发展，从20世纪80年代末的6000个猛增到现在的2.6万个，已是一支举足轻重的“超级力量”。然而，与政府和私人部门相比，在世界上大多数地方，许多公共机构、社会团体、自治组织都面临着合法性危机。非政府组织政治作用的日益增强被其他政治行动者视为挑战，他们质疑非政府组织有什么权力在政策制定中要求发言权？有什么权力要求被当作是一个合法的行动者？凭什么把自己看作是人民的代言人？人们认为，非政府组织除了自己以外，谁也不代表，因为它们没有得到合法的授权，它们并不是由特定的选民选举产生。因此，非政府组织的合法性遭到很大的质疑。

第三，诚信困境。诚信是维系一个组织存在和发展的首要信条，是组织乃至个人都必须遵守的价值准则。随着一个又一个公共腐败事件浮出水面，人们开始对非政府组织的诚信产生了疑问。1995年，美国最大的非政府组织之一“联合劝募”的原负责人由于贪污善款而锒铛入狱。在我国，面对成千上万的非政府组织，民政部门的年检和传媒监督显得苍白无力。一些习惯于报喜不报忧的媒体只是为非政府组织塑造了耀眼的光环，却没有构成预防非政府组织腐败的防线；而普通民众既缺乏监督的手段，也没有监督的途径。一切似乎只能凭NGO的良心。一些非营利组织打着非营利的旗帜，从事的却是营利的活动。有些组织严重违背非营利的准则，私分财产，为某些个人谋利益，甚至侵吞善款、贪污腐败等，导致我国非政府组织整体诚信度不高。

由于我国非政府组织整体诚信度不高，导致社会捐赠不足。中国非政府组织的资金来源较为单一，企业与公众对非营利组织的捐赠比例很低。1998年，中国非政府组织的资金来源中政府财政拨款占53.55%，企业提供的资金只占5.63%，公众捐赠的资金只占1.18%，

① 谢海定：《中国民间组织的合法性困境》，载《法学研究》2004年第2期。

营利性收入只占总收入的6%，但是这并不意味着中国社会大众和企业不愿意为非营利组织捐赠，更不意味着中国没有捐赠的文化传统，而是由于中国绝大多数非营利组织缺乏社会公信度，公众和企业担心所捐财物被贪污。事实上，只要有较好的公信度，无论个人还是企业都是愿意捐赠的。

非政府组织作为为社会提供准公共产品的公益机构或公益性独立机构，由于它的资金主要来自政府和社会各界的捐助，与政府和企业相比，更要诚实守信。可以说，诚信是非政府组织的生命。然而，在社会各界大声疾呼要建立信用中国，个人信用、企业信用、政府信用成为讨论和研究的焦点的时候，唯独非政府组织的信用建设被忽视了。而这一领域的信用缺失，同样将导致不可预料的损失。在弥补“政府失灵”和“市场失灵”的同时，非政府组织也会因为社会责任的缺失和利益的驱动而产生信用缺失，同样面临诚信危机。近来，关于非政府组织的一些丑闻吸引了公众的注意，并对其整体信誉产生了严重的腐蚀。这使得外部公众质疑非政府组织的责任机制是否有效，同时也促使非政府组织从内部逐步建立和完善促进责任性的工具和程序。非政府组织如何对外部公众与选民负责，这是一个迫切需要关注的问题。

导致非政府组织伦理精神缺失的原因，并非仅仅集中在组织成员个人身上，有很多是由组织内部的制度和机制所引发。换句话说，我们应从非政府组织成员个人和他们所工作的组织环境和组织文化中寻找非政府组织出现伦理困境的真正原因。

一是自律机制不健全。少数非政府组织未经批准擅自成立并开展活动。由于有的非政府组织缺乏依法结社的法律意识，未经批准就擅自成立，既无业务主管部门，又无挂靠单位，存在的问题较多。有的非政府组织打着学术研究的幌子，搞非法活动；有的非政府组织接受境外敌对组织的捐赠和委托，搞社会调查，为其提供情报；有的非政府组织利用研讨会和民间刊物宣传一些错误观点和言论，给社会稳定带来隐患。一些非政府组织内部的议事制度、财务管理制度、章程履行制度、工作人员录用与考核奖惩制度无章可循。例如，有些非政府组织没有实行民主选举，民主决策的原则；有的非政府组织违背非营利准则，从事营利性活动，私分财产，牟取暴利；有的民办非企业单位挂一块牌子办多项业务，超出了规定的业务范围；有的民办非企业单位自身管理薄弱，用人和管理制度松散，从业人员良莠不齐。凡此种种，无不影响非政府组织正面作用的发挥。

二是产品评价标准模糊。与公共部门一样，非政府组织的产品属于非市场产品，而非市场产品总的来说没有一个评价成绩的标准。非政府组织的服务性产出往往不像产品一样看得见摸得着，产出的数量和品质难以测度。其产出和产出的最终社会效果之间存在时间滞后性。其产品缺乏价格信号和消费者的自由选择，因而也就缺乏检验和传递质量信息的机制和渠道。由于存在先天的所有者缺位，因而，相对于企业和政府来说，非政府组织产权就更加难以界定。受计划经济体制下对事业单位片面的属性定位的影响，人们对非政府组织的产权问题至今尚表示淡漠。产权模糊导致非政府组织中管理者、经营者权责不明。因而，非政府组织的一部分经营者和管理者会利用这一产权缺陷来谋取自己的利益，损害包括委托人和准公共产品的消费者在内的其他利益相关者的利益，最终导致诚信危机。

三是监督力量薄弱。捐助者监督面临的主要问题是动力不足和监督主体薄弱：即小额度捐助者缺乏监督的动力和信息；大额度捐助者往往忙于自己的商务无暇顾及。非政府组织的服务对象往往是弱势群体，他们不仅在信息获取和处理、利益诉求和资源动员等方面存在能力的缺陷，而且由于受益者所处的不平等地位，他们的监督作用难以有效发挥。而外部监督机制，也比较薄弱。在所有权、控制权和受益权分离的条件下，存在着委托—代理的关系，缔约各方的目标不可能自动统一，必须加以协调。但是，信息的不对称与合约失灵又使得这种协调无法低成本进行。在这种情况下，如何通过有效的法人治理来构造对代理人的激励和约束机制，使代理人来维护委托人的利益就十分重要。

四是法制化程度低。非政府组织管理的法制化程度低。虽然总的来说，我国社团管理法律体系的建设已取得可喜的成就，但是法制化建设任务仍十分艰巨。这表现在：一方面，立法工作滞后于民间组织的发展，有关民间组织的法规还不完善、还存在不少问题；另一方面，我国社团立法的层次和质量不高，一些具有法律效力的条例之内容侧重于登记程序，不仅与其他法规衔接性差，而且在具体问题上缺乏可操作性。更为重要的是，我们还没有真正完整的非政府组织管理法律文本。有关的社团登记管理条例实际上都称不上是完整的社团法。此外，对于不同类型的社会团体，我们目前缺乏配套法规。这些情况说明，我国非政府组织管理的法制化程度还相当低，跟发达国家严密的非政府组织法律体系相比，差距还相当远。因此，严格来说，非政府组织在社会上的地位和作用缺乏明确法律规定，还没有得到社会的认同。

五是公民意识缺失。非政府组织的公民基础薄弱。虽然民间结社在我国古已有之，但是现代意义上的社团却是从清代随着西方列强坚船利炮的入侵才逐步发展起来。这样，实际上，我国的社团历史并不长。在计划经济条件下，非政府组织被完全行政化为政府或半政府性质。所以，公民的社团意识并不是十分强烈，对非政府组织的民间组织缺乏足够的认识。以志愿者队伍来看，我国除了国营企事业单位和居委会发起组织的之外，几乎没有真正的完全民间化的志愿队伍。计划经济所造成的单位人现象，至今仍存在。例如，公民慈善募捐大多还是单位工会、团委和居委会在组织。要是没有国营企事业单位工会和社区居委会的组织，许多公民活动都不能开展起来。而非国营企事业单位往往不注重组织员工参与公民社会的活动，所以这些单位的员工甚至完全远离公民社会的公益事务。农村社区在团委和村民委员会工作比较薄弱的情况下甚至根本不存在公民社会的影子。非政府组织在那里成了空白。农民们甚至不知道志愿组织是什么。当单位人向社会人转化的时候，社区管理部门的作用自然会被强化。但由于我国社区的行政化，一些公民并不乐意或热衷于参与社区活动。这导致很大一部分人没有机会参与社会事务。中国非营利组织现在的专兼职工作人员较少，志愿者更少，一方面由于资金的匮乏，难以留住优秀的人才，一方面由于现在中国的公民意识建立还存在很多问题，没有在社会上形成良好的气氛，而非营利组织往往又缺乏明确的宗旨和使命，无法调动起大家的积极性从事志愿服务。这成为我们在社会改革过程中要大力发展的一个方面。

四、非政府组织发展的伦理使命

伦理使命是时代对非政府组织的深情呼唤，承担其应有的伦理使命是非政府组织对社会需要的自觉回应。非政府组织是在利他和人道主义的指导原则下进行活动，通常关注和解决的是人类生存面临的共通性问题和社会发展中的公共性问题，比如环保、反战、反核、贸易平等、贫民救助等。

为更好地促进非政府组织在我国的发展，我们应当对非政府组织中的个体成员进行道德教化，完善组织内部的管理、监督、反腐机制，将组织环境设计成为有助于其成员合乎道德规范的处理问题的场所，使之更符合新时期非政府组织发展的需要，从而使之更好地完成历史赋予的伦理使命。

第一，履行超越政府的公益使命。非政府组织公开宣布的组织使命和活动目标，一般都是社会公益性的，所致力于解决的问题是被主流社会组织体制，即企业—市场体制和政府—国际体制所罔顾或所顾不及的一些重大社会问题。这些问题有人口、贫困、教育特别是农村基础教育、妇女儿童保护、环境保护、少数民族、卫生保健、残疾人以及人道主义救援和人权等问题。非政府组织在谋求经济公平和社会正义、维护整个社会整体利益乃至人类共同利益的旗帜下开展活动，这使它们成为一种道义性社会组织力量。政府和政府间国际组织的行为是反应式和危机处理式的，而非政府组织则可以持续不断地致力于特定问题的解决，可以为政府预先准备报告和资料。非政府组织作为专门致力于社会公益目标的社会组织，可以进行长期细致的发展工作，认真从事调查、质询、讨论与项目可行性的分析，以及对发展项目进行评估。这使得非政府组织能够在其所工作的特定领域里成为具有专门知识和技能的社会组织，并使非政府组织在解决一些重大社会问题时成为政府、政府间国际组织或者企业的不可或缺的合作伙伴。

第二，履行关怀弱势群体的使命。非政府组织不是为本组织成员谋取利益的组织，它们的服务对象主要是社会中的弱势群体，如穷人、农民、失业者、妇女儿童、残疾人、老年人、少数民族以及难民等。这些弱势群体构成了每一个社会和每一个国家中的边缘性社会群体，即社会意义上的边缘人和地理意义上的边缘人。这些边缘性社会群体中的人们在金钱、财产、经济权利、政治权利以及社会地位等方面处于弱势，有些人甚至几乎处于完全被剥夺的境况。它们是伴随着一个社会中的主流社会群体的形成和存在为代价的。在市场体制和国家体制这样的主流社会体制中处于决策地位的那些人掌握着社会的资源、资产、经济权力和政治权力，构成了社会中的权势群体。从战后世界各国的发展实践看，当主流社会体制获得成功之时或成功之后，这些权势群体也会回过头来扶助弱势群体，改善后者的处境。但是，这种由主流社会体制中的权势群体对社会边缘群体的扶助有两个局限性：一是这种扶助总是在权势群体的人们获得足够多的金钱、权势和达到足够高的生活水平之后才进行的；二是权势群体的人们几乎从不把扶助弱势群体当作优先事项。这两个局限性是造成边缘性社会群体长期存在和扩大化的重要原因。

第三，履行保护公民权益的使命。由于非政府组织活动目标的合伦理性，非政府组织承担着保护公民权益的社会公共责任。当政府与公民权益发生冲突时，非政府组织义无反顾地为公民权益呼吁，影响政府的公共决策，使政府在制定政策时以公民权益为本：(1) 赋予每一个公民平等的地位。平等的参与公共决策并对公共决策有着平等的决定权，这不仅是一种政治权利，而且关系到公民的自尊。在民主论坛上，公民通过理性的对话，表达了他们的政策期望，最后达成理性的共识。无论最后共识的结果与公民在进入民主论坛之前是否相符合，只要他参与到政治决策的民主论坛之中，意识到政策结果表达了互惠的要求，而政府与其他公民并没有对他施以任何形式的强制，他的尊严便得到了尊重。(2) 平等地对待每一位公民。人格平等是民主社会的一个最根本的要求，每一个公民都拥有不受侵犯的平等的人格尊严。(3) 给每一位公民最低的合理的生活前景。民主社会应当允许有不同的人生尝试，这些尝试必定有些要失败。一个合理的社会一定要宽容这些失败。同时，自然的运气对于每一个人而言都是不均等的，小部分人遭遇不幸的厄运总是不可避免的。对于这些因尝试而失败和遭遇厄运而陷入生活困境的人而言，公共政策应当通过社会资源的分配，给予他们合理的救济，使他们有最低的合理的生活前景，可以通过再次努力而摆脱困境，由此拥有对生活的希望而不至于陷入无穷的绝望之中。

第四，履行社区服务的使命。20 世纪 80 年代中期以后，我国城市兴起了社区服务活动，逐渐发展成为社区建设的热潮。其背景是改革开放以后，原有的单位制度逐渐解体，社会结构发生了巨大的变化：企业单位逐步将原来包揽的社会职能剥离出来；事业单位在政事分开和社会化方面也取得了长足的进展，逐渐将自己不该管、管不了也管不好的社会职能归还社会；社会管理的重心下移，社区开始成为城市社会管理与服务的重要依托和运作平台。随着社区建设热潮的兴起，人们意识到民间组织也是社会力量，是社区建设与发展中与政府、个人并立的“第三种力量”。这些组织由社区居民自发组成，以社区居民为主体，以社区区域为主要活动范围，具有自发性、群众性、区域性特征。在社区建设中，在发展社区民主、社区互助、推进政府职能转变和社区工作专业化，整合社区资源，满足居民日益增长的多样化、个性化的物质和文化需求，提高居民生活质量等方面发挥着日益重要的作用。而其中的社区民间服务组织更是承担了许多政府不能承担的服务功能。在当前的社区发展水平条件下，非政府组织的社区服务主要为社区居民提供各种公益性服务，如社区医疗，社区护理，社区卫生保健，社区养老，社区文化休闲，社区消防，社区治安，社区管理，社区教育，社区娱乐，社区绿化，社区环保等。

第五，履行扶贫发展的使命。扶贫发展的非政府组织主要包括：发达国家从事开发援助的基金会等资助机构；总部设在发达国家但主要在发展中国家开展各种发展项目的发达国家发展非政府组织；总部设在发展中国家并在当地开展各种发展项目的发展中国家发展非政府组织；主要在国际上开展发展援助中介服务的国际发展非政府组织；专门开展小额信贷等活动的发展项目组织及草根组织等。在我国，主要是非政府组织中的慈善组织担当扶贫发展的使命。改革开放使得资源在国家、社会和市场领域的重新分配，导致政府职能的市场化和社会化，以及公民社会的异军突起。慈善组织以其独特优势成为弥补政府失灵和市场失灵、构建和谐社会的重要组织形式。慈善事业的发展与研究表明，慈善事业可以化解当代社会诸多问题，有效弥补政府社会保障不足，缓和社会各阶层矛盾，促进社会经济协调发展。

（原载《中国社会科学内刊》2008 年第 1 期）

德性视域下的非政府组织伦理：背景、建构及其实现

对良善社会的追求是人类永恒的梦想。西方社会自古希腊文明滥觞以来，对人类社会共同体的关注就不绝于缕。无论是柏拉图对正义国家善的理念的追溯，还是亚里士多德对城邦各种组织形态的完备考察，都是将人看作生存于共同体中的有限存在，希图利用共同体抵御自然对人类个体无情的倾轧与戕害。中世纪基督教对教徒及社会怜悯、行善的道德教化，加之教会机构巨大的财富存有，在确立了教会救济传统的同时，也培育了慈弱共济的组织伦理品格。进入到现代工业化社会，大量市场部门如雨后春笋般地挤占了人类社群共同体的组织空间，巨大的效率产出诞生了市场神话，“竞争至上”“等价交换”等思想备受社会推崇，政府组织也深受其影响，提出了“企业家政府”“守夜人政府”等全新理念。工具理性的效率优先挤占了人类社会绵延不绝的价值空间，整个社会的思想脉络充斥着市场经济的功利思维。非政府组织作为继国家、市场之外的“第三部门”，既承继了西方传统基督教的救世精神信仰，又打上了当代组织运作和发展的烙印。因此，非政府组织伦理精神具有多元化特征。要理解非政府组织伦理的多维面向，需要对其环境特质与精神气质加以综合考察。本文试图通过探讨非政府组织的当代际遇，分析其面临价值选择难题的可能归因，引入德性伦理的相关视角，化解非政府组织伦理的抵牾之境，尝试构建具有中国特色的本土化非政府组织伦理。

一、非政府组织伦理的当代境遇

非政府组织伦理究竟是什么？组织作为一种独特的社会集合，有自身的发展目标，用制度作为外部强制力量影响个体的自我控制，塑造着组织人的行为和经验，并驱使组织向某一发展方向长期趋进。我们把组织视作独立的伦理实体，不仅认同组织目标与个人目标之间的分疏，而且强调在整个社会系统中组织与个人担负的伦理使命与伦理责任存在差别。个人服从于集体，体现了集体价值意愿的个体内化；集体尊重个人的道德选择，正是无数个体的道德实践有机组成了组织伦理的精神品格。非政府组织伦理是组织责任与使命的集中体现，志愿者精神主导着非政府组织的经验与实践；非政府组织的伦理精神与组织内人员的个体伦理产生积极互动，吸纳组织人员的道德实践，丰富组织伦理的内容，以更好地提升和完善非政府组织伦理。

如若以现代伦理学的观念考量，我们定会为非政府组织寻找普遍适用的道德准则作为组织伦理的坐标，对组织伦理行为进行评价来进一步规范非政府组织的行为。然而，对非政府组织行为的评价面临着普适标准的缺乏问题。是以组织行为的结果收益来判断非政府组织行为的合理性，还是用超越时空境遇的道德法则来规定非政府组织的行为义务，成为对非政府组织进行伦理判断的难题。与其说关于非政府组织伦理准则的争论是内生性问题，倒不如说此类争论实际上受到规范伦理思维模式的影响。因此，对非政府组织伦理的考察只有放到更广阔的社会背景中，才能加深对非政府组织伦理观念分野的认识。

（一）功利与义务：现代社会的尴尬

伦理思想的产生和发展一定与其所处的时代紧密相连。进入现代社会以来，伴随着工业化与市场化的相互交织，人们的伦理观念发生了一系列的转变。工业化实现了社会制度向合理分工、促进效率的转变，对生产方式的革新强调物尽其用、人尽其才；消费领域的市场化将人与人的关系在市场中促成平等，彰显了人人为我、我为人人的道德情怀。个人价值在现代社会中获得了前所未有的尊重，新兴的现代国家需要为个人利益寻找道德合法性的依据。一方面，为了与中世纪禁欲主义相拮抗，新兴的伦理思想需要论证个人乃至团体追求效用是一种合乎人类社会发展的道德准则；另一方面，注重实效、崇尚自由的时代精神需要为行为提供评判标准，规范人们的行为以符合社会现代化发展的需要。因此，最早步入工业时代的英国将功利主义学说发扬光大，逐步形成了盎格鲁—撒克逊式的伦理话语体系。功利主义从个体人性的角度出发，将趋利避害的本能行为与市场经济、工业化生产的时代特征相结合，把增进社会公益视为判断人们一切行为的标准。正如边沁所言："自然把人类置于两个主人公——快乐和痛苦——的主宰之下，只有它们才能指示我们应当干什么，决定我们将要干什么。是非标准，因果关系，俱由其定夺。"（边沁：《道德与立法原理》）自然约束力成为世俗道德的温床，成为人寄居在社会中基本行为惯式形成的道德基准。根植于市场经济，功利主义立足于满足人类的欲望和社会生产力的发展，为现代社会提供了一种有着广泛影响力的伦理准则。

除了市场经济的发展带来的功利化思潮，现代社会的另一个精神特质是启蒙运动所彰显的理性精神。启蒙的最深刻含义在于发现理性独立于神性。理性是人类自身的法庭，它蕴含着有理性的类属的真实属性，体现了人类对世界产生的观念图式，是理性者的普遍法则。康德认为，行为者遵从理性的行为才是真正合乎道德的行为。康德对理性的表述具有典型性：任何一个作为自在目的的有理性的存在，不论他所服从的是什么样的规律，法律必定同时也要被看作是普遍立法者。想以理性对抗神性，使理性本身也具有了神性对立面的一些特征。康德在热情洋溢地歌颂法国大革命的同时，也认识到那种敢于突破现实境况的理性精神和革命热情是法国大革命所传达的合理性特质。“真正的热情总是在朝着理想的东西以及真正纯粹道德的东西前进的。”法国大革命是向着纯粹的、良善的理想世界不断迈进的可贵行动。康德对排除了一切经验内容的纯粹道德准则的孜孜以求，沿袭了基督教追求全知全善的上帝所颁布的绝对律法的宗教式热忱。

对理性律法的绝对遵循，体现在行动者出于良善动机的行为中。以结果为评价标准的功利主义注重实效，而康德以动机为行动指南的义务论则注重过程，它们之间在道德评价标准问题上产生了分歧。康德对功利主义的道德基础进行了批判：“那些经验原则，无论在哪里都不适于做道德规律的基础，因为如果道德规律立足于人性的特殊结构，或者立足于人之所处的偶然环境，它们就不会有对一切有理性的东西都有效的普遍性，也不会有由此给予有理性的东西以实践必然性。”在功利主义看来，行为者的动机不可窥探，会在实践中造成道德评价的困难，片面强调普遍性也会造成道德律令的过分形式化。最为关键的一点是，义务论哲学对于道德心理过程过于归约，与常人的道德心理过程不符。道德心理是一个客观的过程，对个人道德观念的形成至关重要。普遍的道德准则内化为行动者的道德心理是一个十分复杂的过程，其间行动者的外在境遇、心理状态、性格等因素都会对个体道德观念的形成产生重大影响。而非义务论伦理观所理解的道德心理是一个单调的、纯粹排除经验的接受过程。两种伦理观各有主张，存在着难以消解的分歧。

（二）生存还是责任：非政府组织伦理的准则之争

随着人类事务的日渐繁复，政府与市场的二元治理结构难以实现整个社会的综合治理目标。非政府组织作为一种重要的公共行为主体，通过发动公民力量，参与到社会治理与慈善事业中，体现出一种强大的社会动员能力。志愿精神是非政府组织的灵魂，经济公平与社会正义是其追求的目标，无论是在指导思想还是在日常实践中，非政府组织都体现出极强的伦理特征，蕴含着丰富的伦理价值和道德色彩。学界围绕着非政府组织伦理的讨论来源于莱斯特·撒拉蒙对非政府组织的“合法性、自主性、自愿性、公益性、非政治性和非营利性”等核心属性的设定，对非政府组织志愿精神的论述过于理想化，使得非政府组织的理论与道德实践大相径庭。一方面，由于对非政府组织伦理特质的界定过于抽象，依据上述核心属性我们难以找到完全符合的组织形态；另一方面，对非政府组织伦理的论述过于泛化，也使得学界对非政府组织伦理的探讨游离于实践理性之外。

综观对非政府组织伦理的现有研究，我们发现其理论分野仍然延续了规范伦理的思维习惯，用功利化（组织存续）和义务论（社会责任）的规范伦理去审视非政府组织伦理，与非政府组织伦理的实际现状不相符合。此外，围绕着组织存续与社会责任的争论还在继续，但是，根植于现代社会的市场理性与启蒙理性的非政府组织，其所面对的社会环境也使得规范路径的非政府组织伦理存在相互对立的视角。

组织发展是组织形态赖以存在的基础。资源依赖理论认为，与其他组织目标相比，生存是组织的第一要义。在获取外部资源的过程中，组织既是一个完成资源交换获得生存权利的社会单元，又在其行为中体现出政治行动者的特性，表现出试图在社会生活中控制其他组织的权力行为。组织的维持依赖于对人的动机的理解，而不是权威的正式结构的设计。非政府组织要维系组织自身的生存，在对行为备选方案进行价值评估的过程中就不免带有功利因素。在现实生活中，“慈善不足”导致非政府组织无法获得稳定的资源输入，由于非政府组织对目标群体的帮扶往往与资源捐赠者和控制者的主观意志有关，因此，获取资源以维系组织存续这一信念使得非政府组织在道德选择中倾向于追逐自我利益，表现为一种慈善的“家长式作风”。片面追求组织自身的自利效用，意味着非政府组织可能忘记其扶危济困的行为初衷，背离非政府组织成立时的精神信仰，无法从行为动机角度捍卫组织的价值内涵。

组织不是也不应该成为行为唯一和最终的仲裁者，无论是个人还是组织，都应该受到外在的道德秩序的支配。非政府组织起源于教会慈善机构，在成立之初就披上了基督教信仰的外衣。因此，非政府组织伦理的诞生与律令、信仰在现代社会的发展不无关系。无论是“救世军”还是教会慈善机构，其成立都是为宗教式、慈善式的道德情感所驱动。启蒙思想从根本上带有一定的对律令的宗教式信仰，对理性的遵从也将慈善作为道德律令注入非政府组织行为中。非政府组织伦理受到现代启蒙思想所营造的道德秩序的影响，将行为动机的正当性视为对实践理性法则的无条件遵循。尊重公民权益、体现人道关怀、维护社会公正、培育民主意识都是非政府组织借以行动的道德律令。但是，正如功利主义对义务论思想的诘难，动机的不可测量，对社会实效的忽视，都使得非政府组织“理论中的客观”与“实践中的伦理”相互分离。

上述分析表明，传统的理论视角存在着不可弥合的缺陷，无法为非政府组织伦理提供恰当的理解视角。

二、美德建构：非政府组织伦理的德性视角

美德伦理学是把美德概念视为伦理学的基本概念并且追求其理论自足性的伦理学。在美德伦理学看来，美德才是评价行为正当与否的根本标准，做一个有美德的人比做符合道德规范的行为更为根本。行为是行为者的行为，不能脱离主体而存在。美德伦理学从行为者出发，关注的是人在一定道德环境中的境遇，而不是脱离了行为者的道德规则。美德是主体自觉自为的道德选择，是在实践中的权衡，依据的是品格素质与道德经验。普适的道德规则在这里演化成对德性在实践中指称的具体含义的思考，关注个体道德心理的发展过程，强调行动者个体的品格、动机和独立的判断对行为道德与否的考察力度。

美德伦理学沿袭了古代伦理学的传统，重视人类社会共同体中个

人的实践品格的养成。伦理德性是由风俗习惯沿袭而来的，因此，把习惯一词的拼写方法略加改动，就有了伦理这个名称。风俗习惯恰恰是人们在共同体中生活的循例与实践智慧。个体的善与城邦的善密切关联、和谐融洽。个体的最高善不仅在于外在善的获得，而且在于理性的灵魂终其一生都合乎美德的活动；而共同体的最高善并不限于经济保障和社会和平，更重要的是全体城邦成员在立法者的领导下去认识、追求并保有最高的善。最高善是政治性的，属于城邦的美德，而个体的善也应与城邦实践中形成的美德相一致。

基于习惯的美德伦理，必然包括人们内心对美德的认识、内化和发挥的过程。现代规范伦理对普遍准则的孜孜以求，在经验与价值之间人为地设置了难以逾越的鸿沟，一味强调应当，将道德看作是一种强制和约束，却忽略了道德的导向和指引作用。美德伦理学强调道德的动机，希图通过培养品格而指导行为，体现了对“非人格性”理想的质疑。麦金太尔指出，评价一个人行动的合理性与价值不能与其所生活的实践与传统相割离，否则个体幸福便失去了其本来的意义。美德伦理学旨在强调道德在实践中的作用，重视道德教化的功能，将人格培养视为对个体进行正确道德判断的必由路径，认为人格是在实践中不断地提升和完善的。美德伦理学将伦理看作是与实践紧密相关的活动，强调对拥有独立人格的个体在道德行为中的理由、动机和意图进行道德心理分析，并以此作为判断主体行为道德与否的依据。

（一）美德伦理学对道德准则的普世性观念存疑，提倡分殊性的地方道德知识

美德伦理学强调各种形式的文化或共同体之道德文化传统的特殊性和多样性，因而在总体上坚持“多元文化论”或“文化多元论”。正如后现代哲学家理查德·罗蒂高呼“文化胜利了”一样，美德伦理学并不认同西方文化对世界文化的统治地位，始终将道德问题看作是不同文化视域下需要自身解决的地方性难题。在不排斥对其他文化或

文明兼收并蓄的前提下，美德伦理学尊重不同文化对于美德的特殊定义，并对在不同地域中积淀的道德文化表示一定程度的欣赏。对共同体的重视使得美德伦理学将文化共同体中流传的品格叙事视为道德教化的核心，这样一来，不同文化共同体之间的叙事差异就会造成道德准则的相对化。美德伦理学认为，这一方面符合人类社会道德文化传承的事实，另一方面，在尊重不同道德文化共同体间的道德准则的前提下，对道德准则“求同存异”，更有利于推进整个社会乃至全人类对道德的理解和认知。因此，道德知识的地方性是美德伦理学的道德认识基准，对多元文化的尊重有助于地方性文化的继承与发扬。

正如管理学大师德鲁克所言，非政府组织是改造人、点化人的组织，其产品是治好的病人、乐于进取的孩子、年轻男女成长为自尊的成人。非政府组织是道德活动的载体，承续着人类道德行为的发展；非政府组织是道德活动的重要机制，承担着人类道德教化的重任。从美德伦理学的视角出发，我们认为非政府组织的伦理追求在于，凝聚社会共同体意识的品格归属，通过影响共同体中个体的道德心理过程来继承和发扬独特的传统文化，构建平等多元的品格观念形态来实现自身价值，完善整个人类社会的道德文化。

（二）非政府组织伦理立足于现代社会的价值共同体理念，重视伦理品格的整体性

人生活在社会共同体中，对行为的判断遵循规律性和价值性的统一。规律性与自然法则相对应，要有利于人类社会整体物质文明的发展；价值性与人类的精神追求相匹配，决定了人类社会向何处去的道路选择。进入现代社会，以效率为中心的市场组织及其资源配置方式极大地促进了人类社会物质文明的发展。但是，在丰富的物质条件和商业繁荣的背后，不应忽略对价值选择的思考与建构，应当将二者有机结合起来，体现规律与目的双向适应。商业社会中以自由交换为特征的人类行为，逐渐形成了个体化的价值思维与价值判断，与整个社

会共同体的价值要求存在潜在的冲突。现代社群主义认为，资本主义制度孕育了一种典型的个人主义价值观，个人主义将社会“原子化”，社会的整合功能被削弱，社会共同体以及由此衍生的社会责任和义务在现代社会中逐渐丧失了根基。因此，在现代社会日益分化的背景下，要实现社会共同体的价值回归，就必须重视社会的价值整合功能，鼓励非政府组织等社会角色承担更多的社会责任。

首先，德性视域下的非政府组织必须重视当前社会整合的趋势，在适应现代社会发展的大前提下构建共同体的新精神、新价值。经济全球化要实现资源全球配置和信息共享，全球气候变暖、粮食安全、流行疾病等关乎人类生存的问题已日益成为全人类所要面对的世界性难题。中共十八大报告指出，国际社会已然成为一个具有相存相依特征的“命运共同体”，“人类命运共同体”意识应当成为人类社会的基本共识。习近平主席在第70届联合国大会一般性辩论会上提出了打造“人类命运共同体”的伟大设想，呼吁打破世界文明主体间的文化区隔，促进文明之间的相互交流，相互尊重，在共赢共享中走向共同繁荣。中共十九大报告也明确提出要与国际社会一道构建人类命运共同体，将人类文明多样性视作世界的基本特征，是促进人类进步的源泉，对西方营造的“普世价值”进行反思，用我国文化中特有的“和而不同，兼收并蓄”理念追求真正多元视域下的共同价值观。其中，“合”的思想将世界文化的共性置于中心地位，“不同”则彰显了独特的文化自信和文明自主性。非政府组织伦理必须克服对美德伦理学道德相对主义的诘难，树立全球伦理价值观念，将自身行动融入解决人类共同面对的根本困境中来。

其次，非政府组织伦理的建构要重视个体实践的作用。道德反思与道德归纳构成非政府组织独有的道德体验，成为组织伦理的现实积淀。非政府组织中的个人伦理，与社会伦理环境、组织伦理气氛以及个人经历密切相关。个人的伦理感知和伦理实践是以上因素发展的直接质料，是非政府组织伦理发生与发展的微观基础。

最后，共同体理念意味着价值观的共享。德性视域下的非政府组织伦理重视价值观的共享，强调组织伦理既是本土的又是世界的，力图在维护个体价值尊严的基础上，以共同体为出发点，建构有别于个体品格的组织伦理品格，引领社会道德价值观的发展方向，体现组织伦理品格的整体性特点。

（三）非政府组织伦理关注个体的道德心理过程，重视组织的社会教化作用

组织行为与个体行为的关系十分复杂。德性视域下的非政府组织伦理是由无数实践者的道德个体集聚在一起而形成的实体性存在及其价值关系。因此，个体的道德实践在组织伦理建构中显得十分重要。个体道德的形成与发展是一个复杂的过程，复杂性就在于它不单纯是认识的结果，也是情感体验所致。非政府组织伦理重视个体在实践中的道德心理体验，从道德实践和社会教化两方面提升组织行为的道德效用。一方面，要使非政府组织的个体行为合乎伦理，必须使其充分感受和体验具体的实践情景，对行动客体产生一种感同身受的情感共鸣。美德伦理学相信，要做出恰当的道德反应，行为者不仅需要恰当的欲望结构或价值观念建构其内在品质，而且必须对当下的情境或对象能有恰当的感知。非政府组织的工作人员在服务于客体对象的过程中，首先，需要主动与对象交往，在互动中获得交往实践经验；其次，需要根据具体的情境，理解对象的生活经验，与工作对象在一定程度上实现“视界交融”，尝试从对象的视角来看待问题；最后，应当重视工作对象在服务过程中的心理变化和情绪状况，“移情”于对象，在理解的前提下进行道德体悟，在逐步理解他人的情况下展开道德反思，认识自己的工作，实现自身的道德升华。另一方面，非政府组织在行动中还担负着道德输出的责任。要通过道德训诫和心灵指导，使受助人群能够充分认识到自身的能力与责任，通过自身的力量摆脱不利处境，从而获得更大的道德满足。在现代社会专业化非政府组织蓬勃发

展的背景下，德性培育和道德帮扶被认为是一种“慈善的业余主义”，专业化的救助体系和先进的管理方式成为非政府组织行动的主流。然而，过度强调专业化发展亦使得非政府组织的组织方式和管理制度与市场组织不断趋同，为非政府组织蒙上了一层商业化色彩。顾客意识取代了公民权利，造成非政府组织对服务对象有意识地进行选择以满足自身利益的最大化，忽略了组织成立之初所秉持的价值理念。德性视域下的非政府组织伦理从服务对象出发，关注人本身在社会环境中的变化。在保障专业化服务水准的前提下，非政府组织更多地关注如何通过组织的道德输出影响服务对象的价值观念，使其认识到自身的潜力和力量，最终激发服务对象的自我意识，实现自助助他，为主体的自由发展创造条件。

（四）非政府组织伦理强调融入特定的文化体系，重视组织的本土化和文化适应性

非政府组织关注志愿精神在现代社会的文化意义，对文化采取兼容并包的态度。许多非政府组织承载了文化传播的职责，对善治的追求存在于不同文化背景的国家与地区。志愿精神是所有非政府组织秉承的价值理念，其行为准则并没有因文化背景而有差别。然而，非政府组织诞生于具体的国家和社会中，其在成立之初就已经与诞生地的本土文化产生了极大的关联。可以这样说，非政府组织的伦理精神形成于特定的文化背景之中，具有一定的伦理相对性。因此，打上了特殊文化烙印的非政府组织，如若进入具有不同文化特征的情境中，可能会遭遇文化适应性问题。例如，发达国家的非政府组织对发展中国家进行帮扶所遭遇的政治文化冲突，以及非政府组织到亚文化群体中开展服务所遭遇的文化冲突，与其说是非政府组织在服务过程中面临的管理问题，倒不如说是非政府组织的深层次文化基因与其他文化载体之间的分歧与碰撞。要解决非政府组织伦理的文化适应性问题，必须通过转换非政府组织的道德思维方式，将自身的文化载荷与其他文

化相融合，在适应、吸收、调整、完善的过程中实现非政府组织伦理的本土化建构。

非政府组织在特定文化背景下，应当对当地文化采取积极肯定的态度。首先，应当了解和掌握当地文化的具体特征，使组织文化逐渐适应当地文化，取得当地文化的认同。其次，与具体道德实践相联系，吸收当地文化的可用质料，在比较、辨析、界定的过程中吸收当地文化的合理成分。再次，非政府组织伦理在上述的积累过程中应逐渐对组织文化进行调整，使其与当地文化融合。最后，非政府组织伦理还必须将普世文化输入到当地文化中，通过组织伦理本土化“沉下去”，在当地文化氛围中“浮上来”，对当地文化进行普世化改造，最终实现当地文化与非政府组织伦理相互影响，丰富非政府组织伦理的文化内涵。

三、构建我国非政府组织伦理的基本对策

就现状来看，我国非政府组织的发展尚处于早期阶段，对非政府组织的伦理精神的理解和思考也大多是学习与借鉴西方的相关理论，这是由现阶段的国情所决定的。但是，五千年的璀璨文化形成了中华民族独特的思维模式，历史发展的曲折造就了我国人民独有的民族性格，它们成为当代中国的文化底色和民族基因，因此，我国非政府组织伦理的发展定会打上本土文化的特殊印记。另外，相较于西方，我国的市民社会发育不足，社会公共性也略显不足，非政府组织作为形塑公民社会的重要载体，承担着培育公民伦理的重要使命。因此，发展我国非政府组织伦理需要走中国特色之路。非政府组织的德性伦理观对于构建我国非政府组织伦理具有指导作用，具体表现在以下几个方面：

（一）应当尊重传统，立足于中国的国情

传统是一个民族历史经验的积淀。传统不能简单规约为历史，而是人民群众在历史发展中不断实践所选择的良俗和惯习，存在于人们的人格深处并制约着人们的生活。传统形塑了我们的行为方式和价值观念，对塑造非政府组织的伦理精神有着重要意义。因此，我们必须首先对传统表示尊重，破除非政府组织伦理中普世价值“高人一等”的偏见，努力去寻找连接现代与传统之间的桥梁。其次，传统是不能被摆脱的，只能够被选择。非政府组织伦理在社会环境的大背景下，需要发挥自身的主观能动性，对传统有所选择。这就要求非政府组织在实践中将传统与其自身所代表的普世价值进行比对，吸收优秀的传统来建构自身的伦理，同时通过自身道德实践对传统进行有益反思，造就和培育新的传统内容，实现非政府组织的社会伦理功能。最后，要充分认识我国现有国情的特点，在现有的情境下形成非政府组织独特的伦理精神。

对于非政府组织赖以生存的市民社会的建立具有决定性意义的是社会主义市场经济体制的确立。社会主义市场经济体制造就了大量脱离政治化束缚的个人和组织，为个人和组织的自由发展创造了一定的空间。随着我国城镇化、市场化的不断发展，逐步消解的小农意识与日益觉醒的个人意识为契约化、自治化的公民精神萌发奠定了基础。但是，应当承认这个发展的过程还需要很长的时间。因此，非政府组织伦理必须立足于当今中国社会的现实，培育与具体境况相适应的伦理品格，在社会生活中承担自身的道德责任。

（二）应当发掘本土文化的内涵，构建有中国特色的非政府组织伦理

我国传统文化中不乏建构非政府组织伦理的有益元素。例如，在中国传统的儒释道三种主流文化中都蕴含着建构非政府组织伦理的思

想资源。儒家学说中的仁义和礼序思想，将道德规范与法治规范相结合，主张要有仁爱之心，推己及人。礼不仅仅是冷冰冰的封建秩序，还是一种含情脉脉的长幼有序的关系。对道德规范的遵守体现一种“义”，对遵守道德规范义无反顾，则表现出一种深层次的历史责任感与使命感。这种从群体出发定位个人的儒家伦理，体现了个人对集体伦理规范的尊重，能够鼓舞非政府组织向群体中的个体投入精神救护和伦理关怀。中土大乘佛教中普度众生的思想，强调自度度他，既能传递给非政府组织伦理以众生平等的思想，同时也强调帮助他人就是帮助自己的奉献精神。而且，佛教在修行过程中的信、愿、行、证四个阶次，强调对佛法的实践和证得，也有助于非政府组织中的个人在道德实践中强化对组织伦理的认识，实现对组织伦理的认同。道家思想中的“和谐”观念对于构建本土化的非政府组织伦理也有重要的作用。一方面，“和谐”意味着道法自然，清净无为。这就要求非政府组织必须以适应目标群体为先决条件，不能将自身的价值观念强行推介给服务对象，要通过不断交流，相互学习，最终实现价值观念的“和谐”统一。另一方面，道家思想中的“反者道之动”强调相互矛盾的事物可以相互转化，要正视矛盾、认识矛盾，从而实现矛盾的合理转化。

非政府组织的伦理观念要随着社会和外部环境的变化而变化，与现实道德实践紧密关联，从而对社会道德实践产生实质性影响。我国古代的一些慈弱救济制度对现代非政府组织伦理有一定的启发作用。例如，我国宋代的“义庄”，由大户人家自发捐赠田土周济穷人，打破了古代社会对贫贱人群的道德歧视，体现了一定的公平思想。如果将这些救济文化与现代慈善文化相结合，有助于改变我国传统中有救济而无慈善的局限，引导其由救济走向社会公益。以上的讨论仅仅是一种简单的设想，相信如果对我国传统文化进行进一步挖掘，一定会丰富非政府组织的伦理内涵，进而形成具有中国特色的非政府组织伦理观念。

（三）应当注重组织文化的培育，关注个人在组织中的人格形成

组织文化是组织在长期发展过程中形成的、由所有成员所共同遵循的价值信念和行为准则。组织文化是组织物质文化与精神文化的集合，其中组织的精神文化是其核心内容，体现了组织成员的群体心理定式和价值取向，是组织的道德观、价值观的综合体现和高度概括，反映了组织成员的共同追求和认识。因此，组织文化正如个人的伦理品格一样，需要组织支持高道德标准以影响成员的行为。首先，非政府组织应当制定和传达组织的主要价值观，降低道德方面的模糊性。其次，需要通过研讨、讲座等方式进行组织伦理的宣讲、培训，加深成员对组织的道德文化以及社会整体的道德文化的认识。最后，非政府组织需要将成员的道德体验与组织的文化紧密结合起来，通过树立组织内部的道德榜样来引领组织文化的发展方向；通过奖励高尚的道德行为和惩罚不道德的行为来避免出现盲目追求组织绩效而忽略道德评估的现象；通过设立道德顾问和类似于伦理委员会的机构来为组织的行为提供伦理指导和咨询，巩固和发展组织文化。另外，组织成员与组织文化之间的互动也应是非政府组织伦理需要关注的方面。组织应当帮助其成员认识组织文化、理解组织文化，并在实践中逐步内化组织文化，使其成为组织成员整体人格的一个组成部分。组织成员也应当结合自身的道德实践经验向组织文化积极输出价值，丰富和完善组织文化内容，从而实现组织伦理与个人价值的良性互动。

（原载《中国人民大学学报》2018 年第 2 期）

社会保障伦理：一个亟待研究的领域

一、社会保障伦理的内涵及研究的必要性

“社会保障”（social security）这一概念，1935 年在美国《社会保障法》中首次使用，1944 年为国际劳工大会正式采用，此后逐步扩展到世界其他地区，被愈来愈多的人接受和使用。社会保障是一个动态的概念，随着社会结构的变迁，其涵盖的范围也随之变化。我们认为，社会保障首先是生存保障，它解决人们最基本的生存问题；其后是安全保障，为群众分担养老、医疗、工伤、失业风险；再后是生活保障，为人们提供广泛的社会福利，使民众从最低生存走向优雅生活。社会保障是一种责任分担机制，需要国家、社会、个人多层次、多支柱的配合。由于它涉及共同体德性、社会连带思想以及社会幸福、个体德性等伦理因子，因而也赋有着伦理意蕴。本文将社会保障伦理界定为：对社会保障实施中出现的社会关系和伦理关系进行规定，为社会保障主体提供行为规范和价值准则；其范围涵盖社会保障理念的人道性、社会保障制度的正义性、社会保障管理的效率性等。社会保障伦理是一种不同于政治伦理、行政伦理、经济伦理、职业伦理等的特殊伦理形态；它以契合人的自然属性为准绳，以践行社会基本伦理规范为要义，以反映时下共同体德性为基准；是法理与伦理的合流，自律与他律的统一。社会保障伦理研究的必要性主要表现在理论和实践两个层面。

从理论层面而言，社会保障绝非仅仅是一个手段或工具，它内在地关涉到理性价值的追求问题，体现着国家作为一个伦理实体存在的价值导向。社会保障伦理是政治道德的重要组成部分，是社会保障活动中的道德、价值追求及其实现；它彰显着共同体德性，服膺和践履着人类社会的基本道德原则。社会保障如果缺乏相应的伦理指向，它将成为缺乏灵魂的盲动，使处于宇宙之轴地位的人降格到工具层面，甚至蜕变为规训穷人的工具和怀柔弱者的手段。与此同时，就其本意来说，社会保障是社会的保障，它不仅仅是国家的保障，更不单单是个人的保障，这就意味着它应当遵从社会的主体资格，发挥社会的风险共担、同舟共济的品性。在现代社会，虽然人们的个体意识日益觉醒，但社会绝不是由原子式的个体生硬拼凑而成的，而是一种有机体。如果社会蜕化至集体失语盛行、社会责任意识淡化、毫无温情及社会冲突加剧的境地，那么可以想象，人们是很难享受到幸福的。因此，社会保障伦理是一剂有助于医治现代化进程中社会扭曲发展的良药。此外，社会保障也涉及个体德性，牵涉社会保障行为主体各自的德性。在社会保障活动中，如何规避个人的逆向选择，弱化个体的道德风险，防止公共利益异化为私人利益，是很值得深究的问题。在这方面，尽管可以采用规避设置进行预防，但是只有他律的作用显然是不够的，还要问询于个体自律，因而社会保障伦理的建设便不可或缺。而这一点，恰恰是热衷于研究社会保障工具理性的现行社保理论所一直忽略的。最后，我国社会保障的理论探讨目前在很大程度上忽略了社会保障本身的伦理意蕴，某些社会保障设置没有充分考虑到人之自然性，这些方面都是需要加强的。从实践层面来看，社会保障伦理研究的必要性表现在：社会保障直接关系到社会成员的生老病死。在现代高风险社会中，人们的抗风险能力下降，应当依靠社会保障来实现整个社会风险的责任共担；我国现阶段贫富差距越来越大，家庭保障、土地保障的作用日渐式微，此时社会保障的采行可作为打破城乡二元体制的有利契机；在美国次贷危机影响下，我国出口受阻，必须转为依靠内需，而要想让人们敢于消费，必须解决人们的后顾之忧，因而社会保障的建立健全于此也可发挥重要作用。

二、社会保障的本质及其伦理内生性

从政策视域进行分疏，社会保障属于公共政策范畴，它是政府为社会成员的基本生活提供安全保障的工具。由于公共政策本质上是利益的分配，因而社会保障的本质是：政府聚集社会资源并以此为凭借对各种利益关系进行梳理。然而，社会保障作为一种利益调节工具，很大程度上却异于政府所使用的其他治理工具，有着自己鲜明的伦理特质。这种伦理特质要求政府在实施社会保障时不能仅仅追寻工具理性，而应将重点放在价值理性上。社会保障的伦理特质是内生的，这种内生性主要表现在以下四个维度：

首先，社会保障和伦理在发生上有着同源性。如上所述，社会保障的本质是对利益的分配。就其社会属性而言，社会保障的内在使命在于对人与人之间的利益关系重新进行排列组合，将利益冲突限定在可控范围之内，并寻求将利益矛盾消融化解的途径。国家制定一系列社会保障制度、规范、条例，无论其形式如何，其实质内容都是再现、确认和调整社会生活中人们的利益关系。而伦理道德作为当下社会的一种行为规范、道德指引以及价值取向，是对经济关系的体认和显现。个体对各种行为进行价值判断和道德评价时，其辨别真善美、区分假恶丑所依据的各种标准和准则受到各自利益的影响，由此衍生出各种具体行为。这就表明，利益关系是社会保障和伦理发生的共同基础之一。

其次，社会保障自身蕴含着合道德性。一方面，社会保障因承载着手段善而使自身蕴含着合道德性。善可分为内在善和外在善。内在善又称作目的善或自身善，外在善又称手段善。很明显，社会保障属于外在善或手段善，因为它本身并非人们想要的，它的价值在于给人们带来保障基本生存、安全感以及优雅生活的必需品。另外，对于国家而言，它本身就是作为一个伦理实体而存在的。在国家伦理实体的义务方面，它必须以共同利益为取向，其行为必须合道德性；因而社会保障作为一种善的手段，正是国家作为一伦理实体对其义务的服膺和践履。另一方面，社会保障的发端也因具有伦理特质而使自身蕴含着合道德性。“人类社会源远流长的扶弱济贫、友谊互助的道德观念，产生了作为社会保障制度雏形的英国的《济贫法》和‘友谊社’。”中外社会保障的发端都源于这种人道性的、社会互济性的慈善、布道思想。尽管这种思想带有对他者怜悯同情的色调，伴有自上而下的施恩色彩，但其动机却给社会保障定下了合道德性的基调。

再次，社会保障以伦理原则为价值指引。社会保障和伦理都是以“应该”和“不应该”作为自己的参照系，并以此来抉择有所为和有所不为。社会保障的各种制度安排、机制设计必须以一定的伦理原则作为基础，因为政府必须考虑到这些安排和设计是否为时下的道德所肯定和认同，如若它们与社会的伦理规范相背离，就会缺失存在的合理性而得不到社会的认同。所以，社会保障伦理必须充分考虑人的自然属性，践行社会的基本伦理规范，反映时下的道德要求。在此种意义上，社会保障以遵守人道、正义、效率等伦理原则为价值取向，并以此来规范和引导自己的实践。

最后，社会保障的终极关怀是人的全面发展。我国改革开放30年来经济增长迅猛，GDP不断翻新，但是经济增长不等于经济发展，因为经济发展不仅涵盖着经济增长，而且还意味着社会的发展和个人幸福度的提升。单纯追求经济增长，忽视人的全面发展，会使人生价值的全部意义淹没在对物的片面追求之中，导致人的自我异化。社会保障是预防及矫正人的自我异化的一种手段，它在最低层次上是使人有所依托，使处于弱势境地的人们能够生存下去；接着则是提供安全保障，供给养老保险、医疗保险、工伤保险、失业保险、生育保险，使人们在遭遇不可抵御的风险时，能够挺过难关，且体面地生活下去；进而是供给社会福利等物品，使人们从体面生活走向优雅生活。社会保障设置的出发点是出于人道的考虑，而其终结点则是人的解放，使人摆脱对物的过度依赖性，从而实现全面发展。

三、社会保障的基本伦理原则

社会保障伦理首先是一种生存伦理，然后才是生活伦理。它始终定位于人的主体性发展及完善上，时刻以人为坐标原点来进行相应的制度设计。社会保障伦理秉持市场不能侵入社会的信念，将部分伦理原则引入社会保障体系，内化为自己的伦理特质。社会保障伦理的基本规范包括：人道性的社保理念；正义性的社保制度；效率性的社保管理。

其一，社会保障理念必须合乎人的主体性，因循人道性。主体性是使人成为主体的根本属性，是现代社会的主要特征。然而，由于我国有着两千多年的封建社会历史，这几千年的政治一直是一种家国同构的伦理政治，因而主体性的发展步履维艰。这种个体处于依存者地位的状况可视为人的前主体性阶段。而在人的主体性阶段，人摆脱了对他人的依赖，成为独立的主体，此时怎样保全人的自主性、能动性乃至创造性，是维护人的主体性的关键。由于社会保障的出发点和落脚点始终是人，其建立健全也总是立足于人性之上，因此，社会保障体系的设置应体现出人道性，本着人道主义的精神来修饰和完善社保工具。人道主义体现了国家和社会尊重人的本性，珍视人的个性，维护人的自主性，同时也不乏社会责任。人道主义要求无差异地善待所有人，使其成为人，将人作为目的而非手段，尊重人的主体性，尤其要对社会弱势群体进行人文关怀。

其二，社会保障制度本身应当具备正义性。制度分为内在制度和外在制度。内在制度是从人类经验中演化出来的，包括既有习惯、伦理规范、良好礼貌和商业习俗等；外在制度是被自上而下地强加和执行的，它由一批代理人设立和确立。在小范围内，人们彼此间熟悉，内在制度运行较为有效；但在较大共同体内，由于信息不对称，致使道德风险和逆向选择存在着发生的可能性，内在制度往往会失去效力，而外在制度则是更优选择。因此，内在制度的自律作用不能替代外在制度的他律作用。任何制度都要立基于一定的伦理观念之上，体现出合道德性。罗尔斯认为："正义是社会制度的首要价值。"制度正义又称制度善，分为内容的善和形式的善。形式的善向来是人们关注的焦点，因为它关乎制度的合法性，涉及人们的认同感。一个"善"的制度必备条件是："它至少在形式上不因人而异，能够被无差别地一致实施。"社会保障制度首先要满足制度正义的形式善，否则就从根本上动摇了其合法性；而其重心则在于践行内容的善。社会保障制度的正义性应体现在以下几个方面：一是社会保障范围的开放性与整体性。这意味着社会保障应向社会中符合法定条件的所有人开放，不能人为地附加条件将某些人拒之门外，应遵从类的整体性。这表明，无论是农村人抑或身份带有争议的农民工，都不应排斥在社会保障之外；不管是国有企业还是集体企业或个体私营企业，都拥有参加社会保障的同等资格。二是全国各地被纳入社会保障的人数应保持平衡性。各地区纳入保障范围的人数不应过于分化：如中西部参保人数不应远远少于东部地区，经济落后的偏远城镇参保人数也不应该远逊于经济发达的中心城市。三是享受社会保障待遇的均等化。均等化不是绝对意义上的平均化，而是将差距控制在可以接受的范围之内。四是必须建构社会保障制度的内容善。社会保障制度的内容善又称社保制度的实质合理性，它指社保制度的有效性，关涉能否增进人们的实际利益，使其原来的环境有所改观。因而社保制度的内容善是决定社保制度正义性的关键。建构社保制度内容善无法绕开实质公平，而实质公平注重起点上的公平，侧重于从上游进行干预，强调可行能力的提升。

其三，社会保障管理需追求效率的工具价值。效率在经济学里意指投入与产出比，追求高效率意味着追求效用最大化。同时，效率亦有伦理意蕴。寻求效率必然要对各种资源进行优化配置，如何重组资源则内含着行为者的价值判断，遵循着相应的道德规范，而且有效率的经济活动本身就是对社会福利的创造。因此，效率充当着手段善的角色，具有工具价值，它有益于整个社会福利总量的增加，因而合乎道德价值目的。“在经济伦理的研究视野内，效率的价值原理表达着行为目的的实质性价值实现，是判断该行为是否有效或是否善的基本依据。”由于社会保障资源具有稀缺性，这就要求对社保资源进行合理优化配置，提高利用效率。另外，社会保障作为一种管理活动，除了本身所具有的伦理特质外，它还有着与其他管理活动相似的属性，即为了证明本组织存在的价值，它必须向外界表明自己的运作是高效的，自己的行为是正当的和善的，并且实现了实质性价值。社会保障管理要想表露自己充当着合格的手段善角色，必须诉诸效率这一经济伦理原则，并将其内化为应当恪守的价值坐标。社会保障遵循效率的工具价值导向的着力点在于以下几个维度：一是社会保障的行政管理方面。社会保障的行政管理包括社保机构设立、管理人员配置、相应的社保法律法规制定等。尤其重要的是要加大制度供给，以使社会保障制度处于均衡态势。同时社会保障应采取统一管理的原则，打破条块分割，加大各部门、各机构之间的协调性。二是社会保障的基金管理方面。对社保基金的筹集、投资、运营、支付、监管等要进行合理安排，以不断提升效率。

四、践行社会保障伦理的途径与方法

社会保障的基本伦理规范是社保践履过程中的行动指南，它引导社保相关活动有序进行，不断建构和完善社会保障的“意义世界”。践行社会保障伦理的具体路径主要包括：秉持人道性的社保理念建构，恪守正义性的社保制度安排，以及遵循效率性的社保管理导向。

秉持人道性的社保理念建构，务必在社保实践中将社会保障权提升到人权高度，并在社会保障子项目上安排好权重次序，并适时变更社保项目，使其能够契合整个社会结构的变迁而动态演进，做到一切以人的发展为终极价值。社会保障权是指“社会成员在面临威胁其生存的社会风险时，从国家和社会获得物质保障和社会服务，使之维持生存并达到相当水准的生活的资格”。我国《宪法》第45条规定：公民在年老、疾病或者丧失劳动能力的情况下，有从国家和社会获得物质帮助的权利。社会保障权作为人权的重要组成部分，是为了人们更好的生存和发展而设立的；它不是一种垂怜和恩赐，而是公民的一种权利：任何人只要具备一国的公民资格，就有权享受法律赋予的与该资格相对等的权利。实现社会保障权应做到：在宪法中更加明确规定公民的社会保障权；加快社会保障方面的立法进程；加速福利社会化，消除“福利腐败”；重视慈善事业等补充保障的作用；完善社会保障方面的行政和司法救济等。在社会保障权利意识觉醒的基础上，赋予社保各子项目适当的权重值，避免某类人群安逸地享用高福利、而另一类人群却在生存底线上挣扎等不人道的现象出现。还应动态推进社保子项目。由于不同发展时期社会面临的风险各异，社会保障的重心也不同，因而必须适时更新社保子项目，以推进人的自由全面发展，实现从底线生存走向优雅生活。

恪守正义性的社保制度安排，应该有合理的社保覆盖范围。首先，必须破除以身份隔离为特征的社保规划，打破城乡二元体制，赋予广大农村居民以公民资格，从而享受本该拥有的国民待遇，将其真正纳入社会保障范围，逐步建立健全农村养老保险、农村新型合作医疗，完善最低生活保障，并考虑开设公共社会福利以外的其他社会福利项目。必须对整个社会变迁产生的结果作出及时回应，完善出现的农民工阶层以及失地农民的社会保障：农民工由于半农半工身份，其社会保障问题令人堪忧。他们从事最脏最累最危险的行业，却没有急需的工伤保险、医疗保险，更不用说养老保险和失业保险；随着城市化和工业化进程的加快，由于土地补偿政策法规存在漏洞，加之公共利益难以界定以及政策失真现象等，失地农民面临着生存危机。此外，必须将乡镇企业等经济体纳入社保范围，保障私企、个体以及灵活就业人员的权利。

其次，正义性的社保制度应该有均等化的保障水平。由于全国各地区经济发展不平衡，经济较发达地区的居民领取的养老金和失业保险金、可使用的医疗保险金、可享受的最低生活保障水准等明显高于经济欠发达的地区。即使各地区消费水平存在着差异，也不应使社保待遇差距过大，而是必须控制在可接受的范围内，否则会加剧地区保护主义和地区间的仇视。在机关事业单位还存在着另一类保障：公务员及拥有类似公务员身份的人员退休后领取的是全额工资，这要远多于其他人群的养老金。这些不均等待遇都需要进行变革，逐步统一于同等的保障和均等的待遇。

最后，正义性的社保制度还应该践行实质公平。社保实质公平指社保制度的有效性，它直接指向实际利益的分配，关涉自我实现所必备的可行能力能否改进等问题。因此，应以可行能力的提升来践行实质公平，从而增进人们自我实现的能力。实质公平的践行主要体现在社保项目中的社会救助以及社会福利子模块公共社会福利上，这方面可以将阿玛蒂亚·森的能力平等理论作为指导。森界定的能力是指一个人能做或不能做某些事情的可能性。他不赞同德沃金等人的资源平等理论，提出以可行能力的提升来代替单纯的资源转移。森认为："资源只是手段，不是目的。能力不能还原为对资源的占有。只有能力才提供了自我实现的可能性。"因而在推行社会救助时，必须注重生理性弱势群体和社会性弱势群体的可行能力的锻造，为其提供含金量较高的技能培训并认真执行。还应加大公共社会福利尤其是公共教育的供给力度，缩减起点的不平等，从源头和上游实施国家干预，不断培养受助者的可行能力。

遵循效率性的社保管理导向，首先，要保证社会保障行政管理的效率性导向。一方面，应加大社会保障法律法规、管理条例等制度的供给，以使社保制度保持均衡。社会保障制度是一种公共产品，政府的供给量和社会需求量应当大体平衡，否则一旦社保制度供不应求，就会出现制度真空地带，此时国家会很难有效回应社会需求，面临失信危机。实际上，社保制度供给量与需求量相平衡仍不足以使社保制度形成均衡，还必须保证社保制度产生净收益，即社保制度的供给成本小于其带来的收益。也就是说，在所有能产生净收益的社保制度中，所选用的应是最优制度或收益最大化的制度。另一方面，应避免社会保障管理机构的条块分割，实行统一管理。目前我国社会保障工作分属于劳动和社会保障部、民政部、人事部等几个部门管理，并且各地方社保局也自行其是，单独管理本区域的社保事务，这种分散管理状况使效率受到极大损害。探求类似于大部制的社保管理模式应成为研究的重点。再者，社会保障顾名思义应当是社会上各个责任主体共同参与的保障机制，因而应鼓励社会组织参与类似工伤保险中的康复医疗，以及失业保险中的技能培训等民间组织等自我管理、自我服务的活动，实现管理服务社会化。这样不仅可以节约行政成本，还能提高管理效率。

其次，要保证社会保障基金管理的效率性导向。一是要在社保基金的筹集上扩大参保范围和提高统筹层次。现时期社会保障覆盖面太窄，使得缴纳的社保基金有限；统筹层次依旧很低，各地区社保统筹绝大部分仍停留在县市级，这进一步分割了原本就很少的基金。参加社会保障的人数少以及统筹层次过低不利于社会保障互济性作用的发挥，不符合大数法则。二是要在社保基金的支付上规范提前退休政策，弱化参保人员的道德风险。在提前退休上必须设置严格的限制条件，制定合理的养老金工资替代标准，保持适度的赡养水平，同时也应考虑适度延长退休年龄。三是要在社保基金的运营上采取投资渠道多元化。目前我国社保基金投资还主要限于银行存款及国债认购上，总体收益偏低。应使社保基金在确保安全的情况下投资渠道多元化，可考虑应用多种金融工具，如进入股票市场、参与证券投资、投资不动产或交由信誉较好的信托机构进行基金的投资运营等。通过组合投资，投入资本市场运营，发挥专家理财功能，兼顾经济效益和社会效益，尽可能规避风险，实现收益最大化。四是要在社保基金的监管上对监管者进行社保伦理教育，启发其道德良心，并使之内化为自身的道德法则。挪用社保资金的现象之所以屡禁不止，除了监管方面的原因外，很重要的一个原因是相当一部分管理者未意识到社保资金的特殊性，未认识到社保资金是一种保命钱，所以对其进行专门的社保伦理教育是不可或缺的。对企业的道德规范教育也不能缺失。企业作为社会保障的支柱之一，为其员工及时缴纳保费是社保基金管理高效运行的必要条件，事关社保工作能否顺利开展和企业职工能否享受社保的各种福利待遇。对于参保人员而言，社保伦理教育也是必需的：通过教育，为参保人员个体德性的生成奠定认知基础，弱化骗取保费的道德风险，将有助于社保基金的有效运转。

（原载《哲学研究》2009 年第 4 期）

风险社会中的伦理秩序

一定社会的伦理秩序是以追求社会的稳定性为宗旨的，而我们现在面临的社会是一个风险社会，即社会的政治、经济、伦理等往往会越来越多地避开传统社会中的监督制度和保护制度呈现出前所未有的不确定性，由此导致了以不确定性为根本特征的风险社会与以确定性为基础的现代伦理秩序之间的内在紧张。如何规避现代伦理秩序建立过程中的风险，建设现代道德文明，是我们在实现现代化过程中应当重视的现实问题。

一、风险社会：无法回避的境遇

研究风险社会问题的专家首推德国著名社会学家 U. 贝克，他所写的《风险社会》是一部“朝向一种新的现代性”的社会学著作，被认为是 20 世纪末欧洲最有影响力的社会分析著作之一。“风险问题”是贯穿于《风险社会》始终的一个核心概念。贝克认为，现代化是一个自相矛盾的过程，现代化消解了工业社会的传统变量：阶级文化和共识、性别和家庭角色。而个体化促使新的社会形成不同的结构和变迁，使阶级社会认同的区分失去了原有的重要性，一切都将在社会风险的个体化趋势中重新定义。

西方现代化所走过的道路表明，以工业社会为标志的现代化本身具有无法克服的内在矛盾，以自我为中心的社会决策产生的种种威胁作为“残留风险”不断增殖并被“合法化”。随着时间的推移，工业社会的危险开始支配公共生活尤其是公共伦理生活，工业社会的制度成为其自身不可控因素的生产者和授权者。此时，工业社会的某些主要特征本身就成为了社会的伦理问题，如政治民主化问题、环境伦理问题、生命伦理问题、社会危机管理问题。这些潜在的社会风险，一旦格局化和规模化，社会就会成为风险社会。风险社会格局的产生是由于工业社会的自信（众人都向往经济利益最大化，追求经济无限增长，对自然资源无节制利用等）主导着人们的思想和行动。

作为一种社会理论和文化诊断，风险社会概念的提出确实有它特殊的意义，因为现代社会的发展并非一个“一往无前”的过程，它同时存在一个自我限制的问题。“只要现代社会不发生变化、不对其自身影响进行反思并我行我素地继续执行同一种政策，那么现代社会便会对抗其自身模式的基础和极限”。

英国社会学家吉登斯概括了这样一幅现代性的“风险景象”，一是高强度意义上风险的全球化，例如，核战争构成的对人类生存的威胁。二是突发事件不断增长意义上的风险的全球化，这些事件影响着每一个人或至少生活在我们这个星球上的多数人。如全球化劳动分工的变化。三是来自人化环境或社会化自然的风险，人类的知识进入到物质环境。四是影响着千百万人生活机会的制度化风险环境的发展，例如，投资市场。五是风险意识本身作为风险，风险中的知识鸿沟不可能被宗教或巫术转变为确定性。六是分布趋于均匀的风险意识，我们共同面对的许多危险已为广大的公众所了解。七是对专业知识局限性的意识，就采用专家原则的后果来看，没有任何一种专家系统能够称为全能的专家。

概而言之，风险社会的基本特征是不确定性、不可预测性和“不应当怎样”的文化指令；而稳定社会的特点则是确定性、可预测性和“应当怎样”的文化指令。从规范文化的指令形式而言，“不应当怎样”是法律的表现形式，即法律是以禁止性方式作用于社会的；而“应当怎样”是伦理道德的表现形式，即伦理道德是以倡导性的方式作用于社会的。这是否意味着在风险社会中社会规范的指令性方式也发生了变化？风险社会在现代化过程中的潜在形成，已成为一个不争的事实，并且在社会治理方面带来了新的参照。

首先是因为现代化本身的内在矛盾。现代化是建立在对自然资源的无限制开发与利用基础之上的，也就是说，现代化是一个自然资源不断耗尽的过程，中国的现代化也不例外。如果有一天自然资源全部消耗尽，那么，现代化的根基在哪里？如果不充分利用自然资源，又怎么可能有现代化？所以现代化本身就是一个矛盾，即现代化的基础与现代化的后果无法相容。现代经济主义、物质主义、技术主义在中国的盛行把社会推到了风险的顶峰，这不能不引起我们的高度重视。现代西方发达国家为了减少社会风险，有时并不谋求经济的飞速增长，有时甚至要放慢经济增长的步伐。这种做法虽然对急需实现经济飞速增长的中国来说不合时宜，但也是足以引起我们深思的问题。

其次是因为福利社会所带来的“坏处”。现代社会的目标是为人类谋福利，让人得到“好处”，好的工作、高收入、高消费、社会保障等。问题是“好处”的背后往往是无穷的“坏处”，如核技术、基因技术、化工技术所带来的一系列后果。这种好坏的冲突实质上是责任分配的冲突，即饱享了社会好处的人往往是不承担社会“坏处”或风险的人，因为我们的“好处”可能恰恰就是后人的“坏处”。如果在对社会和自然资源的享用中，没有以公正为核心的代际伦理规范，我们就有可能成为千古罪人。

再次是因为个性化的加强。现代化背后的文化动因是集体化，而集体意义枯竭的必然后果就是个人权利的本位化，而且法制化进程也在强化个人的权利。而实际上，每个人在争取个人权利时，无论在决策中还是在实施中，都要冒极大的风险。人在实现“高自我”的同时也在承担“高风险”，即使自我也不再是明确的自我，而是分裂为自我的话语，因为每个人都必须靠掌握“风险机遇”甚至冒险来实现自我，把成功或失败都解释为运气所致。“撑死胆大的，饿死胆小的”，就是风险社会生活的真实写照。

我们进入到了市场经济社会。而市场经济的运行机制之所以有效，就其核心而言，在于利益的内部驱动形成经济主体的行为动机，推动着资源合理有效地配置。在现代市场经济中，社会分工越来越细，交换关系日益复杂，需求变化也是日趋纷繁，市场经济主体只有在利益驱动下，才能根据经济活动的变化规律权衡利弊做出理性选择，形成一种自组织系统。但我们也应当看到，市场经济如果按照市场理性来运作，它本身就包含了伦理道德的要求在内。但问题在于，市场经济也有非理性的一面，在利益驱动下，市场经济本身容易诱发出拜金主义、极端个人主义和消费主义的道德风险。

与此同时，经济运行的刺激作用也会带来道德风险。市场经济有两个根本特点：一是商品化；二是货币化。在市场经济中，商品和货币作为一种物质力量，具有某种神奇的作用。它迫使人们在价值选择上，更关注物质的有效性和行为的求利性。市场经济的最大利益化需求，一方面为社会物质财富的急剧增长提供了动力，同时也为个人利益的膨胀提供了条件。即使单纯从经济运作机制来看，市场经济中公共产权的拥挤、环境污染以及权力寻租、市场失灵等问题，本身就隐含了道德风险。同时，经济活动的货币化促使货币成为衡量一切价值的尺度，这样，追求金钱不能不成为一种普遍的和巨大的力量。特别是在资本的原始积累阶段，不乏有些人为了金钱而冒险。可见，我们选择了市场经济，就意味着选择了风险社会。

二、风险社会预示着怎样的伦理秩序

在风险社会如何构建伦理秩序，这是我们应当认真研究的问题。贝克认为，风险问题不能转换为秩序问题，因为秩序问题为风险问题所固有的多元信息，在统计数据的表面之下暗中变形为道德问题、权力问题和纯粹决策主义（decision-ism）。中国的现代化际遇虽然在时间上是后发型的，但其过程性是同样的。中国的现代化是外发型的，即它完全是政治使之结果，这就意味着，中国在实现现代化过程中，同样面临风险社会的种种“待遇”，这就需要我们构建一种新的伦理秩序。

第一，全球化伦理秩序。近年来，全球化已经成为大多数政治讨论的核心问题，但对于这个概念的理解仍然充满着矛盾。社会民主主义者认为，全球化多半只是一种神话，或者至多也就是一些长久以来的趋势的某种延续罢了。而在一些政策评论家和政策制定者看来，全球化过程不但确实存在，而且其程度已经相当高了。经济全球化是我们正在面临的现实，而不仅仅是过去年代的趋势的某种延续或回归。全球化的内容无论如何不仅仅是、甚至主要不是关于经济上的相互依赖，而是我们生活中时空的巨变。发生在遥远地区的各种事件，无论其是否是经济方面的，都比过去任何时候更直接、更迅速地对我们发生着影响。反过来，我们作为个人所做出的各种决定，其后果又往往是全球性的。通讯革命与信息技术的广泛传播同全球化进程有着深刻的联系。一个瞬时电子通信的世界，使那些即使是生活在最贫穷、最偏远地区的人们也能参与到这个世界上，从而瓦解了各个地域的地方习惯和日常生活模式。而全球化在不时打破民族—国家边界的同时，也从各个侧面渗入到人们的观念之中。国家的边界正在不断地变得模糊，但民族—国家并没有消亡。在政府、经济以及文化事务方面，各个国家仍然保留相当大的对其国内公民和在对外事务上所享有的权利。总之，国家、商业团体和其他组织都积极促进了全球化的进程。因而，全球化是一个范围广阔的进程，它受到政治和经济两种影响的合力推进，这本身就是一种秩序。这就要求打破狭隘的民族主义、国家主义伦理秩序，立足于全球利益和人类整体利益，建立全球化伦理规则，从而减少由于民族冲突、国家冲突、地区冲突所带来的巨大风险和灾难。

第二，共生化伦理秩序。福利国家使西方社会在文化发展方面呈现出多元化，同时生活方式也不断变得丰富多彩。社会民主主义者一直拒绝适应日益具有重要性的个人主义和生活方式的多元化；而新自由主义的以自我为中心又不可避免地导致共同价值和公共关怀的瓦解。社会民主主义者把它归因于市场力量和“撒切尔主义”的意识形态所产生的冲击；后者则强调个人应当进行自我捍卫、而不是去依赖国家。上述两种看法都有失片面。其实，道德生活现实表明，现代人比前一代人更充满敏感的道德关怀，比过去几代人所关注的范围要宽广得多。但是，他们并不将这些价值与传统相联系，也不认同那些对生活方式进行立法的传统形式的权威，他们关注生态方面的各种价值、人权和自由，吉登斯称之为新个人主义。这种新个人主义为个人责任与集体责任的结合找到了新的平衡点，因为新个人主义强调人在充分享受个人权利的同时，应当对社会、对人类负责任。这种平衡有利于现代伦理秩序的建立。现代道德生活表明，个人与社会的不可分割性是任何一个时期都不具有的，人们日益充满敏感的道德关怀，他们关注生态方面的各种价值、人权和社会的公益事业。这种新个人主义预示着古典个人主义在现代共生性社会中道德合理性的削弱，因为在集体主义的价值体系下建立起来的各种福利制度，有助于将个人从过去的某种僵化制度中解放出来，真正回归于“类”的怀抱。今天的人类比以往任何时候都更加意识到，他们实际上是彼此依赖、相依为命、共生共存的。这种共生感的提升，就会构成一种对人类“共同利益”的普遍维护和对整体生存的责任意识。这样一种“普遍伦理”指的是对一些有约束性的价值观、一些不可取消的标准和人格态度的一种基本共识。共同的生活源于共同的利益，共同的利益需求会形成共同的生活意识和生活方式，这是经济全球化趋势下无法割断的生活逻辑。

第三，市民化伦理秩序。社会民主主义一般以国家为政治行动的主体，自然也是道德活动的主体；而新自由主义则一般以市场为主体，并坚持不懈地对政府在社会生活与经济生活中的角色进行着批评，主张“政治终结”和“国家隐退”。尽管市场化是现代社会的特点，但在任何领域中，市场都不能取代政府，社会运动或者其他各种类型的非政府组织也做不到这一点。所以，这种国家主义的衰退，使道德生活主体由国家转向了市民，国家道德、政党道德的主体控制将让位于市民道德。当然，全球化所带来的各种变化确实在削弱着、威胁着国家政府和政治党派的影响力。这与其说是昭示着非政治化趋势，毋宁说是政治参与的扩大。贝克曾用“亚政治”思想来阐述现代性社会政治主体重构的必要性。所谓亚政治，是指从议会向社会中单一问题团体的转移。许多这样的团体，如绿色和平组织或环境保护组织，都在全球范围内开展着活动。这些组织开展的活动促使一些商业机构、甚至是全球性的跨国公司也参与其中，和他们进行严肃的对话，并重新定义个人与国家机构之间的关系。公民主动成立的单一问题团体已经撇开政府而独立地取得了权力。虽然他们不是政治家，但在行动计划中却提出了生态保护问题和其他许多新的关注点。尽管国家作为道德主体仍是不可或缺的，但非政府组织在道德生活中的作用越来越重要，将为新的伦理秩序的建立提供新的主体力量。

第四，生态化伦理秩序。《布伦特兰报告》中对可持续发展的定义是：当前的一代保证它在不损及下一代满足其自身需要的能力的前提下来满足现时需要的能力。生态现代化是可持续发展概念含义的延伸。“生态现代化意味着这样的一种合作关系：处于这种合作关系中的政府、工商企业、温和派环境保护主义者以及科学家们，在沿着更具有环境保护说服力的思路对资本主义政治经济进行重建的过程中相互进行协作。”可持续发展与生态现代化为社会主义道德风险行动主体提供了一种意识形态架构。由生态现代化引发出两个基本问题，即我们与科学技术的关系，以及我们对于危机的反应。作为全球化的后果之一，科学技术已成为时空抽离化后再重组环境的基本手段，重组后的环境因人为的因素增加了不确定性，风险的出现是不可避免的，专家们相互之间也难以达成一致。这也是后现代性社会风险的特征之一。“新的风险情形的复杂特性甚至已经扩展到了如此的程度，以至于它们已经进入了公共讨论的领域之中。”现代道德不是逃避风险，而是需要面对风险并向公民提供安全保障。我们所有的人需要具有面对风险并以一种积极的方式对待风险的能力。风险不只是某种需要避免或最大限度地减少的负面现象，它同时也是从传统和自然中脱离出来的、一个社会中充满动力的规则。新的风险复杂性把自我认同与科学技术变革所带来的广泛影响联系了起来。没有人能够逃避风险，更何况风险本身还意味着机会和创新。因此，最重要的是对风险的积极参与，寻找规避风险的方法和途径。

三、交换秩序：伦理秩序建立的风险消除

交换作为一种人类基本的活动从未像现在这样有着如此巨大的作用和意义，可以说没有交换就没有我们目前在通常意义上的社会。交换本身虽是一个经济学的范畴，但在物与物交换的背后，潜藏着的是人与人之间的关系问题，因此交换不仅具有经济意义，而且具有伦理意义。交换是一种市场活动，它需要规则，但又是以交换主体的自主选择为前提。因此，交换是规制与自由的统一，也可以说是确定性和不确定性的统一，是制度与风险的统一。交换有序，社会风险就小；反之，如果社会的交换行为无序，社会风险就大。所以，抓住交换性这一现代社会的特点，对我国伦理秩序的建立具有特别的意义。

随着我国市场经济体制的逐步建立，交换的作用逐步体现出来，从而成了经济活动中最为活跃的部分，也成为其他社会活动的基础和“范式”。由于交换是基于双方自愿基础之上的，所以，以往的“生产什么就消费什么”的模式被“什么能被消费就生产什么”的模式所取代，其中间媒介是货币的交换关系。所以马克思称其为一次“惊险的

跳跃”，“这个跳跃如果不成功，摔坏的不是商品，但一定是商品所有者”。这说明产品如果不能通过交换顺利转化为货币，则企业（生产主体）便会面临破产的危险。如果说在社会再生产中，交换作为生产和消费的媒介作用是显而易见的话，那么在市场经济中，交换的媒介作用更突出地体现于生产、消费和分配之中。市场的这种交换性会通过人的活动方式在政治、文化、精神领域得以扩展，从而使交换秩序成为整个社会秩序的基础。

然而，中国的传统社会是靠身份制来确定伦理秩序的。在中国传统社会中，伦理秩序是以天然的血缘关系为基础的、由辈分构建的天伦关系，即父子、兄弟，然后推之为君臣、朋友等人伦关系，此所谓人伦本于天伦而立。由此可以看出，由血缘而来的五伦关系包括了整个伦理关系，使中国人无论在家里还是在社会上都有了参照系，知道了自己的位置，从而在份位上实现自我的权利和义务，因而中国社会的传统结构是身份合一型的。知道了自己的“身”，就明白了自己的“份”，做好“分内”之事，不要有“非分”之想，这就是秩序。在这样的社会组织中，各种权利和义务都是非常确定的，只要各安其分，各尽其责，社会就会稳定，几乎没有风险可言。这样一种身份制关系被美国社会学家C. H. 库利称为首属关系。

首属关系是指一种直接的、具有亲密感情色彩的人际关系，主要包括血缘关系和地缘关系。由于中国社会关系的组织结构植根于血缘之上，这种结构使得每个人的角色是先赋予的。先赋角色让每个人成为网络的结点，顺理成章地构筑好自己的生活秩序，按部就班地生活。因此，宗法制度是伦理秩序的强有力的保证。

但是，中国的现代化之路把我们带到了市场社会和法治社会，由此必然出现由身份伦理向契约伦理的转型。契约既是交换的前提，也是交换的结果。更何况伦理秩序的形成与维持，不仅依赖于伦理的结构和组织状况，而且要更直接地落实到人的行为上。只有人们的行为符合伦理的要求，整个伦理秩序才会呈现出有规则的状态。

所以伦理秩序不仅仅是针对人的外在生活秩序，它也同样用道德为个体的生命秩序做了安排。由于伦理秩序是社会秩序的重要组成部分，所以道德规范成为传统社会规范的核心，道德也就成了传统社会价值判断的最后标准，成为一种最高的价值准则。交换在这样的社会环境下是不可能发达的。没有交换，就可能没有风险；没有风险，社会秩序就形成“超稳定结构”。交换导致了传统伦理秩序的解体，把人们从先赋角色中解放出来，人成为独立自主的主体。借助于平等关系，人们可以通过交换中的各种机会争取自我的利益，而非一切只为家族谋利益，使人们更懂得自我的价值，而不是人伦关系网中的一个结点。

在市场社会，伦理秩序的建立依赖于社会的交换秩序，而交换行为是否有序又依赖于法治。可以说，风险的规避、伦理秩序的建立，关键是建立基于法治的良好的交换秩序，因为法治体现的就是一种契约伦理。契约即是一种“构合”“统一”“一致”的约定。契约主体必须是自主的、自愿的和自由的。契约必须是互利互惠的，所以也必定是权利和义务的统一。权利为契约的出发点，义务是为他人的一种价值承当，这种承当既包括对自己负责也包括对他人负责。契约是对权利和义务的自我设定，而不是社会或他人强迫所致，所以你必须对自己的行为负责，这是风险社会责任伦理的坚实基础。契约伦理不只是一种商业交换的规则，而是一种结构性社会关系成型。麦克尼尔曾将契约区分为个别性契约和关系性契约。个别性契约就是一次性的交换，且除了物品的单纯交换外当事人之间不存在关系；关系性契约是非一次性的，且当事人的物品交换之外还存在着非常复杂的社会关系的契约。我们所说的契约伦理是关系性契约，是一种全面的、整体的、稳定关系结构中的契约。在关系契约中，契约当事人双方是作为个性而不是作为个别而存在，他们不是孤立的、瞬逝的个体，而是在稳定的社会关系结构中的个人，这些个人不会因为一己、一时之利而损害他人和群体的利益以及长远的利益，因为这样做无异于在损害自己的利益。健康的契约伦理可以有效地保证个人利益与社会利益的有机结合，从而有效控制伦理秩序建立中的各种风险。

从经济意义上讲，交换关系以市场为中介，通过市场连接交换主体，结成各种关系。这种关系既满足了人的物质性需求，又满足了人想显示自我的精神需求，因此交换关系又含有伦理性的内涵。交换关系是各交换主体为了各自的目的而结成的。为了各自的利益，交换主体在市场竞争中所采用的手段是难以控制的，具有很大的道德风险，因而为了制约交换主体的利己性，就需要伦理和法律的规则来进行协调，形成一定的交换秩序，保证交换关系的顺利实现。否则，人类社会将面临毁灭性的灾难。

总之，在市场经济社会，伦理秩序的建立依赖于社会的交换秩序，而交换行为是否有序，又需要借助法治和德治，因此伦理秩序建立的风险规避之径关键是建立基于法治的良好的交换秩序。

（原载《中国人民大学学报》2004 年第 6 期）

图书在版编目(CIP)数据

李建华集/李建华著．—长沙:岳麓书社,2022.1

(当代湖湘伦理学文库)

ISBN 978-7-5538-1456-8

Ⅰ.①李…　Ⅱ.①李…　Ⅲ.①伦理学—文集　Ⅳ.①B82-53

中国版本图书馆 CIP 数据核字(2020)第 232460 号

LI JIANHUA JI

李建华集

作　　者:李建华

责任编辑:彭卫才

责任校对:舒　舍

封面设计:刘　峰

岳麓书社出版发行

地址:湖南省长沙市爱民路 47 号

直销电话:0731-88804152　0731-88885616

邮编:410006

版次:2022 年 1 月第 1 版

印次:2022 年 1 月第 1 次印刷

开本:710mm×1000mm　1/16

印张:27.25

字数:385 千字

书号:ISBN 978-7-5538-1456-8

定价:98.00 元

承印:长沙超峰印刷有限公司

如有印装质量问题,请与本社印务部联系

电话:0731-88884129